E. Stahl · K. W. Quirin · D. Gerard

Verdichtete Gase zur Extraktion und Raffination

Mit 107 Abbildungen und 46 Tabellen

Springer-Verlag Berlin Heidelberg GmbH

Prof. Dr. Egon Stahl
D-6930 Eberbach, Friedrich-Ebert-Str. 29

Dr. Karl-Werner Quirin
D-6638 Dillingen, Dr. Prior-Str. 48

Dr. Dieter Gerard
D-6639 Rehlingen, Lothringer Str. 12

ISBN 978-3-662-10764-5

CIP-Kurztitelaufnahme der Deutschen Bibliothek
Stahl, Egon:
Verdichtete Gase zur Extraktion und Raffination / E. Stahl ; K. W. Quirin ; D. Gerard.
ISBN 978-3-662-10764-5 ISBN 978-3-662-10763-8 (eBook)
DOI 10.1007/978-3-662-10763-8
NE: Quirin, Karl-Werner ; Gerard, Dieter.

Ursprünglich erschienen bei Springer-Verlag Berlin Heidelberg New York 1987
Softcover reprint of the hardcover 1st edition 1987

3020/2152/543 210

Vorwort

Verdichtete Gase besitzen für lipophile Verbindungen Lösungsmitteleigenschaften, die man zur Extraktion und Fraktionierung von Stoffen nutzen kann. Diese an sich alte Erkenntnis gewinnt aber erst jetzt ein allgemeineres Interesse. Die Gründe hierfür sind vielfältig. Einmal fasziniert die Tatsache, daß man einfach durch Veränderung des Drucks und/oder der Temperatur das Lösungsvermögen des Gases stark verändern kann, zum anderen hat man z. B. bei Verwendung von Kohlendioxid ein umweltfreundliches, kostengünstiges, krisensicheres und nicht brennbares Lösungsmittel in großen Mengen zur Verfügung.

Will man sich über den derzeitigen Wissensstand auf diesem Gebiet informieren, so bleibt vielfach nur ein Studium der recht umfangreichen Patentliteratur, der weit zerstreut erschienenen Originalarbeiten, der wenigen, zum Teil veralteten Übersichtsartikel oder inhomogener Symposiumsberichte. Da eine in sich geschlossene Darstellung des derzeitigen Standes der Extraktion und Fraktionierung mit verdichteten Gasen fehlt, entschlossen wir uns auf Bitte des Springer Verlages, eine solche zu erstellen. Hierbei kam uns die über zehnjährige praktische Erfahrung unseres Arbeitskreises zugute. Der Schwerpunkt wurde auf die Anwendungsmöglichkeiten verdichteter Gase zur Gewinnung und Raffination von Naturstoffen gelegt. Die physikalisch-chemischen Grundlagen wurden dagegen nur insoweit behandelt, als sie zum besseren Verständnis der Hochdruckextraktion beitragen. Auf detaillierte Phasengleichgewichtsbetrachtungen und -berechnungsverfahren wurde verzichtet, da hierzu ausführliche Zusammenstellungen von berufener Seite vorliegen. Wichtig schien uns, in einem gesonderten Kapitel auf weitere nichtextraktive Anwendungsmöglichkeiten verdichteter Gase, z. B. zur Entwesung, zur Fluidchromatographie usw. hinzuweisen.

Wir haben uns bemüht, eine möglichst vollständige Übersicht zu geben, sind uns aber darüber im klaren, daß uns manches entgangen ist. Deshalb bitten wir darum, daß man uns für eine weitere Auflage Anregungen zukommen läßt. Wenn dieses Buch Interessenten an der Anwendung verdichteter Gase einen Überblick und verwertbare Anregungen gibt, so hat es seinen Zweck erfüllt.

Wir danken den Freunden der Universität des Saarlandes e.V. und dem Fonds der chemischen Industrie für Ihre Unterstützung, dem Verlag danken wir für sein Entgegenkommen, Frau M. C. Atherton für die Schreibarbeiten und den Mitarbeitern des Arbeitskreises für wertvolle Diskussionen, Anregungen und Zurverfügungsstellung von weiteren Material, das zum Teil noch nicht veröffentlicht ist.

Saarbrücken, im September 1986

Egon Stahl
Karl-Werner Quirin
Dieter Gerard

Inhaltsverzeichnis

Abkürzungen

Eine Doppelbelegung einiger Abkürzungen war unumgänglich. Die eindeutige Zuordnung aller Symbole ist im Text gegeben.

A	Aromafraktion, Ausbeute
a, b	Parameter für zwischenmolekulare Anziehung/Abstoßung
CP	kritischer Punkt
D	Diffusionskoeffizient (cm^2/s), Logarithmus der Keimzahlreduktion
d	Dichte (g/cm^3)
E	Extrakt, Extraktstrom, Enhancement-Faktor, Energie
$E^{1\%}_{1\,cm}$	Extinktion einer 1%igen Lösung von 1 cm Schichtdicke
F	Freiheitsgrad
f	überkritisch
f_i	Fugazität der Komponente i
f_i^0	Fugazität der Komponente i im Bezugszustand
Gew.	Gewicht
g	gasförmig, Gramm
h	Stunde
hRf	Maß für die Wanderungsweite einer Substanz bei der Dünnschicht-Chromatographie
JZ	Jodzahl
K	Komponente, Verteilungskoeffizient
Kp	Siedepunkt (°C)
k	Zahl der Komponenten eines Systems, Kapazitätsverhältnis
k_w	Auflösungskoeffizient (min^{-1})
L	Löslichkeit in mg Substanz pro g Lösungsmittel
l	flüssig
l_{ij}	Korrekturparameter für zwischenmolekulare Wechselwirkungen
M	Mortalitätsrate (%)
min	Minute
m_{rel}	relative Lösungsmittelmenge in g Lösungsmittel pro g Einsatzgut
n	Brechungsindex
O	oberer kritischer Endpunkt
OKT	obere kritische Entmischungstemperatur (engl. LCST)
p	Druck (bar)
p_c, p_r	kritischer Druck, reduzierter Druck
ppm	parts per million
P	Phase
PZ	Peroxidzahl
Q	Quadrupelpunkt

R	universelle Gaskonstante, Rückstand, Rücklaufstrom
S	Sterole, Stabilisator
SZ	Säurezahl
s	fest, Entropie (kJ/kg K)
T	absolute Temperatur (K)
T_c, T_r	kritische Temperatur, reduzierte Temperatur
TP	Tripelpunkt
TG	Triglycerid
t	Temperatur (°C), Tonne
t_r	Retentionszeit
U	unterer kritischer Endpunkt
UKT	untere kritische Entmischungstemperatur (engl. UCST)
V	Isochore, Molvolumen
Vol	Volumen
VZ	Verseifungszahl
WE	Wachsester
x	Molenbruch, Konzentration einer Komponente in der kondensierten Phase
x_K, x_S, x_Z	Konzentration eines Stoffes in der Kopffraktion, in der Sumpffraktion, im Zulauf
y	Konzentration einer Komponente in der Gasphase, im Lösungsmittel
Z^c	Kompressibilitätsfaktor am kritischen Punkt
α	Trennfaktor
α_D	Winkel der optischen Drehung
η	dynamische Viskosität (g/cm s)
ϱ_c	kritische Dichte
γ	Aktivitätskoeffizient
Φ	Fugazitätskoeffizient

Abkürzungen von Anlagenteilen

A	Abscheider
B	Berstscheibe
D	Durchflußmesser, Düse
DP	Dosierpumpe
DV	Dosierventil
E	Extraktor
EA	Extraktabscheider
F	Filter
FA	Füllstandsanzeige
FK	Füllkörperkolonne
G	Gasvorrat
H	Wärmeaustauscher
HV	Druckhalteventil
I	Integrator
K	Kompressor, Kühler
M	Manometer, Mischkammer

P	Pufferbehälter
R	Schreiber
RA	Raffinatabscheider
RK	Regenerierkolonne
RV	Reduzierventil
S	Strömungsmesser, Schaltrelais
T	Trennkammer, T-Stück
TK	Trennkolonne
V	Ventil
VP	Vakuumpumpe
W	Widerstandsheizung, Wärmeaustauscher

Sonstige Abkürzungen

CSD	Critical Solvent Deashing
DAB	Deutsches Arzneibuch
DDT	1.1-p.p′-Dichlordiphenyl-2.2.2.-trichlorethan
DGC	Dense Gas Chromatography
DGE	Dense Gas Extraction
DSSE	Donor Solvent Supercritical Extraction
DTC	Dithiocarbamat
ECD	Electron Capture Detector
E-TG	Epoxy-Triglyceride
FDA	Food and Drug Administration
FE-DC	Fluid Extraktion-Dünnschicht-Chromatogramm
FFA	Free Fatty Acids
FID	Flammenionisationsdetektor
FS	freie Sterole
GRAS	Generally Recognized As Safe
HC	Hydrocarbons
HCB	Hexachlorbenzol
HCH	Hexachlorcyclohexan
HDD	Hochdruck-Düsen-
HMVO	Höchstmengen-Verordnung
HPLC	High Pressure Liquid Chromatography
H-TG	Hydroxy-Triglyceride
KW	Kohlenwasserstoffe
LSE	Liquid Solvent Extraction
MAK	Maximale Arbeitsplatz-Konzentration
MEK	Methyl-Ethyl-Keton
MPI	Max-Planck-Institut
NCB	National Coal Board
NRTL	Non Random Two Liquid
NSI	Nitrogen Solubility Index
PAA	Polyacrylamid
PCB	Polychlorierte Biphenyle
PMMA	Polymethylmethacrylat

PP	Polypropylen
PS	Polystyrol
PTFE	Polytetrafluorethylen
PUFA	Polyunsaturated Fatty Acids
PVC	Polyvinylchlorid
REM	Raster-Elektronen-Mikroskop
ROSE	Residual Oil Supercritical Extraction
RST	Regular Solvent Theory
SE	Sterolester
SFC	Supercritical Fluid Chromatography
SGE	Supercritical Gas Extraction
UNIQUAC	Universal Quasi-Chemical Theory
USDA	U.S. Department of Agriculture
USP	U.S. Pharmacopoe
WAF	Wasser- und Asche-frei

I. Allgemeine Darstellung von Stofftrennverfahren

I.1 Prinzipielle Möglichkeiten der Stofftrennung

Die Grundidee aller Trennverfahren besteht darin, daß eine Mischung verschiedener Stoffe in einem Trennapparat entweder durch einen Hilfsstoff oder durch Energiezugabe in wenigstens zwei Produkte getrennt wird, die sich hinsichtlich ihrer Eigenschaften unterscheiden. Die Auswahl des Trennverfahrens richtet sich primär danach, ob das zu bearbeitende Gemisch heterogen oder homogen zusammengesetzt ist. Heterogen zusammengesetzte Stoffmischungen können durch mechanische Trennverfahren, wie z. B. Filtrieren, Zentrifugieren oder Auspressen, in ihre verschiedenen Phasen getrennt werden. Zur Trennung homogener Stoffmischungen müssen die unterschiedlichen physikalisch-chemischen Eigenschaften der Einzelkomponenten ausgenutzt werden. Dabei erfolgt in der Trennapparatur eine Phasentrennung durch Energie- oder Hilfsstoffzugabe. Die physikalisch-chemischen Trennverfahren werden im allgemeinen unterteilt in gleichgewichtsbestimmte und in geschwindigkeitsbestimmte Trennverfahren. Die geschwindigkeitsbestimmten Verfahren, wie z. B. Molekulardestillation, Ultrafiltration, Elektrodialyse oder Gasdiffusion, sollen hier nicht näher betrachtet werden. Eine Übersicht hierzu ist an anderer Stelle in der Literatur gegeben [1, 2]. Bei den gleichgewichtsbestimmten physikalisch-chemischen Trennverfahren stellt sich ein Gleichgewichtszustand zwischen zwei nicht mischbaren Phasen ein, wobei die Zusammensetzung der Phasen voneinander verschieden ist. Eine Auswahl dieser Trennverfahren ist in Tabelle 1 zusammengestellt.

Bei einigen der in Tabelle 1 vorgestellten Verfahren werden die aus dem Gemisch abzutrennenden Komponenten von einem Hilfsstoff aufgenommen und damit aus dem Gemisch entfernt. Diese Methoden können als Extraktionsverfahren angesehen werden. Die Unterschiede liegen vornehmlich im thermodynamischen Zustand des zur Extraktion verwendeten Hilfsstoffes. Einen einfachen schematischen Überblick gibt die Abb. 1, in der das p(T)-Zustandsdiagramm eines Hilfsstoffes dargestellt ist.

Während bei der Adsorption ein Feststoff als „Extraktionsmittel" Einsatz findet, wird bei der Absorption ein stationärer flüssiger Hilfsstoff zur Trennung von Gasmischungen verwendet. Bei der klassischen Lösungsmittelextraktion wird eine mobile flüssige Phase eingesetzt, die mit dem zu trennenden Extraktionsgut, einem Feststoff oder einer Flüssigkeit, nicht mischbar ist. Bei der Trägergasdestillation (Strippen) liegt der Hilfsstoff in gasförmiger Form vor. Das Verfahren der Wasserdampfdestillation bzw. der azeotropen oder extraktiven Destillation arbeitet an der Phasengrenzlinie flüssig-gasförmig des Hilfsstoffes.

Tabelle 1. Gleichgewichtsbestimmte physikalisch-chemische Trennverfahren

Verfahren	Zu trennendes Gemisch	Trennmedium	Trennprinzip	Beispiel
Destillation	Flüssigkeit	Wärmeenergie	Unterschiede im Dampfdruck	Ethanol — Wasser
Extraktive und azeotrope Destillation	Flüssigkeit	Wärmeenergie + Hilfsstoff (Flüssigkeit)	Unterschiede im Dampfdruck	Gewinnung von wasserfreiem Eisessig mit Dichlorethylen
Wasserdampfdestillation	Feststoff Flüssigkeit	Wärmeenergie + Hilfsstoff (Wasser)	Unterschiede im Dampfdruck	Gewinnung ätherischer Öle
Strippen (Trägergasdestillation)	Flüssigkeit	Gas	Unterschiede in den Flüchtigkeiten	Entfernen flüchtiger Bestandteile aus fetten Ölen
Extraktion:				
a) fest — flüssig	Feststoff	Lösungsmittel	Unterschiedliche Löslichkeit im Lösungsmittel	Extraktion von Ölsaaten mit Hexan
b) flüssig — flüssig	Flüssigkeit	Lösungsmittel (nicht mischbar mit Trenngemisch)	Unterschiedliche Löslichkeit in den flüssigen Phasen	Extraktion von Essigsäure aus wässriger Lösung mit Ethylacetat
Extraktion mit verdichteten Gasen	Feststoff Flüssigkeit	verdichtetes Gas	Unterschiedliche Löslichkeit im Lösungsmittel, Unterschiede in den Flüchtigkeiten	Herstellung von Gewürzextrakten

Absorption	Gas	Flüssigkeit	Unterschiedliche Löslichkeit in der Flüssigkeit	Auswaschen von CO_2, H_2S aus Erdgasen mit Ethanolaminen
Adsorption	Gas + Flüssigkeit oder 2 Flüssigkeiten	Feststoff	Unterschiedliche Neigung zur Anlagerung an Grenzflächen	Trocknen von Gasen oder Flüssigkeiten mit Blaugel
Chromatographie	Lösung verschiedener Stoffe	Feststoff oder Flüssigkeit (stat. Phase) + Flüssigkeit (mobile Phase)	multiplikative Adsorption/Verteilung	Dünnschicht-Chromatographie
Kristallisation	Flüssigkeit	Entzug oder Zufuhr von Wärmeenergie	Unterschiede in der Löslichkeit, Unterschiede im Gefrierpunkt	Zuckergewinnung aus Lösungen
Trocknen/ Gefriertrocknen	Feuchter Feststoff/ Eis und Feststoff	Wärmeenergie	Unterschied in der Flüchtigkeit von Fest-Verdampfung/Sublimation von Wasser	Entwässern von Lebensmitteln

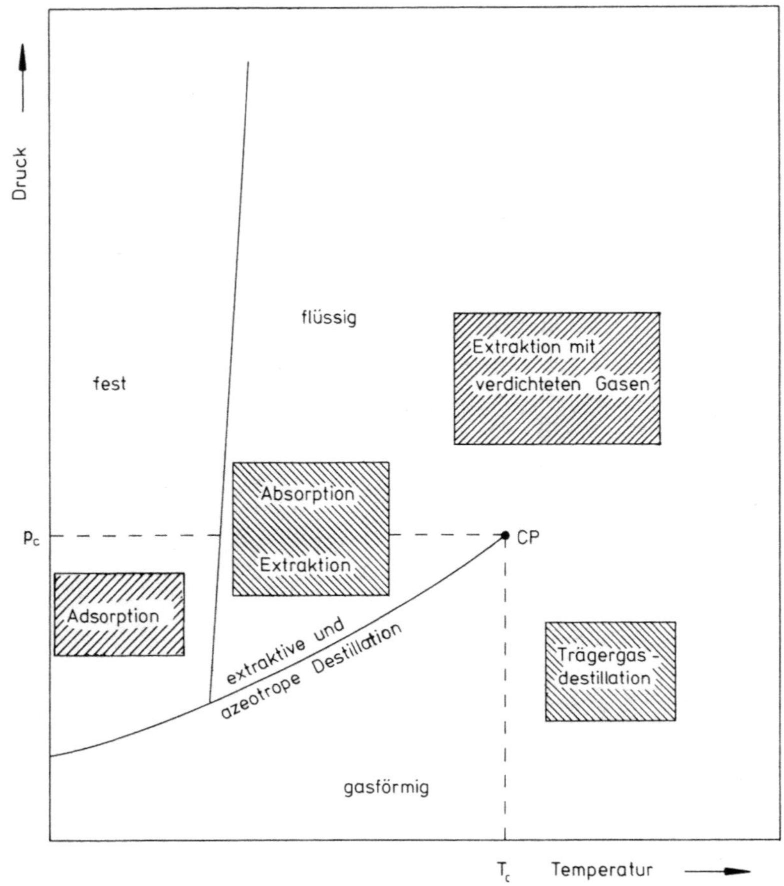

Abb. 1. Der thermodynamische Zustand eines Hilfsstoffes bei Trennprozessen [3]

Die Extraktion mit verdichteten Gasen stellt eine Erweiterung des Gebietes der klassischen Extraktionsverfahren dar. Der thermodynamische Zustand des Hilfsstoffes ist hierbei durch Druck- und Temperaturwerte im Bereich des kritischen Punktes gekennzeichnet. Die Stofftrennung mit verdichteten Gasen besitzt in geringem Umfang Charakteristika der Destillation, besonders aber solche der klassischen Extraktion. Zosel [4] hatte daher den Namen „Destraktion" vorgeschlagen, der sich aber nicht durchsetzen konnte, da die Methode einen Hilfsstoff zur Stofftrennung benutzt und daher eher zu den Extraktionsverfahren zu zählen ist. Das Haupttrennprinzip der Extraktion mit verdichteten Gasen ist die unterschiedliche Löslichkeit der zu trennenden Komponenten im Extraktionsmittel, wenngleich besonders bei der Gewinnung und Raffination leicht flüchtiger ätherischer Öle und Aromen der Dampfdruck der Verbindungen einen deutlichen Einfluß auf die Trennung ausübt. Die „Flüchtigkeit" der abzutrennenden Komponenten, d. h. der Übergang in die verdichtete Gasphase, ist also eine Funktion von Druck und Temperatur, während sie bei der Destillation hauptsächlich von der Temperatur abhängt.

I.2 Konventionelle Extraktionsverfahren

Der Wert und die Güte eines Extraktionsverfahrens werden hauptsächlich an der Qualität des isolierten Produktes gemessen, wobei die native chemische Zusammensetzung der Inhaltsstoffe erhalten bleiben sollte. Dem eigentlichen Gewinnungsverfahren muß bei frischem Pflanzenmaterial, das zwischen 60 und 90% Wasser enthält, oft eine Vorkonzentrierung vorangehen. Dabei sollten nur schonende Trocknungsverfahren Anwendung finden, um chemische Veränderungen der Inhaltsstoffe zu vermeiden. Die Gewinnung von Inhaltsstoffen aus Naturprodukten ist ein teilweise noch unbefriedigend gelöstes Problem, besonders bei empfindlichen Naturstoffen und leichtflüchtigen Ölen. Thermische Verfahren führen im allgemeinen unter dem Einfluß von Temperatur, Sauerstoff, Zeitdauer der Behandlung, usw. zu mehr oder weniger starken Veränderungen der isolierten Substanzgemische.

Wasserdampfdestillation

Während die reinen Destillationsverfahren nur selten zur Naturstoffisolierung Anwendung finden und an dieser Stelle nicht weiter betrachtet werden sollen, hat die Destillation mit Zusatz eines Hilfsstoffes einen hohen Stellenwert. Die älteste und bis heute noch wichtigste Methode zur Gewinnung von ätherischen Ölen, d. h. der in pflanzlichen Ausgangsmaterialien enthaltenen, charakteristisch riechenden flüchtigen Öle, ist die Destillation mit Wasserdampf. Die relativ leichtflüchtigen Öle, deren Bestandteile Siedepunkte im Bereich zwischen ca. 150 bis 250 °C besitzen, werden durch den Hilfsstoff Wasserdampf von dem Trägermaterial abgetrennt. Dabei ist das Öl-Wasser-Verhältnis im Destillat, das die Destillationsdauer bestimmt, durch den Dampfdruck der ätherischen Ölbestandteile bei der Siedetemperatur des Gemisches aus Hilfsstoff und Destillationsgut vorgegeben.

Bei der Wasserdampfdestillation ist das Ausgangsmaterial einer Temperaturbelastung von ca. 100 °C ausgesetzt, die allein schon zu Artefakten der oft thermolabilen ätherischen Ölkomponenten führen kann. Hinzu kommt der hydrolytische Einfluß des Wassers, der chemische Veränderungen der ätherischen Öle bewirken kann. Bei vielen Destillationen entstehen auch Zersetzungsprodukte, wie Schwefelwasserstoff, Ammoniak, Acetaldehyd, Essigsäure u. a., die zwar meist wasserlöslich sind, aber auch zum Teil in das Öl übergehen und eine nachfolgende Raffination notwendig machen.

Die Verfahrensvariante der Wasserdampfdestillation bei vermindertem Druck hat den Vorteil einer niedrigeren Temperatur und deshalb einer besseren Qualität der erhaltenen Öle. Nachteilig dagegen ist das ungünstigere Öl-Wasser-Verhältnis im Destillat, besonders bei höhersiedenden Ölen, das zu langen Destillationszeiten führt. Die Vakuum-Wasserdampfdestillation wird weniger für die Gewinnung ätherischer Öle verwendet als vielmehr zur Raffination von Rohölen. Bei Pflanzenmaterial mit schwer destillierbaren Ölen wird zuweilen die Überdruckdestillation mit überhitztem Wasserdampf angewandt. Hierbei ist das Öl-Wasser-Verhältnis im Destillat günstiger als bei Normaldruck. Infolge der höheren Temperatur entstehen jedoch bei dieser Vorgehensweise auch größere Mengen an Zersetzungsprodukten.

Klassische Lösungsmittelextraktion

Ein wichtiger Prozeß zur Gewinnung lipophiler pflanzlicher Inhaltsstoffe ist die Extraktion mit klassischen organischen Lösungsmitteln. Die mit diesem Verfahren hergestellten Extrakte aus trockenem Material werden üblicherweise als *Oleoresine* oder *Resinoide* bezeichnet, während Extrakte aus frischen Pflanzenteilen, die besonders in der Parfümerie eine Rolle spielen, *Essence concretes* genannt werden. Aufgrund der geringen Selektivität klassischer Lösungsmittel werden außer den erwünschten Inhaltsstoffen oft auch störende Begleitprodukte gelöst. Eine Beeinträchtigung der Verwendungsmöglichkeiten vieler Oleoresine liegt in ihrer unerwünscht dunklen Farbe. Lösungsmittelextrakte besitzen vielfach auch eine zähflüssige bis wachsartige Konsistenz. Aus diesem Grunde ist vor der Verwendung eine Raffination erforderlich.

Die Auswahl von Lösungsmitteln zur Extraktion von Naturstoffen erfordert normalerweise einen Kompromiß im Hinblick auf die Eigenschaften, wobei die Verfahrensschritte — Extraktion, Abtrennung und Rückgewinnung des Lösungsmittels aus der mit Extrakt angereicherten Lösung (Miscella) und aus dem Extraktionsrückstand — zu berücksichtigen sind.

Die **Selektivität**, d. h. die Fähigkeit, das gewünschte Produkt in größerem Maße zu lösen als die anderen Bestandteile des Gemischs, kann durch die Art des Lösungsmittels oder des Lösungsmittelgemischs in gewissem Umfang variiert werden. Dabei wird von dem geeigneten Lösungsmittel auch eine hohe **Kapazität**, d. h. eine große Aufnahmefähigkeit für die erwünschten Substanzen, erwartet. Diese beiden Eigenschaften schließen sich jedoch in der Regel gegenseitig aus.

Eine weitere, sehr wichtige Eigenschaft ist die **chemische Reaktivität** und **Stabilität.** Von einem idealen Lösungsmittel wird sowohl ein inertes Verhalten gegen Extrakt und Rückstand als auch Stabilität gegen Umwelteinflüsse wie Hitze, Licht, Luft und Wasser gefordert. Weiterhin darf es gegenüber den Bauteilen der Anlage nicht korrosiv wirken.

Die Einflußfaktoren **Dichte, Viskosität** und **Oberflächenspannung** sind differenziert zu betrachten. Bei der fest-flüssig-Extraktion erhöht eine geringe Viskosität und niedrige Oberflächenspannung die Perkolationsgeschwindigkeit und Extraktausbeute, da der Lösungsmitteldurchfluß durch enge Kapillaren erleichtert und das Auflösen der Inhaltsstoffe beschleunigt wird. Bei der flüssig-flüssig-Extraktion sind zwei nicht mischbare Lösungsmittel zu finden, die beide in der Lage sind, die erwünschten Inhaltsstoffe zu lösen. Dabei soll die Dichtedifferenz zwischen den Phasen und die Oberflächenspannung der beiden Lösungsmittel möglichst groß sein, damit die anschließende Phasentrennung schnell abläuft. Bei niedriger Oberflächenspannung und geringer Dichtedifferenz können stabile Emulsionen entstehen, deren Aufspaltung mit Schwierigkeiten verbunden ist. Die Viskosität der Lösungsmittel soll ebenso wie bei der fest-flüssig-Extraktion niedrig sein, damit die Vermischung und der Massentransport schneller ablaufen. Beiden Verfahrensvarianten ist gemeinsam, daß eine geringe Dichte und eine niedrige Viskosität den Druckabfall in fließenden Systemen klein halten und die zum Fördern des Lösungsmittel erforderliche Energie verringern.

Der **Siedepunkt** soll möglichst tief liegen, um die Temperaturbelastung von Extrakt und Rückstand bei der Rückgewinnung des Lösungsmittels gering zu halten.

Diese Trennung ist oft der kostenaufwendigste Schritt des gesamten Verfahrens. Um den Energieverbrauch beim Aufheizen und Verdampfen des Lösungsmittels möglichst gering zu halten, sollen die **spezifische Wärme** und die **latente Verdampfungsenergie** nicht zu hoch sein.

Das Lösungsmittel sollte im Idealfall nicht brennbar sein oder zumindest einen hohen **Flammpunkt** haben und in der Mischung mit Luft ein möglichst kleines **Explosionsintervall** besitzen. Der **MAK-Wert** (maximale Arbeitsplatz-Konzentration) [5] des Extraktionsmittels soll möglichst hoch liegen, um die Gesundheit der im Betrieb Beschäftigten nicht zu beeinträchtigen und eine gute Umweltverträglichkeit von Lösungsmittelemissionen zu gewährleisten.

Ein wichtiges Verfahren zur erschöpfenden Extraktion von pflanzlichem Material ist die Perkolation, nach deren Prinzip auch die Naturstoffextraktion mit verdichteten Gasen durchgeführt wird. Der Extraktionsvorgang wird dabei bestimmt durch die Eigenschaften sowohl des Extraktionsgutes als auch des Lösungsmittels. Die Eigenschaften eines idealen Lösungsmittels wurden bereits diskutiert. Wegen der komplizierten Zusammenhänge werden die Einflußparameter des Drogenmaterials im wesentlichen phänomenologisch betrachtet.

Bei der Extraktion von Naturstoffen spielt der **Zerkleinerungsgrad** eine große Rolle. Während die Inhaltsstoffe bei aufgerissenen Pflanzenzellen dem Extraktionsmittel gut zugänglich vorliegen und nur ausgewaschen werden müssen, erfolgt das Herauslösen aus intakten Pflanzenzellen auf dem Wege der Diffusion. Der Auswaschvorgang ist schneller beendet als der Diffusionsprozeß, weswegen nach einer bestimmten Zeit reine Diffusion vorherrscht [6]. Betrachtet man die Extraktionsausbeute bei der Perkolation über den Verlauf der Extraktion, d. h. gegen die durchgeflossene Lösungsmittelmenge, so läßt sich der Extraktionsprozeß in drei Phasen einteilen (Abb. 2).

Zu Beginn steigt die Extraktionskurve fast linear an, dabei bleibt die Lösungsmittelbeladung im Bereich der Auswaschphase I in etwa konstant. Anschließend an diesen Bereich fällt die Extraktkonzentration im Lösungsmittel stark ab (*II*), dies deutet auf das Ende des Auswaschvorganges hin. Im Bereich *III* der Extraktionskurve nimmt die Extraktausbeute mit der Zeit bzw. der Lösungsmittelmenge nur noch gering zu. Der Extraktionsprozeß wird in diesem Bereich durch reine Diffusion getragen, die folglich den geschwindigkeitsbestimmenden Schritt dieses Verfahrens darstellt. Obwohl nach Melichar [7] der Zerkleinerungsgrad das Konzentrationsverhältnis zwischen Miscella und dem Drogenmaterial selbst nicht beeinflußt, ist er jedoch für den Extraktionsverlauf wesentlich. Der Zerkleinerungsgrad des Extraktionsgutes bestimmt den Zeitpunkt des Übergangs vom Auswasch- in den Diffusionsbereich und somit in entscheidendem Maße die Extraktionsdauer. Beim Vorliegen von kompaktem pflanzlichem Material ist die Korngröße dann der ausbeutebestimmende Faktor, wenn nicht allzu lange Extraktionszeiten aufgrund von langsam ablaufenden Diffusionsprozessen in Kauf genommen werden können.

Die **Quellung** des pflanzlichen Materials im Lösungsmittel ist für die Extraktion von großer Bedeutung, da sie zu einer Aufweitung der Zell-Kapillaren (Zunahme der Porosität) führt und dadurch eine Erhöhung der Diffusion bewirkt. Dies wirkt sich auf die Extraktionsdauer positiv aus bzw. macht eine Extraktion erst möglich. In diesem Zusammenhang kann auch der **Wassergehalt** des Extraktionsgutes von Bedeutung sein. Ein eindrucksvolles Beispiel hierfür ist die Entcoffeinierung von Roh-

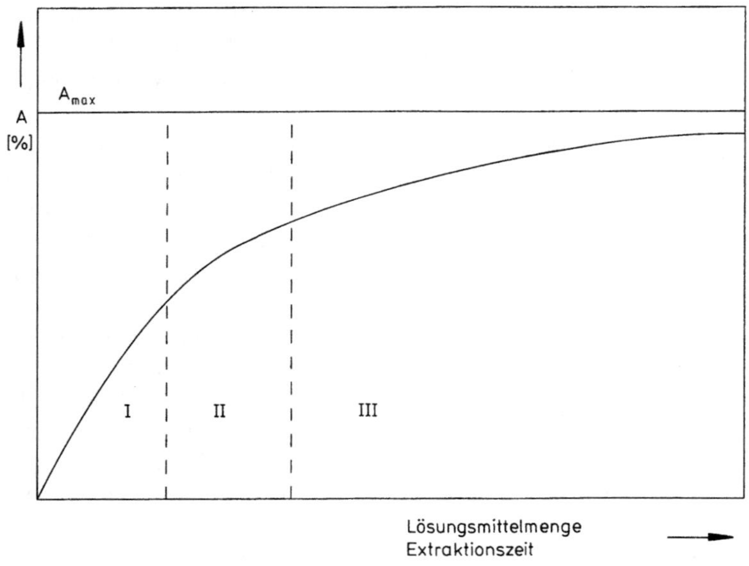

Abb. 2. Extraktionsverlauf bei der Perkolation von pflanzlichen Naturstoffen, A = Ausbeute in %, A_{max} = maximal mögliche Ausbeute, I = Auswaschphase II = Übergangsbereich Auswaschung — Diffusion III = Diffusionsphase

kaffee [8] mit überkritischem Kohlendioxid. Die Extraktion von Coffein aus ganzen Rohkaffeebohnen gelingt dabei nur mit befeuchtetem Material in angemessener Zeit. In einem weiteren Beispiel ist das Extraktionsergebnis bei der Entfernung des Nikotins aus Rohtabak mit überkritischen Gasen stark von der Feuchte des Rohtabaks abhängig [9]. Diese Beispiele zeigen, daß ein gewisser Feuchtigkeitsgehalt einen positiven Einfluß auf die Extraktion ausübt. Der Wassergehalt des Extraktionsgutes soll jedoch die Benetzungseigenschaften des Lösungsmittels nicht negativ beeinflussen.

Liegt der zu extrahierende Stoff in chemisch gebundener Form vor, kann eine **Vorbehandlung** des Drogenmaterials notwendig werden. So liegen beispielsweise Alkaloide oft salzartig gebunden vor und sind daher mit lipophilen Lösungsmitteln schlecht extrahierbar. Durch Alkalisierung der Droge erfolgt eine Umwandlung der Alkaloide in die freien Basen, die nun leicht extrahierbar sind.

Ein weiterer zu berücksichtigender Einflußfaktor ist die **Adsorption** bereits gelöster Bestandteile an das Gerüstmaterial der Droge [7]. Eine Auswirkung dieses Adsorptionseffektes ist die Tatsache, daß die maximal mögliche Extraktausbeute nicht erreicht werden kann.

Eine allgemeingültige Wertung der genannten Einflußparameter kann nicht vorgenommen werden, da das Verhalten von pflanzlichen Extraktionsmaterialien von vorneherein als unterschiedlich anzusehen ist und außerdem von den verschiedenen Extraktionsmitteln beeinflußt werden kann.

Literatur

1. Ullmanns Enzyklopädie der technischen Chemie, Verlag Chemie, Weinheim 1972
2. Brunner, G.: in Enzyklopädie Naturwissenschaft und Technik, Verlag Moderne Industrie, Landsberg a. Lech 1981
3. Brunner, G., Peter, S.: Chem. Ing. Tech. *53*, 529 (1981)
4. Zosel, K.: Angew. Chem. *90*, 748 (1978)
5. Henschler, D.: Gesundheitsschädliche Arbeitsstoffe, Toxikologisch-arbeitsmedizinische Begründung von MAK-Werten, Verlag Chemie, Weinheim
6. Schultz, O. E., Klotz, J.: Arzneim. Forsch. *3*, 471 (1953)
7. Melichar, M.: Pharmazie *17*, 290 (1962)
8. Zosel, K.: Patentschrift 20 05 293 (Studiengesellschaft Kohle mbH) Anmeldung 1970, Ausgabe 1974
9. Roselius, W., Vitzthum, O., Hubert, P.: Patentschrift 20 43 537 (Studiengesellschaft Kohle mbH), Anmeldung 1970, Ausgabe 1975

II. Grundlagen der Extraktion mit verdichteten Gasen

II.1 Historischer Überblick

Die ersten Beobachtungen zum Auftreten überkritischer Phasen wurden bereits Anfang des 19. Jahrhunderts von Cagniard de la Tour [1] gemacht, der das Verschwinden der gas-flüssig-Phasengrenze beim Überschreiten einer bestimmten Temperatur beobachtete. Es folgten 1869 weitere Untersuchungen an verdichtetem Kohlendioxid von Andrews [2], der erstmals auch mit binären Kohlendioxid-Stickstoff-Mischungen experimentierte. Hannay und Hogarth [3] waren schließlich die ersten, die die Lösungskapazität überkritischer Gase für Feststoffe nachweisen konnten. Ihre 1879 und 1880 veröffentlichten Arbeiten zeigten, daß die Löslichkeit anorganischer Salze in Ethanol beim Überschreiten des kritischen Punktes keine Diskontinuität aufweist. Die Konzentration von Kobaltchlorid beispielsweise in der überkritischen Gasphase überstieg bei weitem den Wert, der aufgrund des Dampfdrucks selbst nach der Poynting-Korrektur [4] zu erwarten gewesen wäre. Pionierarbeiten bei der Entwicklung eines thermodynamischen Konzepts des überkritischen Zustands ein- und zweikomponentiger Systeme wurden von van der Waals [5] geleistet.

Die großen experimentellen Probleme bei Untersuchungen im Bereich des kritischen Zustands verhinderten zunächst weitere intensive Forschungsarbeiten auf diesem Gebiet. Die nachfolgenden zahlreichen Studien beschränkten sich vorwiegend auf die Erstellung von Phasendiagrammen, beispielsweise von binären Kohlenwasserstoffmischungen [6] in den Jahren nach 1930, während der praktische Aspekt, den die Lösungskapazität verdichteter Gase insbesondere zur Extraktion und Stofftrennung bietet, noch keine große Beachtung fand. Früh erkannte man dagegen die Bedeutung kritischer Phänomene bei der Bildung von Erzlagern und Mineralien unter hydrothermalen Bedingungen [7], bei der Migration von Erdölvorkommen in der Erdrinde unter dem Einfluß von komprimiertem Erdgas [8] sowie bei der Ablagerung von Quarz auf Turbinenblättern [9] beim Betrieb mit überkritischem Wasserdampf, der gelöste Mineralstoffe enthielt. Bekannt war auch bereits sehr früh, daß die Lösungskapazität verdichteter Gase vom Druck oder noch unmittelbarer von der Dichte bestimmt wird [10, 11]. Eine ausführliche Zusammenstellung der Arbeiten über Löslichkeitsuntersuchungen im kritischen Bereich bis zum Jahre 1948 wird von Booth und Bidwell [12] gegeben.

Nach einer stürmischen Entwicklung innerhalb der letzten 30 Jahre wird heute der praktische Aspekt nicht nur zur Züchtung synthetischer Kristalle [13] und zur Förderung des zähflüssigen sogenannten Totöls aus Erdöllagerstätten [14], sondern allgemein zur Extraktion und Stofftrennung genutzt oder erprobt.

Erste Anwendungsvorschläge, verdichtete Gase als Hilfsmittel für Stofftrennungen zu nutzen, finden sich bereits 1936 in der amerikanischen Patentliteratur. Dort wird eine Methode zur Trennung „höhermolekularer Mischungen“ angegeben [15], die darauf beruht, daß ein leichtflüchtiger Hilfsstoff — genannt wird u. a. auch Kohlendioxid — sich im Bereich seiner kritischen Temperatur bei Anwendung von Druck in der kondensierten Phase löst und dadurch eine Entmischung bewirkt. Weitere Patentvorschläge beschreiben die Gegenstromextraktion von Erdöl mit verdichteten Gasen zum Zweck einer Auftrennung in asphalthaltige und asphaltfreie Fraktionen [16] oder haben die Reinigung von fetten Ölen nach dem gleichen Verfahrensprinzip zum Gegenstand [17]. Groll schlug die Fraktionierung von natürlichen und synthetischen Ölen vor [18], indem das Gemisch zunächst in einem normalen Lösungsmittel aufgenommen wird, dessen Lösungsvermögen man dann durch Aufpressen von überkritischem Gas modifiziert.

Nachdem diese Patente praktisch keine Bedeutung erlangten, beschrieb Zhuze in der UdSSR Ende der Fünfziger Jahre ebenfalls ein Verfahren zur Fraktionierung von Rohöl sowie die Extraktion von Erdwachsen [18] und die Gewinnung von Lanolin aus Wollfett [20] mit Hilfe verdichteter Gase. Den eigentlichen Durchbruch der neuen Extraktionsmethode brachten die umfangreichen Arbeiten von Zosel in den Sechziger Jahren am Max-Planck-Institut für Kohlenforschung [21, 22], die Anstoß für vielfältige weitere Forschungsaktivitäten waren. Die schnelle Weiterentwicklung dieser Trennmethode in verschiedenen Bereichen führte 1978 in Essen zu dem von Stahl angeregten ersten Symposium, das ausschließlich die „Extraktion mit überkritischen Gasen“ zum Thema hatte [23]. Mittlerweile werden fast jährlich im In- und Ausland Symposien über physikalisch-chemische, verfahrenstechnische und praktische Aspekte der neuen Extraktionsmethode durchgeführt. Reviews zur Extraktion mit verflüssigten und überkritischen Gasen finden sich in großer Zahl mit unterschiedlichen Schwerpunkten in der Literatur, beispielsweise von Paul und Wise [24], Hicks und Young [25], Irani und Funk [26], Williams [27], Reid [28], Randall [29], Paulaitis et al. [30] oder Ely und Baker [31].

Die bisher bekannt gewordenen Anwendungsmöglichkeiten verdichteter Gase zur Stofftrennung umfassen neben Kohle und Erdölprodukten den großen Bereich der Naturstoffextraktion bis hin zu speziellen Anwendungen, wie die Entsalzung von Meerwasser, die Trennung von Ethanol-Wasser-Mischungen oder die Regenerierung von Adsorbentien. Das rege industrielle Interesse an diesem neuen Verfahren wird durch den vergleichsweise hohen Anteil der Patentliteratur an den Hochdruck-Publikationen der letzten Jahre belegt. Auf dem Naturstoffsektor, dem Schwerpunkt dieser Monographie, konnte sich im technischen Maßstab bisher Kohlendioxid als Lösungsmittel zur Entcoffeinierung von Rohkaffee (HAG AG, Bremen) und zur Gewinnung von Hopfenextrakten (HEG Hopfenextraktion GmbH, Münchsmünster/SKW Trostberg AG; Hopfenextraktion HVG, Barth, Raiser und Co., Wolnzach; Pauls and Whites International Ltd, England; Steiner Hops Ltd, England; Carlton and United Breweries Ltd, Australien) gegenüber den klassischen Methoden durchsetzen. Starke Bestrebungen, die Extraktion mit verdichteten Gasen zu kommerzialisieren, bestehen gegenwärtig auf dem Gebiet der Aromen, Gewürze und ätherischen Öle.

II.2 Begriffsdefinition

Extraktionsmethoden kann man, wie bereits angesprochen, nach dem thermodynamischen Zustand des Lösungsmittels klassifizieren. Bei der Extraktion mit verdichteten Gasen wird ein Hilfsstoff verwendet, dessen kritische Temperatur (T_C) in der Nähe der Betriebstemperatur des Trennverfahrens liegt. Der durch die intensiven Größen Druck und Temperatur vorgegebene Zustand des Gases ist durch einen Dichtewert gekennzeichnet, der in der Größenordnung der Dichte herkömmlicher flüssiger Lösungsmittel liegt. Da der hierzu erforderliche Druck nicht allein, sondern das Vorhandensein einer gewissen Dichte Voraussetzung und bestimmender Faktor für das Lösungsvermögen des Gases ist, ist es sinnvoll, für das Verfahren die Bezeichnung „Extraktion mit verdichteten Gasen“ („dense gas extraction“) zu verwenden. Diese Nomenklatur setzt sich gegenüber Begriffen wie Gasextraktion, Destraktion, Fluidextraktion, Hochdruckextraktion usw. immer mehr durch.

Zur Charakterisierung des Verfahrens ist es von untergeordneter Bedeutung, ob sich das Gas im verflüssigten oder im überkritischen Zustand befindet, da sich die Eigenschaften des verdichteten Gases und die damit verbundenen Effekte beim Überschreiten der kritischen Temperatur kontinuierlich ändern. Daher sollten die restriktiven Begriffe „verflüssigt“ oder „überkritisch“ an Stelle von „verdichtet“ nur dann verwendet werden, wenn man sich ausdrücklich auf einen bestimmten Zustandsbereich bezieht.

In Abb. 3 ist in einem p(T)-Diagramm der Zustand des Hilfsstoffs in der Extraktionsstufe durch die gestrichelte Linie eingetragen.

Bei unterkritischer Temperatur, im flüssigen Zustandsbereich, ist es in der Regel unnötig, den Druck wesentlich über denjenigen des kritischen Punktes zu erhöhen.

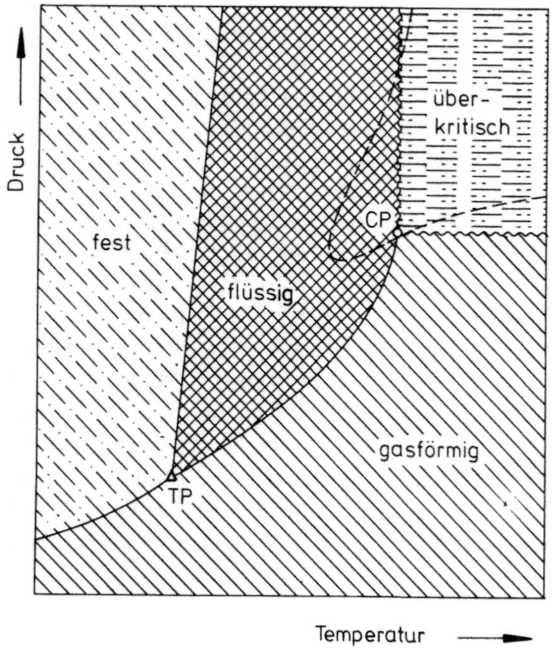

Abb. 3. p(T)-Zustandsdiagramm einer Reinsubstanz (Lösungsmittel), TP = Tripelpunkt, CP = kritischer Punkt

In diesem Bereich ist die Dichtezunahme der flüssigen Phase nur sehr gering und die Lösungskapazität wenig druckabhängig. Ebenso ist es in den meisten Fällen uninteressant, bei Drücken, die nur wenig über dem kritischen Punkt liegen, größere reduzierte Temperaturen (T/T_C) als 1,1 anzuwenden, da in diesem Bereich die Solvatationskraft des Lösungsmittels stark abnimmt und mehr destillative Charakteristika zum Tragen kommen.

Entsprechend dieser Definition des Lösungsmittels kann das komprimierte Gas ebenso verdichtetes Kohlendioxid (T_C 31 °C) bei einer Betriebstemperatur von 20 °C (flüssig) oder 80 °C (überkritisch) wie auch verdichtete Toluol-„Dämpfe" (T_C 318 °C) bei 300 °C oder bei 350 °C (etwa zur Extraktion von Kohle [32, 33]) darstellen. Die reduzierten Temperaturen liegen in der Trennstufe allgemein im Bereich von 0,9 bis 1,5, während die reduzierten Drücke je nach Temperatur im Bereich von 0,8 bis 5 liegen können. In Einzelfällen können auch höhere Druckwerte noch Vorteile bringen.

II.3 Besonderheiten verdichteter Gase

Die Verwendung verdichteter Gase zur Extraktion und Stofftrennung erfolgt unter zwei verschiedenen Gesichtspunkten. Einerseits kann das Ziel sein, einem Rohstoff, z. B. Kohle oder Holz, unter drastischen Bedingungen einen möglichst hohen Prozentsatz flüssiger oder gasförmiger Bestandteile zu entziehen. Dieser Vorgang, der eine Kombination aus Extraktion, Pyrolyse oder teilweise sogar chemischen Umsetzungen des Rohstoffs mit dem Lösungsmittel darstellt, soll in diesem Zusammenhang weniger interessieren. Andererseits kann es beabsichtigt sein, aus biologischen Trägermaterialien hochwertige Chemikalien oder Wirkstoffe möglichst schonend und selektiv im Sinne einer normalen Perkolation mit einem chemisch inerten Lösungsmittel zu isolieren. Hierbei stellen verdichtete Gase als Hilfsstoffe eine Alternative zu den normalen Lösungsmitteln dar.

Verdichtete Gase haben ähnlich den flüssigen organischen Lösungsmitteln die Fähigkeit, schwerflüchtige Stoffe bei relativ niedrigen Temperaturen aufzulösen. Darüberhinaus weisen sie weitere positive Eigenschaften auf, die ihre Verwendung gegenüber den herkömmlichen Lösungsmitteln interessant erscheinen lassen.

Verdichtete Gase besitzen ein schnelleres **Massentransportverhalten.** Trotz einer im Vergleich zu Flüssigkeiten nur geringfügig niedrigeren Dichte (d) entspricht die dynamische Viskosität (η) komprimierter Gase eher dem Wert des normalen gasförmigen Zustandes. Der Diffusionskoeffizient (D) eines verdichteten Gases ist in der Nähe des kritischen Punkts um mehr als das Zehnfache höher als der einer Flüssigkeit. Ein Größenordnungsvergleich dieser wichtigen Parameter für die verschiedenen Zustandsbereiche zeigt Tabelle 2.

Die aufgeführten Daten sind natürlich druck- und temperaturabhängig. Beispielsweise erreichen Gase wenig oberhalb ihrer kritischen Temperatur flüssigkeitsähnliche Dichten bei Anwendung reduzierter Drücke (p/p_C) von 1–2. Liegt die Temperatur deutlich über dem kritischen Wert, müssen entsprechend höhere Drücke aufgewendet werden. Mit steigendem Druck nähert sich dabei die Viskosität des komprimierten Gases langsamer als die Dichte den entsprechenden Werten eines flüssigen Lösungsmittels. Eine Temperatursteigerung führt zu einer Viskositätszu-

Tabelle 2. Größenordnungsvergleich physikalischer Daten von Gas, verdichtetem Gas und Flüssigkeit [29, 34]

	d (g/cm^3)	η (g/cm s)	D* (cm^2/s)
Gas, 1 bar			
Zimmertemperatur	$(0{,}6–2) \cdot 10^{-3}$	$(1–3) \cdot 10^{-4}$	0,1–0,4
verdichtetes Gas			
T_c, p_3	0,2–0,5	$(1–3) \cdot 10^{-4}$	$0{,}7 \cdot 10^{-3}$
$\sim T_c$, $4p_c$	0,4–0,9	$(3–9) \cdot 10^{-4}$	$0{,}2 \cdot 10^{-3}$
Flüssigkeit			
Zimmertemperatur	0,6–1,6	$(0{,}2–3) \cdot 10^{-2}$	$(0{,}2–2) \cdot 10^{-5}$

* Selbstdiffusion für Gas und verdichtetes Gas, binäre Mischung für Flüssigkeiten

nahme bei einem Gas aber zu einer Abnahme der Viskosität bei einem verdichteten Gas oder einer Flüssigkeit, während in allen drei Fällen eine Abnahme der Dichte resultiert.

Verdichtete Gase können also prinzipiell besser als die klassischen Lösungsmittel in das zu extrahierende Trägermaterial eindringen und die löslichen Bestandteile aufnehmen und weitertransportieren. Der Druckabfall im fließenden System ist gering. Verdichtete Gase stellen daher ideale Hilfsstoffe für gleichgewichtsbestimmte Trennmethoden, wie die Perkolation, dar. Diese Feststellung ist allerdings insofern zu relativieren, als in Fällen, in denen das Lösungsmittel nur eine sehr geringe Kapazität für die zu lösenden Stoffe aufweist, der Massentransfer allgemein wenig begünstigt ist.

Die Verwendung verdichteter Gase als Hilfsstoffe zur Extraktion erlaubt eine schonende und vollständige **Abtrennung** derselben aus Extrakt und Trägermaterial. Im Gegensatz zu flüssigen Lösungsmitteln, die durch (Vakuum-)Destillation, Ausdämpfen usw. entfernt werden müssen, gelingt bei der Hochdruckextraktion die Entmischung der Miscella (Abscheidung des Extrakts) durch Erniedrigung des Druckes und/oder Variation der Temperatur. Der Energiebedarf zur Regenerierung des Hilfsstoffes ist bei der Extraktion mit verdichteten Gasen in vielen Fällen geringer als bei der normalen Lösungsmittelextraktion. Eine thermische Belastung und damit Umlagerung oder Zersetzung labiler Pflanzeninhaltsstoffe kann ausgeschlossen werden, ebenso wie eine oxidative Schädigung, da der Überdruck in der Anlage das Eindringen von Sauerstoff während der Extraktion verhindert.

Beispielsweise sind die thermolabilen Proazulene aus Kamillenblüten [35] und Wermutkraut [36], die Valepotriate aus Baldrianwurzeln [37] oder die labilen Sesquiterpenketone aus Kalmusrhizomen [38] durch Extraktion mit verdichtetem Kohlendioxid unzersetzt isolierbar.

Verdichtete Gase besitzen eine vergleichsweise hohe **Selektivität**. Die zur schonenden Naturstoffextraktion verwendbaren Gase sind in verdichtetem Zustand typisch lipophile Lösungsmittel, die alle polaren und polymeren Substanzen nicht zu lösen vermögen. Außerdem sind sie schwache Lösungsmittel, die bei der einfachen Naturstoffperkolation nur selten eine höhere Beladung als einige Gewichtsprozente erreichen. Dies bedingt in der Regel größere Lösungsmitteldurchsätze bei der Extraktion mit verdichteten Gasen als bei der mit organischen Lösungsmitteln. Dafür lassen sich mit verdichteten Gasen bei geschickter Prozeßführung Extrakte mit höherem Wirkstoffgehalt, beispielsweise aus Pyrethrumblüten [39] oder Baldrianwurzeln [37], gewinnen oder hochwertige Produkte erhalten, die einen Großteil der Raffinationsschritte überflüssig machen, die im Anschluß an klassische Extraktionsverfahren erforderlich sind. Durch Variation der Zustandsparameter Druck und Temperatur sowohl in der Beladungs- als auch in der Entmischungsstufe können die Lösungseigenschaften verdichteter Gase dem Trennproblem angepaßt werden, so daß sie gleichermaßen gut zur selektiven Extraktion wie zur Raffination von Rohextrakten geeignet sind.

Durch Zusatz eines Stoffes mittlerer Flüchtigkeit (zwischen Gas und kondensierter Phase), eines sogenannten Schleppmittels, zu dem verdichteten Gas kann dessen Lösungskapazität wesentlich erhöht werden, in speziellen Fällen bei gleichzeitiger Erhaltung oder gar Steigerung der Selektivität [40, 41]. Zusätzlich besteht hierbei durch Ausnutzung von Mischungslücken die Möglichkeit einer günstigen Regenerierung des Extraktionsmittels durch bloße Temperaturänderung.

Zur schonenden Naturstoffextraktion sind Betriebstemperaturen im Bereich von 0–100 °C einzuhalten. Dies erfordert die Verwendung von solchen Gasen als Lösungsmittel, deren kritische Temperaturen sich ebenfalls in diesem Intervall befinden. Tabelle 3 zeigt eine Auswahl möglicher Extraktionsgase nach steigender kritischer Temperatur geordnet.

Tabelle 3. Physikalisch-chemische Daten verschiedener zur Naturstoffextraktion geeigneter Gase

Gas	T_C (°C)	p_C (bar)	ϱ_C (g/cm^3)	Kp (°C)
Ethen	9,9	50,5	0,20	−103,7
Trifluormethan	25,9	46,9	0,52	− 82,2
Kohlendioxid	31,0	72,9	0,47	− 78,5 (Subl.)
Ethan	32,2	48,2	0,20	− 88,6
Distickstoffmonoxid	36,5	71,7	0,46	− 88,5
Schwefelhexafluorid	45,6	37,7	0,73	− 63,8 (Subl.)
Propen	91,9	45,4	0,22	− 47,4
Propan	96,8	42,4	0,22	− 47,1

Von diesen prinzipiell anwendbaren Gasen sind einige für den praktischen Einsatz in größerem Maßstab weniger geeignet. Trifluormethan und einige andere, eventuell geeignete Fluor-(Halogen-)Kohlenwasserstoffe sind zu teuer und stehen im Verdacht, den Ozongürtel der Erdatmosphäre zu zerstören. Distickstoffmonoxid ist mit Vorsicht zu verwenden, da es die Verbrennung unterhält und unter bestimmten Voraussetzungen zu spontaner Zersetzung neigt [42, 43]. Von praktischer Relevanz für einige Problemstellungen sind die reinen Kohlenwasserstoffe, besonders Ethan und Propan, obwohl sie brennbar sind und mit Luft explosive Gemische bilden. Das wichtigste Gas in diesem Zusammenhang ist jedoch Kohlendioxid, das interessanterweise eine isostere Verbindung des ältesten, überhaupt zur Extraktion verwendeten lipophilen Lösungsmittels, Kohlendisulfid, darstellt.

Die Verwendung von Kohlendioxid als Lösungsmittel ist mit folgenden Vorteilen verbunden:

- CO_2 ist physiologisch unbedenklich. Es liegt in kohlensäurehaltigen Getränken vor und ist ein Endprodukt des menschlichen Stoffwechsels. Die Zusicherung des GRAS-Status (Generally Recognized As Safe Affirmation) durch die FDA (Food and Drug Administration) für verdichtetes CO_2 zur Extraktion von Nahrungsmitteln ist in Vorbereitung [44]
- CO_2 ist keimfrei und bakteriostatisch
- CO_2 ist nicht brennbar oder explosiv; Vorrichtungen für Explosions- und Brandschutz sind überflüssig
- CO_2 ist umweltfreundlich, es fallen keine Abluft, keine Abwässer und keine verbrauchten Lösungsmittel an, dadurch entfällt ein Großteil der üblichen Folgekosten
- CO_2 steht in großen Mengen zu günstigen Konditionen aus eigenen Ressourcen, weitgehend unabhängig von der petrochemischen Industrie, zur Verfügung; die Bevorratung großer Mengen in verflüssigter Form ist Stand der Technik.

Trotz erheblicher Vorteile besteht zur Zeit noch eine gewisse Zurückhaltung seitens der Industrie gegenüber der Extraktion mit verdichteten Gasen. Der Anwendung stehen, besonders bei fehlendem Know-how das Risiko der Beherrschung der neuen Technologie, die hohen Investitionskosten, die ein Prozeßablauf unter hohem Druck erfordert und zum Teil noch ungeklärte technologische Probleme bei der kontinuierlichen Durchführung des Verfahrens entgegen. Diese Argumente verlieren jedoch mit fortschreitender Entwicklung, zunehmender Verknappung und steigenden Kosten für Energie und konventionelle Lösungsmittel an Bedeutung.

Die vorhandene Attraktivität der Extraktion mit verdichteten Gasen, insbesondere mit Kohlendioxid, wird durch die Bemühungen um industrielle Anwendung belegt, und das Interesse an dem neuen Verfahren durch die große Anzahl von Patentanmeldungen in den letzten Jahren dokumentiert. Aus verständlichen Gründen ist der Einblick in den Stand der Forschung auf industrieller Seite nur unvollkommen gewährleistet.

II.4 Thermodynamische Grundlagen

II.4.a Beschreibung des Lösungsmittelkreislaufs

Zum besseren Verständnis des Extraktionsverfahrens mit Hilfe verdichteter Gase sollen die Zustandsänderungen des im Kreislauf geführten Lösungsmittels sowohl bei Kompressor- als auch bei Pumpenbetrieb anhand von t,s-Diagrammen (s = Entropie) veranschaulicht werden. Diese Darstellung besitzt auch Bedeutung zur Ermittlung thermodynamischer Daten, z. B. der Wärmebilanz einzelner Prozeßschritte und damit für die Auslegung von Bauteilen der Anlage. Als Lösungsmittel wird exemplarisch Kohlendioxid betrachtet, das gut untersucht ist und besondere Relevanz besitzt.

Abbildung 4 zeigt zur Orientierung einen größeren Bereich des Zustandsdiagrammes von Kohlendioxid, in dem der für die Naturstoffextraktion geeignete Betriebs-

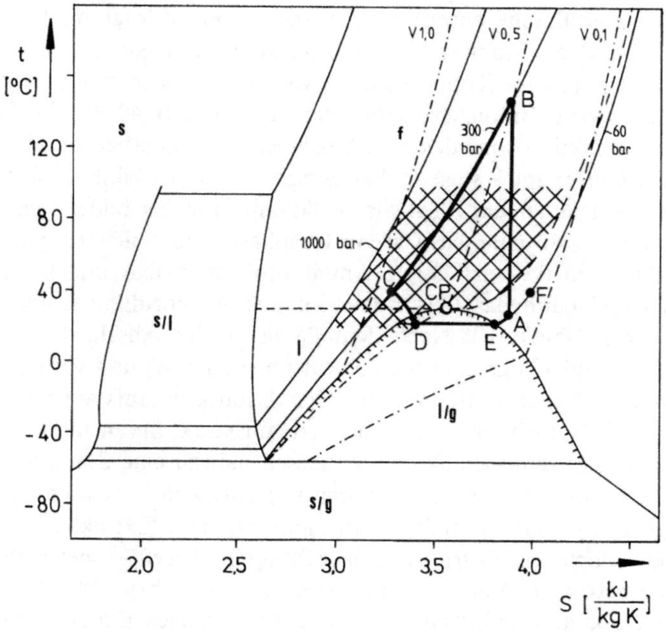

Abb. 4. Extraktionskreislauf (A–F) mit Kompressor im t,s-Diagramm von Kohlendioxid; Extraktion bei 300 bar/40 °C, Abscheidung bei 60 bar/40 °C. *AB* isentrope Kompression, *BC* isobare Abkühlung, *CD* adiabatische Expansion, *DE* isobare, isotherme Verdampfung, *EF* isobare Erwärmung, *FA* isobare Abkühlung; *V* Isochoren mit Dichteangabe in g/cm^3; Daten aus [45–47]

bereich durch die schraffierte Fläche hervorgehoben ist. Sie umfaßt das Temperaturintervall von 20–100 °C und den Druckbereich von 73 (p_C) bis 1000 bar.

In dem Zustandsdiagramm sind die Bereiche eingezeichnet, in denen das Kohlendioxid als homogene feste (s), flüssige (l), gasförmige (g) oder überkritische (f) Phase vorliegt sowie die Zweiphasengebiete s/l, s/g und l/g. Der überkritische Zustandsbereich ist zur Verdeutlichung durch die gestrichelte Linie, die keine Phasengrenze darstellt, von dem flüssigen und gasförmigen Bereich abgegrenzt. Der rechts vom kritischen Punkt (CP) verlaufende Teil dieser Linie stimmt mit der kritischen Isobare (73 bar) überein. Daneben sind drei weitere Isobaren entsprechend einem Druck von 60, 300 und 1000 bar eingezeichnet. Die durch Strichpunkte gekennzeichneten Linien sind Isochoren (V), die Zustände gleicher Dichte (angegeben in g/cm^3) verbinden. Die schraffierte Fläche links der Isochoren V 0,5 kennzeichnet den Bereich hohen Lösungsvermögens, der zur schnellen Abtrennung lipophiler Inhaltsstoffe geeignet ist. Rechts dieser Isochoren nimmt das Lösungsvermögen mit sinkender Gasdichte stark ab. In diesem Bereich können durch Ausnutzung von Löslichkeitsunterschieden bei der Extraktion oder Abscheidung Fraktionierungseffekte erzielt werden.

Ein Extraktionskreislauf bei Kompressorbetrieb ist in Abb. 4 durch die fett gezeichnete Linie mit den darauf liegenden Punkten A bis F eingetragen. Ausgehend von gasförmigem Kohlendioxid von 60 bar und 25 °C (Punkt A), wie es einer handelsüblichen Stahlflasche entnommen werden kann, erfolgt im Idealfall eine isentrope und verlustfreie Kompression, beispielsweise auf einen Druck von 300 bar (Punkt B). Das durch die Kompression erwärmte Gas wird vor Eintritt in den Extraktionsbehälter isobar auf die Extraktionstemperatur, z. B. 40 °C, abgekühlt (Punkt C). Nach der Extraktion wird das extraktbeladene Gas adiabatisch bis zum unterkritischen Druck von beispielsweise 60 bar entspannt. Dabei kühlt es sich auf die Verflüssigungstemperatur ab und liegt als Naßdampf vor. Es bildet sich eine extraktreiche Flüssigphase und eine extraktfreie Gasphase. Zur vollständigen Abscheidung des Extrakts wird der verflüssigte Anteil zunächst isobar und isotherm verdampft (Punkt E) und dann das Gas isobar auf die Abscheidungstemperatur von z. B. 40 °C erwärmt (Punkt F). Nach dem Passieren des Abscheiders kühlt sich das regenerierte Gas auf Umgebungstemperatur ab (Punkt A) und wird erneut vom Kompressor angesaugt. Die während dieses Extraktionskreislaufs auftretenden Dichteunterschiede von CO_2, insbesondere zwischen dem Extraktionszustand (Punkt C) und dem Abscheidungszustand (Punkt F), umfassen nahezu eine Zehnerpotenz und können anhand der eingezeichneten Isochoren (V) abgeschätzt werden.

Abbildung 5 zeigt den Lösungsmittelkreislauf mit gleichem Extraktions- und Abscheidungszustand, jedoch beim Betrieb mit einer Pumpe, die verflüssigtes Kohlendioxid ansaugt. Der isentropen Druckerhöhung von A nach B bzw. B′ folgt eine isobare Thermostatisierung auf die Extraktionstemperatur. Je nach Druckerhöhung und der gewünschten Temperatur kann dabei eine Kühlung (B–C) oder Erwärmung (B′–C′) des verdichteten Gases notwendig sein. Der Übergang vom Extraktionszustand C bzw. C′ zum Abscheidungszustand F ist unabhängig von der Druckerzeugung und durchläuft die gleichen Zustandsänderungen wie beim Kompressorbetrieb. Nach der Entmischung des Extrakts in F wird das regenerierte Gas zunächst auf die dem Abscheidungsdruck entsprechende Verflüssigungstemperatur abgekühlt (E), dann isobar und isotherm kondensiert (A) und wieder der Flüssigkeitspumpe zugeführt.

Die gewählte Art der Druckerzeugung hat auf die Auslegung der übrigen Anlagenteile wesentlichen Einfluß. Bei Kompressorbetrieb wird ein Großteil der zur Druckerzeugung zugeführten Energie in Wärme umgewandelt, die zur Einstellung der Extraktionstemperatur wieder abgeführt werden muß. Ein verminderter Leistungsbedarf für die Kompression und eine insgesamt geringere Erwärmung des Gases kann erreicht werden, wenn die Verdichtung zweistufig mit Zwischenkühlung erfolgt. Wird die Temperatur des vorverdichteten Gases auf einen Wert knapp oberhalb der kritischen Temperatur eingestellt, kann eine beträchtliche Energieeinsparung für die Kompression bis zum Extraktionsdruck erzielt werden.

Beim Betrieb einer Flüssiggaspumpe wird der überwiegende Teil der zugeführten Energie zur Druckerhöhung verwendet. Die Temperaturzunahme infolge Kompressibilität der Flüssigphase ist im Vergleich zum Kompressorbetrieb gering und daher auch die zum Erreichen der Extraktionstemperatur von beispielsweise 40 °C zu- oder abzuführende Wärmemenge. Dafür muß jedoch dem Gas, das sich auf Abscheidungsdruck (= Saugdruck der Pumpe) befindet, zum Zweck der Verflüssigung zunächst einmal eine beträchtliche Wärmemenge in einem Kondensator entzogen werden. Zusätzlich ist eine Unterkühlung des an der Phasengrenze l/g, d. h. im Siedezustand vorliegenden Gases sinnvoll, damit beim Ansaugen die Funktion der Pumpe infolge einer Verdampfung durch Druckverlust nicht beeinträchtigt

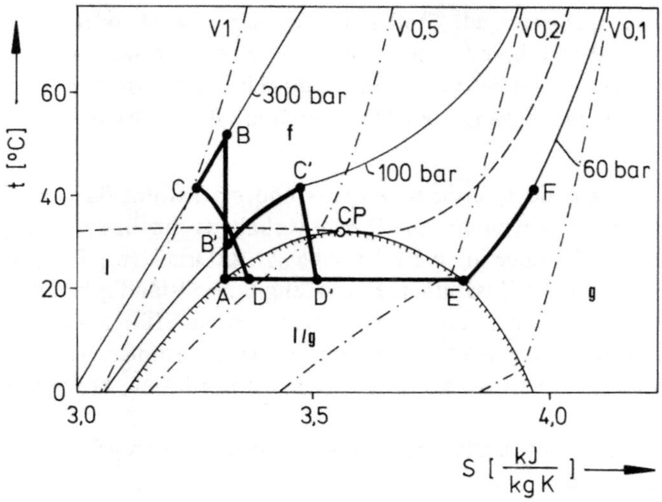

Abb. 5. Extraktionskreislauf (A–F) mit Pumpe im t,s-Diagramm von Kohlendioxid, Extraktion bei 300 bar/40 °C bzw. 100 bar/40 °C, Abscheidung bei 60 bar/40 °C.
AB isentrope Druckerhöhung, *BC* isobare Kühlung oder Erwärmung, *CD* isenthalpe Expansion, *DE* isobare, isotherme Verdampfung, *EF* isobare Erwärmung, *FE* isobare Abkühlung, *EA* isobare, isotherme Kondensation; *V* Isochoren mit Dichteangabe in g/cm³

wird (Kavitation). Da die Dichte des angesaugten Lösungsmittels beim Pumpenbetrieb etwa zehnfach höher liegt als beim Kompressorbetrieb, ist die Förderleistung einer Pumpe entsprechend effektiver bzw. ihre Baugröße bei gleicher Leistung wesentlich geringer.

Die Darstellung des Verfahrensablaufs mit Flüssigkeitspumpe oder Kompressor hat nur beispielhaften Charakter und ist auf CO_2 als Extraktionsgas bezogen. Je nachdem, ob andere Gase verwendet werden oder ob die Abscheidung des Extrakts einstufig oder mehrstufig durch Drucksenkung, Temperaturerhöhung, Temperaturerniedrigung oder durch eine Kombination von Druck- und Temperaturänderung erfolgt, ergeben sich neue Gesichtspunkte und ein anderer Verfahrensablauf.

In der Praxis trifft auch die idealisierte Verfahrensweise nur bedingt zu, da die einzelnen Schritte nicht reversibel verlaufen und der Betrieb der für die Zustandsänderungen verantwortlichen Bauteile (Kompressor, Pumpe, Wärmeaustauscher mit entsprechenden Speiseaggregaten) mit Wärmeverlusten und einem ganz bestimmten Wirkungsgrad verbunden ist, der hier nicht erfaßt werden kann. Zusätzlich müssen die Stoffdaten für reines Kohlendioxid teilweise im Hinblick auf die tatsächlich vorliegenden beladenen Zustände korrigiert werden.

II.4.b Phasengleichgewichtsbetrachtungen

Die Extraktion mit verdichteten Gasen ist ein Verfahren, das ebenso wie die Destillation oder die klassische Lösungsmittelextraktion Phasengleichgewichte in einem System unter bestimmten Zustandsbedingungen zur Stofftrennung ausnutzt. Das System besteht in der Regel aus wenigstens drei Komponenten, dem verdichteten Gas, das die Funktion eines Hilfsstoffs ausübt und den beiden zu trennenden Substanzen.

In Fällen, in denen der abzutrennende Stoff eine Reinsubstanz ist, oder aufgrund seiner Homogenität als Pseudokomponente aufgefaßt werden kann und die zurückbleibende Komponente, beispielsweise ein pflanzliches Trägermaterial, völlig unlöslich ist, beruht der Trennvorgang auf (quasi)-binären Gleichgewichten.

Binäre Mischungen

Einfache binäre Systeme aus dem verdichteten Gas und einer aufzulösenden Substanz sind auch zur Veranschaulichung des Phasenverhaltens am besten geeignet. Sie können durch drei unabhängige intensive Variable, z. B. Druck (p), Temperatur (T) und Molenbruch (x), der die Zusammensetzung angibt, vollständig beschrieben und in dreidimensionalen pTx-Diagrammen dargestellt werden. Hilfreich sind auch zweidimensionale Schnitte durch solche Diagramme bei konstanter Temperatur oder konstantem Druck bzw. die Projektion in eine der drei Ebenen, beispielsweise in die pT-Ebene.

Im thermischen Gleichgewicht beschreibt die GIBBS'sche Phasenregel

$$F = K + 2 - P \tag{1}$$

die Beziehung zwischen der Anzahl der unabhängigen Variablen (Freiheiten) F, der Zahl der Komponenten K und derjenigen der Phasen P. In einem binären System ist demnach eine homogene Phase durch einen Raum (drei unabhängige Variable) charakterisiert, der Koexistenzbereich zweier Phasen stellte eine Fläche und derjenige dreier Phasen eine Linie mit nur noch einem Freiheitsgrad dar.

Abbildung 6a zeigt den einfachsten Fall eines pTx-Diagramms, in dem nur Gas-Flüssig-Gleichgewichte auftreten und die beiden flüssigen Phasen in jedem Verhältnis mischbar sind. Die Komponente 1 soll jeweils das leichter flüchtige Lösungsmittel, Komponente 2 eine weniger flüchtige lipophile Substanz sein. Die in den beiden pT-Ebenen der Zeichnung liegenden gestrichelten Linien A_1—CP_1 und A_2—CP_2 sind die Dampfdruckkurven der reinen Substanzen, die jeweils am kritischen Punkt enden. Die Linie CP_1—CP_2 stellt die kritische Kurve binärer Mischungen aus 1 und 2 dar, die in diesem einfachen Fall einen durchgehenden Verlauf zwischen den kritischen Punkten der Reinsubstanzen aufweist. Dieses Verhalten ist nur in Systemen aus zwei Komponenten mit ähnlichen Molmassen, Polaritäten und kritischen Daten (z. B. Methan/Propan oder CO_2/n-Hexan) anzutreffen. Das Zweiphasengebiet wird von zwei gewölbten Flächen umschlossen, die in den Linien A_1—CP_1, CP_1—CP_2 und CP_2—A_2 zusammenlaufen. Die obenliegende Fläche bildet dabei die Phasengrenze zum gasförmigen Bereich, die untere Fläche ist die Grenze zur homogenen Flüssigphase. Form und Verlauf dieser Zweiphasengrenzflächen sind für die Hochdruckextraktion von eigentlichem Interesse. Oberhalb der kritischen Kurve liegt für jede Zusammensetzung eine homogene Mischphase vor, d. h. jenseits der kritischen Kurve kann die Substanz 2 unbegrenzt vom überkritischen Extraktionsmittel 1 aufgenommen werden.

Abbildung 6b zeigt die Dampfdruckkurven der beiden Reinsubstanzen und die dem Gas-Flüssig-Gleichgewicht entsprechende kritische Kurve der Mischung in der p(T)-Projektion. Die Schraffur der Phasengrenze weist in den heterogenen Zustandsbereich. Die kritische Linie muß nicht immer wie in Abbildung 6a einen konvexen Bogen beschreiben (Typ 1). Sie kann je nach System auch gleichförmig zwischen den kritischen Punkten der Reinsubstanzen verlaufen (Typ 2) oder ein Temperaturminimum aufweisen (Typ 3).

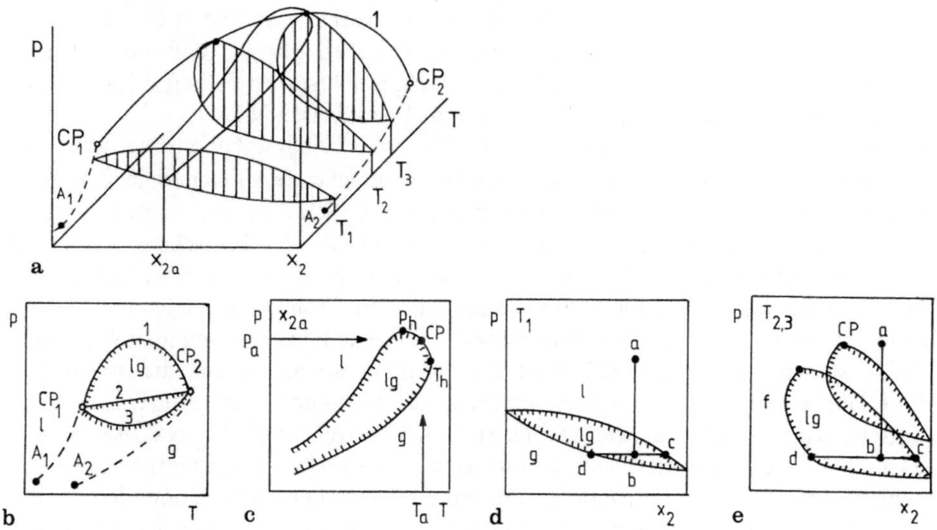

Abb. 6a–e. pTx-Diagramm einer binären Mischung (**a**) mit p(T)-Projektion (**b**), p(T)-Schnitt bei konstanter Zusammensetzung x_{2a} (**c**) und einigen Isothermen im $p(x_2)$-Diagramm (**d, e**).

Abbildung 6c zeigt einen Schnitt in der pT-Ebene bei konstanter Zusammensetzung x_{2a} der binären Mischung. Bei den Reinsubstanzen, für $x_2 = 0$ bzw. $x_2 = 1$, liegen in der pT-Ebene die Dampfdruckkurven, die am kritischen Punkt enden, d. h. an dem Punkt, an dem bei der höchsten Temperatur und dem höchsten Druck eine Unterscheidung der im Gleichgewicht befindlichen Flüssig- und Gasphase gerade noch möglich ist. Bei der binären Mischung erhält man dagegen in der pT-Ebene eine Schleife aus Tau- und Siedelinie, wobei der kritische Punkt CP, an dem die koesistierenden Phasen bezüglich ihrer intensiven Eigenschaften identisch und damit nicht mehr unterscheidbar werden, im allgemeinen weder mit dem Punkt der höchsten Temperatur T_h noch mit demjenigen des höchsten Drucks p_h zusammenfällt und diese drei Punkte in beliebiger Reihenfolge auf der Phasengrenzlinie vorliegen können.

Bedingt durch den Isopletenverlauf (p(T)-Kurve für $x = \text{const}$) sind bei Mischungen im Bereich des kritischen Punkts besondere Verdampfungs- und Kondensationsvorgänge zu beobachten, die bei Reinsubstanzen nicht anzutreffen sind. Erhöht man in Abb. 6c bei konstantem Druck p_a die Temperatur, überschreitet die zunächst flüssige Mischung die Siedelinie und gelangt in das Zweiphasengebiet. Das Volumen der entstandenen Gasphase durchläuft bei weiterer Temperaturerhöhung ein Maximum und nimmt dann wieder ab, bis schließlich erneut ein homogener Zustandsbereich vorliegt. Ein diesem Verdampfungseffekt entsprechender Kondensationseffekt kann bei isothermer Druckerhöhung auftreten. Wird die gasförmige Mischung bei der Temperatur T_a verdichtet, entsteht zwischenzeitlich, beim Durchlaufen des Zweiphasengebiets, eine flüssige Phase, deren Menge zunächst anwächst, dann kleiner wird und schließlich wieder verschwindet. Der homogene Zustandsbereich, der jeweils nach Durchschreiten des Zweiphasengebiets erreicht wird, könnte im ersten Fall als flüssig, im zweiten als gasförmig bezeichnet werden, so daß diese

Unterscheidung im kritischen Gebiet ihren Sinn verliert. Systematische, besonders von Schneider durchgeführte Untersuchungen haben gezeigt, daß im kritischen Bereich alle drei möglichen Zweiphasen-Gleichgewichtstypen Flüssig-Flüssig, Flüssig-Gas und Gas-Gas kontinuierliche Übergänge aufweisen [48, 49].
Die durch eine konstante Temperatur T_1, T_2 und T_3 definierten Ebenen schneiden die beiden dem Gas-Flüssig-Gleichgewicht entsprechenden Flächen in der angegebenen Weise. Die resultierenden isothermen p-x_2-Schnitte sind in den Abb. 6d und 6e dargestellt. Für eine Temperatur T_1 unterhalb der kritischen Temperatur des verdichteten Gases ergibt sich ein Bild, das dem spindelförmigen Siedediagramm bei der Destillation entspricht. Entspannt man eine homogene Mischung der Zusammensetzung a auf den Druck im Punkt b, tritt eine Phasentrennung in Flüssigkeit der Zusammensetzung c und Dampf der Zusammensetzung d ein, die miteinander im Gleichgewicht stehen. Überschreitet man die kritische Temperatur des Lösungsmittels, ergeben sich charakteristische Schleifen entsprechend den p(x_2)-Isothermen T_2 und T_3. Auf der linken Seite ist nun kein Gas-Flüssig-Übergang mehr zu beobachten. Am Maximum schrumpfen die horizontal verlaufenden Konnoden, welche die bei konstanter Temperatur und konstantem Druck im Gleichgewicht befindlichen Phasen verbinden, zu einem Punkt zusammen, dem kritischen Punkt CP bei der entsprechenden Temperatur. Wegen der asymmetrischen Form der Isothermen bewirkt die Entspannung in den heterogenen Bereich oft einen effektiven Trenneffekt.

Neben dem einfachen, in Abb. 6 gezeigten Phasenverhalten gibt es zahlreiche weitere Verhaltensweisen binärer Mischungen. Bei Temperaturen unterhalb der kritischen Temperatur der leichtflüchtigeren Komponente 1 können sich Flüssig-Flüssig-Entmischungen ergeben und Dreiphasenlinien Flüssig-Flüssig-Gas auftreten. Die dem Flüssig-Flüssig und dem Gas-Flüssig-Gleichgewicht entsprechenden kritischen Kurven sind meist nicht streng gegeneinander abzugrenzen, sie können unterschiedliche Formen besitzen und in Abhängigkeit von der Zusammensetzung der binären Mischung einen kontinuierlichen Verlauf oder Unterbrechungen aufweisen. Auf der Van der Waals — Gleichung basierende Untersuchungen haben gezeigt, daß eine Einteilung in verschiedene Phasengleichgewichtstypen aufgrund des Verlaufs der kritischen Linien, insbesondere der Art, wie sie mit den kritischen Punkten der Reinsubstanzen und den Dreiphasenlinien in Verbindung stehen, möglich ist [50–52].

Nach Konyenberg und Scott [52] ergeben sich bei ausschließlicher Betrachtung von Gas- und Flüssigphasen 6 Hauptklassen binärer Gleichgewichte. Die Klassifizierung ist in der pT-Projektion der entsprechenden pTx-Diagramme am besten zu erkennen. Neben dem bereits in Abb. 6 gezeigten einfachsten Fall (Klasse 1) sind in Abb. 7 die p(T)-Diagramme der Klassen 2, 3 und 4 sowie ein der Klasse 3 verwandter Gleichgewichtstyp unter Einbeziehung fester Phasen dargestellt. Zu den p(T)-Diagrammen sind jeweils zwei charakteristische p(x)-Isothermen abgebildet. Die Numerierung der Klassen ist so angelegt, daß von weitgehend symmetrischen binären Mischungen ausgehend, die das Phasenverhalten bestimmenden Unterschiede bezüglich Molekülgröße, Flüchtigkeit und Polarität der beiden Komponenten größer werden. Die in der p(T)-Projektion liegenden kritischen Linien (durchgezogen), Dreiphasenlinien (gestrichpunktet) und Dampfdruckkurven der Reinsubstanzen (gestrichelt) markieren die Grenzen der Oberflächen, welche im dreidimensionalen pTx-Diagramm Zweiphasengebiete umschließen. Die Isothermen sind charakteristische Schnitte durch diese Flächen, wobei die Schraffur in das Zweiphasengebiet weist.

Im Phasendiagramm der Klasse 2 verläuft die kritische Kurve des Gas-Flüssig-Gleichgewichts wie in demjenigen der Klasse 1 kontinuierlich zwischen den kritischen Punkte CP_1 und CP_2 der Reinsubstanzen. Zusätzlich tritt bei tiefen Temperaturen eine Flüssig-Flüssig-Mischphase mit einer kritischen Linie auf, die am oberen kritischen Endpunkt O, dem Schnittpunkt mit der Dreiphasenlinie llg, beginnt und nahezu parallel zur p-Achse verläuft. Die dieser Linie entsprechenden kritischen Entmischungstemperaturen (OKT) für Flüssig-Flüssig-Gleichgewichte besitzen daher nur eine sehr schwache positive (Typ 1) oder negative (Typ 2) Temperaturabhängigkeit. Zustandsdiagramme der Klasse 2 sind beispielsweise bei Mischungen aus CO_2 und Octan, Decan [49] oder 2-Hexanol [53] gefunden worden. Die auftretenden Dreiphasenlinien können einen oberen und/oder unteren kritischen Endpunkt haben, an dem zwei von drei koexistierenden Phasen identisch werden. Die kritischen Endpunkte sind jeweils durch ein Dreieck markiert.

Im einphasigen Bereich, in dem die schwerflüchtige Komponente 2 vollständig von dem verdichteten Gas 1 aufgenommen wird, sind in den p(T)-Diagrammen der Abb. 7 Punkte (L) als Beispiele für Extraktionszustände eingezeichnet. Zur Abscheidung der gelösten Substanz muß ausgehend von diesen Punkten durch Änderung der Zustandsbedingungen ein Übergang in das Zweiphasengebiet erfolgen. Dies ist in nahezu allen Fällen durch Druckerniedrigung möglich. In einigen Fällen, z. B. Klasse 3, Typ 1, kann auch eine starke Druckerhöhung zur Phasentrennung führen. Eine Entmischung ist ferner durch Temperaturerniedrigung und in gewissen Zustandsbereichen, je nach eingestelltem Druck, durch Temperaturerhöhung zu erreichen.

Nimmt die gegenseitige Mischbarkeit der beiden Komponenten eines Klasse 2-Systems weiter ab, wird die kritische Kurve des Flüssig-Flüssig-Gleichgewichts zu höheren Temperaturen verschoben, bis sie schließlich in den Gas-Flüssig-Bereich gelangt und kontinuierlich in die kritische Kurve lg übergeht. Diese verläuft in dem nun vorliegenden Kasse 3-Diagramm nicht mehr kontinuierlich zwischen den kritischen Punkten CP_1 und CP_2. Sie besteht aus zwei Ästen, wobei der eine mit dem kritischen Punkt CP_2 der schwerflüchtigeren Komponente verbunden ist und bei sinkender Temperatur zu sehr hohen Drücken ansteigt. Dabei werden in einigen Fällen zunächst Druckmaxima und -minima durchlaufen, bevor der steile schwach positive (Typ 1) oder negative (Typ 2) Anstieg resultiert. Bei weiter abnehmender Mischbarkeit der Komponenten entfallen die Druckextrema. Die kritische Kurve kann mit negativer Steigung zu höheren Drücken verlaufen (Typ 3), ein Temperaturminimum durchlaufen (Typ 4) oder unmittelbar eine positive Steigung annehmen (Typ 5). In den beiden letztgenannten Fällen treten bei hohen Drücken und überkritischen Temperaturen sogenannte Gas-Gas-Gleichgewichte auf. Der zweite, kürzere Ast der kritischen Kurve, der in CP_1 beginnt, endet am oberen kritischen Endpunkt O, wo er auf die Dreiphasenlinie llg trifft. Diese Dreiphasenlinie kann bei manchen Klasse 3-Typen auch über den Dampfdruckkurven der beiden Reinsubstanzen liegen. Beispiele für Phasendiagramme der Klasse 3 sind die Systeme CO_2-Wasser [54, 55] oder CO_2-Hexadecan [56] und CO_2-Squalan [57].

In Phasendiagrammen der Klasse 4 erreicht die in Punkt CP_2 beginnende kritische

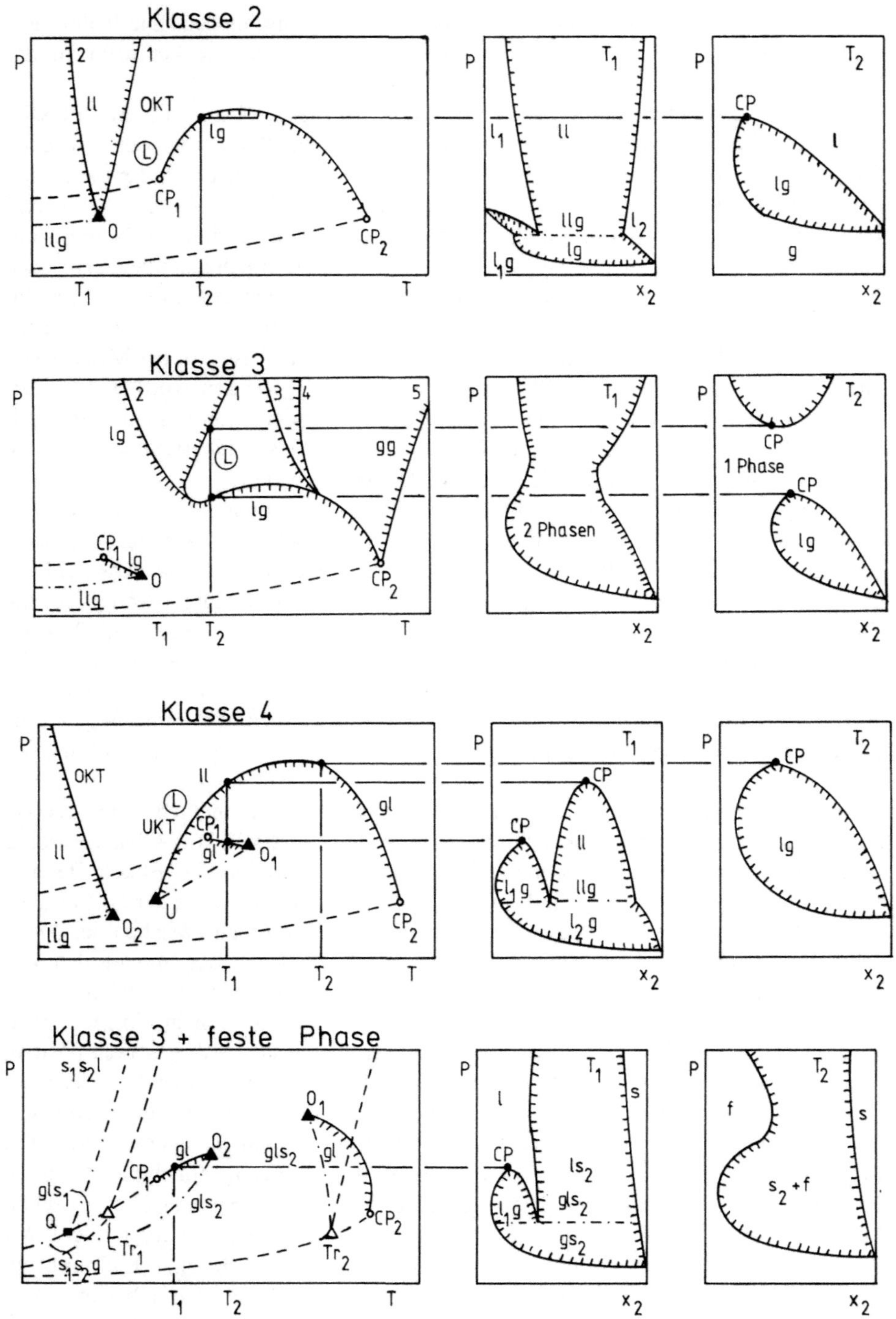

Abb. 7. Darstellung von verschiedenen Klassen binärer Systeme in der p(T)-Projektion mit jeweils zwei ausgewählten p(x)-Isothermen

Linie für das Gas-Flüssig-Gleichgewicht bei Temperaturerniedrigung ein Maximum und geht dann kontinuierlich in eine Flüssig-Flüssig-Gleichgewichten entsprechende kritische Linie über, die unteren kritischen Entmischungstemperaturen (UKT) zuzuordnen ist und am unteren kritischen Endpunkt U auf die Dreiphasenlinie llg trifft. Bei tieferen Temperaturen tritt eine weitere Flüssig-Flüssig-Entmischung auf, deren kritische Linie wie in Diagrammen der Klasse 2 die oberen kritischen Entmischungstemperaturen (OKT) in Abhängigkeit vom Druck angibt und am oberen kritischen Endpunkt O_2 beginnt bzw. endet. Beispiele für Klasse-4-Diagramme sind binäre Mischungen aus CO_2 und Nitrobenzol oder Ethan und Squalan.

Klasse 5-Systeme weichen von denjenigen der Klasse 4 nur insofern ab, als die Flüssigphasen bei Temperaturen unterhalb des unteren kritischen Endpunktes U vollständig mischbar sind, und ein Zerfall in zwei Flüssigkeiten nur in einem kleinen Bereich zwischen den kritischen Temperaturen der Reinsubstanzen auftritt. Klasse 6-Diagramme sind nicht wie die anderen fünf von der Van der Waals-Gleichung abzuleiten. Sie kommen in einigen wässrigen Systemen vor und zeigen wie die Klassen 1 und 2 eine durchgehende kritische Kurve gl zwischen den kritischen Punkten der beiden Komponenten. Zusätzlich haben sie einen Bereich mit Flüssig-Flüssig-Entmischung, dessen kritische Kurve bei tiefen Drücken durch einen oberen und unteren kritischen Endpunkt begrenzt wird.

In Abb. 7 sind einige charakteristische p(x)-Isothermen eingezeichnet. Liegt die Temperatur unterhalb des oberen kritischen Endpunktes derart, daß die Dreiphasenlinie llg geschnitten wird, beispielsweise im Diagramm der Klasse 4 bei der Temperatur T_1 mit $T(CP_1) < T_1 < T(O_1)$, treten drei verschiedene Zweiphasengebiete auf. Im Bereich unterhalb der durch Strichpunkte markierten Dreiphasenlinie liegen Flüssig-Gas-Gleichgewichte l_2g vor. Der rechte Kurvenast, bei hohen x_2-Anteilen, entspricht der Löslichkeit der überkritischen Verbindung 1 in der flüssigen Verbindung 2, der linke Kurvenast gibt die Löslichkeit der flüssigen Verbindung 2 in der überkritischen Verbindung 1 an. Oberhalb des Drucks der Dreiphasenlinie tritt bei hohen Konzentrationen der Komponente 1 ein kleines Zweiphasengebiet l_1g auf, das bei einem Druck oberhalb des binären kritischen Punkts CP auf der kritischen Linie $CP_1—O_1$ verschwindet. Bei steigender Temperatur T_1 wird dieses Zweiphasengebiet immer kleiner, bis es schließlich am oberen kritischen Endpunkt O_1 nicht mehr in Erscheinung tritt. Zusätzlich liegt ein größeres Zweiphasengebiet ll entsprechend einer Flüssig-Flüssig-Entmischung vor, das oberhalb eines anderen kritischen Punkts der Mischung verschwindet. Dieser liegt auf dem Teil der kritischen Linie $U—CP_2$, der Flüssig-Flüssig-Gleichgewichten zuzuordnen ist. Ist die Temperatur wie T_2 in Klasse 4 oder T_1 und T_2 in Klasse 3 so hoch, daß die Dreiphasenlinie nicht mehr geschnitten wird, treten ein oder zwei getrennte Zweiphasengebiete auf, wobei in Klasse 4 beim Übergang von T_1 nach T_2 der obere kritische Punkt kontinuierlich von Flüssig-Flüssig zu Flüssig-Gas-Gleichgewichten übergeht.

In der untersten Diagrammreihe der Abb. 7 sind zusätzlich feste Phasen miteinbezogen worden. Die gestrichelten Linien sind nun die Dampfdruckkurven lg, die Sublimationskurven sg und die Schmelzdruckkurven sl der Reinsubstanzen. Der Punkt Q ist ein Quadrupelpunkt, an dem die vier Phasen s_1, s_2, l und g im Gleichgewicht stehen und von dem vier verschiedene Dreiphasenlinien ausgehen, welche den möglichen Dreierkombinationen dieser vier Phasen entsprechen. Die

Tripelpunktstemperatur der schwerflüchtigen Komponente 2 liegt über der kritischen Temperatur der Komponente 1, so daß kein Temperaturintervall existiert, in dem beide Komponenten gemeinsam im flüssigen Zustand auftreten. Die Dreiphasenkurve vom Typ gls_2 verläuft in dem abgebildeten Diagramm zu so hohen Drücken, daß die kritische Kurve geschnitten wird, wodurch die beiden kritischen Endpunkte O_1 und O_2 entstehen. Im Bereich dieser Endpunkte zeigt die Löslichkeit der kondensierten Phase eine starke Druck- und Temperaturabhängigkeit.

Die p(x)-Isotherme T_1 dieses Systems liegt oberhalb der kritischen Temperatur der reinen Komponente 1, jedoch unterhalb der Temperatur des kritischen Endpunkts O_2. Bei Drücken oberhalb der Dreiphasenlinie gls_2 ist die Lösungskapazität der Phase 1 für den Feststoff 2 durch die nahezu parallel zur p-Achse verlaufende Phasengrenze bei kleinen x-Werten gegeben. Bei Temperaturen, bei denen die Dreiphasenlinie gls_2 nicht geschnitten wird, ergibt sich das für die Isotherme T_2 gezeigte Diagramm, in dem keine Flüssigphase mehr vorkommt. Die Rechtskrümmung der Isothermen oberhalb eines bestimmten Systemdrucks zu hohen x_2-Werten hin entspricht der bei der Hochdruckextraktion zu beobachtenden Löslichkeitszunahme des Feststoffs 2 durch Solvatation in dem verdichteten Gas 1. Bei sehr hohen Drücken hingegen geht die Isotherme in eine Linkskrümmung über, und die Löslichkeit nimmt wieder ab.

Eine detaillierte Behandlung und Diskussion binärer Phasengleichgewichtstypen unter hohem Druck ist von Streett veröffentlicht [58] und auch in der bereits zitierten Literatur von Schneider und Rowlinson zu finden.

Ternäre Mischungen

Zur Beschreibung eines Systems mit drei Komponenten benötigt man insgesamt vier intensive Variablen. Um zu einer zweidimensionalen Darstellung zu gelangen, hält man die Variablen Druck und Temperatur konstant und beschränkt sich auf die beiden anderen, die die Zusammensetzung angeben. Durch diese ist dann automatisch die dritte Koordinate der Zusammensetzung festgelegt. Die Darstellung solcher Zustandsdiagramme erfolgt gewöhnlich in einem gleichseitigen Dreieck (Dreiecksdiagramm nach Gibbs), wobei die drei Koordinaten bei jeweils 100% von einer der drei Komponenten enden. Auf den Dreiecksseiten liegen demnach die Punkte für die Zweistoffgemische, während jeder Punkt innerhalb des Dreiecks eine bestimmte Zusammensetzung des ternären Systems angibt. Die Zusammensetzung eines Punkts, beispielsweise von CP in Abb. 8, ergibt sich, indem man durch diesen Punkt die Parallelen zu den Dreiecksseiten zieht. Dabei kann man jeweils die Menge derjenigen Komponenten ablesen, welche der entsprechenden Dreieckseite gegenüberliegt: die Parallele zur Seite AB ergibt den relativen Anteil der Substanz C. Will man zusätzlich die Abhängigkeit beispielsweise von der Temperatur aufzeigen, wird senkrecht zu der Dreiecksebene eine Temperaturachse errichtet.

In Bereichen, in denen die drei Komponenten nicht miteinander mischbar sind, treten im Dreiecksdiagramm analog zu den binären Systemen Zweiphasengebiete auf, die von der Grenz- oder Binodalkurve umgeben werden. Entsprechend dem Verlauf der Binodalkurve unterscheidet man Diagramme vom Typ I (nach Treybal) mit einer Mischungslücke nur in einem der drei binären Systeme und geschlossener Phasengrenzlinie und Diagramme vom Typ II mit Mischungslücken auf zwei der

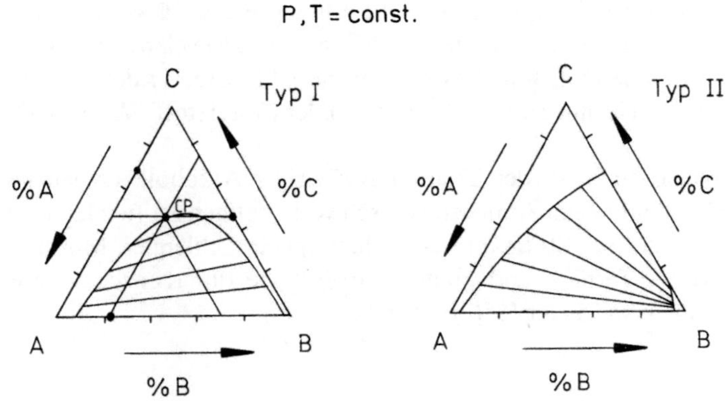

Abb. 8. Phasenzustände eines einfachen ternären Systems (s. Text)

drei Koordinatenachsen. Im thermischen Gleichgewicht geben die Zuordnungslinien oder Konnoden die Zusammensetzung der beiden separierten Phasen an. Im Gegensatz zu den zweikomponentigen Systemen verlaufen sie jedoch nicht horizontal. Die Stelle, an der die Konnoden zu einem Punkt zusammenschrumpfen, entspricht dem kritischen, isothermen Lösungs- bzw. Entmischungspunkt. Bei Anwendung der Gibbs'schen Phasenregel auf das Zweiphasengebiet erhält man drei Freiheitsgrade, d. h. Druck, Temperatur und eine Zusammensetzung können in diesem Bereich unabhängig voneinander verändert werden.

Die Dreiecksdiagramme in Abb. 8 sind geeignet, die Trennung einer binären Mischung mit einem verdichteten Gas als Hilfsstoff zu beschreiben. A und C, die in beiden Diagrammen lückenlos mischbar sind, sollen die zu trennenden, flüssigen Komponenten sein. B ist der leichtflüchtige Hilfsstoff, der als Lösungsmittel dient. Diagramm I beschreibt die Bedingungen in der Beladungs-, Diagramm II in der Entmischungsstufe. Im ersten Fall bilden das verdichtete Gas B und die Komponente C der zu trennenden Mischung eine homogene, überkritische Phase, während im binären System AB eine Mischungslücke vorliegt. Wie die Binodalkurve zeigt, ist das Gas B unter Extraktionsbedingungen in der Lage, eine beträchtliche Menge der schwerflüchtigen Komponenten aufzulösen, wobei in der Gasphase entsprechend dem Konnodenverlauf größere Mengen von Komponente C als von Komponente A aufgenommen werden können. Die bevorzugte Extraktion von C führt schließlich zur Trennung der vorgelegten binären Mischung. In der Entmischungsstufe sind die Bedingungen beispielsweise durch Drucksenkung so eingestellt, daß eine zweite Mischungslücke im System BC auftritt. Dadurch zerfällt die Extraktionsphase in eine Flüssigkeit und in eine nahezu reine Gasphase B, die nur noch Spuren an schwerflüchtigen Komponenten enthält. Die Grenzkurve, welche die Gaslöslichkeit in der flüssigen Phase angibt, zeigt eine relativ hohe Löslichkeit von gasförmigem B in C-reichen flüssigen Phasen, eine geringe dagegen in A-reichen flüssigen Phasen.

Ternäre Phasendiagramme können analog den zweikomponentigen Systemen auch komplexeren Aufbau besitzen als in Abb. 8 gezeigt. Beispielsweise können ternäre Systeme in der Umgebung des kritischen Punktes einer der Reinkomponenten ähnlich wie binäre Diagramme Dreiphasenbereiche Flüssig-Flüssig-Gas aufweisen. Gut untersuchte ternäre Systeme bei erhöhten Drücken sind beispielsweise Aceton-Wasser-Ethylen und Ethylmethylketon-Wasser-Ethylen [59], CO_2-Tridecan-Hexadecan und CO_2-Tridecan-1-Hexadecanol [60] oder Kohlenwasserstoff-Wasser-CO_2-Mischungen [61].

Ternäre Systeme spielen auch bei der Trennung wässriger Alkohollösungen mit verdichteten Gasen [62–64] und beim Auflösen von schwerflüchtigen Stoffen in einem verdichteten Gas bei Zusatz eines Stoffs mittlerer Flüchtigkeit (Schlepper, Modifier) eine Rolle (s. Kap. III.3.). Ternäre und quaternäre Systeme (im Konzentrationstetraeder) sind von Brunner und Peter [65] beschrieben.

II.4.c Phasengleichgewichtsberechnungen

Die Extraktion mit verdichteten Gasen setzt zur Auswahl geeigneter Betriebsbedingungen die Kenntnis des Phasengleichgewichts der zu lösenden Stoffe in bestimmten Druck- und Temperaturbereichen voraus. Da die experimentelle Bestimmung der Gleichgewichtskonzentrationen der zu trennenden Stoffe in einem verdichteten Gas großen Aufwand verursacht, ist man bestrebt, die Meßwerte durch geeignete Berechnungsmethoden zu korrelieren und zu extrapolieren und dadurch die Zahl der Experimente zu reduzieren.

Die nachfolgenden Betrachtungen zu diesem Thema haben nicht den Sinn, komplette Berechnungsverfahren anzugeben, die in großer Zahl existieren, in vielen Fällen mehr oder weniger empirisch hergeleitet sind und deren Eignung zumeist nicht universell, sondern an bestimmte Voraussetzungen (Zustandsbereich, Molekülgröße und -polarität usw.) gebunden ist. Hierzu ist auf die Originalliteratur verwiesen.

Die makroskopischen Phasengleichgewichtsbedingungen der klassischen Thermodynamik besagen, daß Druck und Temperatur der beiden Phasen I und II sowie die chemischen Potentiale oder Fugazitäten aller Bestandteile i in beiden Phasen gleich sein müssen [66]. Da Druck und Temperatur normalerweise vorgegebene Variable sind, bleibt die Forderung:

$$f_i^{I} = f_i^{II} \; ; \qquad i = 1 \ldots k \tag{2}$$

f_i ist die Fugazität der Komponente i in einer Mischung aus k Komponenten. Die Berechnung der Fugazitäten kann mit Hilfe einer Zustandsgleichung erfolgen, die jedoch für beide Phasen I und II in dem ganzen interessierenden Bereich Gültigkeit besitzen muß. Dies ist in der Regel nur bei ähnlichen und relativ unpolaren Mischungskomponenten der Fall.

Betrachtet man stark unsymmetrische Mischungen aus Stoffen, die große Unterschiede in Molmasse, Struktur und Polarität aufweisen, existiert keine Zustandsgleichung, die sowohl die Flüssig- als auch die Gasphase zu beschreiben vermag. Die beiden Phasen müssen dann getrennt betrachtet und beschrieben werden, die Gasphase mit Hilfe eines Fugazitätskoeffizienten Φ und die kondensierte Phase mit Hilfe eines Aktivitätskoeffizienten γ, welche die Nichtidealität der Mischung erfassen.

Für die Gasphase gilt:

$$f_i = y_i \Phi p \tag{3}$$

wobei y_i der Molenbruch der Komponente i in der Gasphase und p der Gesamtdruck ist.

Der Fugazitätskoeffizient Φ_i, der die Abweichung vom Verhalten eines idealen Gases beschreibt, kann mit einer thermodynamischen Zustandsgleichung für die Gasphase berechnet werden [67].

Der Aktivitätskoeffizient γ der kondensierten Phase ist definiert durch

$$f_i = x_i \gamma_i f_i^0 \tag{4}$$

wobei x_i der Molenbruch in der flüssigen Phase und f_i^0 die Fugazität der Komponente i in einem willkürlichen Bezugszustand ist. Der Aktivitätskoeffizient kennzeichnet dann das abweichende Verhalten der Komponente i von diesem Bezugszustand bzw. von dem Raoult'schen Gesetz, wenn man als Standardzustand die Fugazität der reinen Flüssigkeit unter den Zustandsbedingungen des Systems ansieht.

Im hohen Druckbereich wird die überkritische Gasphase aufgrund ihrer Dichte dem flüssigen Zustand immer ähnlicher, so daß der Lösungsansatz (3) für die Gasphase weniger zutreffend ist. In diesem Fall ist die qualitative Voraussage des Gleichgewichts dadurch möglich, daß für beide Phasen ausschließlich Gl. (4) zur Berechnung der Fugazitäten angewendet wird, wobei

$$x_i^I \gamma_i^I = x_i^{II} \gamma_i^{II} \tag{5}$$

erfüllt sein muß und x_i^I der Molenbruch der Komponente i in der Extraktionsphase, x_i^{II} in der kondensierten Phase ist. Für ein System aus k Komponenten existieren k entsprechende Gleichungen mit der zusätzlichen Bedingung, daß die Summe der Molenbrüche in beiden Phasen jeweils eins sein muß. Für binäre Systeme reduziert sich das Problem auf die Lösung der beiden Gleichungen

$$x_1^I \gamma_1^I = x_1^{II} \gamma_1^{II} \tag{6}$$

und

$$(1 - x_1^I)\, \gamma_2^I = (1 - x_1^{II})\, \gamma_1^{II} \tag{7}$$

wobei der Index 1 beispielsweise für das Lösungsmittel stehen soll und x_1^I bzw. x_1^{II} der Molenbruch in der lösungsmittelreichen bzw. -armen Phase ist.

Allerdings ist in diesen stark vom idealen Verhalten abweichenden Systemen die Ermittlung der Aktivitätskoeffizienten als Funktion des Molenbruchs problematischer als in Fällen, in denen ausgehend von (3) die Fugazitätskoeffizienten mit Hilfe einer einfachen kubischen Zustandsgleichung berechnet werden können, die relativ wenig Information über die Mischungskomponenten voraussetzt. Wird die Löslichkeit von Feststoffen untersucht, also ein Fest-Flüssig- oder Fest-Gas-Gleichgewicht betrachtet, vereinfacht sich die Situation insofern, als die Mischbarkeit des Lösungsmittels in der festen Phase normalerweise ausgeschlossen und diese als Reinsubstanz angesehen werden kann. Folglich sind nur noch Gasphasenwechselwirkungen und der Druckeinfluß auf die Fugazität des Feststoffs zu berücksichtigen, während die Wechselwirkungen in der kondensierten Phase entfallen.

Zur Berechnung der Phasengleichgewichte kommen hauptsächlich zwei Vorgehensweisen infrage, welche die Problematik von unterschiedlicher Seite behandeln; entweder auf der Grundlage von Zustandsgleichungen und dem Theorem der übereinstimmenden Zustände oder auf der Basis eines Quasi-Gittermodells und mikroskopischer, statistischer Überlegungen.

Die Verwendung von Zustandsgleichungen erlaubt, mit einem einfachen algebraischen Ausdruck und mit Hilfe von nur wenigen individuellen Konstanten eine Beziehung zwischen Druck, Temperatur und Volumen herzustellen. Die Gleichungen beruhen auf Prinzipien der Van-der-Waals-Theorie und weisen in der Regel einen Anziehungs- und einen Abstoßungsterm auf. Die Form ist semi-empirisch, so daß eine ganze Reihe von Modifikationen der ursprünglichen Van-der-Waals-Gleichung (8) existiert, z. B. von Redlich-Kwong [68] (9), Bak und Bjerre [69], Soave-Redlich-Kwong [70] (10) oder Peng-Robinson [71] (11), die unterschiedliche Anziehungsterme verwenden, während der Abstoßungsterm beibehalten wurde:

$$\text{VdW:}\quad p = RT/(V - b) - a/V^2 \tag{8}$$

$$\text{RK:}\quad p = RT/(V - b) - a/T^{0,5} \cdot (V + b)\,V \tag{9}$$

$$\text{SRK:}\quad p = RT/(V - b) - a(T)/(V + b)\,V \tag{10}$$

$$\text{PR:}\quad p = RT/(V - b) - a(T)/(V^2 - 2bV - b^2) \tag{11}$$

R: universelle Gaskonstante, T: absolute Temperatur, V: Molvolumen, p: Druck, a, b: Parameter für zwischenmolekulare Anziehung bzw. Abstoßung.

Auch die Gleichungen von Dieterici [72], Kay-Redlich-Ngo [73] mit modifiziertem Anziehungs- und Abstoßungsterm oder komplexer aufgebaute Gleichungen, beispielsweise von Behar [74], Deiters [75] u. a. seien erwähnt. Schließlich gibt es Zustandsgleichungen von rein empirischer Form, z. B. von Kumar und Starling [76], die eine gute Wiedergabe experimenteller Daten erlauben, deren Termen jedoch eine physikalisch-chemische Bedeutung nicht mehr zugeordnet werden kann. Entsprechend schwierig ist daher die Handhabung und Anpassung der individuellen Parameter an veränderte Gegebenheiten.

Die angeführten Gleichungen (8–11) besitzen zwei Parameter, wobei b temperaturunabhängig und a in (10) und (11) als Funktion der Temperatur angegeben ist. Die Bestimmung dieser Parameter bzw. der Temperaturabhängigkeit von a erfolgt auf verschiedenen Wegen, mit Hilfe der kritischen Daten oder anderer experimenteller Werte und ist in der Originalliteratur beschrieben. Mit den angepaßten Zustandsgleichungen können dann für ein verdichtetes Gas als Reinsubstanz thermodynamische Eigenschaften, wie Dampfdruckkurven, Enthalpien oder Dichten in Abhängigkeit von Druck und Temperatur berechnet werden. Jedoch ist im kritischen Bereich die Genauigkeit der erhaltenen Daten prinzipiell unbefriedigend. Dichtewerte im kritischen und flüssigen Bereich werden von (9) und (10) zu tief, von (11) befriedigend wiedergegeben. Der Kompressibilitätsfaktor Z^c am kritischen Punkt wird beispielsweise von (8) mit 0,375, von (10) mit 0,33 und von (11) mit 0,307 unabhängig von der Gasart vorausgesagt, während die experimentell bestimmten Werte zwischen 0,29 und 0,27 variieren. Daher werden die Parameter unter Verzicht auf Genauigkeit im kritischen Bereich gewöhnlich so ausgewählt, daß die bestmögliche Beschreibung von Flüssigkeitsdichten und Dampfdruckkurven resultiert.

Bei Substanzmischungen sind die individuellen zwischenmolekularen Wechselwirkungen und ihr Einfluß auf die freie Energie der Mischung unbekannt. Daher wird mit Hilfe eines Modells eine Mittelung der einzelnen Wechselwirkungen vorgenommen, indem man die Mischung als eine hypothetische Reinsubstanz ansieht (One-Fluid-Model). Die für die Zustandsgleichungen benötigten Größen a und b dieser imaginären Substanz werden mit Hilfe sogenannter Mischungsregeln hergeleitet, die nach van der Waals [77] eine einfache quadratische Form besitzen,
für binäre Mischungen:

$$a_m = (1 - x)^2 a_{11} + 2x(1 - x) a_{12} + x^2 a_{22} \tag{12}$$

$$b_m = (1 - x)^2 b_{11} + 2x(1 - x) b_{12} + x^2 b_{22} \tag{13}$$

oder allgemein:

$$a_m = \sum_i^k \sum_j^k x_i x_j a_{ij} \quad \text{mit} \quad a_{ij} = (a_{ii} a_{jj})^{0,5} (1 - l_{aij}) \tag{14}$$

$$b_m = \sum_i^k \sum_j^k x_i x_j b_{ij} \quad \text{mit} \quad b_{ij} = 0,5(b_{ii} + b_{jj}) (1 - l_{bij}) \tag{15}$$

wobei x_i und x_j die Molenbrüche der Komponenten i und j sind und k die Zahl der Komponenten des Systems angibt. a_{ii}, a_{jj} und b_{ii}, b_{jj} sind Parameter der reinen Substanzen i bzw. j, a_{ij} und b_{ij} charakterisieren die Wechselwirkungen zwischen verschiedenen Molekülen und können, wie angegeben, aus den Parametern der Reinsubstanzen und einem Korrekturparameter l_{aij} bzw. l_{bij} erhalten werden, der normalerweise unabhängig von Druck, Temperatur und Zusammensetzung ist (Zwei Parameter Mischungsregeln).

Oft ist für b_m auch die einfache Form:

$$b_m = \sum_i^k x_i b_i \tag{16}$$

gebräuchlich, wenn i beispielsweise das flüchtige Lösungsmittel und j die schwerflüchtigere Komponente ist [78].

Zusammen mit den allgemeinen Gleichgewichtsbedingungen und einer Zustandsgleichung erlauben die Mischungsregeln nun die Berechnung der Phasenzusammensetzung von Substanzmischungen. Für ein binäres System ist folglich:

$$x_1^{I}, x_1^{II} = f(T, p, a_{11}, a_{22}, b_{11}, b_{22}, l_{a12}, l_{b12}) \tag{17}$$

Gute Voraussagen des Gas-Flüssig-Gleichgewichtes sind bei entsprechender Anpassung der Wechselwirkungsparameter l bereits in Verbindung mit den einfachen kubischen zwei Parameter Zustandsgleichungen (9–11) möglich, sofern es sich um unpolare Systeme handelt.

Abbildung 9 zeigt den Verlauf der 60 °C-Phasengleichgewichtsisotherme im Druck-Konzentrationsdiagramm von Kohlendioxid/n-Hexadecan im Vergleich zu der berechneten Kurve. Wie man sieht, ist mit Hilfe der Gleichungen (9), (14), (16) die Beschreibung der Löslichkeit von CO_2 in dem flüssigen Kohlenwasserstoff bei niedrigen Drücken ebenso möglich wie die korrekte Wiedergabe des kritischen Punktes des Gas-Flüssig-Gleichgewichtes. Allerdings gelingt die Beschreibung des Systems bei tieferen Temperaturen, wo ein zusätzliches Flüssig-Flüssig-Gleichgewicht auftritt, nur unzureichend.

Da die klassischen Mischungsregeln auf einer rein zufälligen, ungeordneten Mischung der Moleküle (random-mixing) beruhen, können sie die zwischenmolekularen Wechselwirkungen von Lösungsmittel und Substrat nicht erfassen. Am besten treffen sie daher für unpolare, ähnliche Moleküle zu. Zur Beschreibung von Mischungen, deren Komponenten große Unterschiede in Molmasse und/oder Polarität aufweisen, sind Modifikationen sowohl der Zustandsgleichungen als auch der Mischungsregeln erforderlich. Dabei ist zu beachten, daß in diesen unsymmetrischen Systemen die Umgebung der einen Molekülsorte sich von derjenigen der anderen Molekülsorte unterscheidet (Local Composition Concept).

Modifizierte, nicht quadratische und dichteunabhängige Mischungsregeln für die Parameter a und b kubischer Zustandsgleichungen wurden beispielsweise von Vidal [80] und Heyden [81] angegeben, die besonders in wenig kompressiblen Zustandsbereichen (Flüssigkeit oder Gas hoher Dichte) gute Voraussagen ermöglichen. Modifizierte dichteabhängige Mischungsregeln, die im hohen wie im tiefen

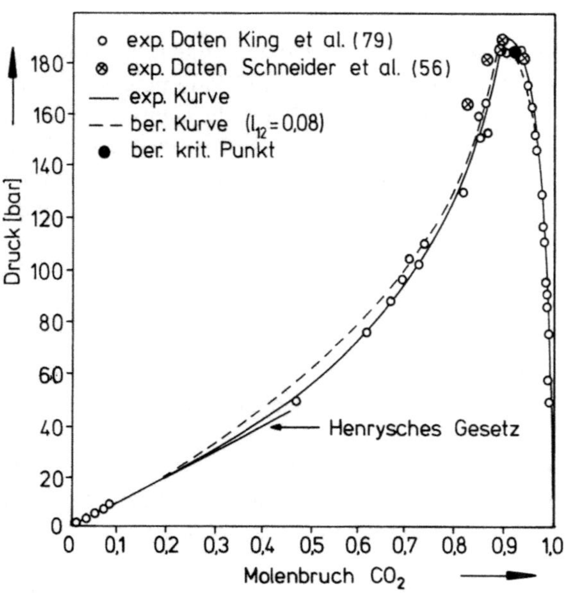

Abb. 9. p,x-Diagramm des Systems Kohlendioxid — *n*-Hexadecan bei 60 °C mit experimentellen Werten und der nach der RK-Gleichung (9) berechnete Kurve [79]

Druckbereich anwendbar sind, wurden u. a. von Whiting und Prausnitz [82], Mollerup [83] oder Won [84] vorgeschlagen.

Die Bestimmung der Aktivitätskoeffizienten in der flüssigen Phase erfolgt mit Hilfe von Exzeßgrößen, welche die Abweichung von den Eigenschaften einer idealen Mischung wiedergeben. Zur Bestimmung der freien Exzeßenthalpie unsymmetrischer Systeme existiert eine Reihe von Modellansätzen, z. B. NRTL (nonrandom two liquid) [85], UNIQUAC [86] usw., die aus Gittermodellen folgen und auf dem Konzept der örtlichen Zusammensetzung beruhen. Die universelle quasichemische Theorie UNIQUAC berücksichtigt dabei auch die Größe und Gestalt der Moleküle, indem sie jedes Molekül in verschiedene Segmente unterteilt und ihm eine bestimmte äußere Oberfläche zuweist. Eine interessante Weiterentwicklung ist das UNIFAC-Modell [87], das nicht die Moleküle, sondern charakteristische Gruppen, z. B. CH_3, CO, OH betrachtet, aus denen das Gesamtmolekül aufgebaut ist. Sind die additiven Wechselwirkungsparameter einzelner Molekülgruppen einmal bekannt, kann diese Gruppenbeitragsmethode zusammen mit Parametern für Molekülgröße und -form Voraussagen über Flüssig-Flüssig-Gleichgewichte einer großen Anzahl verschiedener Mischungen machen. Dabei benötigt die UNIFAC-Methode neben den Strukturformeln der Komponenten und tabellierten Gruppenwechselwirkungsparametern nur wenig Zusatzinformationen, während andere Berechnungsmethoden zur Anpassung von Parametern kritische Daten, Molvolumina oder Dampfdruckwerte der Reinsubstanzen oder experimentelle Daten der Mischung selbst erfordern.

Die auf Gittermodellen beruhenden Methoden wurden zunächst auf Gleichgewichte im tiefen Druckbereich und flüssige Mischungen angewandt (z. B. destillative Trennungen), da hier wegen der geringen Kompressibilität jedem Molekül im Quasi-Gitter ein definierter Platz im Verhältnis zu seinen nächsten Nachbarn zugewiesen werden kann (Gleichheit der partiellen Molvolumina in allen flüssigen Phasen). Weiterentwickelte Gittermodelle sind auch auf Gleichgewichte mit verdichteten Gasen anwendbar, wo die Phasen große Dichteunterschiede aufweisen können. Diesem Umstand wird durch den Einbau willkürlich verteilter Leerstellen im Gitter Rechnung getragen [88]. Eine Reinsubstanz wird als binäres System von besetzten und unbesetzten Gitterplätzen, eine binäre Mischung als ternäres System aus zwei verschiedenen Sorten Gitterplätzen und einer Sorte Leerstellen angesehen. Durch Druck- und Temperaturveränderung bewirkte Dichteunterschiede werden durch die Konzentration der Leerstellen berücksichtigt, die Größe der Gitterplätze bleibt dabei konstant. Moderne, auf dieser Grundlage aufbauende Gittertheorien erlauben eine gute Beschreibung des Phasenverhaltens von Substanzen unterschiedlicher Polarität und Molmasse auch im kritischen Bereich [89].

Die bisher erzielten Fortschritte bei Modellvorstellungen und Berechnungsmethoden leisten wertvolle Dienste zum Verständnis von Phasengleichgewichten und bei der Korrelation von Meßwerten. Es bleibt jedoch zu bedenken, daß je nach Zustand der Systemkomponenten, der im Bereich von unterhalb des Tripelpunktes bis oberhalb des kritischen Punktes variieren kann und je nach ihrer Kombination eine enorme Vielfalt von Systemen resultieren kann, deren quantitative Beschreibung naturgemäß Probleme aufwirft und nicht mit einem universellen Rezept gelöst werden kann. Zu berücksichtigen sind beispielsweise die große isotherme Kompressibilität eines verdichteten Gases, spezielle Wechselwirkungen, die zu Flüssig-Flüssig-

Entmischungen im kritischen Bereich oder zu großen negativen Lösungsvolumina von Feststoffen führen können ebenso wie mögliche wechselseitige Beeinflussungen gelöster Stoffe in der Gasphase bei binären oder gar mehrkomponentigen Systemen. Hierbei leisten experimentelle Daten nicht nur eine gute Hilfestellung zur Anpassung von Berechnungsparametern, sie sind letztendlich auch das Maß, an dem die Güte der Modellvorstellungen und Genauigkeit der Berechnungen gemessen werden muß.

Literatur

1. Cagniard de la Tour, C.: Ann. chim. phys. (2) *21*, 127, 178 (1822)
2. Andrews, T.: Trans. Roy. Soc. (London) *A 159*, 547 (1869)
3. Hannay, J. B., Hogarth, J.: Proc. Roy. Soc. (London) *29*, 324 (1879) und ibid., *30*, 178 (1880)
4. Poynting, J. H.: Phil. Mag. *12*, 32 (1881)
5. Van der Waals, J. D.: Die Continuität des gasförmigen und flüssigen Zustandes, Johann Ambrosius Barth, Leipzig (1881)
6. Sage, B. H., Webster, D. C., Lacey, W. N.: Ind. Engng. Chem. *28*, 1045 (1936)
7. Niggli, P.: Z. Anorg. Allgem. Chem. *75*, 161 (1912)
8. Katz, D. L., Kurata, F.: Ind. Engng. Chem. *32*, 817 (1940)
9. Kennedy, G. C.: Econ. Geol. *45*, 629 (1950)
10. Tyrer, D.: J. Chem. Soc. *97*, 621 (1910)
11. Morey, G. W.: Proc. Am. Soc. Testing Materials *42*, 98–1022 (1942)
12. Booth, H. S., Bidwell, R. M.: Chem. Rev. *44*, 477 (1949)
13. Laudise, R. A., Sullivan, R. A.: Chem. Engng. Prog. *55*, 55 (1959)
14. Holm, L. W., O'Brien, L. J.: J. Pet. Technol. April *1971*, 431
15. Pilat, S., Godlewicz, M.: U.S. Pat. 2 188 012 und 013 (1936)
16. Messmore, H. E.: U.S. Pat. 2 420 185 (1943)
17. Palmer, G. H., Fanwood, N. J.: U.S. Pat. 2 658 907 (1950)
18. Groll, H. P. A.: DA 1 079 636 (1953)
19. Zhuze, T. P.: Petroleum (London) *23*, 298 (1960)
20. Zhuze, T. P., Jushkevic, G. N., Gekker, J. E.: Maslob. Zhir. Prom. *24*, 34 (1958)
21. Zosel, K.: DBP 14 93 190 (1964)
22. Zosel, K.: Angew. Chem. *90*, 748 (1978)
23. Schneider, G. M., Stahl, E., Wilke, G.: Extraction with Supercritical Gases, Verlag Chemie, Weinheim, 1980
24. Paul, P. F. M., Wise, W. S.: The Principles of Gas Extraction, Mills und Boon, London, 1971
25. Hicks, C. P., Young, C. L.: Chem. Rev. *75*, 119 (1975)
26. Irani, C. A., Funk, E. W.: Recent Developments in Separation Science, Vol. III, part A, p. 171, CRC Press, West Palm Beach, Florida, 1977
27. Williams, D. F.: Chem. Eng. Sci. *36*, 1769 (1981)
28. Reid, R. C.: Supercritical Fluid Extraction, a Perspective, Hougen Lecture Series, 1981
29. Randall, L. G.: Sep. Sci. Technol. *17*, 1 (1982)
30. Paulaitis, M. E., Krukonis, V. J., Kurnik, R. T., Reid, R. C.: Reviews in Chemical Engineering, Vol. I, No. 2, p. 179 (1983)
31. Ely, J. F., Baker, J. K.: NBS Tech. Note (US) 1070 (1983)
32. Whitehead, J. C., Williams, D. F.: J. Inst. Fuel *48*, 182 (1975)
33. Kershaw, J. R., Jezko, J.: Sep. Sci. Technol. *17*, 151 (1982)
34. Gouw, T. H., Jentoft, R. E.: J. Chromatogr. *68*, 303 (1972)

35. Stahl, E., Schütz, E.: Arch. Pharm. *311*, 992 (1978)
36. Stahl, E., Gerard, D.: Parfuem. Kosmet. *64*, 237 (1983)
37. Stahl, E., Schütz, E.: Planta Med. *40*, 262 (1980)
38. Stahl, E., Keller, K.: Planta Med. *47*, 75 (1983)
39. Stahl, E., Schütz, E.: Planta Med. *40*, 12 (1980)
40. Peter, S., Brunner, G., Riha, R.: Fette, Seifen, Anstrichm. *78*, 45 (1976)
41. Panzner, F., Ellis, S. R. M., Bott, T. R.: Ind. Eng. Chem. Symp. Ser. No. 54, p. 165 (1978)
42. Brandt, B. B., Rozlovskii, A. J.: Doklady Akademii Nauk SSSR, *132*, 1129 (1960)
43. Ribovich, J., Murphy, J., Watson, R.: J. Hazard. Mat. *1*, 275 (1975)
44. Anon.: JAOCS *60*, 520 (1983)
45. BUSE Broschüre: Daten und neue Zustandsdiagramme von CO_2, Bad Hönningen, 1981
46. Landolt-Börnstein Tabellen, 6. Aufl. Bd. II, Springer Verlag, Berlin, 1971
47. IUPAC Commission on Thermodynamics and Thermochemistry, Carbon Dioxide International Thermodynamic Tables of the Fluid State, Eds. Agnus, S., Armstrong, B., de Reuck, K. M., Pergamon Press, London, 1976
48. Schneider, G. M.: Adv. Chem. Phys. *17*, 1 (1970)
49. Schneider, G. M. in Chemical Thermodynamics, Vol. 2, Specialist Periodical Reports, Chemical Society, Kap. 4, London 1978
50. Schneider, G. M.: Angew. Chem. Int. Ed. Engl. *17*, 716 (1978)
51. Rowlinson, J. S.: Liquids and Liquid Mixtures, 2. Aufl. Butterworth, London 1969
52. Van Konyenburg, P. H., Scott, R. L.: Phil. Trans. Roy. Soc. (London) *298*, 495 (1980)
53. Alwani, Z., Schneider, G. M.: Ber. Bunsenges. Phys. Chem. *80*, 1310 (1976)
54. Takenouchi, S., Kennedy, G. C.: Amer. J. Sci. *262*, 1055 (1964)
55. Tödheide, K., Franck, E. U.: Z. Physikal. Chem. N.F. *37*, 387 (1963)
56. Schneider, G. M., Alwani, Z., Heim, W., Horvath, E., Franck, E. U.: Chem. Ing. Tech. *39*, 649 (1967)
57. Liphard, K. G., Schneider, G. M.: J. Chem. Thermodyn. *7*, 805 (1975)
58. Streett, W. B.: in Chemical Engineering at Supercritical Fluid Conditions, Eds. Paulaitis, M. E., Penninger, J. H. L., Gray, R. D., Davidson, P., Ann Arbor Science, 1983, p. 3
59. Elgin, J. C., Weinstock, J. J.: J. Chem. Eng. Data *4*, 3 (1959)
60. Konrad, R., Swaid, J., Schneider, G. M.: Fluid Phase Equil. *10*, 307 (1983)
61. Snedeker, R. A.: Ph. D. Thesis, Princeton University, Princeton, NJ, 1955
62. Paulaitis, M. E., Gilbert, M. L., Nash, C. A., paper presented at the 2nd World Congress of Chemical Engineering, Montreal, Canada, October 4–9, 1981
63. McHugh, M. A., Mallett, M. W., Kohn, J. P., paper presented at the Annual Meeting of the AIChE, New Orleans, November 9–12, 1981
64. Brunner, G., Kreim, K.: Chem. Ing. Tech. *57*, 550 (1985)
65. Brunner, G., Peter, S.: Ber. Bunsenges. Phys. Chem. *83*, 1137 (1979)
66. Haase, R.: Thermodynamik der Mischphasen, Springer Verlag, Berlin, 1956
67. Prausnitz, J. M.: Molecular Thermodynamics of Fluid Phase Equilibria, Prentice-Hall, Englewood Cliffs, NJ. 1969
68. Redlich, O., Kwong, J. N. S.: Chem. Rev. *44*, 233 (1949)
69. Bjerre, A., Bak, T. A.: Acta Chem. Scand. *23*, 1733 (1969)
70. Soave, G.: Chem. Eng. Sci. *27*, 1197 (1972)
71. Peng, D. Y., Robinson, D. B.: Ind. Eng. Chem. Fundam. *15*, 59 (1976)
72. Partington, J.: An Advanced Treatise on Physical Chemistry, Vol. 1, Longmans, London (1951)
73. Redlich, O., Ngo, V. B. T.: Ind. Eng. Chem. Fundam. *9*, 287 (1970)
74. Behar, E., Jain, C.: Rev. IFP *36*, 173 (1981)
75. Deiters, U.: Chem. Eng. Sci. *36*, 1139, 1147 (1981) und ibid., *37*, 855 (1982)

76. Kumar, K. H., Starling, K. E.: Ind. Eng. Chem. Fundam. *21*, 255 (1982)
77. Van der Waals, J. D.: Die Kontinuität des gasförmigen und flüssigen Zustandes, Vol 2, Barth, Leipzig, 1900
78. King, M. B. et al.: in Chemical Engineering at Supercritical Fluid Conditions, Eds. Paulaitis, M. E., Penninger, J. M. L., Gray, R. D., Davidson, P., Ann Arbor Science (1983), p. 31
79. King, M. B., Bott, T. R., Sheldon, J. R., Mahmud, R. S.: Ber. Bunsenges. Phys. Chem. *88*, 812 (1984)
80. Vidal, J.: Chem. Eng. Sci. *33*, 787 (1978)
81. Heyden, G.: Proceedings, 2nd World Congress of Chemical Engineering, Montreal, Canada, Vol. 5, 41 (1981)
82. Whiting, W. B., Prausnitz, J. M.: Fluid Phase Equilibria *9*, 119 (1982)
83. Mollerup, J.: Fluid Phase Equilibria *7*, 121 (1981)
84. Won, K. W.: Fluid Phase Equilibria *10*, 191 (1983)
85. Renon, H., Prausnitz, J. M.: AIChE J. *14*, 135 (1968)
86. Abrams, D. S., Prausnitz, J. M.: AIChE J. *21*, 116 (1975)
87. Fredenslund, Aa., Jones, R. L., Prausnitz, J. M.: AIChE J. *21*, 1086 (1975)
88. Mermin, N. D.: Phys. Rev. Letters *26*, 957 (1971)
89. Kleintjens, L. A.: Fluid Phase Equilibria *10*, 183 (1983)

III. Methoden, Apparaturen und Anlagen

III.1 Verfahren zur Bestimmung des Phasengleichgewichts

Die Kenntnis des Phasenverhaltens eines Stoffs oder einer Stoffmischung im Kontakt mit einem verdichteten Gas ist Voraussetzung für die Konzeption eines Trenn- oder Extraktionsverfahrens. Die Ermittlung des Phasenverhaltens schwerflüchtiger Stoffe in hochverdichteten Gasen erfolgt in der Regel zunächst auf experimenteller Grundlage. Es ist jedoch vorteilhaft, wenn gleichzeitig eine geeignete mathematische Berechnungsmethode verfügbar ist, welche die Meßwerte zu korrelieren und bei ausreichender Absicherung auch teilweise zu ersetzen vermag.

Ziel der experimentellen Untersuchungen ist es, unter Einhaltung von Gleichgewichtsbedingungen, die drei den Zustand eines Systems kennzeichnenden intensiven Größen Druck, Temperatur und Zusammensetzung zu erfassen. Hierzu existieren prinzipiell mehrere Möglichkeiten, die im folgenden betrachtet werden sollen. Nicht diskutiert werden konstruktive Details der verwendbaren Apparaturen (Materialien, Dichtungen, optische Fenster, Stromdurchführungen usw.) und deren Handhabung. Diesbezüglich sei für Untersuchungen im mittleren Druckbereich, von einigen zehn bis zu einigen hundert bar, in dem vorwiegend Gas-Flüssig-Gleichgewichte eine Rolle spielen, auf einer Übersichtsarbeit von Hála [1] verwiesen. Apparaturen für Messungen im hohen Druckbereich, von einigen Hundert bis zu einigen Tausend bar, wo bei tiefen Temperaturen vorwiegend Flüssig-Flüssig-, bei hohen Temperaturen Gas-Gas-Gleichgewichte zu beobachten sind, wurden u. a. von Schneider [2] und Tsiklis [3, 4] zusammengestellt und besprochen. Auch Young [5] gibt eine umfassende Übersicht über experimentelle Methoden zur Untersuchung des Phasenverhaltens von binären Mischungen unter hohem Druck. Möglichkeiten insbesondere zur Ermittlung der kritischen Punkte des Gas-Flüssig-Gleichgewichts binärer Mischungen werden von Hicks und Young [6] diskutiert.

III.1.a Die synthetische Methode

Bei der synthetischen Methode werden jeweils eine genau bekannte Menge an Substrat und Lösungsmittel in einen geeigneten Autoklaven eingefüllt. Die Mischung befindet sich zunächst im homogenen Zustandsbereich. Danach werden die Bedingungen so geändert, daß der Übergang vom einphasigen in den zweiphasigen Bereich gerade erkennbar wird. Dies geschieht entweder durch kombinierte Druck- und Temperaturänderung, wobei allerdings nur eine eingeschränkte Bewegungsfreiheit zum Erreichen der Phasengrenze besteht oder, bei entsprechender Eignung der Apparatur, durch Temperaturänderung bei konstantem Druck bzw. durch Druckänderung bei konstanter Temperatur. Wird beispielsweise mit Temperaturvariation gearbeitet und der Versuch bei verschiedenen konstanten Drücken wiederholt, erhält man mit einer Autoklavenfüllung jedesmal einen Punkt auf der p(T)-Isopleten. Verändert man bei jeder dieser Versuchsreihen den relativen Anteil an Lösungsmittel und Substrat, kann man das interessierende Gebiet der Löslichkeitsfläche eines (pseudo)-binären Systems bestimmen. Exakte p(T)-Werte können jedoch nur in den Zustandsbereichen erhalten werden, in denen die Änderung des Drucks mit der Temperatur nicht zu klein (bei der Methode der Temperaturvariation) bzw. nicht zu groß (bei der Methode der Druckvariation) ausfällt. Zusätzlich ist zu beachten, daß die synthetische Methode wenig geeignet ist, wenn die Löslichkeit der kondensierten Phase nur in geringem Umfang vom Druck bzw. von der Temperatur abhängt, was i. a. für Zustandsbereiche zutrifft, die vom kritischen Punkt weiter entfernt liegen.

Der Übergang vom Einphasen- ins Zweiphasensystem wird bei der synthetischen Methode am besten unmittelbar durch die visuelle Beobachtung einer auftretenden Trübung oder eines Meniskus bestimmt. Dies setzt voraus, daß sich die Brechungsindices der koexistierenden Phasen genügend unterscheiden, und daß die im verdichteten Gas gelöste Substanzmenge zur Beobachtung des Phasenübergangs ausreichend groß ist. Die Forderung einer ausreichend hohen Löslichkeit der schwerflüchtigen Komponente gilt auch, wenn der Phasenübergang nicht optisch beobachtet, sondern durch die Änderung einer physikalischen Eigenschaft des Gemischs registriert wird. Dies kann mit Hilfe der Zustandsgrößen p, V und T erfolgen, von denen man eine konstant hält, während man die zweite verändert und die Auswirkungen auf die dritte registriert. Will man beispielsweise bei konstanter Temperatur die Phasengrenze durch Druckänderung erreichen, läßt sich durch Aufnahme von V(p)-Kurven die Kompressibilität des Gemischs verfolgen, die sich beim Phasenübergang merklich ändert. Keine Einschränkungen bestehen dagegen hinsichtlich der Dichte der koexistierenden Phasen. Bei hohen Drücken und hohen Löslichkeiten kann ein Punkt erreicht werden, an dem die Dichte der kompressiblen Gasphase ähnlich oder größer wird als diejenige der kondensierten Phase. Untersuchungen in diesem barotropen Zustandsbereich sind mit der synthetischen Methode ebenso möglich wie Messungen im kritischen Gebiet. Neben den Löslichkeitswerten können dabei gleichzeitig pVT-Daten erhalten werden. Bei Mischungen mit mehr als zwei Komponenten sind jedoch bis auf die Feststellung der Ein- bzw. Zweiphasigkeit des Systems unter den vorgegebenen Bedingungen keine weiteren Aussagen möglich, da die Zusammensetzung der Phasen nicht ermittelt werden kann. Die Hochdruckzelle der synthetischen Methode kann wegen der fehlenden Probenentnahme klein und einfach aufgebaut sein. Die Apparatur ist daher preisgünstig, ihre Handhabung einfach und schnell.

Apparaturen für Phasengleichgewichtsuntersuchungen nach der synthetischen Methode sind von zahlreichen Autoren, u. a. von Schneider [7], Alwani und Schneider [8], Lentz [9], Steiner und Schadow [10], Buback und Franck [11], sowie Schröder und Arndt [12] beschrieben und eingesetzt worden. Die Firma Nova Swiss hat eine komplette Apparatur mit einer einfachen Sichtzelle mit festem Volumen in ihrem Programm.

III.1.b Die analytische Methode

Die analytische Methode basiert ebenso wie die synthetische Methode auf einem statischen Meßprinzip. Kernstück einer entsprechenden Apparatur ist, wie bei der synthetischen Methode, eine druckfeste Zelle, in der die Gleichgewichtseinstellung durch intensives Rühren des Inhalts beschleunigt werden kann. Zum Betrieb der Zelle sind auch hier periphere Einrichtungen zur Druckerzeugung und -regelung, zur Thermostatisierung sowie zur Messung und Registrierung der Zustandsparameter erforderlich. Bei der Durchführung eines Versuchs wird die interessierende Substanz in der Meßzelle mit dem verdichteten Gas in Kontakt gebracht und die Werte von Druck und Temperatur so eingestellt, daß die Mischung sich im heterogenen Phasenbereich befindet. Bei konstanten Druck- und Temperaturwerten wird intensiv durchmischt. Nach erfolgter Gleichgewichtseinstellung und Phasentrennung wird die Zusammensetzung jeder der beiden Phasen bestimmt. Dies gelingt in einigen Fällen durch Messung physikalisch-chemischer Eigenschaften der Phasen im Druckbehälter selbst. In der Regel wird jedoch von beiden Phasen eine Probe entnommen und außerhalb des Druckbehälters untersucht, da hierbei die analytischen Möglichkeiten weitaus vielseitiger sind.

Bei der analytischen Methode muß die eingesetzte Substrat- und Gasmenge nicht genau bekannt sein. Die Zusammensetzung der koexistierenden Phasen stellt sich entsprechend den vorgegebenen Bedingungen ein und wird nach der Probeentnahme unmittelbar durch ein geeignetes Analysenverfahren bestimmt. Daher können auch Systeme mit mehr als zwei Komponenten untersucht werden. Außerdem kann in der Regel mit einer einzigen Zellenfüllung der Isothermen- oder Isobarenverlauf in einem großen Zustandsbereich bestimmt werden.

Die analytische Methode ist wegen der mangelhaften Trennung der Phasen nicht für Messungen im kritischen Bereich und bei barotropen System geeignet. Die pVT-Daten der kompressiblen Gasphase, die zur Berechnung von Substratkonzentrationen benötigt werden, können bei der analytischen Methode nicht erhalten werden. Aufwendig und schwierig ist oftmals die Technik der Probenahme. Das Volumen der Zelle soll möglichst groß, dasjenige der Probe soll möglichst klein sein, um bei der Entnahme eine Drucksenkung und Störung des Gleichgewichts weitestgehend zu vermeiden. Große Zellenvolumina erfordern jedoch besonders im Bereich hoher Drücke kostspielige Autoklavenkonstruktionen, und eine gleichmäßige Temperaturverteilung über einen ausgedehnten Probenraum kann mitunter bei hohen Temperaturen schwierig zu erreichen sein. Die kleinen Probemengen ihrerseits stellen an die Analytik hohe Anforderungen, insbesondere bei kleinen Substanzmengen in der gasförmigen Phase.

Apparaturen für Phasengleichgewichtsmessungen nach der analytischen Methode wurden von zahlreichen Autoren entwickelt, wobei der konstruktive Aufbau je nach dem zu messenden Gleichgewicht sowie dem Druck- und Temperaturbereich Unterschiede aufweist. Die Methode wurde beispielsweise von Tsiklis und Maslennikova [13], von Takenouchi und Kennedy [14], von Tödheide und Franck [15] oder von Street und Hill [16] eingesetzt. Große Sorgfalt ist bei der analytischen Methode dem Vorgang der Probenahme beizumessen, der i. a. mit Hilfe dünner Kapillaren erfolgt. Bei der Drosselung der Probe auf Atmosphärendruck besteht nämlich die Gefahr einer vorzeitigen Kondensation schwerflüchtiger Komponenten, was zu verfälschten Meßergebnissen führt. Einige Autoren, z. B. Gerritsen und Hartmann [17] oder Maier und Stephan [18], verbinden daher die Meßzelle unmittelbar mit einem Gaschromatographen zur Analyse der entnommenen Probe. Die Apparatur der letztgenannten Autoren weist dabei eine besonders einfache Verbindung mit Entspannung der Probe unmittelbar im Einspritzblock des Gaschromatographen auf.

Beim Vergleich der analytischen mit der synthetischen Methode zeigt sich, daß beide Verfahren sich ergänzen und je nach der vorliegenden Problemstellung das eine oder andere Verfahren bevorzugt einzusetzen ist. Eine Diskussion der Anwendungsmöglichkeiten der beiden statischen Methoden zur Bestimmung des Phasenverhaltens von Mischsystemen, deren Ergebnisse in Tabelle 4 zusammengestellt sind, ist von Brunner veröffentlicht [19].

Tabelle 4. Einsatzmöglichkeiten der analytischen und der synthetischen Methode zur Bestimmung des Phasenverhaltens von Mischsystemen [19] (+ gut durchführbar, ○ möglich, — nicht möglich)

	statische Methoden	
	analytisch	synthetisch
Phasengleichgewichte binärer Systeme, keine schwerflüchtigen Komponenten	+	+
binäre Systeme mit schwerflüchtigen Komponenten	+	○
Gleichgewichte mit mehr als zwei Komponenten	+	—
Ermittlung des Zweiphasengebiets	○	+
Feststellung mehrerer Phasen	—	+
Messungen im kritischen Gebiet	—	+
Löslichkeit schwerflüchtiger Komponenten in komprimierten Gasen	+	—

III.1.c Die dynamische Methode

Das dynamische Meßverfahren zur Bestimmung von Phasengleichgewichten zeichnet sich durch zahlreiche Gemeinsamkeiten mit der analytisch-statischen Methode aus und kann daher auch als analytisch-dynamisch bezeichnet werden. Eine Übergangsform zwischen beiden Methoden könnte man den Zirkulations- oder Umlaufapparaturen zuschreiben, die beispielsweise von Tsang und Streett [20], Kuk und Montagna [21] oder Radosz [22] zur Bestimmung von Flüssig-Flüssig- oder Gas-Flüssig-Gleichgewichten benutzt werden. Diese weisen zwar eine dynamische Gleichgewichtseinstellung, jedoch noch eine analytische Probenahme (in direkter Kopplung mit einem Gaschromatographen) auf.

Sowohl bei der analytischen als auch bei der dynamischen Methode wird eine ausreichend große Substanzmenge, die nicht genau bekannt sein muß, in einem Druckbehälter mit der leichter flüchtigen Komponente unter Bedingungen in Kontakt gebracht, unter denen die Mischung zweiphasig ist. Die Werte von Druck und Temperatur können dabei unabhängig voneinander vorgegeben werden. Die Zusammensetzung der Phasen stellt sich als Funktion dieser Werte ein und wird außerhalb des Druckbehälters analytisch untersucht. Im Zusammenhang mit der Hochdruckextraktion interessiert besonders die Zusammensetzung der Gasphase, d. h. die Aufnahmefähigkeit des als Lösungsmittel fungierenden verdichteten Gases für einen Feststoff oder eine Flüssigkeit. Bei der analytisch-dynamischen Methode wird nun die Menge der entnommenen Gasprobe nicht wie bei der analytisch-statischen Methode durch eine Sperrflüssigkeit, wie Quecksilber oder bei sehr kleinen Probenmengen überhaupt nicht ersetzt, sondern vielmehr durch frisches unbeladenes Gas unter den gleichen Zustandsbedingungen wieder aufgefüllt. Dieses Gas belädt sich beim Passieren des Probenbehälters wiederum mit einem den vorgegebenen Druck- und Temperaturbedingungen entsprechenden Anteil des im Überschuß vorhandenen Substrats und kann am anderen Ende erneut entnommen werden. Der dynamischen Methode liegt damit das gleiche Durchflußprinzip wie auch jeder Drogenextraktion oder -perkolation zugrunde.

Auf diese Weise ist es möglich, bei Bedarf wesentlich größere Probenmengen als bei der statischen Methode zu entnehmen. Der verfügbare Meßbereich wird nicht alleine durch die Erfassungsgrenze der analytischen Methode bestimmt, sondern kann durch die Probenmenge beträchtlich zu tieferen Werten erweitert werden. Dies ist insbesondere bei der Untersuchung schwerflüchtiger Substanzen mit geringer Löslichkeit von großem Vorteil. Auf der anderen Seite lassen sich mit der auf dem Durchflußprinzip beruhenden analytisch-dynamischen Methode hohe Löslichkeitswerte von mehr als 10 Gew.-% in der Regel nicht mehr exakt erfassen, da die im Druckbehälter vorgelegte Probenmenge nur einen Teil des vorhandenen Volumens einnehmen kann und zu ihrem Lösen und Weitertransport immer der Durchfluß einer gewissen Menge der leicht flüchtigen Komponente erforderlich ist. Aus diesem Grunde kann auch die Einphasigkeit des Systems, d. h. die unbegrenzte Mischbarkeit eines Substrats in dem verdichteten Gas nicht von einem hohen Löslichkeitswert unterschieden werden.

Bei der Durchführung eines Versuchs wird die entnommene Gasprobe in ein geeignetes Gefäß entspannt und dadurch die Phasentrennung erreicht. Die abgeschiedene Substanzmenge wird analytisch, z. B. durch Abwiegen, Photometrie oder Gaschromatographie bestimmt, die Menge des nunmehr regenerierten Gases kann leicht ermittelt werden, indem sie beispielsweise über einen auf die entsprechende Gasart geeichten Massendurchflußmesser abfließt. Bei Reinsubstanzen erlaubt damit die Kenntnis der Molmasse, bei Mischungen die der mittleren Molmasse, eine direkte Berechnung der molalen Konzentration bzw. der Konzentration in Gewichtsprozent ohne Kenntnis der pVT-Daten. Die mit dem analytisch-statischen Verfahren gewonnenen Meßwerte können dagegen nur bei genauer Kenntnis der pVT-Daten des Gases in eine entsprechende Konzentrationsangabe umgerechnet werden, wobei diese Daten gesondert bestimmt oder der Literatur entnommen werden müssen.

Besondere Aufmerksamkeit ist bei der dynamischen Methode dem Problem der Gleichgewichtseinstellung zu widmen. Die zu untersuchende Substanz ist in gut verfügbarer Form mit möglichst großer Oberfläche, eventuell auf einem Trägermaterial, in den Probenautoklaven einzufüllen. Die Strömung der verdichteten Gasphase ist so langsam zu bemessen, daß sich entsprechend dem Volumen des Probenbehälters eine ausreichende Kontaktzeit zu der kondensierten Phase ergibt, um eine Sättigungsbeladung zu erreichen und diese bis zur Extraktion des Großteils der vorgelegten Probe aufrechtzuerhalten. Dies wird nach vorliegenden Erfahrungen normalerweise bei Verweilzeiten von 10 bis 20 min erreicht, wobei das schnellere Massentransportverhalten verdichteter Gase im Vergleich zu klassischen Lösungsmitteln eine wesentliche Rolle spielt. Die Ermittlung korrekter Gleichgewichtswerte wird auch durch die Tatsache belegt, daß Versuche mit verschiedenem Lösungsmitteldurchsatz, verschiedenartiger Positionierung des Substrats im Extraktionsbehälter und verschiedener Durchflußgeschwindigkeit unter identischen Druck- und Temperaturbedingungen identische Löslichkeitswerte ergaben [23]. Zudem wurde eine gute Übereinstimmung der dynamisch bestimmten Meßwerte mit den Ergebnissen der statischen Verfahren festgestellt [24].

Schwieriger und aufwendiger als bei den statischen Verfahren ist die Erzielung und Aufrechterhaltung einer guten Druck- und Temperaturkonstanz in dem dynamischen System über einen längeren Zeitraum. Bei der Anwendung des Verfahrens auf flüssige Substrate ist darauf zu achten, daß Aufschwimm- und Mitreißeffekte in dem fließenden Lösungsmittel ausgeschlossen werden. Wichtig ist ferner die vollständige Abtrennung der gelösten Substanzen aus dem fließenden Gas. Während bei schwerflüchtigen Stoffen, beispielsweise bei fetten Ölen, keine Schwierigkeiten auftreten, müssen bei mittelflüchtigen Substanzen, wie ätherischen Ölen, besondere Maßnahmen getroffen werden, wie Entspannung auf einen Druck des Löslichkeitsminimums [25] oder auf Atmosphärendruck und Auffangen der Substanzen in Kühlfallen oder Adsorption an aktiven Trägermaterialien. Zur Untersuchung von sehr leichtflüchtigen Verbindungen, den üblichen Lösungsmitteln beispielsweise, ist daher das dynamische Verfahren weniger geeignet. Schwierigkeiten bereitet das dynamische Verfahren auch bei Substanzmischungen, wenn die einzelnen Komponenten unterschiedliche Löslichkeitseigenschaften besitzen, da die Zusammensetzung des Substrats bzw. des Extrakts sich im Verlauf der Untersuchung beträchtlich ändern kann. Eine Aussage ist nur dann möglich, wenn von allen Komponenten genügend Substanz verfügbar ist, um während des Versuchsablaufs eine den Bedingungen entsprechende konstante Gasbeladung sicherzustellen.

Das dynamische Verfahren wird von zahlreichen Autoren eingesetzt. Michels, Dumoulin und van Dijk [26] beschreiben beispielsweise eine Apparatur zur Bestimmung von Gas-Flüssig-Gleichgewichten, bei der eine Probenahme aus beiden Phasen möglich ist. Im Zusammenhang mit quantitativen Löslichkeitsuntersuchungen als Voraussetzung für die Konzeption von Trennverfahren auf der Basis der Hochdruckextraktion sind in der neueren Literatur zahlreiche Arbeiten veröffentlicht, in denen mit der dynamischen Methode Gas-Feststoff- oder Gas-Flüssig-Gleichgewichte insbesondere auf der Gasseite ermittelt werden. Czubryt, Myers und Giddings [27] untersuchen mit einer Art Hochdruck-Gaschromatograph die Löslichkeit oligomerer Alkohole bis zu einem Druck von nahezu 2000 bar. Van Leer und Paulaitis [28] bzw. McHugh und Paulaitis [29] messen die Löslichkeit von Phenol und chlorierten Phenolen bzw. von Naphthalinderivaten und Biphenyl. Johnston, Ziger und Eckert [30] ermitteln die Löslichkeit fester Kohlenwasserstoffe, Kurnik und Reid [31] untersuchen das Phasenverhalten von Feststoffmischungen wie Naphthalin/Phenanthren mit der dynamischen Methode. Stahl und Willing [32] untersuchen mit Hilfe einer Mikroapparatur die den Vorteil geringer Totvolumina und einer einfachen Handhabung besitzt, die Löslichkeit von Feststoffen (Alkaloiden) in verschiedenen verdichteten Gasen. Stahl und Gerard [25] ermitteln das Löslichkeitsverhalten von ätherischen Ölbestandteilen in überkritischem Kohlendioxid bei Drücken von 20 bis 120 bar, wo noch keine lückenlose Mischbarkeit vorliegt. Quirin [33] untersucht das Phasenverhalten fetter Öle bis zu einem Druck von 2600 bar mit Hilfe der dynamischen Methode. Ohgaki, Tsukahara und Katayama [34] bestimmen die Löslichkeit von Octadecan in verflüssigtem und überkritischem CO_2 und Ethan. Schließlich verwenden auch Kwiatkowski, Lisicki und Majewski [35] die Durchflußmethode zur Untersuchung der Löslichkeit organischer Feststoffe in verdichteten Gasen.

III.2 Extraktion von Feststoffen

III.2.a Mikroextraktion

Das Verfahren der Extraktion mit verdichteten Gasen ist gegenüber den klassischen Extraktionsverfahren technologisch aufwendiger, und die Extraktionsparameter sind vielseitiger. Aus diesem Grunde sind orientierende Versuche zur Beurteilung der Extrahierbarkeit und Auswahl der Extraktionsbedingungen in präparativen Labor- oder sogar Pilotanlagen zeit- und arbeitsaufwendig und daher kostspielig. Wünschenswert ist ein Verfahren, das mit kleinen Mengen arbeitet, einfach durchzuführen ist und rasch über die qualitative Extrahierbarkeit von Substanzen in Abhängigkeit von verschiedenen Parametern informiert. Die gewonnene Information kann dann als Richtwert für die Maßstabsvergrößerung in den präparativen Bereich dienen, in dem die verfahrenstechnischen und produktspezifischen Details optimierbar sind.

Eine für diesen Zweck geeignete Apparatur wurde bereits 1976 von Stahl und Schilz beschrieben [36]. Sie wurde in den letzten Jahren weiterentwickelt und modifiziert [37]. Die Methode beruht auf einer on-line Kopplung der Mikroextraktion mit verdichteten Gasen als Abtrennverfahren mit der Dünnschicht-Chromatographie als einfachem, aussagefähigem Analysenverfahren. Eine bestimmte Menge des verdichteten Gases — meist ein bis zwei Gramm — durchströmt einen Mikroextraktionsautoklaven, der die zu extrahierende Probe, sei es gepulvertes Pflanzenmaterial oder eine Reinsubstanz, adsorbiert auf einem inerten Trägermaterial mit großer Oberfläche (Glaswatte, Kieselgur) enthält. Das Gas belädt sich entsprechend seinem Zustand mit einem Teil der Inhaltsstoffe und wird danach über eine feine Glaskapillare entspannt. Wegen der Dichteabhängigkeit des Lösungsvermögens fallen bei der Entspannung die gelösten Stoffe aus , werden als kondensierte Phase in dem feingebündelten Gasstrom mitgerissen und können so direkt auf die sich hin- und herbewegende DC-Schicht als Startband aufgetragen werden. Anschließend wird in üblicher Weise chromatographiert. Auf diese Weise werden schnell und einfach Informationen über die Hochdruckextraktion erhalten.

Die Apparatur zur Mikroextraktion (Abb. 10) und ihre Funktionsweise soll anhand von Abb. 11 erläutert werden. Die Gasversorgung ist in der Schemazeichnung weggelassen. Zur Druckerzeugung kann ein kleiner Membrankompressor oder eine kleine Flüssiggaspumpe eingesetzt werden, die das Gas auf den gewünschten Extraktionsdruck bringen. Wegen des geringen Gasbedarfs kann auch auf diese teure, apparative Druckerzeugung verzichtet werden. Es ist beispielsweise möglich, das Gas bei tiefer Temperatur verflüssigt in einen aufheizbaren Druckbehälter einzufüllen, der anschließend erwärmt wird. Die Druckregulierung erfolgt hier durch ein Reduzierventil.

Das Kernstück der Apparatur ist der Edelstahl-Extraktionsautoklav [4] mit angeschlossenem Probentransfer zur Dünnschichtplatte [15]. Der Extraktionsbehälter hat einen Probenraum von 2 ml und ist zur Beheizung in den Messingblock [14] eingepaßt. Die Thermostatisierung des Messingblocks und somit des Extraktionsbehälters erfolgt mit Hilfe der Heizpatrone [5]. Die Heizleistung wird durch eine Regeleinrichtung in Verbindung mit dem Thermofühler [6] gesteuert, der in einer kleinen Bohrung zwischen Probenraum und Heizelement sitzt. Eine um den

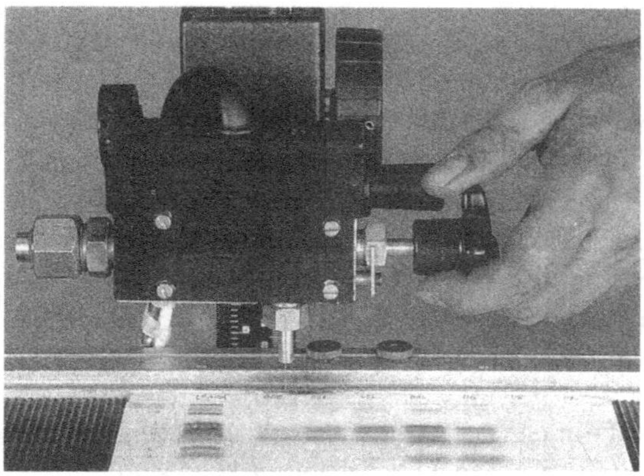

Abb. 10. Teilansicht der Mikroextraktionsanlage mit direkter Kopplung zur Dünnschicht-Chromatographie

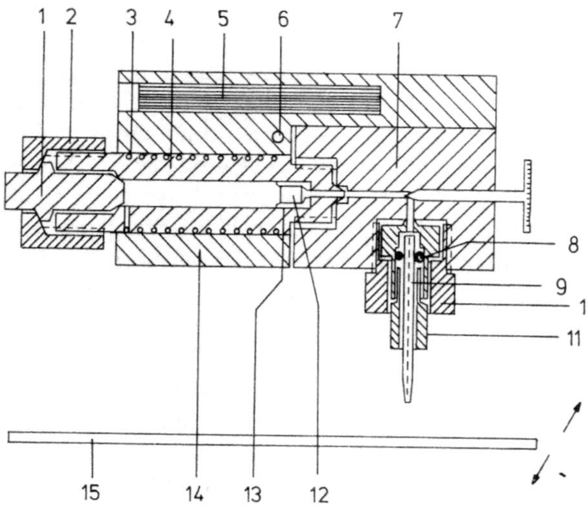

Abb. 11. Längsschnitt durch den Extraktions- und Transferteil der Mikroextraktionsanlage. *1* Konuseinsatz, *2* Überwurfmutter, *3* Vorwärmkapillare, *4* Edelstahl-Extraktionsautoklav, *5* Heizpatrone, *6* Thermistor, *7* Miniabsperrventil, *8* O-Ring, *9* Glaskapillare, *10* Verschraubung, *11* Kapillarenhalterung, *12* Metallsinterfilter, *13* PTFE-Einsatz, *14* Messingblock, *15* DC-Platte

Extraktionsbehälter gewundene Edelstahlkapillare [3] dient als Vorwärmsäule für das einströmende Gas. Am Autoklavenausgang befindet sich ein Metallsinterfilter [12], der feine Probenpartikel zurückhält. Der Abschluß des Probenraumes erfolgt durch ein Miniabsperrventil [7]. Die Entspannung des Gases auf Atmosphärendruck erfolgt durch eine feine Glaskapillare [9], deren Innendurchmesser durch konisches Ausziehen von Thermometerglasrohr auf etwa 10 µm verengt ist. Die Kapillarenhalterung ist durch O-Ring mit Überwurfmutter realisiert. Der Gasdurchfluß beträgt zwischen 0,1 und 1 g/min und hängt von dem eingestellten Druck und der Öffnungsweite der Glaskapillare ab, die durch Verkürzen leicht erweitert werden kann. Die Durchflußmessung erfolgt vor Versuchsbeginn für alle Druckstufen mit Hilfe eines Seifenblasenströmungsmessers.

Horizontal unter der vertikal befestigten Entspannungskapillare liegt die DC-Platte [15] auf einem Transportschlitten. Der Abstand vom Kapillarenende zur Schicht beträgt je nach Druck 1–5 mm. Durch automatisches Hin- und Herbewegen während der Extraktion wird die Bildung eines Startbandes von einstellbarer Länge erreicht.

Die gepulverte Droge wird zwischen zwei Glaswattetampons in ein beiderseits offenes Glasröhrchen von etwa 1 ml Inhalt und 40 mm Länge gepackt, das genau in die Öffnung des Mikroextraktionsautoklaven paßt und mit Hilfe von Teflonband gegen die Autoklavenwand abgedichtet ist. Auf diese Weise ist ein sauberes und schnelles Auswechseln der Extraktionsvorlage gewährleistet. Die Extraktion wird vorzugsweise im stufenförmigen Druckgradienten durchgeführt. Dabei wird der Druck schrittweise erhöht und die Probe pro Druckstufe mit einer konstanten Gasmenge extrahiert. Gleichzeitig wird die DC-Platte nach jeder Drucksteigerung ein Stück weitergeschoben.

Nach der Entwicklung und Detektion des Chromatogramms erhält man eine Abbildung, auf deren Abszisse diskontinuierlich die Extraktionsparameter Druck oder Temperatur dargestellt sind. In Richtung der Ordinate werden die extrahierten Substanzen nach ihrem chromatographischen Verhalten (Polarität) aufgetrennt. Das Vorhandensein und die relative Intensität der einzelnen Zonen gibt Aufschluß darüber, welche Substanz bei welchem Druck in welcher relativen Menge extrahiert wird. Da sowohl das Verhalten der Hauptinhaltsstoffe als auch der Begleitsubstanzen sichtbar wird, kann leicht abgeschätzt werden, ob und welche Möglichkeiten einer fraktionierten oder selektiven Extraktion bestehen.

Ferner kann schnell und einfach festgestellt werden, wie sich beispielsweise der Zerkleinerungsgrad der Droge, eine chemische Vorbehandlung derselben oder die Verwendung eines Schleppmittels auf die Extrahierbarkeit von Einzelkomponenten auswirkt. Ebenfalls ist ein direkter Vergleich der extrahierten Inhaltsstoffe aus Drogenmaterial verschiedener Herkunft, Art und Varietät bei fest vorgegebenen Extraktionsbedingungen möglich. In diesem Fall sind auf der Abszisse die extrahierten Inhaltsstoffe verschiedener Drogen als Startbänder aufgetragen (vergl. Abb. 45).

Eine etwas modifizierte Anlage zur Mikroextraktion wird seit 1984 von der Firma NOVA SWISS, Effretikon, Schweiz, hergestellt und vertrieben.

III.2.b Hochdruck-Soxhlet-Extraktion

Eine einfache Apparatur zur Extraktion von Feststoffen mit verflüssigtem Kohlendioxid wird im Handel angeboten. Die Extraktion erfolgt in einem normalen Glas-Soxhlet-Apparat, der sich in einer Druckkammer befindet (Abb. 12).

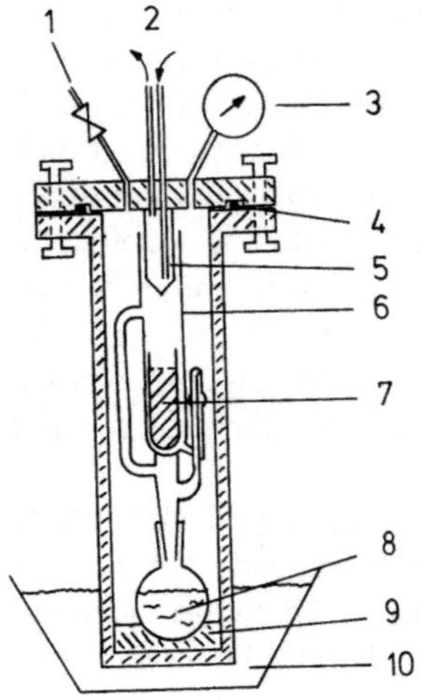

Abb. 12. Hochdruck-Soxhlet-Extraktor (Fa. J & W Scientific Inc.).
1 Absperrventil, *2* Kühlung, *3* Manometer, *4* O-Ring, *5* Kondensator, *6* Glas Soxhlet-Apparat, *7* Probe, *8* flüssiges CO_2 im Siedezustand, *9* Wärmeübertragungsplatte, *10* beheiztes Wasserbad

Das Extraktionsmittel Kohlendioxid wird in Form von Trockeneis in geeigneter Menge im unteren Teil des Druckbehälters vorgelegt. Anschließend wird der Druckbehälter geschlossen und in ein beheiztes Wasserbad gestellt. Durch Verdampfen des festen Kohlendioxids steigt der Gasdruck innerhalb des Behälters bis zum Verflüssigungsdruck an, der von der Temperatur des Kondensators im Behälterdeckel bestimmt wird. So wird beispielsweise bei einer Kondensatortemperatur von 15 °C ein CO_2-Druck von 51 bar erreicht. Das am Kondensator verflüssigte Extraktionsgas tropft in den Soxhlet-Apparat und extrahiert dabei die in einer Hülse vorgelegte Probe. Während der Extraktion reichert sich der Extrakt in dem Rundkolben im flüssigen CO_2 an, das sich im Siedezustand befindet. Nach der Extraktion wird das enthaltene Gas über ein Ventil abgelassen. Nach Öffnen des Druckbehälters kann der Extrakt aus dem Rundkolben entnommen werden.

Diese einfache Apparatur zur Extraktion mit flüssigem Kohlendioxid erlaubt die Gewinnung von kleineren Extraktmengen für analytische Untersuchungen. Dabei ist eine Produktoptimierung kaum möglich, da die Extraktionsbedingungen nur in eingeschränktem Maß über die Temperatur des Kondensators variiert werden können. Neben Kohlendioxid sind für die Hochdruck-Soxhlet-Extraktion lediglich Gase geeignet, die sich im Temperaturbereich zwischen 0 und 20 °C bei einem Druck unter 100 bar verflüssigen lassen. Allerdings setzt deren Verwendung eine Einrichtung zum Füllen mit verflüssigtem Gas voraus.

III.2.c Präparative Extraktion

Prinzip

Bei der Extraktion mit verdichteten Gasen ist der Verfahrensablauf sowohl beim Arbeiten mit einer Laboranlage als auch beim Betrieb einer Produktionsanlage prinzipiell der Gleiche. Im Gegensatz zur Mikroextraktion, wo nur geringe Gasmengen benötigt werden, muß in präparativen Anlagen das zur Extraktion eingesetzte Gas im Kreislauf geführt werden, um den Gasverbrauch in vernünftigen Grenzen zu halten. Der Extraktionskreislauf des verdichteten Gases ist schematisch

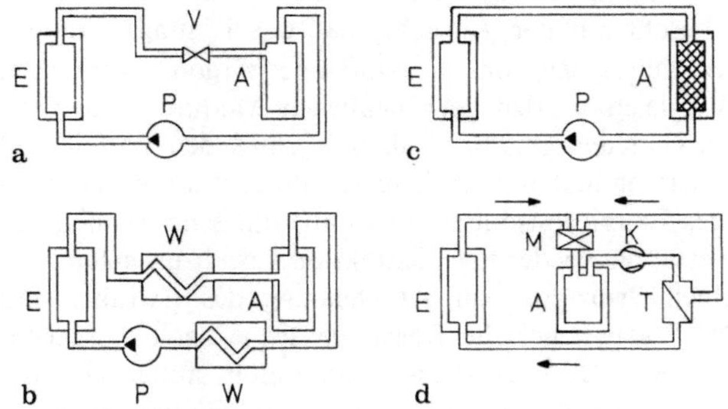

Abb. 13a–d. Extraktionskreisläufe mit verschiedenen Abscheidungsprinzipien.
a Extraktentmischung durch Druckänderung; **b** Extraktentmischung durch Temperaturänderung; **c** Extraktabscheidung durch Adsorption; **d** Extraktabscheidung durch Beimischung eines Inertgases.
E Extraktionsbehälter, *A* Abscheider, *P* Pumpe, *K* Kompressor, *V* Drosselventil, *W* Wärmeaustauscher, *M* Gasmischvorrichtung, *T* Gastrennung (Membrane)

in Abb. 13 wiedergegeben, wobei verschiedene Möglichkeiten der Extraktabscheidung aufgezeigt werden.

Das in einem Druckbehälter vorgelegte Ausgangsmaterial wird von dem verdichteten Gas unter Extraktionsbedingungen durchströmt, wobei die extrahierbaren Inhaltsstoffe gelöst werden. Das extraktbeladene Gas wird über ein Drosselventil (Abb. 13a) in den Abscheidungsbehälter entspannt. Dabei nimmt die Lösungskapazität des Gases ab und die gelösten Stoffe entmischen sich. Das regenerierte Gas wird erneut auf den Extraktionsdruck verdichtet und in den Probenbehälter zurückgeführt. Das Prinzip der isothermen Abscheidung bedeutet keinesfalls, daß in der Praxis der Einbau von Wärmeaustauschern überflüssig ist, da mit jeder Druckänderung des Gases immer eine Temperaturänderung verbunden ist. Die Extraktabscheidung kann auch bei konstantem Druck durch Temperaturänderung der beladenen, verdichteten Gasphase herbeigeführt werden (Abb. 13b). Bei dieser isobaren Arbeitsweise führt je nach Druck und Art der gelösten Stoffe entweder eine Temperaturerhöhung oder -erniedrigung zur Abscheidung. Nach der Entmischungsstufe muß das Gas lediglich wieder auf die Extraktionstemperatur gebracht und in den Extraktionsbehälter gefördert werden. Dieses Abscheidungsprinzip allein ist in der Regel nicht effektiv genug und wird daher mit anderen Möglichkeiten kombiniert. Bei einer anderen Verfahrensvariante werden die im Extraktionsgas gelösten Substanzen durch Adsorption an geeigneten Sorbentien (z. B. Aktivkohle) abgetrennt (Abb. 13c). Dieser Prozeß, der im gesamten Kreislauf isobar und isotherm betrieben werden kann, läuft vom eigentlichen Verfahrensablauf her gesehen sehr wirtschaftlich ab, da weder hohe Kompressionsenergien aufgebracht noch große Wärmemengen zu- oder abgeführt werden müssen. Allerdings ist zu bedenken, daß bei dieser Ausführung die Regenerierung des Adsorbens zusätzliche Kosten verursacht. Folglich ist diese Abscheidungstechnik besonders dann interessant, wenn nur geringe Extraktmengen oder Verunreinigungen aus einem Trägermaterial abgetrennt werden sollen (Entcoffeinierung von Rohkaffee).

Eine weitere Methode zur Extraktabscheidung, die jedoch zur Zeit noch keine praktische Relevanz besitzt, beruht auf der Tatsache, daß das Lösungsvermögen von z. B. Kohlendioxid durch Zumischen von Stickstoff oder Argon herabgesetzt wird (Abb. 13d) [38]. Im Vergleich zu den gebräuchlichen Methoden zur Entmischung von Extrakt und verdichtetem Gas bietet diese Technik den Vorteil, daß direkt reine Extrakte bei isothermer und nahezu isobarer Prozeßführung erhalten werden. Zur Regenerierung des Extraktionsmittels ist es allerdings notwendig, das Inertgas durch ein Membranverfahren wieder vom Extraktionsgas abzutrennen.

Kombinationen der einzelnen Prinzipien zur Abscheidung des Extrakts sind durchaus möglich und in der Praxis sogar die Regel, da sie je nach Aufgabenstellung Vorteile mit sich bringen. Darüberhinaus kann durch stufenweise Erniedrigung der Lösungskapazität des verdichteten Gases der Extrakt in verschiedenen Fraktionen abgeschieden werden.

Bauteile

Obwohl die Konzeption einer Hochdruckextraktionsanlage je nach Menge und Art des Extraktionsgutes unterschiedlich ist, lassen sich doch für die benötigten Anlagenkomponenten allgemeingültige Merkmale angeben und für die prinzipielle verfahrenstechnische Ausführung von Baugruppen Gemeinsamkeiten erkennen. Die Funktion und Anordnung einzelner Bauteile werden nur allgemein beschrieben, konstruktive Details können meist in die Diskussion nicht einbezogen werden.

Wird die Hochdruckanlage zur Herstellung von Naturstoffextrakten eingesetzt, die in irgendeiner Form zum menschlichen Verzehr verwendet werden, ist bei der Werkstoffauswahl zu beachten, daß alle Anlagenbauteile, die mit Extrakten in Berührung kommen, die Anforderungen der Lebensmittel-Gesetzgebung erfüllen. Dies bedeutet insbesondere, daß die Innenflächen der Druckbehälter, Rohrleitungen, Wärmetauscher usw. korrosionsbeständig ausgeführt und leicht zu reinigen sind (z. B. Edelstahl V4A, Werkstoff Nr. 1.4571). Diese Forderung ist sehr wichtig, da viele Pflanzenextrakte und Aromastoffe bereits allein oder in Verbindung mit Wasser und dem verdichteten Gas korrosiv wirksam sind. Die Druckauslegung der Extraktionsanlagen erfolgt je nach Problemstellung. Versuchsanlagen im Labor- oder Pilotmaßstab sollten für einen möglichst großen Druckbereich ausgelegt sein, damit unterschiedliche Aufgaben bearbeitet werden können. Produktionsanlagen sind dagegen auf bestimmte Produkte angepaßt, womit der maximale Betriebsdruck festgelegt ist. Bei der Extraktion von Feststoffen mit verdichteten Gasen ist ein echter kontinuierlicher Betrieb meist nicht möglich, da das Ein- und Ausbringen von Feststoffen in und aus dem Hochdruckbereich zur Zeit noch technische Schwierigkeiten bereitet. Da die Beschickung in drucklosem Zustand erfolgt, sind einzelne Anlagenbauteile, insbesondere die Extraktionsbehälter, einer schwellenden Druckbelastung ausgesetzt. Dies kann zur Werkstoffermüdung führen und ist bei der Konzeption der Druckbehälter zu berücksichtigen.

Während im Labormaßstab die Handhabung des Extraktionsgutes unproblematisch ist, müssen im technischen Maßstab Problemlösungen bei der Beschickung der Extraktionsbehälter gefunden werden. In industriellen Extraktionsanlagen ist der schnelle Austausch des Rohstoffs ein kostenbestimmender Faktor. Dabei ist die Art der Befüllung und Entleerung maßgebend für die Gestaltung der Verschlüsse. Relativ einfach zu handhaben ist königes Gut, das leicht durch kleine Öffnungen im Behälterkopf und -boden eingefüllt bzw. abgezogen werden kann. In vielen Fällen ist es jedoch notwendig, den vollen Querschnitt des Extraktionsbehälters freizulegen, um beispielsweise korbähnliche Einsätze, in denen das Pflanzenmaterial vorliegt, auszuwechseln oder das Extraktionsgut mit Hilfe einer pneumatischen Fördereinrichtung einzubringen bzw. abzusaugen. Aus der Praxis sind zur Arretierung der Behälterdeckel mehrere Möglichkeiten bekannt. Zu erwähnen sind Flansch-, Klammer-, Pflock-, Bajonett-, Schiebe- und Rahmenverschluß sowie Arretierungen des Deckels am Hochdruckbehälter durch Druckschraube oder Überwurfmutter. Eine elegante Lösung der Verschlußgestaltung zeigt Abb. 14, auf der ein vollautomatischer Klammerverschlußmechanismus zu sehen ist. Die hydraulisch betätigte Verschlußklammer ist geöffnet, der ebenfalls hydraulisch bewegte Behälterdeckel ist hochgezogen und zur Seite geschoben, und eine pneumatische Befülleinrichtung ist auf den Hochdruckbehälter aufgesetzt.

Für den Aufbau von Hochdruckanlagen sind die Dichtelemente von besonderem Interesse. Zur Verbindung von Rohrleitungen und Armaturen sind Metall-auf-Metall-Dichtungen geeignet, z. B. Konusdichtung, Flanschverschraubung mit Linsendichtung oder Schneidringdichtung. Besonders bei Großanlagen, wenn das Rohrleitungssystem fest installiert ist, besteht auch die Möglichkeit, die Rohrverbindungen durch Verschweißen herzustellen.

Zur Abdichtung großer Querschnitte, z. B. der Verschlußdeckel von Extraktionsbehältern, sind Metall-auf-Metall-Dichtungen ungeeignet, da hierbei sehr hohe Kräfte zum Anpressen der Dichtflächen erforderlich wären. In diesem Fall verwendet man besser O-Ring-Dichtungen bzw. vom „O-Ring" in Form und Aufbau abgewandelte Dichtringe, z. B. mit innenliegender Feder. Während an die Temperaturbeständigkeit der verwendeten Dichtmaterialien bei der schonenden Naturstoff-

Abb. 14. Klammerverschluß und pneumatische Fülleinrichtung eines Hochdruckbehälters (Werkfoto UHDE GmbH.)

extraktion keine hohen Ansprüche gestellt werden, sind bei der Werkstoffauswahl insbesondere folgende Qualitätsmerkmale von Bedeutung. Das Dichtmaterial muß Lebensmittelqualität und eine gute chemische Beständigkeit gegenüber dem verdichteten Gas und den Extrakten besitzen. Darüberhinaus sollte die Dichtung, die meist aus einem organischen Polymer besteht, unter hohem Gasdruck nicht quellen, da sonst bei der Druckentlastung und beim Öffnen der abgedichteten Verbindung eine starke Volumenvergrößerung der Dichtung resultiert, wodurch sie unbrauchbar werden kann.

Je nach Lage der Dichtung unterscheidet man zwischen innen- und außenliegendem O-Ring (Abb. 15). Die Abdichtung von Behälterverschlüssen erfolgt zweckmäßigerweise durch innenliegende O-Ringe, da hierbei der Autoklavendeckel nicht mit einer hohen Kraft angepreßt werden muß und damit eine Arretierung beispielsweise durch einen Klammerverschluß möglich wird. Beim Druckaufbau im Behälter kann sich der Deckel ohne Auftreten einer Undichtigkeit eine gewisse Distanz anheben. Vorteile von außenliegenden O-Ringen sind insbesondere die einfachere und schnellere Austauschmöglichkeit sowie der geringere Verschleiß durch Reibungs- und Scherkräfte. Ein Anwendungsbeispiel für außenliegende O-Ringe ist die Abdichtung von Flanschverbindungen, ohne Querschnittsverengung, wie sie beispielsweise bei Rohrverbindungen erwünscht ist.

Eine gewisse Schwierigkeit beim Betrieb einer Anlage zur Extraktion mit verdichteten Gasen ergibt sich aus der Notwendigkeit der Thermostatisierung des Einsatzgutes und des Extraktionsmittels in den Hochdruckbehältern. Da Edelstahl eine relativ schlechte Wärmeleitfähigkeit besitzt, resultieren bei dickwandigen Behältern mit außenliegenden Wärmeaustauschern lange Aufheiz- und Abkühlzeiten. Sind schnellere Temperaturänderungen erwünscht, kann dies durch zusätzliche Maßnahmen erreicht werden. So besteht die Möglichkeit, im Hochdruckbehälter einen Wärmeaustauscher in Form einer innenliegenden Heizschlange einzubauen. Diese Methode ist jedoch für Extraktionsbehälter ungeeignet, da hierdurch die Nutzung des teuren Hochdruckvolumens eingeschränkt und eine schnelle Beschickung mit dem Extraktionsgut erschwert wird. Für die Extraktabscheider hat sich hingegen diese Ausführung in der Praxis bewährt. Zur Steigerung des Wärmeübergangs im Extraktionsbehälter ist eine Innenwandtemperierung möglich, sofern dieser in Mehrlagenbauweise ausgeführt ist. Hierbei kann die Thermostatisierung durch elektrische Heizelemente oder durch ein Kanalsystem erfolgen, das von einem Wärmeträger durchflossen wird.

Bei der Konzeption der Wärmeaustauscher ist auf eine glatte Gasdurchführung und eine gute Reinigungsmöglichkeit zu achten, da in diesen Anlagenbauteilen

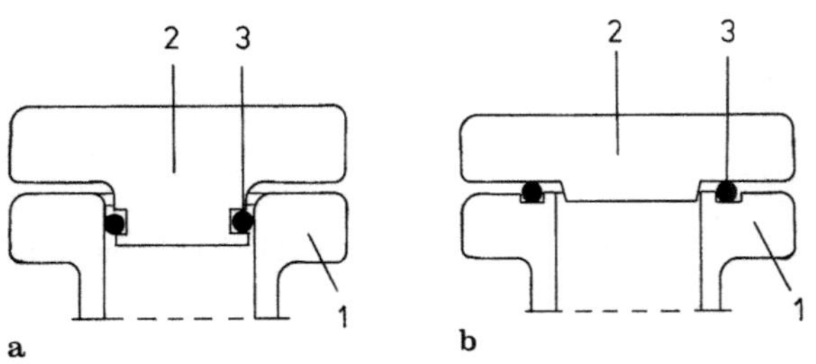

Abb. 15a, b. Druckbehälterabdichtung mit O-Ringen. **a** innenliegender O-Ring, **b** außenliegender O-Ring, *1* Druckbehälter, *2* Behälterdeckel, *3* O-Ring

eine Zustandsänderung des Extraktionsmittels bewirkt wird, was bei extraktbeladenem Gas zu Entmischungen und Verstopfungen führen kann. In Hochdruck-Extraktionsanlagen kommen insbesondere Doppelrohr- und Rohrbündelwärmeaustauscher zur Anwendung, wobei das verdichtete, eventuell extraktbeladene Gas rohrseitig und das Heiz- bzw. Kühlmedium mantelseitig durch den Wärmeaustauscher geführt wird. In diesem Fall sind lediglich die Rohre aus druckfestem, leicht zu reinigendem Edelstahl zu fertigen.

Auch für bestimmte Rohrleitungsteile und Armaturen kann eine Thermostatisierung, z. B. durch elektrische Heizbänder oder -matten dann erforderlich sein, wenn die Gefahr einer ungewollten Extraktabscheidung besteht, die zu Verstopfungen führen kann. Zumindest sollten diese Anlagenteile gut gegen Wärmeabstrahlung isoliert sein. Die Temperaturmessung in den Hochdruckbehältern bzw. Rohrleitungen erfolgt durch Thermoelemente oder Widerstandsthermometer.

Bei der Extraktion mit verdichteten Gasen befindet sich, abgesehen von der isobaren Verfahrensweise, das Lösungsmittel im Extraktionsbehälter auf einem höheren Druckniveau als im Abscheider. Für die Überwindung dieser Druckdifferenz und zur Förderung des verdichteten Gases gibt es mehrere Möglichkeiten, wobei jedoch nur ein Betrieb mit Kompressor oder Flüssiggaspumpe von praktischer Relevanz ist. Bei der Auslegung dieses Anlagenbauteils ist zu beachten, daß das Extraktionsmittel nicht mit flüssigkeitsgeschmierten Lagern, Kolben usw. in Berührung kommt, da verdichtete Gase auch für Schmieröle ein gutes Lösungsvermögen besitzen können. Dies würde einerseits zu Kontaminationen des Extraktionsmittels sowie der Extrakte und andererseits zu Funktionsstörungen des entsprechenden Aggregats führen. Aus diesem Grunde werden zur Verdichtung und Förderung des Extraktionsgases in der Praxis vielfach Membrankompressoren und -pumpen eingesetzt. Der prinzipielle Verfahrensablauf bei Verdichter- bzw. Pumpenbetrieb wurde bereits in Kap. II.4.1. anhand einer thermodynamischen Beschreibung des Lösungsmittelkreislaufs erläutert.

Für die Regelung der Parameter Druck und Gasdurchfluß stehen verschiedene Bauteile zur Verfügung, die je nach Anordnung in der Anlage verschiedenartige Einstellprinzipien verwirklichen. Als Alternativen zur Einstellung des Extraktionsdruckes stehen Druckhalteventile (Überströmventile) oder Druckminderventile (Reduzierventile) zur Verfügung. Während Druckhalteventile den Druck am Eingang des Ventils regeln und überschüssig gefördertes Gas überströmen lassen, regeln Druckminderventile den Druck am Ventilausgang, indem sie beim Erreichen des gewünschten Druckes den Gasdurchfluß absperren. Zur Einstellung der Gasströmung sind insbesondere Dosierventile geeignet. Verschiedene Anordnungsmöglichkeiten dieser Bauteile zur Regelung von Druck und Durchfluß sind in Abb. 16 anhand vereinfachter Extraktionskreisläufe aufgezeigt [39].

In Abb. 16a erfolgt die Regelung des Extraktionsdruckes durch das Druckhalteventil HV, das sich am Ausgang des Extraktionsbehälters befindet und im substanzbeladenen Gasstrom liegt. Die Entspannung des verdichteten Gases und somit die Entmischung der gelösten Komponenten erfolgt am Druckhalteventil. Bei dieser Anordnung ist zu beachten, daß dieses Regelglied eventuell mit Extrakt verkleben oder sogar verstopfen kann, was zu einer Drucksteigerung im Extraktionsteil der Anlage führen würde. Folglich sind Sicherheitselemente notwendig, wie beispielsweise Kontaktmanometer zum Abschalten des Verdichters oder Sicherheits-

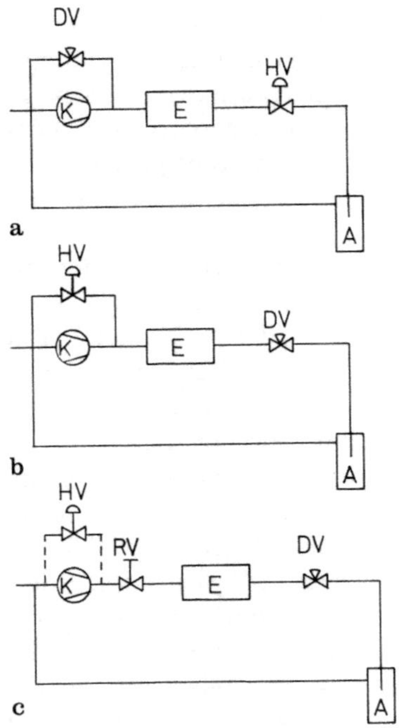

Abb. 16a–c. Möglichkeiten zur Regelung von Extraktionsdruck und Gasdurchfluß.
K Verdichter, *E* Extraktionsbehälter, *A* Abscheidungsbehälter, *HV* Druckhalteventil, *RV* Reduzierventil, *DV* Dosierventil

ventile am Extraktionsbehälter, die beim Überschreiten des eingestellten Druckes das überschüssige Gas in die Luft oder in den Gasvorrat abströmen lassen. Die Strömungsregelung erfolgt in einem Bypass zum Verdichter durch das Dosierventil DV. Bei der in Abb. 16b gezeigten Ausführung sind die beiden Regelglieder Druckhalteventil und Dosierventil gegenüber der Version in Abb. 16a vertauscht. Hierbei kommt das Druckhalteventil, mit dem der Extraktionsdruck eingestellt wird, nicht mit extraktbeladenem Gas in Berührung. Es erfüllt an dieser Stelle gleichzeitig die Funktion eines Sicherheitselementes. Am Dosierventil DV, das zur Einstellung der Gasströmung dient, findet die Entspannung des verdichteten Gases statt. In Abb. 16c ist schließlich die Möglichkeit dargestellt, den Extraktionsdruck mit dem Druckminderventil RV einzustellen. In diesem Fall ist jedoch ein zusätzliches Regelglied, wie z. B. ein Überströmventil, erforderlich, damit der Druck vor dem Druckminderventil bei geringem Gasbedarf im Extraktionskreislauf nicht unbegrenzt ansteigt.

Bei der Konzeption einer Produktionsanlage kommt insbesondere eine Ausführung analog Abb. 16a, jedoch ohne das Regelventil DV, in Betracht, da in einer Großanlage die Förderleistung des Verdichters auf das Extraktionsvolumen und das Einsatzmaterial abgestimmt ist und voll für den Extraktionsvorgang ausgenutzt wird. An die Regelglieder einer Labor- oder Pilotanlage müssen höhere Anforderungen gestellt werden, da die Anlage für Versuchszwecke genutzt und mit wechselnden Verfahrensparametern betrieben wird. So ist es insbesondere erforderlich, daß die Druckregelung in einem weiten Bereich funktioniert und unterschiedliche definierte Durchflußmengen des verdichteten Gases unabhängig vom Druck eingestellt werden können. Zur möglichst variablen Regelung dieser Parameter in einer Laboranlage sind alle aufgezeigten Verfahrensweisen geeignet, wobei wegen der unproblematischeren Druckeinstellung insbesondere die Variante nach Abb. 16b zu bevorzugen ist. Eine Verfahrensführung nach Abb. 16c ist nur dann interessant, wenn geringe Gasmengen für Versuchszwecke benötigt werden, wie es beispielsweise bei der Mikroextraktion der Fall ist. Hierbei kann aus Kostengründen der Verdichter durch einen Gasvorratsbehälter ersetzt werden, in dem durch entsprechende Temperierung die notwendigen Drücke aufgebaut werden.

Für die Bestimmung des Gasdurchflusses eignen sich insbesondere Massendurchflußmesser, die weitgehend unabhängig von den Zustandsbedingungen den Massenstrom gasartspezifisch messen. Bei der Durchflußmessung nach dem Prinzip der Volumenstrommessung (z. B. Schwebekörper, federgestützter Kolben) ist die Anzeige von der Gasdichte abhängig, so daß zur Gasmengenbestimmung die exakten pVT-Daten berücksichtigt werden müssen. Der Durchflußmesser sollte in der Extraktionsanlage so angeordnet sein, daß er im extraktfreien Gasstrom liegt, damit eine genaue und störungsfreie Messung gewährleistet ist. Dies ist an zwei Stellen möglich, vor dem Extraktionsbehälter oder hinter dem Abscheider. In der Praxis wird meist die letztere Möglichkeit bevorzugt, da hierbei der Durchflußmesser nicht für den hohen Druck ausgelegt werden muß.

Anlagenbeispiele

Nachdem nun Bauteile, Regel- und Meßeinrichtungen beschrieben sind, werden im folgenden einige Anlagen verschiedener Größenordnung besprochen, die zur präparativen Substanzgewinnung aus festem Einsatzmaterial geeignet sind. Anlagen zur Extraktion von flüssigen Einsatzgemischen mit verdichteten Gasen sind in Kap. III.4 bei der Beschreibung der Raffinationsverfahren aufgeführt.

Bei der verfahrenstechnischen Auslegung von Betriebsanlagen leisten Labor- oder Pilotanlagen zur Ermittlung von Verfahrensparametern wertvolle Dienste. Eine Laboranlage zur Extraktion mit verdichteten Gasen ist so zu konzipieren, daß die unterschiedlichsten Problemstellungen bearbeitet werden können. Dabei ist insbesondere folgenden Gesichtspunkten Rechnung zu tragen:

- Abdeckung eines möglichst großen Verfahrensbereiches der Extraktion mit verdichteten Gasen bezüglich der Parameter Druck, Temperatur und Gasströmung
- Flexibilität im Extraktionsmaßstab
- Möglichkeit der Extraktfraktionierung durch mehrstufige Abscheidungstechnik
- laufende Kontrolle und Registrierung der Prozeßparameter.

Das Fließschema in Abb. 17 zeigt den Aufbau und die Funktionsweise einer präparativen Laborextraktionsanlage, die von Stahl und Mitarbeitern im Eigenbau erstellt wurde [42, 43].

Das gasförmige Extraktionsmittel, z. B. Kohlendioxid, wird über das Absperrventil V1 dem Vorratsbehälter G, einer handelsüblichen Gasflasche, entnommen und über das Druckminderventil RV in die Anlage geleitet. Der Druckminderer bestimmt einerseits den Ansaugdruck des Kompressors und andererseits den Abscheidungsdruck im Abscheider A1 bei einstufiger Abscheidung bzw. im Abscheider A2 bei zweistufiger Abscheidung. Der eingestellte Druck wird über den DMS-Druckaufnehmer M2 bzw. M3 mit angeschlossenem Anzeigegerät kontrolliert und registriert. Die Verdichtung des Extraktionsgases erfolgt mit dem

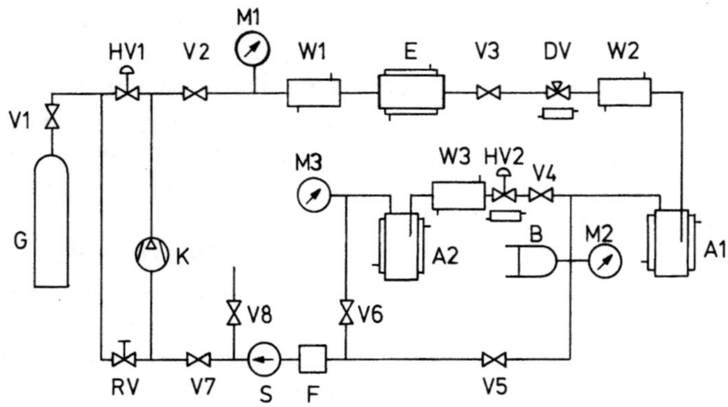

Abb. 17. Fließschema der Extraktionsanlage.
G Gasvorrat, *K* Membrankompressor, *E* Extraktionsbehälter, *A1*, *A2* Abscheidungsbehälter, *F* Aktivkohle-Blaugel-Filter, *S* Massendurchflußmesser, *M1–M3* DMS-Druckaufnehmer mit Anzeigegerät, *W1–W3* Wärmeaustauscher, *RV* Druckminderventil, *HV1*, *HV2* Druckhalteventile, *DV* Feindosierventil, *V1–V8* Absperrventile, *B* Berstscheibe.

Membrankompressor K. Der Extraktionsdruck wird durch das Manometer M 1 angezeigt und mit Hilfe des Druckhalteventils HV 1 geregelt, welches das über den gewünschten Druck zu viel geförderte Gas in den Vorratsbehälter G zurückströmen läßt. Das komprimierte Gas wird durch den Wärmeaustauscher W 1 isobar auf die gewünschte Temperatur gebracht und durchströmt den ebenfalls thermostatisierten Extraktionsbehälter E, wobei es sich mit den extrahierbaren Inhaltsstoffen des Einsatzgutes belädt. Die gewünschte Strömungsgeschwindigkeit wird an dem beheizten Feindosierventil DV eingestellt. An dieser Stelle entspannt sich die mit Extrakt beladene Gasphase vom Extraktionsdruck auf den Abscheidungsdruck (einstufige Abscheidung in A 1, Ventile V 4, V 6 geschlossen, V 5 geöffnet). Nach der isobaren Verdampfung des durch die Entspannung partiell verflüssigten Extraktionsmittels im Wärmeaustauscher W 2 wird der Extrakt im Abscheidungsbehälter A 1 gesammelt.

Eine andere Variante besteht in der fraktionierten Abscheidung durch stufenweise Druckabsenkung in den hintereinandergeschalteten Behältern A 1 und A 2 (Ventil V 5 geschlossen, V 4 und V 6 geöffnet). Der Abscheidungsdruck in A 1 wird mit dem beheizten Druckhalteventil HV 2 eingestellt, das gleichzeitig als weiteres Entspannungsventil dient. Der Druck in A 2 entspricht dem Saugdruck des Kompressors (Einstellung am Reduzierventil RV). Neben dieser druckfraktionierten Abscheidung besteht auch die Möglichkeit, durch Variation der Prozeßtemperaturen oder durch kombinierte Druck- und Temperaturänderungen eine stufenweise Entmischung des Extraktes herbeizuführen. Der Abscheidungsteil der Anlage ist durch eine Berstscheibe B gegen unkontrollierten Druckanstieg gesichert.

Nach Passieren der Abscheider gelangt das nunmehr unbeladene Gas über den Sorptionsfilter F in den Massendurchflußmesser S, der mit einem Schreiber gekoppelt ist und so die verbrauchte Gasmenge registriert. Da in einer Laboranlage das Extraktionsgut häufig gewechselt wird, erleichtert der Einbau eines Blaugel-Aktivkohle-Filters die notwendige Reinigung der Anlage, verhindert Störungen bei der Gasdurchflußmessung sowie am Kompressor infolge von Extraktablagerungen und schließt eine Kontamination des Gasvorrats mit Extrakt aus. Für die Gasversorgung einer Laborextraktionsanlage im Druckbereich oberhalb von 350 bar ist bei Kompressorbetrieb eine zweistufige Verdichtung vorteilhaft [33]. In Abb. 18 ist eine hierfür geeignete Anordnung zur Druckerzeugung und -regulierung schematisch wiedergegeben. Die Gasführung im hohen Druckbereich ist durch die fett eingezeichnete Linie hervorgehoben.

Das Extraktionsgas wird über das Druckminderventil RV dem Gasvorrat entnommen und dem Kompressor K 1 zugeführt (V 2 geöffnet, V 3 geschlossen). Dieser versorgt den Kompressor K 2 (V 5 geöffnet, V 6 geschlossen) mit vorkomprimiertem Gas von 90 bis 150 bar. Eine Zwischenkühlung dieses Gases auf Temperaturen knapp oberhalb von T_C (31 °C für CO_2) ist wesentlich für eine gute Effektivität der zweiten Verdichtungsstufe. Das vom Kompressor K 2 bis zu dem gewünschten Enddruck — angezeigt durch Manometer M 2 — komprimierte Gas gelangt nun über Ventil V 7 in den Extraktionsteil der Anlage. Die Manometer M 1 und M 2 sind als Kontaktmanometer ausgelegt, die beim Überschreiten eines bestimmten Drucks mittels einer Schutzschaltung die elektrisch angetriebenen Kompressoren abschalten.

Bei der zweistufigen Kompression ist es vorteilhaft, ein Puffervolumen P in die Leitung zwischen den beiden Kompressoren einzufügen, damit eine ausreichende, druckkonstante Gasversorgung des Kompressors K 2 sichergestellt ist. Andernfalls treten Leistungsschwankungen auf, je nachdem, ob der Ansaugtakt der beiden Kompressoren gleichzeitig erfolgt oder aber der Verdichtungstakt von Kompressor K 1 mit dem Ansaugtakt von Kompressor K 2 zusammenfällt. Die Druckregelung kann im Bereich bis 1000 bar mit Hilfe des Überströmventils HV 2 erfolgen. Im höheren Bereich ist die Regelung problematischer und muß über einen Bypass erfolgen, der durch das Feindosierventil DV zu öffnen ist. Der Teil des vom Kompressor K 2 hochverdichteten Gases, der im Extraktionskreislauf nicht benötigt wird, gelangt dabei direkt wieder in die Ansaugleitung des Kompressors K 1 zurück. Während die Stellung des Feindosierventils DV eine Grobeinstellung des Extraktionsdrucks erlaubt, kann durch Veränderung des Vordrucks von Kompressor K 2 und damit von dessen Förderleistung am Überströmventil HV 1 die Feinregulierung vorgenommen werden.

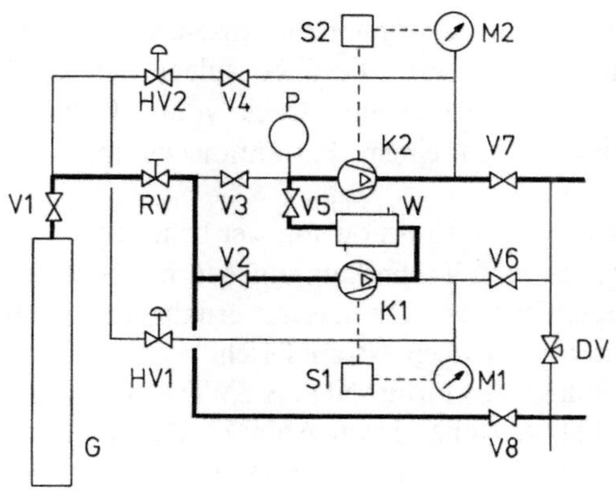

Abb. 18. Druckerzeugung und -regulierung einer Laborextraktionsanlage im Bereich bis 3000 bar.
G Gasvorrat, *RV* Druckminderventil, *HV1*, *HV2* Druckhalteventile, *DV* Feindosierventil, *V1–V8* Absperrventile, *P* Puffervolumen, *K1* Membrankompressor 1000 bar, *K2* Membrankompressor 3000 bar, *S1*, *S2* Schaltrelais, *M1*, *M2* Kontaktmanometer, *W* Wärmeaustauscher.

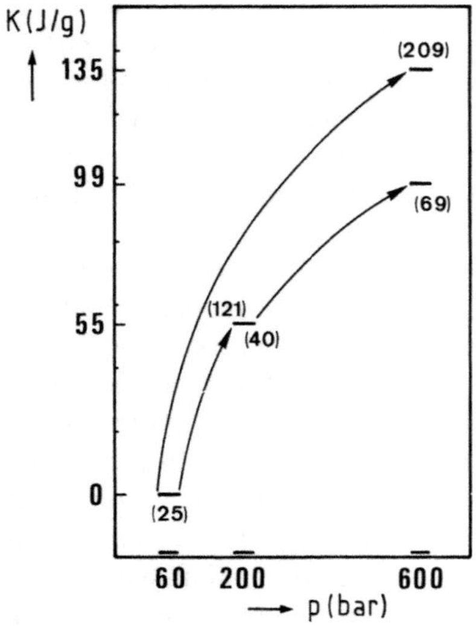

Abb. 19. Schematische Darstellung des Energiebedarfs zur isentropen Kompression von Kohlendioxid mit und ohne Zwischenkühlung. (Zahlenwerte in Klammern = Temperatur in °C)

Die Vorteile einer zweistufigen Arbeitsweise bei Kompressorbetrieb zeigt Abb. 19. Dargestellt ist der Energiebedarf zur adiabatisch-reversiblen Kompression von CO_2 auf 600 bar. Ausgangspunkt ist gasförmiges CO_2 (60 bar, 25 °C), wie es aus handelsüblichen Stahlflaschen entnommen wird. Da die isentrope Verdichtung immer mit einer Temperaturerhöhung verbunden ist, sind in Abb. 18 Temperaturangaben eingetragen, wobei der Wert am Pfeilanfang sich auf die Temperatur vor, am Pfeilende nach der Verdichtung bezieht. Die zweistufige Druckerhöhung von 60 auf 600 bar mit Zwischenkühlung beispielsweise auf 40 °C erspart, wie man sieht, mehr als ein Viertel der Kompressionsenergie, die zur einstufigen Verdichtung benötigt würde. Weiterhin wird deutlich, daß die in diesem Sinn durchgeführte Druckerhöhung von 60 auf 600 bar mit 99 kJ/kg CO_2 nicht einmal doppelt so viel Energie erfordert, wie die Kompression von 60 auf 200 bar, die 55 kJ/kg CO_2 benötigt.

Die beschriebene Laboranlage besteht aus drei voneinander getrennten Einheiten. Die Druckerzeugung, d. h. die fest installierte Kompressorstation mit dem Gasvorrat, ist über ein Leitungssystem mit der eigentlichen Extraktionsanlage (Abb. 20) verbunden. Das fahrbar aufgebaute Gestell enthält die Druckbehälter, die Regeleinrichtungen, wie Armaturen, Thermostaten und Wärmeaustauscher, sowie die Meßwertaufnehmer. In der Kontrollstation (links in der Abbildung), welche die dritte Einheit der Laboranlage darstellt, sind die Stromversorgung, die Anzeigeinstrumente und die Registrierung der Prozeßparameter integriert. Die Laboranlage ermöglicht die präparative Extraktion von Naturstoffen bei einem Druck von 350 bar im Maßstab bis 5,7 Liter und bei 2000 bar bis zu einem Extraktionsvolumen von 300 cm^3.

Zur Optimierung des Prozeßablaufs bei der Extraktion mit verdichteten Gasen sind über den Labormaßstab hinaus Versuche in Technikumsanlagen mit beispielsweise 50 Liter Extraktionsvolumen empfehlenswert. Die hiermit erhaltenen Ergebnisse lassen sich zuverlässiger auf Produktionsanlagen extrapolieren.

Abbildung 21 zeigt eine Technikumsanlage der Firma NOVA SWISS, Effretikon (Schweiz) mit einem 50 l-Extraktionsbehälter. Anhand von Abb. 22, die das Fließschema dieser Anlage wiedergibt, soll ihre Funktionsweise erläutert werden [44].

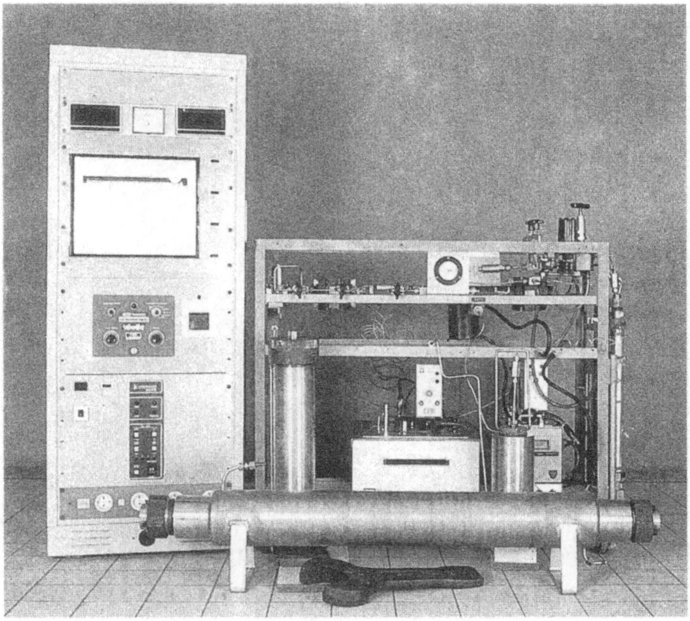

Abb. 20. Frontansicht der Laborextraktionsanlage

Abb. 21. Technikums-Extraktionsanlage mit 50 l Extraktionsvolumen im Druckbereich bis 320 bar der Firma NOVA SWISS, Effretikon (Schweiz), (Werkfoto)

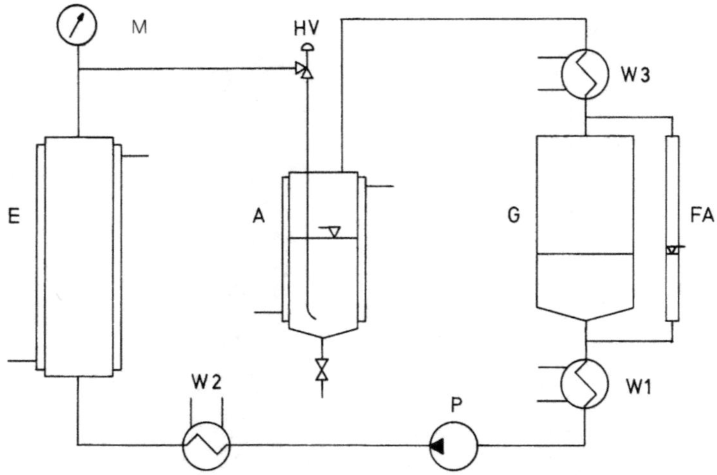

Abb. 22. Vereinfachtes Verfahrensschema der 50 l Anlage:
E Extraktionsbehälter, *A* Abscheidungsbehälter, *G* Gasvorrat, *FA* Füllstandsanzeige, *HV* Druckhalteventil, *M* Manometer, *P* Flüssigkeitspumpe, *W1–W3* Wärmeaustauscher

Im Gegensatz zu der oben beschriebenen Laboranlage erfolgt in diesem Fall die Verdichtung und Förderung des Extraktionsmittels mit Hilfe einer Flüssigkeitspumpe. Das Extraktionsgas wird in flüssigem Zustand dem Gasvorrat G, in dem es als Flüssigkeit an der Siedegrenze vorliegt, bodenseitig entnommen, durch den Wärmeaustauscher W1 unterkühlt, um eine Kavitation des Lösungsmittels durch Druckabfall in der Ansaugleitung der Pumpe auszuschließen, und mit Hilfe der Flüssigkeitspumpe P auf den Extraktionsdruck gebracht. Die Förderleistung der Pumpe kann über den Kolbenhub variiert werden. Die Druckeinstellung erfolgt am Druckhalteventil HV, das im Hauptkreislauf eingebaut ist, so daß die insgesamt geförderte Gasmenge zur Extraktion ausgenutzt wird. Im Wärmeaustauscher W2 wird das Gas isobar auf Extraktionsbedingungen thermostatisiert und durchströmt anschließend von unten nach oben den Extraktionsbehälter E.

Das extraktbeladene verdichtete Gas wird am Ventil HV auf den Abscheidungsdruck entspannt. Das dabei partiell verflüssigte Extraktionsgas wird abweichend von dem bei der Laboranlage beschriebenen Prinzip zusammen mit dem Extrakt direkt in den Abscheider A überführt, wo das Extraktionsmittel im Naßdampf-Bereich vorliegt. Damit das verflüssigte Gas im Abscheidungsbehälter nicht überlaufen kann, was zu Extraktverlusten führen würde, ist dieser mit einer Füllstandsanzeige versehen, welche die Wärmezufuhr zur Verdampfung des verflüssigten Gases steuert. Zur Anzeige des Füllstandes sind in verschiedenen Höhen im Abscheidungsbehälter Meßfühler eingebaut, die entweder nach dem Kapazitätsprinzip arbeiten oder die Temperatur messen, wobei in diesem Fall mit Hilfe des Abscheidungsdruckes aus dem Phasendiagramm des Extraktionsgases sein Zustand ermittelt wird. Das extraktfreie gasförmige Lösungsmittel wird schließlich in dem Kondensator W3 verflüssigt und fließt in den Vorratsbehälter G, womit der Verfahrenskreislauf geschlossen ist.

Da die Flüssigkeitspumpe über die Ansaugleitung stets mit verflüssigtem Gas zu versorgen ist, muß die Füllhöhe des flüssigen Extraktionsmittels in dem Behälter G kontrollierbar sein. Hierfür ist beispielsweise eine in einem Bypass zu G angeordnete Vorrichtung geeignet, die mit Hilfe eines magnetischen Schwimmers die Füllhöhe anzeigt. Der Abscheidungsdruck und somit der Ansaugdruck der Pumpe wird bei dieser Art der Verfahrensführung über die Temperatur in dem Gasvorratsbehälter bestimmt. Das Extraktionsgas liegt hierin im Gas-Flüssig-Gleichgewicht vor, so daß bei vorgegebenem konstantem Volumen eine Temperaturänderung stets mit einer Druckänderung verbunden ist.

Gesichtspunkte zur Planung und Auslegung von Hochdruckextraktionsanlagen für Naturstoffe werden auch von Lack diskutiert [44a], der den Aufbau einer 10-l-Anlage beschreibt. Die Anlage ist für Drücke bis 325 bar ausgelegt. Der Extraktor kann bei Bedarf mit einer Rührvorrichtung ausgestattet werden. Der maximale Lösungsmitteldurchsatz ist 60 kg/h. Außerdem werden in der Arbeit zur Ermittlung des Energiebedarfs bei verschiedenen Extraktions- und Abscheidungszuständen an Hand des T,s-Diagramms von CO_2 zahlreiche idealisierte Kreisprozesse durchgerechnet.

Detaillierte Angaben über verfahrenstechnische Einzelheiten von Produktionsanlagen können an dieser Stelle nicht gemacht werden, da dieses Know-how von den Anwendern verständlicherweise nicht preisgegeben wird. Einige Gesichtspunkte von allgemeinem Interesse sollen jedoch angesprochen werden. Infolge der vielseitigen Produkte, die mit der Hochdruck-Extraktion gewonnen werden können, bestehen bezüglich der Größe von Produktionsanlagen deutliche Unterschiede. Zur Herstellung von kleineren Produktmengen, z. B. von hochwertigen Wirkstoffen für die pharmazeutische Industrie, von teuren ätherischen Ölen oder anderen Spezialitäten, können Anlagen mit einem Extraktionsvolumen im Bereich von 100

Abb. 23. Extraktionsbehälter mit einem Inhalt von 6,5 m^3 und einem Auslegungsdruck von 350 bar (Werkfoto UHDE GmbH.)

Liter bereits eine wirtschaftliche Bearbeitung ermöglichen. Zur ökonomischen Extraktion von Massenprodukten, wie beispielsweise Kaffee, Hopfen oder Ölsaaten, müssen dagegen die Anlagen eine Kapazität von mehreren Kubikmetern besitzen. Einen Eindruck über die Dimension solcher Extraktionsanlagen soll Abb. 23 vermitteln. Der Druckbehälter hat einen Nutzinhalt von 6,5 m^3 und ist bis zu einem Druck von 350 bar belastbar.

Solche Großanlagen mit mehreren Tausend Litern Extraktionsvolumen erfordern einen hohen Durchsatz an verdichtetem Gas, beispielsweise von 70 Tonnen Kohlendioxid pro Stunde, was zur Thermostatisierung eine Austauscherfläche von 250 m^2 notwendig macht [45]. Die Gasversorgung einer technischen Anlage in diesem Maßstab ist nicht mehr mit Membranpumpen oder -kompressoren zu realisieren. In diesem Fall werden zur Verdichtung und Förderung des Extraktionsgases beispielsweise wassergeschmierte Plungerpumpen eingesetzt.

Da eine kontinuierliche Extraktion, d. h. das Ein- und Austragen von Feststoffen in und aus den Hochdruckbehältern unter Extraktionsbedingungen zur Zeit noch nicht möglich ist, wird in Produktionsanlagen das Extraktionsvolumen vorteilhafterweise auf mehrere Druckbehälter verteilt. Dadurch gelingt es, den Batch-Prozeß einer echten Gegenstromextraktion anzunähern. Dies ist in Abb. 24 schematisch aufgezeigt.

In dieser Anordnung sind vier Extraktionsbehälter hintereinander geschaltet (fett eingezeichnete Linie). Nach der erschöpfenden Extraktion des ersten Behälters wird dieser durch Ventilumschaltungen aus dem Kreislauf gezogen, druckentspannt, neu befüllt und anschließend wieder derart in den Kreislauf gebracht, daß er an letzter Stelle von dem verdichteten Gas durchströmt wird (gestrichelt eingezeichnete Linie). Bei dieser Verfahrensweise müssen immer mehrere Ventile gleichzeitig betätigt werden, was durch die Verwendung steuerbarer, pneumatisch betätigter Ventile in einfacher Weise realisierbar ist.

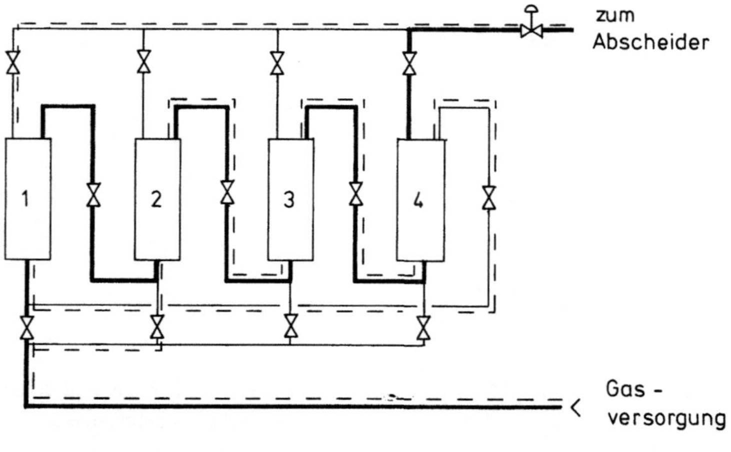

Abb. 24: Schema einer Mehrbehälter-Gegenstromextraktion

Gesichtspunkte zur Versuchsplanung

Die Versuchsplanung zur Optimierung einer Hochdruckextraktion wird durch die Vielzahl der Einflußgrößen erschwert. In Anbetracht des hohen erforderlichen Aufwandes ist eine Verlegung der Versuche in den kleinstmöglichen Maßstab ratsam. In Tabelle 5 sind verschiedene Einflußparameter bezüglich ihrer Relevanz auf Ausbeute und Selektivität der Extraktion zusammengestellt. Darüberhinaus gibt die Tabelle Hinweise auf den zur Optimierung dieser Parameter geeigneten Versuchsmaßstab.

Tabelle 5. Parameter der Hochdruckextraktion [40]

Extraktionsparameter	Relevanz		Versuchsmaßstab		
	Ausbeute	Selektivität	Labor		Technisch
			Mikro	Präp.	
Extraktionsgut					
Vorbehandlung (Zerkleinerung, Wassergehalt, usw)	× ×	×	■	■	
Extraktionsmittel					
Gasart und -zustand	× ×	× ×	■	■	
Druck/Temperatur der Extraktion	× ×	× ×	■	■	
Druck/Temperatur der Abscheidung	×	×		■	
Gasdurchsatz	× ×	×		■	■
Prozeßführung					
Dauer der Extraktion	× ×	×		■	■
Extraktion, mehrstufig	—	× ×	■	■	
Abscheidung, mehrstufig	—	× ×		■	
Betriebsweise	×	×			■

Unter der Rubrik „Relevanz" bedeuten: × × bestimmender Einfluß; × Einfluß; — kein Einfluß, ■ möglicher Versuchsmaßstab.

Die Parameter sind in der Reihenfolge aufgeführt, in der auch die Optimierungsschritte erfolgen sollten. Die Vorbehandlung des Extraktionsgutes (Zerkleinerung, Einstellung eines bestimmten Wassergehalts, Behandlung mit Säure oder Alkali usw.) ist eine Größe, die entscheidend die Ausbeute aber auch die Selektivität der Extraktion bestimmt. Hierzu kann man mit Hilfe der Mikroextraktion schnell zu qualitativen Aussagen kommen. Eine Optimierung der Einsatzgutkonditionierung ist jedoch nur im präparativen Labormaßstab möglich.

Die Einflußparameter, die dem Extraktionsmittel zuzuordnen sind, lassen sich weitgehend in Laboranlagen optimieren. Die Mikroextraktion liefert wichtige Hinweise zur Wahl des Extraktionsgases, dessen Lösungsvermögen und Selektivität in Abhängigkeit von Druck und Temperatur sowie für Fraktionierungsmöglichkeiten durch Variation der Zustandsbedingungen. Auf diesen Informationen aufbauend, können im präparativen Maßstab optimale Druck- und Temperaturbedingungen zur Extraktion und Abscheidung ermittelt werden.

Wichtige Einflußgrößen, die die Extraktausbeute und den erforderlichen Energie- und Zeitbedarf des Verfahrens bestimmen, sind die zur Extraktion benötigte Lösungsmittelmenge sowie das Verhältnis von Massenstrom verdichtetes Gas zu eingesetzter Menge an Extraktionsgut (relativer Durchfluß). Zur Optimierung dieser Parameter ist die Aufstellung von Extraktionsdiagrammen, welche die Ausbeute in Abhängigkeit von der Extraktionszeit bzw. der durchgesetzten Gasmenge wiedergeben, sehr nützlich. Bei der Extraktion mit verdichtetem Kohlendioxid haben sich relative Durchflußwerte zwischen 5 und 20 kg Gas pro Stunde und kg Einsatzgut bewährt [39]. In diesem Bereich stellt sich eine gewisse Sättigung des Extraktionsgases ein, d. h. die Ausbeute steigt etwa proportional mit der verbrauchten Gasmenge an. Der genaue, jeweils zu empfehlende Wert für den relativen Durchfluß hängt von mehreren Faktoren ab. Zu erwähnen sind der Extraktgehalt des Einsatzgutes, die Löslichkeit der zu extrahierenden Substanzen, ihre Zugänglichkeit für das verdichtete Gas (Diffusion) und nicht zu vernachlässigen die Stoffübergangskinetik, die ihrerseits von der Art der Verbindungen und den Zustandsbedingungen, insbesondere der Temperatur, des verdichteten Gases im Extraktionsbehälter beeinflußt wird. Es wurde aber auch gefunden, daß ein bestimmter Wert der Gleichgewichtsbeladung der Gasphase, z. B. von 75%, bei steigendem Druck schneller erreicht wird [41].

Unter Berücksichtigung der Schüttdichte des Extraktionsgutes kann man den Massenstrom an verdichtetem Gas auch auf das Extraktionsvolumen beziehen. Setzt man eine mittlere Schüttdichte des Extraktionsgutes von 0,5 kg/l voraus, was für getrocknetes Pflanzenmaterial normalerweise zutreffend ist, so kann man aus obiger Feststellung ableiten, daß pro Liter Extraktionsvolumen eine Verdichter- bzw. Pumpenleistung von 2,5 bis 10 kg Gas pro Stunde geeignet ist. Dies bedeutet wiederum, daß je nach Gasdichte das Lösungsmittel im Extraktionsbehälter etwa alle 10 Minuten ausgetauscht ist.

Fragen der Prozeßführung sind teilweise im Labor- aber auch im Technikumsmaßstab zu klären. Während Verfahrensvarianten zur Erhöhung der Selektivität, wie die mehrstufige Extraktion oder Abscheidung, in präparativen Laboranlagen erprobt werden können, ist die Zeitdauer zur erschöpfenden Extraktion einer bestimmten Rohstoffmenge nur im technischen Maßstab zu ermitteln. Die Übertragbarkeit des Gasverbrauchs aus Laborversuchen ist nicht von vornherein gegeben, da einerseits aufgrund von unterschiedlichen Beschickungstechniken abweichende Schüttdichten der zu extrahierenden Materialien resultieren und andererseits der Schlankheitsgrad des Extraktionsbehälters (Verhältnis von Höhe zu Durchmesser) die Strömungsverhältnisse des verdichteten Gases beeinflußt. Weitere nur in Technikums- bzw. Großanlagen optimierbare Größen sind insbesondere die Betriebsweise, z. B. quasikontinuierliche Mehrbehälter-Extraktion im Gegenstrom oder Anwendung von Rührtechniken, sowie wirtschaftlich-technische Aspekte des Prozeßablaufs, wobei hier beispielsweise die Extraktionstotzeit zum Entleeren und Neubefüllen des Hochdruckbehälters einschließlich Druck- und Temperatureinstellung zu erwähnen ist. Auch die Extraktentnahme aus dem Abscheider kann im großen Maßstab mitunter zu einem Problem werden, das eine spezielle Abstimmung auf Produktart und -menge erfordert.

III.3 Extraktion bei Zusatz von Schleppmitteln

Die zur Naturstoffextraktion geeigneten verdichteten Gase sind in der Regel schwache Lösungsmittel. Dies bedingt einerseits den Vorteil hoher Selektivität, andererseits treten jedoch dadurch Einschränkungen auf, daß einige interessante Substanzgruppen nicht löslich oder nur unter extremen Bedingungen bzw. nur mit unwirtschaftlich hohem Gasdurchsatz extrahierbar sind. Aus diesem Grunde wurde versucht, die Lösungskapazität verdichteter Gase durch Zusatz kleiner Mengen einer Hilfskomponente zu verbessern. Diese Hilfskomponente, die als Schleppmittel (entrainer oder modifier) bezeichnet wird, ist ein Stoff von mittlerer Flüchtigkeit zwischen derjenigen der zu lösenden kondensierten Phase und dem verdichteten Gas. Zur Trennung von Naturstoffen unter schonenden Temperaturbedingungen haben sich Schleppmittel mit Siedetemperaturen zwischen 20 und 100 °C bei Normaldruck, also klassische Lösungsmittel, wie Alkohole, chlorierte Kohlenwasserstoffe, *n*-Hexan, Aceton und Wasser bewährt. In einigen Fällen kann das Schleppmittel so ausgewählt werden, daß durch spezifische Wechselwirkungen der Extraktionsphase mit dem Substrat bestimmte Komponenten der zu trennenden Mischung bevorzugt aufgelöst werden. Im allgemeinen wird jedoch durch den Schleppmittelzusatz und insbesondere mit steigendem Schleppmittelanteil der Trennfaktor erniedrigt.

Neben der Löslichkeitserhöhung schwerflüchtiger Stoffe in der Gasphase und den daraus resultierenden niedrigeren Arbeitsdrücken im Vergleich zum reinen Gas, erlaubt der Schleppmittelzusatz auch eine effektivere Regenerierung des Gases bereits durch geringe Zustandsänderungen oder allein durch Temperatureffekte. Abbildung 25 zeigt zur Erläuterung die Temperaturabhängigkeit eines ternären Systems aus schwerflüchtigem Stoff A, verdichtetem Gas B und Schleppmittel C im Dreiecksdiagramm mit senkrechter Temperaturachse bei konstantem überkritischem Druck von beispielsweise $2p_c$.

Auf der Prismenfläche des binären Systems AB liegt im gesamten Temperaturbereich eine Mischungslücke vor, die bei mittleren Temperaturen am weitesten ausgedehnt ist. Hier tritt auch in einem begrenzten Temperaturintervall eine zweite Mischungslücke im System BC in Erscheinung, wodurch sich die Löslichkeit des schwerflüchtigen Stoffs A in der Gasphase erheblich verringert. Ausgehend vom Extraktionszustand mit Phasendiagrammen vom Typ 1, wo das binäre System Schleppmittel-Gas überkritisch ist und große Mengen von A auflöst, kann demnach der Übergang zum Abscheidungszustand mit einem Typ 2-Diagramm durch bloße Temperaturänderung erfolgen. Bei diesem Übergang wandert der kritische Punkt von der Seite des schwerflüchtigen Stoffs zur Gasseite hin und die schwach positive Konnodensteigung kehrt sich in eine stark negative Steigung um, so daß auch der Hauptteil des Schleppmittels zusammen mit der Komponente A kondensiert und ausfällt.

Dies kompliziert die Verhältnisse erheblich, wenn man unter reproduzierbaren Bedingungen arbeiten will und, wie im präparativen Maßstab erforderlich, einen möglichst geschlossenen Lösungsmittelkreislauf anstrebt. Einerseits muß der beispielsweise aus einem pflanzlichen Trägermaterial abgetrennte schwerflüchtige Stoff in einem zweiten Trennverfahren wieder vom Schleppmittel befreit werden, andererseits ist zum Einhalten einer definierten Schleppmittelkonzentration dem Extraktionsgas diese Schleppmittelmenge zuzüglich der aufgetretenen Verluste wieder hinzuzufügen.

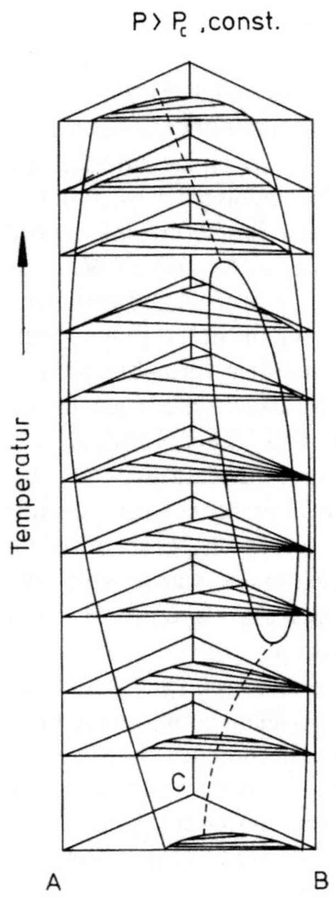

Abb. 25. T-x-Diagramm eines ternären Systems aus schwerflüchtigem Stoff *A*, verdichtetem Gas *B* und Schleppmittel *C* bei konstantem überkritischem Druck, ––– kritische Lösungs- bzw. Entmischungskurve

Außerdem ist zu bedenken, daß bei der Feststoffextraktion im Batchverfahren bei jedem Austausch des Extraktorinhalts ebenfalls Schleppmittelverluste auftreten und das extrahierte Trägermaterial zu seiner Weiterverwendung und zur Lösungsmittelrückgewinnung wie bei klassischen Extraktionsmethoden weiterbehandelt werden muß. Aus diesem Grund werden Schleppmittel vorzugsweise zur Extraktion flüssiger Einsatzgemische und hier wiederum besonders in Kombination mit einem weiteren verfahrenstechnischen Prinzip, der Gegenstromextraktion in Stoffaustauschkolonnen, eingesetzt (Kap. III.4.). In jedem Fall verursacht jedoch die Verwendung organischer Schleppmittel ähnliche Probleme wie bei klassischen Extraktionsmethoden, wenn rückstandsfreie Produkte gefordert werden.

Die Anwendung des Schlepperkonzepts bei der Hochdruckextraktion wurde erstmals von Zhuze beschrieben [46]. Elgin und Weinstock [47] wiesen anhand von Dreiecksdiagrammen auf die starke Druck- und Temperaturabhängigkeit der Mischungslücken in entsprechenden ternären System hin. Schleppeffekte wurden auch von Zosel in einer 1964 eingereichten umfangreichen Patentanmeldung zur Hochdruckextraktion angesprochen [48]. Ohne Details anzugeben fand er, beispielsweise beim Herauslösen von Chlorophyll aus zerkleinerten Pflanzenteilen, „daß man die Menge eines verhältnismäßig schwer in überkritischem Gas aufnehmbaren Stoffs dadurch erhöhen kann, daß man zusammen mit der schwer aufnehmbaren Verbindung leichter aufnehmbare Verbindungen in die überkritische Gasphase bringt.“

Die Schleppertechnik in Verbindung mit der Gegenstromextraktion wurde von Panzner, Ellis und Bott beschrieben [49] und in verbesserter Ausführung mit einer zweiten Hilfskolonne zur Trennung von Schleppmittel und Produkt von Peter, Brunner et al. eingesetzt (s. S. 75) [50, 51, 52]. Zahlreiche ternäre Systeme mit verschiedenen Schleppmitteln sind bei Brunner [19] vermessen und beschrieben.

III.4 Kontinuierliche Extraktion von Flüssigkeiten

III.4.a Grundlagen

Während die Extraktion fester Trägermaterialien zur Substanzgewinnung dient, stellt die Extraktion flüssiger Einsatzgemische mit verdichteten Gasen eine Raffinationsmethode dar, die zur Veredlung meist klassisch hergestellter Rohprodukte Anwendung findet. Beispiele für derartige Trennungen sind die Entsäuerung fetter Öle, die Entölung von Rohlecithin oder die Abtrennung unerwünschter Kohlenwasserstoffe aus ätherischen Ölen. Diese Verfahren sind kontinuierlich durchführbar, da das Eindosieren von Flüssigkeiten oder fließfähigen Massen in den Hochdruckbereich problemlos möglich ist.

Das hierbei zugrundeliegende Trennprinzip beruht auf der unterschiedlichen Verteilung der zu trennenden Komponenten zwischen dem flüssigen Einsatzgemisch und dem verdichteten Gas. Zum Erreichen einer theoretischen Trennstufe muß der Kontakt zwischen den Phasen hinreichend eng sein und lange genug aufrecht erhalten bleiben, damit sich ein Verteilungsgleichgewicht zwischen dem flüssigen Einsatzgemisch und dem Lösungsmittel einstellen kann. Bezüglich des Trennvorganges können die Verfahren entweder stufenweise oder differentiell ablaufen. Zur ersten Gruppe gehören die sogenannten „Mischer-Abscheider", wie z. B. Rührwerksbehälter, bei denen die beiden Phasen durch Rühren oder eine andere Art der mechanischen Vermischung ins Gleichgewicht gebracht und anschließend durch Absetzen (Abscheiden) wieder voneinander getrennt werden. Zur Gruppe von Apparaten, bei denen der Trennvorgang differentiell abläuft, gehören die Gegenstromkolonnen, wie beispielsweise Füllkörper- oder Siebbodenkolonnen. In diesen Apparaten sind die im Gegenstrom fließenden Phasen dauernd in Berührung. Der Stoffaustausch erfolgt in mehreren theoretischen Stufen, wodurch eine höhere Trennleistung als bei einmaliger Vermischung resultiert.

Die für eine Trennung notwendige Extraktionsmittelmenge und erforderliche Anzahl theoretischer Stufen hängt von der Schwierigkeit des Trennproblems ab. Diese Einflußfaktoren können durch die Messung der Verteilungsgleichgewichte bestimmt werden. Die Extraktion von Flüssigkeiten wird in einfachen Fällen durch das Nernst'sche Verteilungsgesetz beschrieben. Für ideale Extraktionssysteme, die durch einen konstanten Verteilungskoeffizienten und eine Nichtmischbarkeit der beiden Phasen charakterisiert sind, stellt die Gleichgewichtskurve eine lineare Beziehung zwischen den Konzentrationen des zu extrahierenden Stoffes im Einsatzgemisch und im Extraktionsmittel dar. In nicht idealen Systemen, wo der Verteilungskoeffizient keine Konstante ist und die beiden das Extraktionssystem bildenden Phasen teilweise mischbar sein können, sind die Gleichgewichtskurven keine Geraden mehr. Ihr Verlauf ergibt sich durch punktweise Messung der Konzentrationen der zwei Phasen, die sich nach intensivem Mischen verschieden konzentrierter Einsatzlösungen mit dem Extraktionsmittel bilden. Soll die Veränderung aller drei Komponenten bei der Extraktion verfolgt werden, so reicht das rechtwinklige Koordinatensystem zur Darstellung nicht mehr aus.

Die Gleichgewichtsverhältnisse solcher ternärer bzw. quasi-ternärer Mischungen werden zweckmäßigerweise in Dreiecksdiagrammen angegeben (vgl. Kap. II.4.2.). Hieraus können in einfacher Weise die optimalen Arbeitsbedingungen bezüglich Druck und Temperatur abgelesen sowie der durch die Gasbeladung bestimmte Extraktionsmittelaufwand berechnet werden.

Zur Bestimmung der durch das Trennproblem vorgegebenen theoretischen Stufenzahl kann von der Betrachtung der zwei Phasen ausgegangen werden, zwischen denen der zu extrahierende Stoff übergeht. Die Gleichgewichtsverhältnisse werden in einem rechtwinkligen Koordinatensystem dargestellt, wobei auf der Abszisse die Konzentration des zu extrahierenden Stoffes im Einsatzgemisch und auf der Ordinate sein Anteil im Lösungsmittel aufgetragen ist (Abb. 26).

Mit Hilfe des graphischen Verfahrens nach McCabe und Thiele [53], das ursprünglich für die Rektifikation entwickelt wurde, aber auch auf Extraktionsprozesse, insbesondere auf die Gegenstromextraktion anwendbar ist [54], kann die zur Trennung notwendige theoretische Stufenzahl bestimmt werden. Ein Vorteil des McCabe-Thiele-Verfahrens ist, daß neben der Gleichgewichtskurve nur gerade Linien eingetragen werden müssen, um die gesuchten Größen zu finden. Die Verstärkungsgrade ist vom Ordinatenabschnitt α, d. h. vom Rücklaufverhältnis

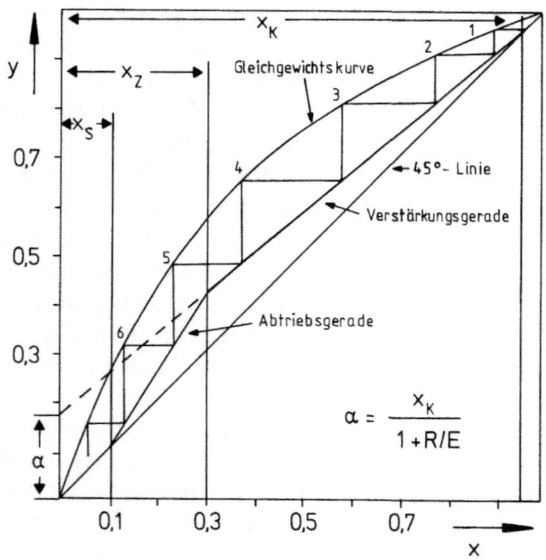

Abb. 26. Bestimmung der theoretischen Bodenzahl einer Gegenstromkolonne mit Hilfe der Gleichgewichtskurve nach dem McCabe-Thiele-Verfahren.

x = Molenbruch des zu extrahierenden Stoffes im Einsatzgemisch
y = Molenbruch des zu extrahierenden Stoffes im Lösungsmittel
x_k = Zusammensetzung des Extraktes am Kolonnenkopf
x_z = Zusammensetzung des Einsatzgemisches
x_s = Zusammensetzung des Raffinats
R = Rücklaufstrom, E = Extraktstrom, R/E = Rücklaufverhältnis

und von der gewünschten Reinheit der Extrakte (x_K) abhängig. Die Abtriebsgerade ergibt sich aus dem Schnittpunkt der Verstärkungsgeraden mit der Zulaufkonzentration x_Z und aus der geforderten Zusammensetzung des Raffinats x_2 auf der 45°-Linie. Mit kleiner werdendem Wert α, also bei höherem Rücklaufverhältnis, flachen die Arbeitsgeraden ab und gehen für ein Rücklaufverhältnis von unendlich in die 45°-Linie über. Die ganze Höhe zwischen der 45°-Linie und der Gleichgewichtskurve wird von einem theoretischen Boden nur dann verwirklicht, wenn die Kolonne mit vollständigem Rücklauf betrieben wird, d. h. wenn der gesamte Extraktstrom am Kolonnenkopf vom Lösungsmittel entmischt und als Rücklauf in die Kolonne zurückfließt. In Abb. 26 ist beispielhaft für reale Verhältnisse die zur Trennung eines hypothetischen Einsatzgemisches erforderliche theoretische Stufenzahl bei einem Rücklaufverhältnis von 6,5 graphisch ermittelt. Aus dieser Darstellung ist auch leicht zu ersehen, daß die Schwierigkeit der Trennung zunimmt und damit die erforderliche theoretische Trennstufenzahl größer wird, je näher die Gleichgewichtskurve an der 45°-Linie verläuft und je größer die geforderten Reinheiten von Extrakt und Raffinat sind. Eine weitergehende, detaillierte Diskussion der Zusammenhänge von theoretischer Stufenzahl, Mindestrücklaufverhältnis und Mindestlösungsmittelverhältnis, welche die extraktive Trennung flüssiger Einsatzgemische beeinflussen, ist in der Literatur gegeben [54, 55].

Bei der klassischen Flüssig-Flüssig-Extraktion sind die zur Trennung erforderlichen theoretischen Stufen oft nur mit Schwierigkeiten zu erreichen, da die beiden notwendigen Teilvorgänge — Vermischen mit Stoffaustausch und Entmischen — in einem System aus zwei flüssigen Phasen in vielen Fällen problematisch zu realisieren sind. Besteht das Extraktionssystem aus einer Flüssigkeit und einem verdichteten Gas, so sind günstigere Voraussetzungen gegeben. Infolge der geringeren Viskosität und größeren Diffusionskoeffizienten verdichteter Gase (vgl. Kapitel II.3) läuft der Stoffaustausch deutlich schneller ab. Zum Erreichen einer problemlosen Entmischung muß eine Mindestdichtedifferenz der beiden Phasen vorhanden sein. Dies ist bei der Verwendung komprimierter Gase leichter möglich, da über die Art des Extraktionsgases und dessen Druck und Temperatur die Dichte aber auch die Lösungsselektivität in weiten Grenzen variiert werden kann. Dabei ist jedoch die Tatsache zu beachten, daß die Dichte der flüssigen Phase bei steigendem Druck infolge des zunehmenden gelösten Gasanteils kleiner wird, während die Dichte der Gasphase ansteigt. Unter bestimmten Druck- und Temperaturbedingungen kann auf diese Weise eine Vertauschung der relativen Lagen von kondensierter Phase und verdichtetem Gas resultieren (barotropes Phänomen [56–58]). Dies ist für die Verfahrensführung vor allem für die Strömungsrichtung des Einsatzgemisches und des Lösungsmittels von besonderer Bedeutung.

III.4.b Stufenweise Trennung

Die einfachste Verfahrensweise zur Extraktion von Flüssigkeiten mit verdichteten Gasen ist ein Einstufenprozeß, wobei die zu extrahierende Phase in einem Hochdruckbehälter vorgelegt wird und das verdichtete Gas hindurchströmt. Zur Einstellung eines Verteilungsgleichgewichtes zwischen den beiden Phasen ist eine effektive Durchmischung erforderlich. Dies wird durch den Einsatz eines mechanischen Drehrührers oder Hubmischers möglich. Die Konstruktion dieser Apparate ist wegen des erforderlichen hohen Drucks allerdings recht aufwendig. Für die Übertragung der mechanischen Energie in den Hochdruckbehälter sind zwei alternative Prinzipien einsetzbar. Eine Möglichkeit besteht darin, die Antriebswelle außerhalb des Druckbehälters direkt zu bewegen und mittels einer Stopfbüchspackung gegen den hohen Druck abzudichten. Hierbei können hohe Drehmomente bzw. große Hubkräfte in das Innere des Extraktionsbehälters übertragen werden, jedoch sind der Drehzahl bzw. Hubfrequenz infolge der Reibung an der Stopfbüchspackung Grenzen gesetzt. Desweiteren muß die Antriebswelle an der Dichtung meist gekühlt und geschmiert werden. Bei der Auswahl der Schmierstoffe ist das Lösungsvermögen verdichteter Gase zu beachten.

Alternativ zu Rührwerksbehältern mit Stopfbüchse ist auch ein stopfbüchsloser Antrieb des Mischers möglich. Hierbei befindet sich eine aus Permanentmagneten bestehende Packung am Ende der Mischwelle. Die gesamte Einheit ist in einem druckfesten Gehäuse gasdicht auf den Behälterdeckel aufgeschraubt. Eine ebenfalls aus Permanentmagneten bestehende äußere Einheit wird in Bewegung versetzt und treibt über magnetische Kupplung durch das druckfeste antimagnetische Gehäuse die innere Einheit an. Diese stopfbüchslosen Permanentmagnet-Mischvorrichtungen erfordern in der Regel keine Schmiermittel und erlauben hohe Drehzahlen bzw. Hubfrequenzen, wobei jedoch die übertragbaren Kräfte (Drehmoment bzw. Hubkraft) von der Stärke der magnetischen Kupplung abhängen. Ein Nachteil von Rührwerksbehältern besteht darin, daß das Rühren unter Druck kosten- und wartungsintensiv ist. Im industriellen Maßstab, wo hohe Drehmomente zu übertragen sind, ist lediglich der Einsatz von Mischern mit Stopfbüchse gebräuchlich, wodurch sowohl die Höhe der Drehzahl als auch die des Extraktionsdrucks begrenzt ist.

Als Beispiel für eine Extraktion mit einstufigem Stoffaustausch in einem Rührautoklaven wird in Kap. IV.2 die Entölung von Rohlecithin mit überkritischem Kohlendioxid beschrieben.

Einen mehrstufigen Trennprozeß zur Extraktion von organischen Verbindungen aus wässrigen Lösungen (z. B. aus Fruchtsäften) mit flüssigem Kohlendioxid, wobei die zwei Phasen mehrmals vermischt und wieder entmischt werden, haben Schultz und Mitarbeiter beschrieben [66]. Ausgehend von Untersuchungen im Labormaßstab [67], bei denen qualitative Informationen zur Extrahierbarkeit von Aromastoffen mit flüssigem CO_2 erhalten wurden, beschreiben die Autoren eine Pilotanlage, mit der quantitative Prozeßdaten bezüglich der Durchsatzmengen, der Extraktausbeute und der Aromastoffwiederfindung im Extrakt ermittelt werden können.

Die aus einer Glaskolonne, einem Verdampfer und einem Kondensator bestehende Extraktionseinheit ist in einem druckfesten Gehäuse eingebaut, das zur Überwachung des Prozeßablaufs mit Sichtfenstern ausgestattet ist. Flüssiges Kohlendioxid wird mit Hilfe einer Umwälzpumpe im Kreislauf geführt. Die Flüssig-Flüssig-Extraktion läuft bei Raumtemperatur und dem entsprechenden Sättigungsdruck des Kohlendioxids (60 bar bei 22 °C) ab. Die Verdampfung bzw. Kondensation des Extraktionsmittels wird durch Zu- bzw. Abfuhr von Wärme geregelt.

In Abb. 27 ist ein vereinfachtes Fließschema der Pilotanlage zu sehen. Der Verfahrensablauf besteht aus einer mehrstufigen Gegenstromextraktion, wobei das zu trennende Einsatzmedium am Kopf der Kolonne zugepumpt wird und nach unten im Gegenstrom zu dem flüssigen Kohlendioxid fließt. Die zu extrahierende wässrige Lösung wird in zehn Trennstufen mit dem Extraktionsmittel mit Hilfe eines

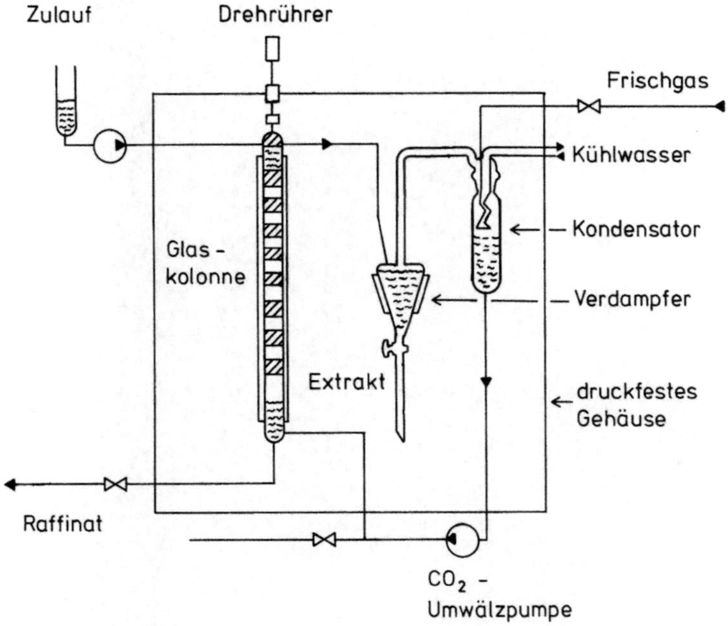

Abb. 27. Fließschema zur Flüssig-Flüssig-Extraktion [66]

Drehrührers intensiv vermischt. Zwischen den Rührzonen ist zur Entmischung der beiden Phasen eine Packung aus Edelstahlwolle vorhanden. Das mit Extrakt angereicherte Lösungsmittel verläßt die Kolonne am Kopf und fließt in den Verdampfer. Hier wird das Kohlendioxid durch Wärmezufuhr isobar verdampft, wobei der Extrakt abgeschieden wird. Das gasförmige CO_2 wird anschließend im Kondensator abgekühlt, dabei verflüssigt und schließlich mit Hilfe einer Pumpe der Extraktionskolonne wieder von unten zugeführt, womit der Gaskreislauf geschlossen ist. Die extrahierte wässrige Phase wird am Fuß der Glaskolonne über ein Ventil entnommen. Mit dieser Pilotanlage zur Flüssig-Flüssig-Verteilung können etwa 6 Liter Einsatzmedium pro Stunde mit einem CO_2-Durchsatz von 5 Liter/Stunde extrahiert werden.

Untersuchungen zur Extraktion von flüssigen Stoffgemischen mit überkritischen Gasen wurden auch von Coenen und Mitarbeitern publiziert. Sie beschreiben die Aufarbeitung von Altölen [68], die Raffination von konventionell gewonnenen Rohspeiseölen [69] sowie die Farbstoffgewinnung aus Paprikaoleoresin [70]. Die bei diesen Arbeiten benutzte Versuchsanlage (Abb. 28) kann zur Extraktion von Feststoffen diskontinuierlich und von Flüssigkeiten kontinuierlich betrieben werden. Bei der kontinuierlichen Verfahrensweise wird das flüssige Substrat in dem Extraktionsbehälter, der zur Vergrößerung der Stoffaustauschfläche mit Füllkörpern beschickt ist, mit überkritischem Gas extrahiert, wobei die im Extraktionsmittel unlöslichen Bestandteile des Gemischs zurückbleiben. Die Fraktionierung der extrahierten Bestandteile erfolgt durch stufenweise Abscheidung aus der überkritischen Gasphase.

Abbildung 28 zeigt eine Fotografie der Versuchsanlage im Krupp Forschungsinstitut, die auf der Extraktionsseite 2 Hochdruckbehälter mit je 7,5 l Extrak-

Abb. 28. Versuchsanlage zur Trennung von Stoffgemischen mit überkritischen Gasen (Werksfoto Krupp, Essen)

tionsvolumen und auf der Abscheidungsseite 5 Extraktabscheider von je 1 l Volumen besitzt. Weitere Druckbehälter dienen der Lösungsmittelrückgewinnung aus den Extrakten und dem Extraktionsrückstand. Anhand des Fließschemas der Versuchsanlage (Abb. 29) soll der Verfahrensablauf erläutert werden. Das flüssige Stoffgemisch wird mittels einer Hochdruckpumpe kopfseitig in den Extraktionsbehälter eindosiert und im Gegenstrom mit dem überkritischen Gas in Kontakt gebracht. Die beladene Gasphase wird am Kopf des Extraktors abgezogen und stufenweise nacheinander in mehrere Abscheider zur Fraktionierung des Extrakts entspannt. Das unbeladene Gas aus dem letzten Abscheidungsbehälter sowie das Gas aus den Druckbehältern zur Lösungsmittelrückgewinnung wird anschließend wieder auf Extraktionsbedingungen gebracht und in den Extraktionsbehälter zurückgeführt.

III.4.c Gegenstromextraktion

In dem vorstehenden Kapitel wurden bereits mehrere Möglichkeiten zur Auftrennung flüssiger Stoffgemische mit verdichteten Gasen vorgestellt. Während mit diesen Methoden hauptsächlich Komponenten stark unterschiedlicher Löslichkeit getrennt werden, können bei der Gegenstromextraktion in Stoffaustauschkolonnen, die im folgenden diskutiert wird, flüssige Substrate mit relativ ähnlichen Komponenten fraktioniert werden. Infolge der höheren theoretischen Bodenzahlen genügen zur befriedigenden Trennung geringe Löslichkeitsunterschiede in dem verdichteten Gas. Durch Einstellung eines bestimmten Rücklaufs an Kopfprodukt in der Trennkolonne wird die Effektivität der Trennleistung weiter erhöht.

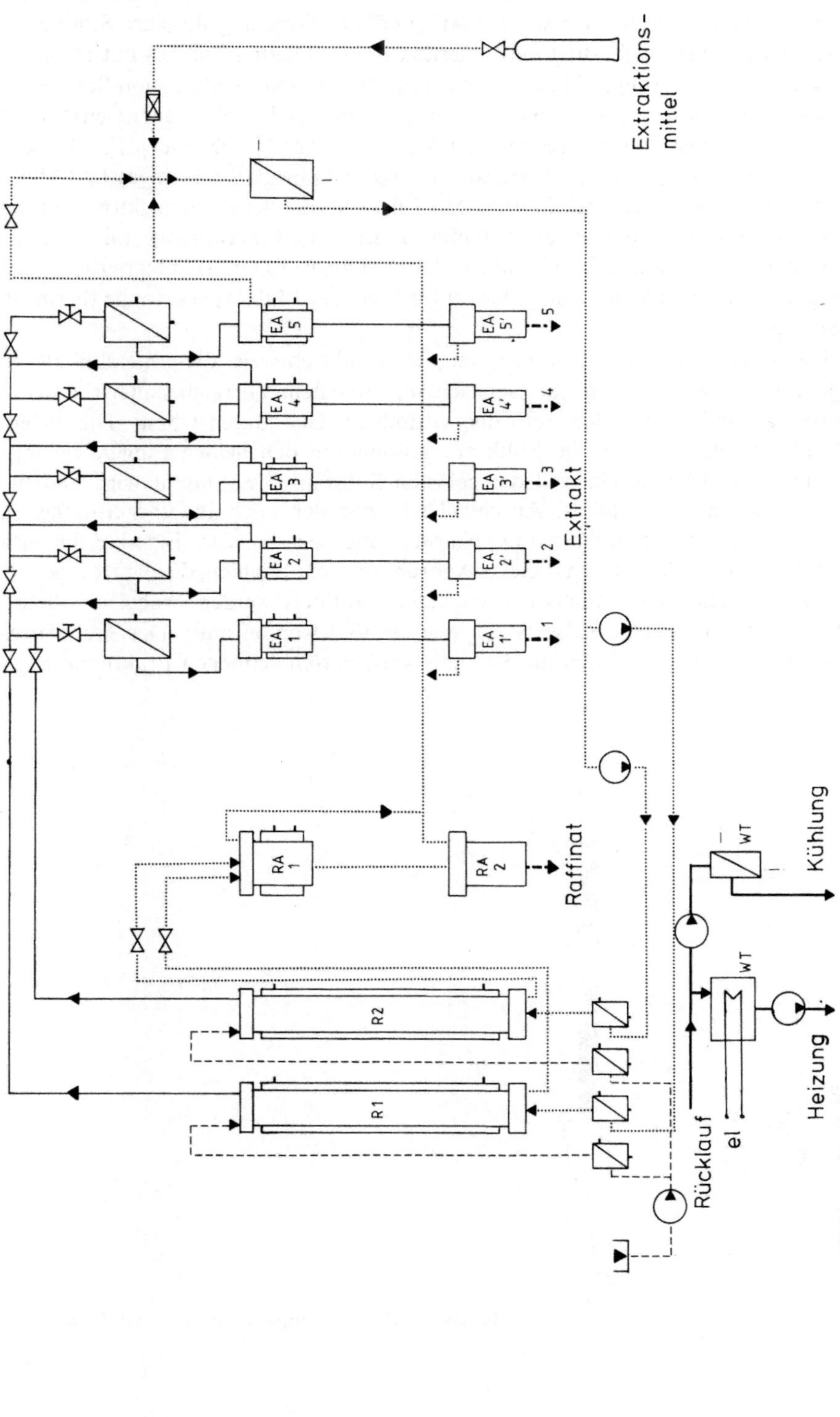

Abb. 29. Fließschema der Versuchsanlage

Erste Untersuchungen zur Fraktionierung flüssiger Einsatzgemische mit überkritischen Gasen wurden bereits 1964 von Zosel in einem vom Max-Planck-Institut für Kohleforschung angemeldeten Patent beschrieben [48]. In der Folgezeit wurden aus diesem Institut weitere Arbeiten zur Trennung flüssiger Stoffgemische publiziert, insbesondere die Fraktionierung eines α-Olefingemisches mit 16 bis 20 C-Atomen und der Triglyceride von Lebertran [59], die Aufarbeitung von Braunkohlen-Hochtemperaturteer [60] sowie die Anreicherung des Eicosapentaensäureesters ($C_{20:5}$) aus einer Fettsäureethylester-Mischung aus Fischölen [61]. Bei diesen Untersuchungen wurde eine Apparatur im Technikumsmaßstab eingesetzt (Abb. 30). Der Extraktions- und Fraktionierungsteil besteht aus dem „Destraktor" mit einem Volumen von 8,5 Liter, einer 2000 mm langen Füllkörperkolonne mit 2,2 l Inhalt und dem im Kolonnenkopf (Inhalt 0,85 l, Länge 700 mm) integrierten „heißen Finger", der unabhängig vom „Destraktor" und der Füllkörperkolonne thermostatisiert wird.

Die Schemazeichnung in Abb. 30 zeigt die Funktionsweise dieser „Rektifizierungsapparatur". Das zu trennende Gemisch wird in einem Vorratsbehälter (Destraktor) vorgelegt und von unten mit überkritischem Gas durchströmt. Die beladene Gasphase gelangt durch die Füllkörperkolonne an den heißen Finger, wo infolge Temperaturerhöhung ein Teil der gelösten Substanzen entmischt wird und in die Austauschzone zurückläuft. Anschließend wird der noch im überkritischen Gas gelöste Anteil durch isotherme Druckabsenkung abgeschieden. Eine kontinuierliche Arbeitsweise ist allerdings mit dieser Anordnung nicht möglich, da alle Komponenten des zu trennenden Gemischs nacheinander extrahiert werden, wobei eventuell der Druck des verdichteten Gases stufenweise erhöht werden muß. Der Trennvorgang beruht also auf einer durch die Kolonne verfeinerten zeitlichen Fraktionierung des Stoffgemisches.

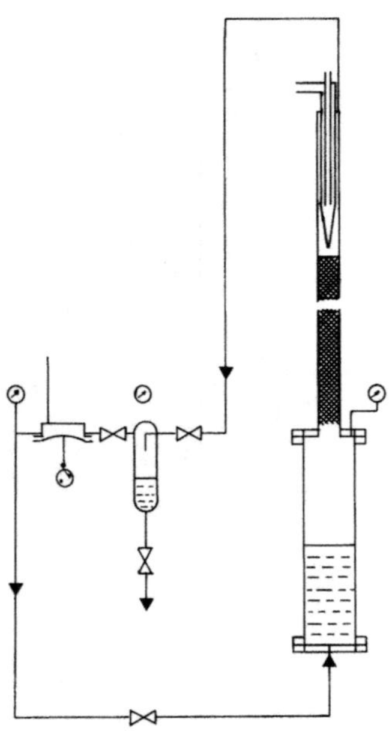

Abb. 30. „Rektifizierungsapparatur" nach Zosel

Im kontinuierlichen Betrieb muß das flüssige Einsatzgemisch in einem bestimmten Verhältnis zum Extraktionsmittel der Stoffaustauschkolonne stetig zudosiert werden. Dabei ist zu beachten, daß die Massenströme einen von der apparativen Konstruktion abhängigen maximalen Durchsatz nicht überschreiten. Anderenfalls tritt ein Fluten der Gegenstromkolonne ein, wobei die das Extraktionssystem bildenden Phasen ausgetragen werden, ohne daß eine Trennung erfolgt ist.

Bei der Gegenstromextraktion mit verdichteten Gasen kann je nach den Betriebsbedingungen der Kolonne eine Temperaturerhöhung, aber auch eine Temperaturerniedrigung am Kolonnenkopf eine Extraktentmischung und somit einen internen Rücklauf an Kopfprodukt bewirken. Die Einstellung eines bestimmten Rücklaufverhältnisses durch Temperaturabsenkung bringt nicht nur Vorteile bei der Fraktionierung ätherischer Öle [62] (vgl. Kap. IV.3.), dieses Prinzip kann auch zur Trennung schwerflüchtiger Stoffgemische, wie fette Öle oder Wachsestergemische [63] (vgl. Kap. IV.2.) ausgenutzt werden.

Abbildung 31 zeigt den schematischen Aufbau einer kontinuierlich arbeitenden Laboranlage zur Fraktionierung flüssiger Stoffgemische mit verdichteten Gasen, die von Stahl und Gerard verwendet wurde [62]. Das Kernstück der Anlage ist die Stoffaustauschkolonne, die mit Füllkörpern bestückt ist. Der Edelstahlrohrautoklav mit einer Länge von 1500 mm und einem Innendurchmesser von 25 mm ist für einen maximalen Betriebsdruck von 700 bar ausgelegt. Die Abdichtung erfolgt kopf- und fußseitig mit Verschraubung und innenliegendem O-Ring. Die Thermostatisierung ist durch einen dreigeteilten Wassermantel gewährleistet. Dadurch können der untere, mittlere und obere Teil der Kolonne verschieden temperiert werden. Bei Füllkörperkolonnen hängt der Stoffaustausch zwischen verdichtetem Gas und kondensierter Phase in starkem Maße von der benetzten Füllkörperoberfläche ab. Bezüglich günstiger Benetzungseigenschaften existiert für verschiedene Füllkörpermaterialien folgende Reihenfolge [64]: Glas, Keramik, nichtrostender Stahl, Polyvinylchlorid (PVC), Polypropylen (PP) und Polytetrafluorethylen (PTFE). Aufgrund der guten Benetzbarkeit wurden zur Oberflächenvergrößerung Glaskugeln mit einem Durchmesser von 6 mm in die Hochdruck-Kolonne eingefüllt. Dadurch wird eine geometrische Oberfläche der trockenen Füllkörperschüttung von 5300 cm^2 erreicht. Das effektive Volumen der Kolonne ist durch das Füllmaterial auf 340 ml reduziert. Die maximal mögliche Extraktionsmittelströmung, bei der die Trennleistung nicht beeinträchtigt wird, beträgt bei dieser Kolonnenauslegung je nach den eingestellten Trennbedingungen (Druck und Temperatur) und der Dichtedifferenz zwischen verdichtetem Gas und Einsatzgemisch 2–2,5 kg/h.

Die Druckerzeugung und -regulierung sowie der Extraktionsmittelkreislauf sind analog der Laboranlage für präparative Substanzgewinnung (vgl. Kap. III.2, Abb. 17) realisiert. Zur Durchführung einer Trennung wird das verdichtete Gas, nachdem es im Wärmeaustauscher W2 thermostatisiert wurde, von unten in die Füllkörperkolonne FK geleitet. Das flüssige Einsatzgemisch wird kontinuierlich mit der Dosierpumpe DP in der Mitte der Kolonne zugeführt. Das Extraktionsmittel steht mit dem zu trennenden Gemisch im Stoffaustausch und reichert sich beim Hochsteigen vorzugsweise mit den leichter löslichen Verbindungen an. Je nach dem Trennproblem und den Arbeitsbedingungen erfolgt die Einstellung des internen Rücklaufs entweder durch Temperaturerhöhung oder -erniedrigung am Kolonnenkopf. Das beladene Extraktionsgas verläßt kopfseitig die Stoffaustauschkolonne und

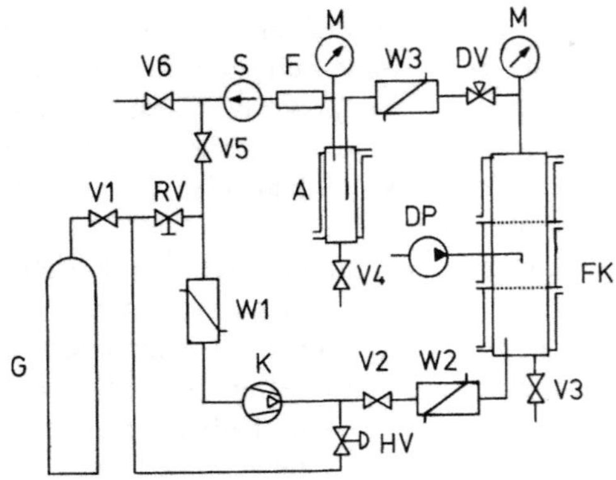

Abb. 31. Schematischer Aufbau der Gegenstrom-Extraktionsanlage zur Fraktionierung flüssiger Stoffgemische.
G Gasvorrat, *K* Membrankompressor, *FK* Füllkörper-Kolonne, *DP* Membrandosierpumpe, *A* Abscheider, *M* DMS-Druckaufnehmer mit Anzeigegerät, *F* Aktivkohle-Blaugel-Filter, *S* Massendurchflußmesser, *RV* Druckminderventil, *HV* Druckhalteventil, *DV* Feindosierventil, *V1–V6* Absperrventile, *W1–W3* Wärmeaustauscher

wird im Abscheider A vom Extrakt entmischt und regeneriert. Der Extrakt wird über das Ventil V4 dem Abscheider entnommen. Der schwerlösliche Anteil des Einsatzgemisches läuft in der Füllkörperkolonne nach unten und wird über das fußseitige Ventil V3 abgelassen.

Ein bestimmter Rücklauf an Kopfprodukt in der Gegenstromkolonne ist folglich über die Temperaturdifferenz zwischen Kolonne und Kolonnenkopf einstellbar. Eine andere Möglichkeit hierzu besteht darin, den aus dem Gasstrom abgeschiedenen Extrakt als externen Rücklauf teilweise in die Kolonne zurückzupumpen. Eine solche Arbeitsweise wurde von Ellis vorgeschlagen [65], sowie von Peter, Brunner und Mitarbeitern angewandt. Diese setzen zur Fraktionierung schwerflüchtiger Stoffgemische neben dem verdichteten Gas zusätzliche Schleppmittel ein und benutzen bei dieser Verfahrensvariante zwei Trennkolonnen. Beschrieben wurden beispielsweise die Abtrennung des Monoglycerids der Ölsäure aus einem Gemisch der Ölsäureglyceride mit Aceton als Schlepper [50], die Trennung gesättigter und ungesättigter Fettsäuren aus Leinöl mit einem Extraktionsmittelgemisch aus CO_2 und Methylenchlorid [51] sowie die Entsäuerung von Palmöl mit Ethanol als weiterem Hilfsstoff [52].

Die bei diesen Untersuchungen benutzte halbtechnische Anlage besteht aus zwei Bodenkolonnen, von denen die Hauptkolonne zur Trennung der schwerflüchtigen Substanzen und die Hilfskolonne zur Entfernung der extrahierten Komponenten aus dem Kreislaufgas dient. Die beiden Glockenbodenkolonnen (NW 65) bilden das Kernstück der Anlage. Sie sind für einen Druck von 150 bar bei 180 °C ausgelegt. Die Hauptkolonne besteht aus drei, die Hilfskolonne aus zwei Schüssen mit jeweils 17 Böden, wobei jeder Boden eine Glocke trägt. Der Bodenabstand beträgt 60 mm. Die Kolonnenschüsse (Schußhöhe 1000 mm) sind über Flanschverbindungen mit Linsendichtungen miteinander verbunden. Die erforderliche Prozeßwärme wird mit Hilfe von Wärmeaustauschern im Sumpf der Hauptkolonne und am Kopf der Hilfskolonne zugeführt. Die Kolonnen sind zusätzlich mit Heizwicklungen versehen und gegen Wärmeabstrahlung nach außen isoliert. Das Einbringen der Flüssigkeitsströme und die Regulierung des Rücklaufs erfolgt mit Kolben-Dosierpumpen. Zur Verdichtung des Extraktionsgases dient ein Kolbenkompressor. Das Gas innerhalb des geschlossenen Kolonnensystems wird isobar mit einem Membran-Gasumlaufkompressor umgewälzt.

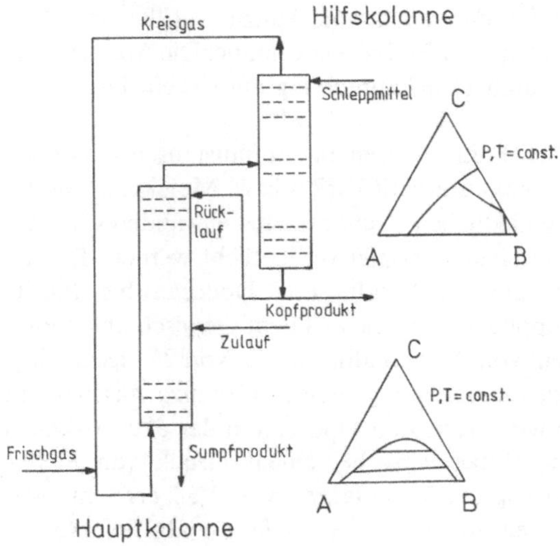

Abb. 32. Verfahrensschema eines Trennprozesses mit überkritischen Gasen bei Verwendung von Schleppmitteln und Darstellung der thermodynamischen Bedingungen in Dreiecksdiagrammen [52].
A zu trennendes Gemisch, *B* verdichtetes Gas, *C* Schleppmittel

Anhand von Abb. 32 soll das Verfahrensprinzip erläutert werden, das dieser Vorgehensweise zugrunde liegt. Das zu trennende flüssige Einsatzgemisch wird zusammen mit dem Schleppmittel etwa in der Mitte der Hauptkolonne zugegeben. Das verdichtete Gas durchströmt die Kolonne von unten nach oben, wobei die leichter löslichen Verbindungen im Extraktionsmittel angereichert werden. Das beladene Gas verläßt den Verstärkerteil der Kolonne am Kopf und tritt in die nachgeschaltete Hilfskolonne ein. Hier erfolgt die Abscheidung der extrahierten Substanzen. Die thermodynamischen Bedingungen in der Hauptkolonne sind so zu wählen, daß das binäre System aus verdichtetem Gas und Schleppmittel überkritisch ist (unteres Dreiecksdiagramm in Abb. 32), wobei eine relativ hohe Löslichkeit der zu trennenden Stoffe in der Gasphase erreicht wird. In der Hilfskolonne wird die Temperatur isobar erhöht, so daß ein pseudo-ternäres Gleichgewicht vom Typ II entsteht. Dadurch wird einerseits die Löslichkeit der schwerflüchtigen Verbindungen stark herabgesetzt und andererseits erfolgt eine Teilkondensation des Schleppmittels. Die vom Gas entmischten Verbindungen laufen in der Hilfskolonne nach unten. Ein Teil dieses Produktstromes wird der Hauptkolonne als Rücklauf wieder zugeführt. Das Kreislaufgas, das von den schwerflüchtigen Substanzen befreit ist, aber noch einen bestimmten Schleppmittelanteil enthält, verläßt die Hilfskolonne am Kopf und durchströmt schließlich wieder von unten die Hauptkolonne. Die weniger gut im verdichteten Gas löslichen Komponenten des Einsatzgemisches werden am Fuß der Hauptkolonne, die extrahierten Verbindungen am Fuß der Hilfskolonne entnommen. Dabei wird Schleppmittel am Kopf der Hilfskolonne zugegeben, um einen zusätzlichen Wascheffekt zur Verbesserung der Abtrennung der schwerflüchtigen Bestandteile aus dem Kreisgasstrom zu erreichen. Die mit den Produktströmen aus dem Kreislauf ausgeschleusten Schleppmittelmengen müssen ersetzt werden. Dies wird hauptsächlich durch den Schleppmittelanteil im Zulaufgemisch erreicht.

Untersuchungen zur Fraktionierung von Ölsäureglyceriden mit überkritischem Kohlendioxid in einer Gegenstromkolonne unter Zuhilfenahme von n-Hexan bzw.

Tetrachlormethan als Schleppmittel wurden auch von Panzner, Ellis und Bott publiziert [49]. Die Stofftrennung erfolgt in einer Füllkörperkolonne. Die Abscheidung der extrahierten Verbindungen wird durch Druckabsenkung auf ca. ein Drittel des Extraktionsdruckes erreicht.

Die Gegenstromextraktion mit verdichteten Gasen in Stoffaustausch-Kolonnen ist eine Alternative zu der klassischen Vakuumrektifikation bzw. Molekulardestillation, wenngleich aufgrund des unterschiedlichen Trennprinzips ein anderes Trennergebnis resultieren kann. Dies soll an einem Beispiel verdeutlicht werden. Bei der Vakuumdestillation eines Gemisches aus Naphthalin und Dodecan bei 100 °C stellt Naphthalin die flüchtigere Komponente dar, die aus dem Gemisch abgetrennt wird: das Verhältnis der Flüchtigkeit von Naphthalin zu der von Dodecan liegt im Bereich von 1,10 bis 1,15. Erfolgt die Trennung dieses Substanzgemisches mit überkritischem Ethylen bei 75 °C, so wird bevorzugt Dodecan in der überkritischen Phase aufgenommen und extrahiert. Dabei wird bei einem Druck von 80 bar und einer Gasbeladung von 1,6 Gew.-% ein Trennfaktor von 1,58 erreicht. Mit steigendem Druck nimmt die Löslichkeit zu und der Trennfaktor ab. Bei 145 bar und 75 °C sind im überkritischen Ethylen 34,3 Gew.-% des Einsatzgemisches löslich, der Trennfaktor beträgt nur noch 1,28 [65].

III.4.d Hochdruck-Düsenextraktion

Die Extraktion flüssiger Stoffgemische erfordert einen intensiven und gleichmäßigen Kontakt zwischen Lösungsmittel und Substrat. Dies setzt eine Oberflächenvergrößerung der flüssigen Phasen voraus. Hierfür ist ein bestimmter Betrag an kinetischer Energie aufzuwenden, der zur Überwindung der Oberflächenenergie dient. Dies geschieht beispielsweise in Rührwerksbehältern durch Zufuhr von mechanischer Energie. Bei dünnflüssigen Medien, wo verhältnismäßig geringe Oberflächen- oder Kohäsionskräfte wirken, reicht bereits die potentielle Energie des Einsatzmediums, um beim Herabfließen in einer Füllkörperkolonne die zur Schaffung einer großen Oberfläche benötigte Bewegungsenergie zu liefern. Umgekehrt erfährt das Lösungsmittel beim Passieren der Kolonne einen gewissen Druckverlust, der zur Vergrößerung der Oberfläche dient. Ähnliche Überlegungen gelten auch für Fälle, in denen ein enger Kontakt dadurch zustande kommt, daß die eine Phase durch die andere hindurch perlt und aufgrund von Dichteunterschieden Auftriebs- oder Abtriebskräfte wirksam sind. Die beiden letzten Methoden sind an gewisse Voraussetzungen gebunden und nur bei ausreichend dünnflüssigen Medien anwendbar. Rührwerksbehälter sind zwar allgemeiner zu verwenden, besitzen jedoch bei Hochdruckverfahren wegen der mechanisch bewegten Teile ungünstige Einsatzbedingungen.

Stahl und Quirin haben ein Verfahren ausgearbeitet, mit dessen Hilfe dünnflüssige ebenso wie hochviskose Medien ohne die Anwendung mechanisch bewegter Teile mit verdichteten Gasen in intensiven Kontakt gebracht und extrahiert werden können [71]. Bei diesem Verfahren werden Substrat und Lösungsmittel in eine Mischkammer mit sehr kleinem Volumen kontinuierlich eingedüst. Auf diese Weise wird ein kleiner Teil des ohnehin erforderlichen hohen Drucks beider Phasen in die zur Erzeugung einer großen Oberfläche und zur Durchmischung benötigte kinetische Energie umgewandelt.

Der vollständige Verfahrenskreislauf der Hochdruck-Düsenextraktion ist schematisch in Abb. 33 gezeigt. Kernstück ist der Misch- und Extraktionsteil, der aus zwei konzentrisch übereinander geschobenen Edelstahlkapillaren besteht. Die zu extrahierende fließfähige Mischung wird durch die innere Düse zugeführt. Über den Ausgang dieser Substratdüse ist die zweite geringfügig größere Kapillare derart geschoben, daß sie die erste über eine kurze Wegstrecke überlappt. Das verdichtete Gas fließt parallel zum Einsatzgemisch durch den engen, ringförmigen Zwischenraum zwischen diesen beiden Düsen und erhält dabei eine hohe Geschwindigkeit. Am Ende der Substratdüse tritt durch Turbulenzen eine intensive Durchmischung der zugeführten Stoffe mit jeweils frischem Lösungsmittel auf.

Unter günstigen Bedingungen reicht zur vollständigen Abtrennung der löslichen Bestandteile aus den gebildeten kleinen Massenpartikeln des Substrats bereits eine kurze Wegstrecke innerhalb der Düse. Die unter den eingestellten Bedingungen unlöslichen Komponenten fallen in einen Auffangbehälter, die extrahierten, im verdichteten Gas gelösten Bestandteile werden weiter transportiert und nach Entspannung in einem Abscheider gesammelt. Das regenerierte Gas wird wieder auf den Extraktionszustand gebracht und schließt somit den Kreislauf.

Die beschriebene Doppelmischdüse arbeitet effektiver als eine Anordnung, bei der nur das Einsatzmedium in die Gasphase oder nur das Extraktionsgas in das Einsatzgemisch eingebracht wird. Sie nutzt zwei wirkungsvolle Mechanismen zur Oberflächenvergrößerung aus. Zunächst wird das Einsatzgemisch durch eine feine Kapillare gepreßt, wodurch es eine fadenförmige Struktur annimmt. Eine von den Autoren vorgeschlagene Substratdüse mit beispielsweise 0,2 mm Innendurchmesser erzeugt auf diese Weise pro Liter Rohstoff eine Faden- bzw. Vollstrahlstruktur mit ca. 20 m^2 Oberfläche. Diese Struktur wird nachfolgend durch Turbulenzen in dem

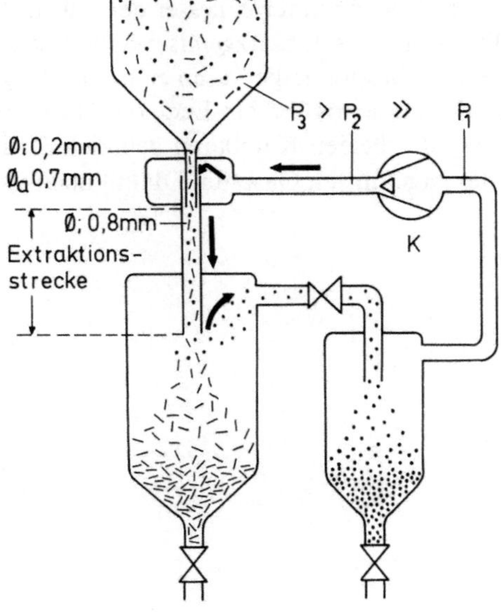

Abb. 33. Schema zur kontinuierlichen Hochdruck-Düsenextraktion fließfähiger Massen mit beispielhafter Angabe einer Düsenauslegung, *p* Druck, *K* Verdichter [71]

schnell strömenden Gas von beispielsweise 5 m/sec deformiert und in kleine Massensegmente mit nochmals vergrößerter Oberfläche zerteilt, die einen guten Stofftransfer ermöglichen. Da die Extraktion in einem sehr kleinen Volumensegment abläuft und in stetiger Folge jeweils sehr kleine Massenanteile des Substrats mit Lösungsmittel in Berührung kommen, tritt kein zeitlicher Extraktionsgradient hinsichtlich der Menge und Zusammensetzung extrahierter Komponenten auf.

Die Trennleistung der Düsenanordnung ist geringer als diejenige von Stoffaustauschkolonnen, jedoch kann innerhalb der Extraktionsstrecke durch wiederholten Kontakt des Substrats mit bereits extraktbeladenem Gas eine gewisse Trennstufenzahl erreicht werden. Maßgebende Faktoren hierbei sind Länge und Durchmesser der Extraktionsstrecke sowie die Größe der Massenströme an Substrat und Lösungsmittel und ihr Verhältnis zueinander. Günstige Einsatzbedingungen für das Düsenverfahren bestehen auf jeden Fall dann, wenn größere Löslichkeitsunterschiede der zu trennenden Komponenten vorliegen, beispielsweise bei der Trennung von Rohlecithin in Neutrallipide und Phospholipide oder bei der Trennung von Pfefferoleoresin in Scharfstoffe (Piperin) und Aromastoffe (ätherisches Öl).

Im Gegensatz zu den meisten anderen Raffinationsverfahren bestehen bei der Hochdruck-Düsenextraktion keine Einschränkungen bezüglich der Konsistenz und Zusammensetzung des Einsatzgemischs, sofern es bei der Extraktionstemperatur fließfähig ist. Emulsionen und Dispersionen sind ebenso extrahierbar, wie Lösungen verschiedener Stoffe, die nach der Trennung z. T. auch feste Konsistenz aufweisen können. Die Reinigung von Rohlecithin beispielsweise ist ein Anwendungsfall mit viskosem Substrat, festem Raffinat und flüssigem Extrakt.

Die Düsendimensionierung ist jeweils auf das zu lösende Trennproblem abzustimmen. Tabelle 6 zeigt die verschiedenen Düsenparameter, die beachtet werden müssen. Die Substratdüse D1 soll möglichst kurz bemessen sein, um den Druckabfall der zugeführten Substanzmischung gering zu halten. Daher soll auch die Überlappungsstrecke der beiden Kapillaren, die sonst weniger bedeutsam sind, nur kurz sein. Die anderen Düsenparameter sind nicht eindeutig festzulegen, sie müssen optimiert und aufeinander abgestimmt werden. Der Innendurchmesser der Substratdüse D1 bestimmt die primär erzeugte Oberfläche des Einsatzgemisches und seine Austrittsgeschwindigkeit. Die Wandstärke von D1 bestimmt die Volumenausdehnung, die Lösungsmittel und Substrat nach ihrem Zusammentreffen am Ende der Düse D1 verfügbar haben. Der durch die Überlappung der beiden Kapillaren gebildete Zwischenraum bestimmt die Geschwindigkeit des zugeführten Gases und damit auch die

Tabelle 6. Düsenparameter [71]

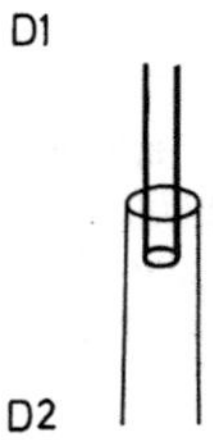

Düsenparameter

1) Länge (D1)
2) Überlappung (D1/D2)
3) ϕ_i (D1)
4) ϕ_a (D1) - ϕ_i (D1) = Wandstärke
5) ϕ_i (D2) - ϕ_a (D1) = Gasspalt
6) ϕ_i (D2) } = Extraktionsvol.
7) Länge (D2) }

Wirbelbildung am Rande der Substratdüse. Der Innendurchmesser der Kapillare D2, ihre Länge und Segmentierung bestimmen das Extraktionsvolumen und auf diese Weise die Kontaktzeit und Extraktionsdauer. Die Düse D2 kann beispielsweise als glattes Rohr ausgeführt oder stufenweise aufgeweitet sein, wodurch die Strömungsgeschwindigkeit schrittweise abnimmt und die Kontaktzeit ansteigt.

Entscheidend für das Extraktionsergebnis sind außerdem die Zustandsbedingungen des Lösungsmittels sowie die Massenströme an Substrat und Lösungsmittel. Dabei ist die Menge und Löslichkeit der abzutrennenden Stoffe bzw. der gewünschte Extraktionsgrad des Substrats zu berücksichtigen. Für die wirtschaftliche Optimierung ist ferner ein schneller Massendurchsatz von Bedeutung, selbst wenn damit eine schlechtere Nutzung der Kapazität des Lösungsmittels verbunden ist. Ist entsprechend den Vorgaben die optimale Betriebsweise gefunden, erlaubt das Düsenverfahren eine vorteilhafte, in der Regel kontinuierliche Hochdruckextraktion fließfähiger Massen ohne den Einsatz mechanisch bewegter Teile.

Literatur

1. Hála, E., Pick, J., Fried, V., Vilim, O.: Gleichgewicht Flüssigkeit — Dampf, Akademie Verlag, Berlin (1960)
2. Schneider, G. M.: Experimental Thermodynamics, Vol. II, Experimental Thermodynamics of Non-Reacting-Fluids, (LeNeindre, B. und Vodar, B., Ed's.), Butterworths, London, 1975, p. 787
3. Tsiklis, D. S.: Techniques for Physicochemical Studies under High and Superhigh Pressure, 3rd ed., Khimiya, Moscow, 1965
4. Tsiklis, D. S.: Phase Separations in Gas Mixtures, Khimiya, Moscow, 1969
5. Young, C. L.: Specialist Periodical Reports, Vol. 2 (Chemical Thermodynamics), p. 71, The Chemical Society, London (1978)
6. Hicks, C. P., Young, C. L.: Chem. Rev. *75*, 119 (1975)
7. Schneider, G. M.: Ber. Bunsenges. Phys. Chem. *70*, 10 (1966)
8. Alwani, Z., Schneider, G. M.: Ber. Bunsenges. Phys. Chem. *73*, 294 (1969)
9. Lentz, H.: Rev. Sci. Instrum. *40*, 371 (1969)
10. Steiner, R., Schadow, E.: Z. Phys. Chem. (Frankfurt) *63*, 297 (1969)
11. Buback, M., Franck, E. U.: Ber. Bunsenges. Phys. Chem. *76*, 350 (1972)
12. Schröder, E., Arndt, K.-F.: Z. Polymerforsch. *27*, 135 (1976)
13. Tsiklis, D. S., Maslennikova, V. Ya.: Dokl. Akad. Nauk. SSSR *157*, 426 (1964)
14. Takenouchi, S., Kennedy, G. C.: Amer. J. Sci. *262*, 1055 (1964)
15. Tödheide, K., Franck, E. U.: Z. Phys. Chem. (Frankfurt) *37*, 387 (1963)
16. Street, W. B., Hill, J. L. E.: J. Chem. *54*, 5088 (1971)
17. Gerritsen, H. G., Hartmann, H.: Chem. Ing. Tech. *51*, 303 (1979)
18. Maier, M., Stephan, K.: Chem. Ing. Tech. *56*, 222 (1984)
19. Brunner, G.: Habilitationsschrift, Erlangen, 1978
20. Tsang, C. Y., Streett, W. G.: J. Chem. Eng. Data *26*, 155 (1981)
21. Kuk, M. S., Montaga, J. C., in: Chemical Engineering at Supercritical Fluid Conditions, eds. Paulaitis, M. E., Penninger, J. M. L., Gray, R. D., Davidson, P., Ann Arbor Science (1983), p. 101

22. Radosz, M.: Ber. Bunsenges. Phys. Chem. *88*, 859 (1984)
23. Reid, R. C.: Supercritical Fluid Extraction, A Perspective, Hougen Lecture Series, University of Wisconsin, 1981
24. Kurnik, R. T., Holla, S. J., Reid, R. C.: J. Chem. Eng. Data *26*, 47 (1981)
25. Stahl, E., Gerard, D.: Perf. Flavor. *10* (2), 29 (1985)
26. Michels, A., Dumoulin, E., van Dijk, J. J. T.: Physica, *27*, 886 (1961)
27. Czubryt, J. J., Myers, M. N., Giddings, J. C.: J. Phys. Chem. *74*, 4260 (1970)
28. Van Leer, R. A., Paulaitis, M. E.: J. Chem. Eng. Data *25*, 257 (1980)
29. McHugh, M., Paulaitis, M. E.: J. Chem. Eng. Data *25*, 326 (1980)
30. Johnston, K. P., Ziger, D. H., Eckert, C. A.: Ind. Eng. Chem. Fundam. *21*, 191 (1982)
31. Kurnik, R. T., Reid, R. C.: Fluid Phase Equil, 8, 93 (1982)
32. Stahl, E., Willing, E.: Mikrochim. Acta *1980 II*, 465
33. Quirin, K.-W.: Fette, Seifen, Anstrichm. *84*, 460 (1982)
34. Ohgaki, K., Tsukahara, I., Katayama, T.: Kagaku Kogaku Ronbunshu *10* (3), 372 (1984)
35. Kwiatkowski, J., Lisicki, Z., Majewski, W.: Ber. Bunsenges. Phys. Chem. *88*, 865 (1984)
36. Stahl, E., Schilz, W.: Z. Anal. Chem. *280*, 99 (1976)
37. Stahl, E., Quirin, K.-W., Mangold, H. K.: Chem. Phys. Lipids *31*, 313 (1982)
38. Gährs, H. J.: Ber. Bunsenges. Phys. Chem. *88*, 894 (1984)
39. Schütz, E.: Dissertation, Saarbrücken, 1979
40. Stahl, E., Schütz, E.: Chem. Ing. Tech. *52*, 918 (1980)
41. Stützer, D.: Dissertation, Erlangen 1983
42. Stahl, E., Schütz, E.: Arch. Pharm. *311*, 992 (1978)
43. Stahl, E., Gerard, D.: Parfuem. Kosmet. *63*, 117 (1982)
44. „Discussion Paper" der Firma NOVA SWISS, Effretikon/Schweiz (1984)
44a. Lack, E. A.: Kriterien zur Auslegung von Anlagen für die Hochdruckextraktion von Naturstoffen (Dissertation), dbv-Verlag für die Techn. Universität Graz, 1985
45. Körner, J. P., Saamer, P.: Inf. Chim. *243*, 269 (1983)
46. Zhuze, T. P. et al.: Maslob. Zhir. Prom., *24*, 34 (1958)
47. Elgin, J. C., Weinstock, J. J.: J. Chem. Eng. Data *4*, 3 (1959)
48. Zosel, K.: Patentschrift 1 493 190 (Studiengesellschaft Kohle mbH), Anmeldung 1964
49. Panzner, F., Ellis, S. R. M., Bott, T. R.: Inst. Chem. Eng. Symp. Ser. *54*, 165 (1978)
50. Peter, S., Brunner, G., Riha, R.: Fette, Seifen, Anstrichm. *78*, 45 (1976)
51. Brunner, G., Peter, S., Retzlaff, A., Riha, R.: High Pressure Science and Technology, Sixth AIRAPT Conference, Timmerhaus, K. D., Barber, M. S., ed's., Plenum Press, New York, 1979, Vol. 1, p. 565
52. Brunner, G., Peter, S.: Chem. Ing. Tech. *53*, 529 (1981)
53. McCabe, W. L., Thiele, E. W.: Ind. Engng. Chem. *17*, 605 (1925)
54. Ullmanns Enzyklopädie der technischen Chemie, 4. Auflage, Bd. 2, Verlag Chemie, Weinheim 1972
55. Kirschbaum, E.: Destillier- und Rektifiziertechnik, 2. Auflage, Springer, Berlin—Göttingen—Heidelberg 1950
56. Cailletet, L.: Compt. Rend. *90*, 210 (1880)
57. Kuenen, J. P.: Z. Phys. Chem. *11*, 38 (1893)
58. Kritschewski, I. R., Bolschakow, P.: Acta Physicochim. USSR *14*, 353 (1941)
59. Zosel, K.: Angew. Chem. *90*, 748 (1978)
60. Eisenbach, W., Niemann, K.: Erdöl und Kohle *34*, 296 (1981)
61. Eisenbach, W.: Ber. Bunsenges. Phys. Chem. *88*, 882 (1984)
62. Gerard, D.: Chem. Ing. Tech. *56*, 794 (1984)
63. Leiner, S.: Dissertation, Saarbrücken 1986
64. Shi, M. G., Mersmann, A.: Chem. Ing. Tech. *56*, 404 (1984)
65. Ellis, S. R. M.: Brit. Chem. Eng. *16*, 358 (1971)

66. Schultz, W. G., Schultz, T. H., Carlson, R. A., Hudson, J. S.: Food Technol. *88*, 32 (1974)
67. Schultz, W. G., Randall, J. M.: Food Technol. *24*, 1282 (1970)
68. Coenen, H., Rinza, P.: Chem. Ing. Tech. *54*, 386 (1982)
69. Coenen, H., Kriegel, E.: Chem. Ing. Tech. *55*, 890 (1983)
70. Coenen, H., Hagen, R.: Gordian *83*, 164 (1983)
71. Stahl, E., Quirin, K.-W.: Fette, Seifen, Anstrichm. *87*, 219 (1985)

IV. Anwendungen verdichteter Gase zur Extraktion und Raffination

IV.1 Allgemeiner Überblick

Qualitative Untersuchungen zur Extrahierbarkeit von lipophilen Naturstoffen mit flüssigem Kohlendioxid wurden 1970 von Schultz und Randall veröffentlicht [1]. Sie beschrieben den Einfluß des Molekulargewichts und funktioneller Gruppen von Aromastoffen aus Fruchtsäften auf die Löslichkeit in flüssigem Kohlendioxid. Stahl und Schilz haben 1976 die Extrahierbarkeit vieler Einzelsubstanzen aus verschiedenen Verbindungsklassen (z. B. Polyaromaten, Phenole, aromatische Carbonsäuren, Anthrachinone, Pyrone, Kohlenwasserstoffe, u. a. Lipide) mit überkritischem Kohlendioxid untersucht [2] und erstmals eine klare Vorstellung über das Löslichkeitsverhalten von organischen Naturstoffen in verdichtetem Kohlendioxid vermittelt. Diese Erkenntnisse sowie die Erfahrungen der letzten Jahre erlauben die Aufstellung folgender Faustregeln bezüglich der Extraktion mit verdichtetem Kohlendioxid:

1) Leicht extrahierbar, im Druckbereich bis 300 bar, sind lipophile Stoffe bis zu einer Molmasse von 300–400 g/mol, z. B. Kohlenwasserstoffe, Ether, Ester, Ketone und ähnliche Verbindungen.
2) Die Einführung von polaren funktionellen Gruppen, z. B. -OH, -COOH, erschwert die Extrahierbarkeit oder macht sie unmöglich.
3) Nicht extrahierbar sind polare Substanzen, wie Zucker und Glykoside, Aminosäuren, Lecithine usw., sowie polymere Verbindungen, wie Proteine, Cellulose, Polyterpene und Kunststoffe. Wenig löslich sind unpolare Oligomere.
4) Wasser ist in flüssigem Kohlendioxid schlecht (bei 20 °C, ca 0,1 Gew.-%, in überkritischem CO_2 bei steigender Temperatur zunehmend besser löslich (bei 50 °C, ca. 0,3 Gew.-%).
5) Fraktionierungen sind möglich, wenn Unterschiede in Molmasse, Dampfdruck oder Polarität der Substanzen vorliegen.

Allgemeine Vorhersagen zur Extrahierbarkeit lipophiler Naturstoffe mit anderen Gasen sind schwierig, da nur wenige diesbezügliche Messungen aus der Literatur bekannt sind. Eingehende Untersuchungen zum Löslichkeitsverhalten in verschiedenen Gasen wurden bei der Verbindungsklasse der Steroide durchgeführt [3]. Dabei kamen neben Kohlendioxid insbesondere Distickstoffmonoxid, Trifluormethan, Ethan und Ethen als Extraktionsgase zum Einsatz. Die Ergebnisse dieser Untersuchung erlauben die Aufstellung folgender Reihe bezüglich des Lösungsvermögens für Steroide:

$$C_2H_6 > N_2O > CO_2 = C_2H_4 > CHF_3 .$$

In allen Fällen nimmt dabei das Lösungsvermögen der Gase mit steigendem Druck — und bei Drücken oberhalb des Isothermenschnittpunktes — auch mit der Temperatur zu. Darüberhinaus ist festzustellen, daß die generelle Reihenfolge der Löslichkeiten unterschiedlich substituierter Verbindungen aus der Steroidklasse im Vergleich zu den Untersuchungen mit Kohlendioxid [4] erhalten bleibt. Mit zunehmender Polarität der Substanz nimmt die Löslichkeit in allen untersuchten Gasen ab.

Beim Vergleich der verschiedenen überkritischen Gase läßt sich eine unterschiedliche Gasselektivität feststellen, was auf spezifische Wechselwirkungen zwischen verdichtetem Gas und kondensierter Phase zurückzuführen ist. Dies führt dazu, daß die oben angegebene Reihenfolge abnehmenden Lösungsvermögens, die für die Steroidlöslichkeiten aufgestellt wurde, keine generelle Gültigkeit besitzt. So zeigt überkritisches Trifluormethan für Opiumalkaloide, insbesondere für Thebain, ein deutlich höheres Lösungsvermögen als überkritisches Kohlendioxid [5, 6]. Kohlendioxid und Ethen besitzen für Steroide und auch für einige fette Öle [7] ein vergleichbares Lösungsvermögen. Reine Kohlenwasserstoffe oder Aromaten, wie beispielsweise Naphthalin oder Phenanthren werden dagegen von Ethen besser gelöst [8, 9].

Das unterschiedliche Lösungsvermögen der verschiedenen Gase kann nicht in direkter Weise mit physikalischen Daten, wie der Gasdichte, dem kritischen Punkt oder dem Dipolmoment, erklärt werden. Einfache allgemeingültige Regeln zur Löslichkeit lipophiler Naturstoffe lassen sich bei verschiedenen verdichteten Gasen ebenso wenig finden wie bei klassischen Lösungsmitteln.

Der Anwendungsbereich verdichteter Gase als Lösungs- und Extraktionsmittel ist groß. Entsprechend der herausragenden Bedeutung der Stofftrennung auf fast allen Gebieten hat das neuartige Trennverfahren zu vielseitigen Forschungsaktivitäten geführt. Die meisten Anwendungen befinden sich noch im Entwicklungsstadium und sind zur Auslotung der Verfahrensmöglichkeiten lediglich im Labor- oder Pilotmaßstab durchgeführt. Es sind jedoch intensive Bemühungen um industrielle Anwendungen im Gange. Das starke Interesse wird auch durch die stattliche Anzahl von Patentanmeldungen innerhalb der letzten Jahre dokumentiert.

Die bisher publizierten Verfahrensvorschläge können in verschiedenen Gruppen zusammengefaßt werden. Eine Übersicht einiger interessanter Anwendungen zur Stofftrennung mit verdichteten Gasen ist in Tabelle 7 zusammengestellt. Die Tabelle erhebt keinen Anspruch auf Vollständigkeit. Es sind lediglich einige grundlegende Arbeiten sowie neuere Ergebnisse zu den einzelnen Stoffgruppen wiedergegeben. Eine ausführliche Diskussion der praktischen Anwendungen ist in den nachfolgenden Kapiteln gegeben.

Ein großes Anwendungsgebiet der Hochdruck-Technologie ist die Speiseölextraktion und -raffination. Hier bietet die Verwendung von verdichtetem Kohlendioxid die Möglichkeit, mehrere komplizierte Verfahrensschritte der klassischen Verfahrenstechnik zusammenzufassen, wodurch man zu einem wesentlich vereinfachten Gesamtprozeß gelangt.

Das Gebiet der Aromen, Gewürze und ätherischen Öle ist von großem praktischem Interesse für den Nahrungsmittelsektor, aber auch für den pharmazeutischen Bereich sowie für die Parfümerie- und Kosmetikindustrie. Hier bestehen für die Extraktion mit verdichtetem Kohlendioxid günstige Voraussetzungen. Unter thermisch schonenden Bedingungen und mit einem physiologisch unbedenklichen Lösungsmittel können Konzentrate gewonnen werden, die in der Regel den klassisch hergestellten Extrakten bzw. Wasserdampfdestillaten überlegen sind. Darüberhinaus besitzen die infrage kommenden Stoffe meist eine hohe Löslichkeit schon bei mäßigen Gasdrücken von ca. 100 bar. Sie sind also unter verhältnismäßig geringem Aufwand zu gewinnen und haben zudem einen hohen Marktwert. Entsprechend groß ist auf diesem Gebiet der Anteil der patentierten oder zum Patent eingereichten Verfahrensbeschreibungen. Hierzu sei bemerkt, daß die Patentliteratur gemäß der ihr eigenen Zielsetzung und Interessenlage oft keine detaillierten Untersuchungen der speziellen Probleme wiedergibt und die gemachten Angaben zum Teil nicht den optimalen Trennbedingungen entsprechen.

Die steigende Nachfrage der Lebensmittel- und Kosmetikindustrie an natürlichen Pflanzenfarbstoffen macht die extraktive Gewinnung der roten und gelben Carotinoide aus pflanzlichen Rohstoffen interessant. Aufgrund der hohen Selektivität verdichteter Gase können Carotinoidfraktionen hoher Reinheit weitgehend frei von unerwünschten Begleitstoffen gewonnen werden. Aufgrund des zunehmenden Bedarfs an steroidhaltigen Arzneimitteln (Corticoide, Kontrazeptiva), die halbsynthetisch aus natürlichen Sterolen hergestellt werden, spielt die Sterolextraktion beispielsweise aus fetten Ölen oder Tallölen eine wichtige Rolle. Da die pflanzlichen Ausgangsstoffe meist nur einen niedrigen Sterolgehalt aufweisen, treten dabei schwierige Trennprobleme auf, die durch den Einsatz verdichteter Gase bewältigt werden können.

Zur „Entgiftung" der Genußmittel Tee, Kaffee und Tabak existieren eine Reihe von Veröffentlichungen, vorwiegend aus der Patentliteratur, wobei sich die einzelnen Varianten durch Details in der Verfahrensführung unterscheiden. Ein gewisser Wassergehalt des Pflanzenmaterials kann die selektive Alkaloid-Extraktion begünstigen, z. B. bei der Extraktion von Coffein aus grünen Kaffeebohnen oder Teeblättern, von Nicotin aus Tabakblättern. Auch viele andere Alkaloide sind quantitativ extrahierbar, z. B. Thebain aus *Papaver bracteatum*, wenn die Alkaloidbasen durch Vorbehandlung des Pflanzenmaterials mit Alkalien freigesetzt wurden.

Auf dem Polymersektor liegt der Interessenschwerpunkt bei der Abtrennung von Monomeren, Oligomeren und Lösungsmitteln. Polymere, die als Verpackungsmaterial für Lebensmittel dienen oder im medizinischen Bereich eingesetzt werden, dürfen niedermolekulare Begleitstoffe nur in geringen, gesetzlich vorgeschriebenen Mengen enthalten.

Zur Extraktion von Kohle, Teersanden und Erdölprodukten werden meist klassische Lösungsmittel bei hoher Temperatur unter überkritischen Bedingungen eingesetzt. Ziel dabei ist, einen möglichst großen Anteil des Rohstoffs in flüssiger Form zu gewinnen. Eine andere Aufgabenstellung in dieser Sparte besteht in der Aufarbeitung oder Fraktionierung bereits flüssiger Rohprodukte oder Rückstände. Ähnlich gelagert sind die Probleme bei der Holzextraktion, wo ebenfalls die Gewinnung flüssiger Brennstoffe durch Pyrolyse/Extraktion oder die Abtrennung bestimmter Chemikalien unter milderen Bedingungen im Vordergrund stehen.

Neben den angesprochenen Bereichen existiert eine Vielzahl spezieller Anwen-

Tabelle 7. Literaturübersicht zur Stofftrennung mit verdichteten Gasen

Gas	Extraktionsbedingungen	Trenn- oder Extraktionsproblem	Literatur	Jahr
Speiseöle, Fette und Wachse				
C_3H_6, C_3H_8	100–115 °C, 60–110 bar	Extraktion von Lanolin aus Wollfett	10	1958
CO_2	45–50 °C, 280–350 bar	Extraktion des fetten Öls aus gemahlenen Kokosnüssen, Erdnüssen, Sojabohnen und Sonnenblumenkernen	11	1971*
CO_2	90–200 °C, 200–245 bar	Desodorierung und Entsäuerung von Sojaöl und Palmfett durch Gegenstromextraktion in einer Kolonne, Adsorption der extrahierten Stoffe an Aktivkohle	12	1973*
CO_2/H_2	190–210 °C, 200–235 bar	simultane Hydrierung/Desodorierung von Nußöl, Sonnenblumenöl, Walrat in einer Füllkörperkolonne mit fein verteiltem Nickelkatalysator	13	1974*
CO_2 + Aceton	69,6 °C, 132,5 bar	Abtrennung von Ölsäure aus einem Glyceridgemisch durch Gegenstromextraktion in einer Glockenbodenkolonne	14	1978
	80 °C, 135 bar	Abtrennung von Monoglyceriden aus einem Glyceridgemisch		
C_2H_4	27–50 °C, 100–160 bar	Fraktionierung von Lebertran	15	1978
CO_2 + CCl_4 CO_2 + Hexan	74–135 °C, 80–100 bar	Extraktion von Triglyceriden mit anschließender Fraktionierung in einer Füllkörperkolonne	16	1978
CO_2	20–50 °C, 200–700 bar	Extraktion der Saatöle aus Sojabohnen, Sonnenblumenkernen und Raps	17	1980
CO_2	31–150 °C, 72–1000 bar	Extraktion von Carnauba-, Bienen-, Woll- und Montanwachs sowie von Jojobaöl	18	1982*
CO_2	25–80 °C, 90–2600 bar	Löslichkeitsverhalten von Sojaöl bei hohen Drücken	19	1982
CO_2	80 °C, 200 bar	Fraktionierung von Butterfett, Anreicherung kurzkettiger Triglyceride im Extrakt, langkettiger Triglyceride im Rückstand	20	1982
CO_2	50–80 °C, 500–1000 bar	Extraktion von Baumwollsamen	21	1984
CO_2, C_2H_4, CHF_3, $CClF_3$,	20–100 °C, 150–500 bar	Extraktion von rohem Montanwachs	22	1984

Tabelle 7. (Fortsetzung)

Gas	Extraktionsbedingungen	Trenn- oder Extraktionsproblem	Literatur	Jahr
$CBrF_3$				
CO_2	90 °C, 900 bar	Entölung von Rohlecithin durch Hochdruck-Düsen-extraktion	23	1985
Aromen, Gewürze und ätherische Öle				
CO_2, C_3H_8	flüssig	Extraktion von ätherischen Ölen aus verschiedenen Pflanzen, Kohlendioxid zeigt höhere Selektivität als Propan	24	1968
CO_2	22 °C, 63 bar	Gewinnung von Aromakonzentraten aus frischen homogenisierten Früchten (Äpfel, Orangen, Birnen) und Fruchtsäften	1	1970
CO_2 $CO_2 + H_2O$	45–50 °C, 315–400 bar	Extraktion von Harz, ätherischem Öl, α- und β-Säuren aus lufttrockenem Hopfen, dann Extraktion der Tannine mit feuchtem CO_2	25	1971*
CO_2 N_2O	50–60 °C, 280–400 bar 50 °C, 200 bar	Extraktion der Geruchsstoffe mit trockenem, der Geschmacksstoffe mit feuchtem CO_2 aus gemahlenen Gewürzen, Piperin aus schwarzem Pfeffer, Eugenol und Aceteugenol aus Gewürznelken, Vanillin aus Vanilleschoten, Zimtaldehyd und Eugenol aus Zimtstangen	26	1971*
CO_2	flüssig	Extraktion vorwiegend leichtflüchtiger Gewürz- und Aromastoffe aus 20 verschiedenen Naturprodukten, z. B. Kalmus, Anis, Nelken, Ingwer, Koriander, Lorbeerblätter, Petersilie, Kamille, Eukalyptusblätter usw.	27	1974
CO_2	40 °C, 70–400 bar	Mikroextraktion in direkter Kopplung mit der Dünnschicht-Chromatographie, zahlreiche Beispiele	2	1976
CO_2, N_2O	40 °C, 70–300 bar	Extraktion von Kamillenblüten mit Extraktfraktionierung durch stufenweise Abscheidung	28	1978
CO_2	20–40 °C, 90–250 bar	Extraktion der thermolabilen Pyrethrine aus Pyrethrumblüten	29	1980

Tabelle 7. (Fortsetzung)

Gas	Extraktionsbedingungen	Trenn- oder Extraktionsproblem	Literatur	Jahr
CO_2	0–40 °C, 80–200 bar	Herstellung von konzentrierten Extrakten aus Frischpflanzen, insbesondere aus Küchenkräutern, z. B. Dill, Estragon, Zwiebeln, Cassisknospen, Mimosenblüten	30	1981*
CO_2	34 °C, 90 bar 40 °C, 300 bar	Extraktion von Fliederblüten Extraktion von Zitronenschalen	31	1982
CO_2	40 °C, 100 bar 20 °C, 80 bar	Extraktion des giftigen Thujons aus Wermutkraut ohne Verminderung des Gehalts an wertbestimmenden Bitterstoffen	32	1983
CO_2	0–10 °C, 80 bar	Extraktion von Wacholderbeeren, Hopfenblüten und Ingwerwurzeln	33	1984
CO_2	40–80 °C, 70–100 bar	Kontinuierliche Deterpenierung von Citrusölen durch Gegenstromextraktion in einer Füllkörperkolonne	34	1984
CO_2	10–100 °C, 30–150 bar	Löslichkeits- und Abscheidungsverhalten von ätherischen Ölen sowie Möglichkeiten zur Fraktionierung	35	1985
Weitere Isoprenoide				
CO_2 + Ethanol CO_2 + Aceton	40–50 °C, 80–200 bar	Herstellung von feinst verteilten Carotinoiden	36	1979*
CO_2	40 °C, 70–300 bar	Löslichkeitsverhalten von Carotinoiden, Mikroextraktion von Karotten, Tomatenmark, Algen und Paprika in direkter Kopplung mit der Dünnschicht-Chromatographie	37	1980
CO_2	40 °C, 81 bar	Extraktion von Kiefern- und Tannenholz, Extraktabscheidung in 3 Fraktionen: Harzsäuren, Fettsäuren, Terpentinöl	38	1980*
CO_2	40 °C, 120/320 bar	Extraktion von Paprika in zwei Stufen: 1) 120 bar: Extraktion der Scharfstoffe (Capsaicin) und der freien Fettsäuren 2) 320 bar: Extraktion der Farbstoffe (Capsanthin)	39	1983

Tabelle 7. (Fortsetzung)

Gas	Extraktionsbedingungen	Trenn- oder Extraktionsproblem	Literatur	Jahr
CO_2	40 °C, 80–200 bar	Quantitative Bestimmung der Löslichkeit von Steroiden, Ermittlung des Zusammenhanges zwischen chemischer Struktur und Löslichkeit	4	1984
Alkaloide				
CO_2	50–70 °C, 250–1000 bar	Extraktion von Nikotin aus Tabak mit eingestelltem Wassergehalt von 15–25 %	40	1970*
N_2O	28 °C, 65 bar			
$CO_2 + H_2O$	40–80 °C, 120–180 bar	Entcoffeinierung von Kaffeebohnen mit wassergesättigtem CO_2, Adsorption des Coffeins an Aktivkohle in flüssigem CO_2	41	1970*
CO_2 $CO_2 + H_2O$	45 °C, 400 bar	Extraktion der Aromastoffe aus schwarzem Tee mit trockenem CO_2, dann Extraktion des Coffeins mit feuchtem CO_2, Aromaübertragung auf bereits entcoffeinierte Teeblätter	42	1972*
CO_2, N_2O, CHF_3	20 °C, 40 °C, 70–150 bar	Quantitative Bestimmung der Löslichkeit von Opiumalkaloiden nach der dynamischen Methode mit Hilfe einer Mikroextraktionsapparatur	6	1980
CO_2, CHF_3	20 °C, 40 °C, 70–200 bar	Extraktion von Thebain aus *Papaver bracteatum Lindl.* CHF_3 zeigt ein besseres Lösungsvermögen und eine höhere Selektivität als CO_2	5	1980
Polymere				
CO_2	40–80 °C, bis 1000 bar	Löslichkeitsverhalten von Polyvinylchlorid, Polymethylmethacrylat und Polystyrol	43	1976
CO_2, C_2H_4 C_3H_8	40–160 °C, bis 2000 bar	Extraktion von Polyethylen, Polystyrol und Polyethylenglycol, Betrachtung von Löslichkeitsparametern	44	1984
CO_2, C_2H_4 CHF_3, $CClF_3$	40–130 °C, 150–450 bar	Extraktion von Polyacrylamid, Polystyrol, Polyoxymethylen, Polypropylen und Polyethylen, Abtrennung von Monomeren, Oligomeren, Wasser und Lösungsmitteln	45	1984

Tabelle 7. (Fortsetzung)

Gas	Extraktionsbedingungen	Trenn- oder Extraktionsproblem	Literatur	Jahr
Holz				
Aceton	250–340 °C, 250 bar	Thermischer Abbau von Cellulose und Chitin	46	1978
Toluol	340 °C, 80 bar	Pyrolyse/Extraktion von Rottannenholz	47	1978
n-Pentan, Diethylether, Aceton, + versch. Alkohole	250–280 °C, 100 bar	Thermischer Abbau von Birkenholz mit überkritischen organischen Lösungsmitteln	48	1979
Aceton, Methanol	260–360 °C, 100–280 bar	Gewinnung von flüssigen Brennstoffen und Chemikalien (phenolische Bestandteile) aus Zedernholz	49	1983
CO_2 N_2O, C_2H_4, C_3H_8	35–60 °C, 100–620 bar T_c + 9 °C, 210–620 bar	Extraktion von Harzen und Fettsäuren aus Kiefernholz und von Wachs aus Tannenrinde		
Kohle und Erdölprodukte				
Toluol	350 °C, 100 bar	Extraktion/Verflüssigung von Kohle, Gewinnung von Aliphaten, Aromaten sowie sauerstoffhaltigen Verbindungen	50	1975
C_3H_8	140 °C, 130 bar	Deasphaltierung von Top-Rückständen der Erdöl-destillation	15	1978
C_2H_4	45 °C, 60–110 bar	Fraktionierung von α-Olefinen (C_{14}–C_{20})		
Pentan Benzol	140–290 °C, 20–83 bar 160–360 °C, 20–58 bar	Stufenweise Extraktion von Teersanden und Torf mit nachgeschalteter Adsorptionskolonne mit Aktivkohle zur Fraktionierung des Extrakts	51	1980
C_2H_6 CO_2	55 °C, 200 bar 55 °C, 135 bar	Extraktion von Braunkohlenteer mit Ethan gibt Kreosotöl (subst. Phenole + Carbonsäuren) und Paraffine; aus diesem Extrakt werden in einer Stoff-austauschkolonne mit CO_2 Kreosotöl + niedere KW selektiv von höheren Paraffinen + 1-Olefinen abgetrennt	52	1981
C_3H_8	110 °C, 200 bar	Extraktion eines dunkelroten Öles (paraffinische Verbindungen) aus Athabaska-Teersand, Asphaltene bleiben im Rückstand		

Tabelle 7. (Fortsetzung)

Gas	Extraktionsbedingungen	Trenn- oder Extraktionsproblem	Literatur	Jahr
CO_2, C_2H_4 C_2H_6, C_3H_8	$T \gg T_c$ $p \gg p_c$	Aufarbeitung von Altöl zu wiederverwendungsfähigen Schmiermitteln durch Gegenstromextraktion in Füllkörperkolonne und mehrstufige Abscheidung	53	1982
C_3H_8 + Toluol	120 °C, 80 bar	Abtrennung feiner Feststoffpartikel aus einer Dispersion in viskosen Flüssigkeiten, z. B. aus Schieferöl	54	1983
Aromaten + hydrierte Aromaten	420–480 °C, 50–200 bar	Extraktion/Verflüssigung von Kohle	55	1983
Verschiedenes				
C_2H_6 + C_3H_8	12 °C, 27 bar	Entsalzung von Meerwasser (3% NaCl)	56	1960*
CO_2, CCl_2F_2	flüssig	Imprägnierung von Nahrungsmitteln (z. B. Karotten, Kartoffeln, Chips) mit Antioxidantien (z. B. Butylhydroxyanisol, Tocopherole, Ascorbinsäurepalmitat), diese werden in flüssigem Gas gelöst und die Nahrungsmittel eingetaucht	57	1973*
CO_2	55,5 °C, 170 bar	Regenerierung von Adsorbentien, z. B. Entfernung von Phenol aus einer Aktivkohlesäule	58	1974*
CO_2, C_2H_4	35–65 °C, 103–172 bar 35 °C, 103–172 bar	Trennung von Ethanol/Wasser-Mischungen	59	1981
CO_2	100 °C, 120–280 bar 50–120 °C, 90–280 bar	Extraktion von PCB aus Transformatorenöl (Siliconöl) Extraktion von adsorbiertem Alachlor aus Aktivkohle, Extraktion lipophiler Organika aus wässrigen Lösungen	60	1982
CO_2	60 °C, 100–350 bar	Entfernung von Pestizidrückständen aus Drogen, z. B. von DDT und HCH aus Sennesblättern	61	1984
CO_2	95 °C, 155 bar 60 °C, 150 bar	Abtrennung von Ethanol aus wässrigen Lösungen Abtrennung von Butanol, Glycerin, Ethylenglycol und Essigsäure aus wässrigen Lösungen	62	1985

* Patent oder Patentanmeldung

dungen, z. B. Entzug von Alkohol aus wässrigen Lösungen, Regenerierung von Adsorbentien, Entfernung von Pestizidrückständen aus Drogen, usw.

IV.2 Fette Öle und Wachse

Die wichtigsten Verfahren zur Gewinnung fetter Öle sind das mechanische Auspressen und die Extraktion mit Lösungsmitteln. In beiden Fällen verbessert die optimale Vorbehandlung (Konditionierung) des Rohstoffs nicht nur die erreichbare Ausbeute sondern auch die farbliche und sensorische Qualität des Rohöls. Aus wirtschaftlichen Erwägungen wird bei Rohstoffen mit hohem Fettgehalt von mehr als 30–40% eine kombinierte Arbeitsweise mit Vorpressen und nachfolgender Extraktion angewandt. Durch die Vorpressung wird der Ölgehalt in der Regel auf einen Wert von 20% gesenkt. Mit aufwendigeren Preßverfahren gelingt zwar eine weitergehende Entölung, im Preßkuchen bleiben jedoch auch im günstigsten Fall noch Ölmengen von mehr als 5% zurück. Eine vollständige Entölung ist nur durch Extraktion mit Fettlösungsmitteln erreichbar, wobei ein Fettgehalt in dem extrahierten Material (Schrot) von weniger als 1% erreicht werden kann.

Die kommerzielle Ölextraktion erfolgt normalerweise kontinuierlich nach dem Gegenstromprinzip mit technischem Hexan als Lösungsmittel, das sich durch hohe Stabilität, geringe Korrosivität und gute Lösungseigenschaften auszeichnet. Das mit Extrakt angereicherte Lösungsmittel (Miscella) erreicht dabei im Verlauf des Verfahrens einen Ölgehalt von 25 bis 35 Gew.-%. Die Trennung von Lösungsmittel und Extrakt erfolgt durch Destillation und Ausdämpfen, die Lösungsmittelrückgewinnung aus dem Schrot erfolgt in speziellen Desolventizer-Toaster-Anlagen. Diese beiden Verfahrensschritte können bei der Verwendung verdichteter Gase als Lösungsmittel eingespart werden.

Die klassisch gewonnenen Rohöle sind meist trübe und sensorisch unbefriedigend und durchlaufen daher vor ihrer Verwendung ein Raffinationsverfahren, das die Schritte Entschleimung, Entsäuerung, Entfärbung und Desodorierung umfaßt. Auch diese Schritte können bei hochdruckextrahierten, insbesonders mit verdichtetem Kohlendioxid gewonnenen Ölen weitgehend entfallen oder stark vereinfacht werden. Die genannten Verfahrensvereinfachungen, zusammen mit einigen Nachteilen der bisherigen Hexanextraktion, wie hohe Lösungsmittelkosten, Feuergefahr, geringe Selektivität, Rückstands- und Emissionsprobleme, werfen die Frage auf, ob die Hochdruckextraktion als alternative Möglichkeit zur Gewinnung fetter Öle und Wachse zu bewerten ist. Als Diskussionsgrundlage hierfür können die nachfolgenden Ausführungen dienen.

IV.2.a Löslichkeitsverhalten

Die Kenntnis des Phasenverhaltens eines Stoffs ist eine grundlegende Information zur Beurteilung und Auslegung des entsprechenden Extraktionsverfahrens. Zur Löslichkeit von Triglyceriden und Wachsestern in verdichtetem Kohlendioxid liegen Untersuchungen in einem großen Druck- und Temperaturbereich vor [19, 63]. Dabei wurde jeweils ein Gemisch natürlicher Zusammensetzung untersucht, dessen Löslichkeitsverhalten eher als das einer einzelnen Modellsubstanz Rückschlüsse auf den praktischen Anwendungsfall erlaubt, da bei einem Stoffgemisch Wechselwirkungen zwischen ähnlichen Komponenten zu einer Konzentrationserhöhung in der verdichteten Gasphase führen können [64, 65]. Die Angabe von Löslichkeitswerten für ein Substanzgemisch ist jedoch nur dann sinnvoll, wenn sich die einzelnen Bestandteile so homogen verhalten, daß während des Extraktionsverlaufs keine Verschiebung der Zusammensetzung und damit der Menge der gelösten Stoffe resultiert. Diese Forderung ist für die ausgewählten Triglycerid (TG)- bzw. Wachsester (WE)-Mischungen erfüllt, so daß die Systeme natürliches Öl/CO_2 jeweils als pseudobinär angesehen werden können.

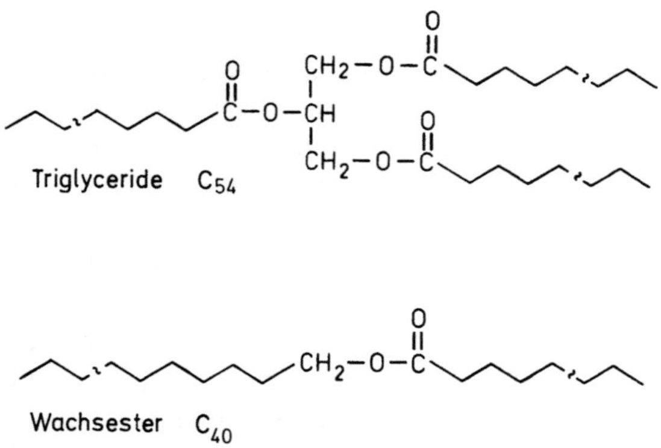

Abb. 34. Struktur der untersuchten Verbindungsklassen

Als natürliches Triglycerid wurde Sojaöl untersucht, das, wie Tabelle 8 ausweist, zu etwa 80% aus Estern der Öl- und Linolsäure besteht. Sojaöl besitzt hinsichtlich seiner weltweiten Produktionsmenge und seiner ernährungsphysiologischen Bedeutung eine herausragende Stellung. Die weltweite Soja-Produktion belief sich nach Angaben des US-Department of Agriculture (USDA) für die Saison 1984/85 auf 90,3 Millionen Tonnen. Als Vertreter der Wachsesterklasse wurde ein kalt gepreßtes Jojobaöl untersucht, das anders als die Triglyceride der fetten Öle aus Monoestern von langkettigen einfach ungesättigten Alkoholen (besonders Eicos-1 l-enol und Docos-13-enol) mit entsprechenden Fettsäuren besteht. Über 80% der flüssigen Wachsester entfallen dabei auf die C_{40}- und C_{42}-Verbindungen [66]. Jojobaöl wird aus den nußartigen Früchten eines Wüstenstrauchs *(Simmondsia chinensis)* gewonnen. Es ist ein wertvolles Wachs, das in seinen Eigenschaften dem bisher aus Walrat gewonnenen Spermöl gleicht und eine entsprechend vielfältige Verwendung findet. Die mittlere Molmasse von Jojobaöl beträgt 600 g/Mol im Verhältnis zu 900 g/Mol für Sojaöl.

Die Löslichkeitsmessungen wurden mit Hilfe der analytisch-dynamischen Methode durchgeführt. Eine schnelle, einfache und für die untersuchten Substanzgemische geeignete Bestimmungsmethode ist das Abwiegen der im CO_2 gelösten Stoffmenge. Setzt man diese dann ins Verhältnis zu der verbrauchten Gasmenge, ergibt sich unmittelbar der gewünschte Löslichkeitswert. Die nachfolgenden Angaben sind nach Möglichkeit in der für die Praxis sinnvollen Dimensionierung Milligramm gelöster Stoff pro Gramm Lösungsmittel (mg/g = g/kg = Gew.-% $\times 10^{-1}$) angegeben.

Tabelle 8. Zusammensetzung von Soja- und Jojobaöl

Sojaöl [67]	$C_{16:0}$	$C_{18:0}$	$C_{18:1}$	$C_{18:2}$	$C_{18:3}$
Fettsäure (%)	10	3,5	21	56	8
Jojobaöl [68]	$C_{16:0}$	$C_{18:1}$	$C_{20:1}$	$C_{22:1}$	$C_{24:1}$
Säurekomp. (%)	1	11	71	14	1
Alkoholkomp. (%)	—	1	44	45	9

Der schematische Versuchsaufbau der Löslichkeitsmessungen ist in Abb. 35 skizziert. Die aus Druckerzeugung und -regulierung bestehende Gasversorgungseinheit, die bis zu einem Druck von 3000 bar arbeitet, wurde bereits in Kap. III.2 beschrieben. Zur Durchführung eines Versuchs wird das Öl in gut verfügbarer Form auf einem Trägermaterial in den Autoklaven E gegeben. Danach wird das verdichtete Gas unter definierten Druck- und Temperaturbedingungen langsam durch den Probenbehälter geleitet. Es belädt sich entsprechend seinem Zustand mit einem Teil des Öls und transportiert dieses in den Abscheidungsautoklaven A. Die Entmischung wird zuvor durch Entspannung der Miscella an dem beheizten Feindosierventil RV bewirkt. Das unbeladene Gas fließt über den Massendurchflußmesser D, der zur exakten Bestimmung der Gasmenge mit Integrator I und Schreiber R verbunden ist, wieder zur Gasversorgung zurück und schließt damit den Kreislauf. Die gelöste Ölmenge wird am Ende des Versuchs aus dem Abscheider entnommen und gewogen.

Das Druck-Temperatur-Volumen Verhalten des Lösungsmittels Kohlendioxid ist in Abbildung 36 gezeigt. Befindet sich das Gas bei einer unterkritischen Temperatur (kleiner 31 °C), steigt beim Erreichen des Verflüssigungsdrucks, beispielsweise 35 bar bei 0 °C, die Gasdichte sprunghaft an. Entsprechend der geringen Kompressibilität von Flüssigkeiten nimmt die Dichte des kondensierten Gases dann mit steigender Temperatur nur noch geringfügig zu. Oberhalb der kritischen Temperatur wird die Phasengrenze Gas/Flüssig nicht mehr überschritten. Die Gasdichte nimmt mit steigendem Druck kontinuierlich zu, wobei ein stetiger Übergang vom

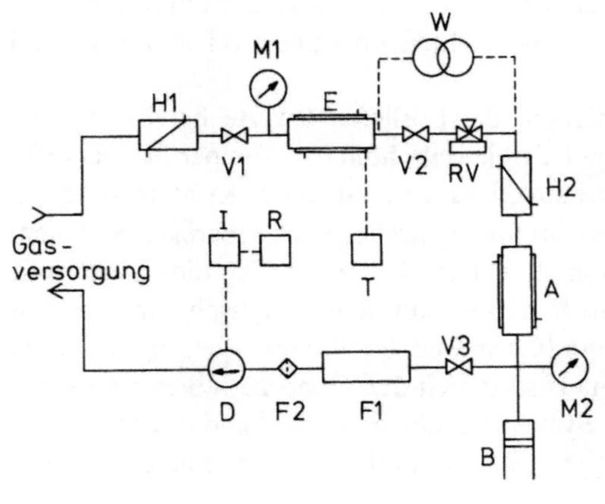

Abb. 35. Versuchsaufbau für Löslichkeitsuntersuchungen nach der analytisch-dynamischen Methode.
H Wärmeaustauscher, *V* Absperrventile, *M* Manometer, *E* Gleichgewichtszelle, *RV* beheiztes Feindosierventil, *W* Widerstandsheizung, *A* Abscheidungsbehälter, *B* Berstscheibe, *F1* Aktivkohle-Blaugelfilter, *F2* Sinterfilter, *D* Masendurchflußmesser, *I* Integrator, *R* Schreiber, *T* Temperaturmessung [19]

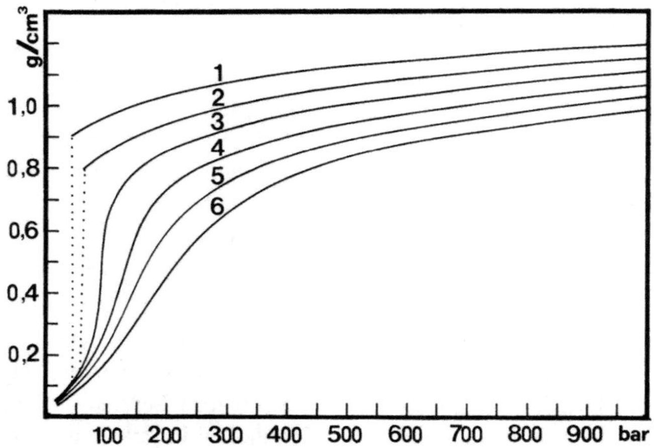

Abb. 36. pVT-Verhalten von Kohlendioxid, 1–6 = 0, 20, 40, 60, 80, 100 °C

Gas praktisch ohne Lösungsvermögen zum überkritischen Gas mit gutem Lösungsvermögen vollzogen wird. Jedoch findet auch hier die hauptsächliche Dichtezunahme auf flüssigkeitsähnliche Werte in einem begrenzten Druckbereich vom kritischen Druck bis zu etwa 200 bar statt, sofern die Temperatur nicht allzuweit über dem kritischen Wert liegt. Bei hohen Drücken ist dann bei dem überkritischen ebenso wie bei dem verflüssigten Gas nur noch ein langsamer, immer schwächer werdender Dichtezuwachs zu verzeichnen.

Abbildung 37 zeigt das Phasenverhalten von Sojaöl bei verschiedenen Temperaturen im Druckbereich von 100 bis 2600 bar. Die eingezeichneten Isothermen lassen mit steigendem Druck zunächst eine Löslichkeitszunahme erkennen, wobei der Isothermenanstieg mit zunehmender Temperatur immer steiler verläuft. Interessant ist die Tatsache, daß im Druckbereich bis 500 bar oder mehr kein Abflachen der Löslichkeit zu beobachten ist. Das Verhalten der fetten Öle aber auch der Wachsester und Sterole, wie noch gezeigt wird, unterscheidet sich in diesem Punkt von dem Verhalten vieler anderer Stoffe in verdichtetem Kohlendioxid, z. B. von Naphthalin [69], Phenolen [70], Opiumalkaloiden [6]usw., die bereits oberhalb von 200 bar ein Abflachen der Löslichkeit mit zunehmendem Druck aufweisen und damit einen relativen Löslichkeitsverlauf parallel zu den Dichteisothermen von Kohlendioxid besitzen.

Bei weiterer Drucksteigerung durchlaufen die Löslichkeitswerte bei 25, 40 und 60 °C schließlich ein Maximum, das bei der jeweils höheren Temperatur schärfer ausgeprägt ist. Während das Löslichkeitsmaximum in flüssigem Kohlendioxid bei 600 bar erreicht wird, liegen die Maxima im überkritischen Phasenbereich bei einem höheren Druck in der Umgebung von 1000 bar. Bei 80 °C ist die Löslichkeit zwischen 800 und 1800 bar bereits so groß, daß sie mit dem analytisch-dynamischen Verfahren nicht mehr erfaßt werden kann (Grenze ca. 8—10 Gew.-%). Bei weiterem Anstieg der Temperatur über 80 °C hinaus setzt sich der Trend zu höheren Löslichkeitswerten weiter fort, sofern sich das System auf einem ausreichend hohen Druckniveau befindet. Dies zeigen die von Eggers, Sievers und Stein berechneten Löslich-

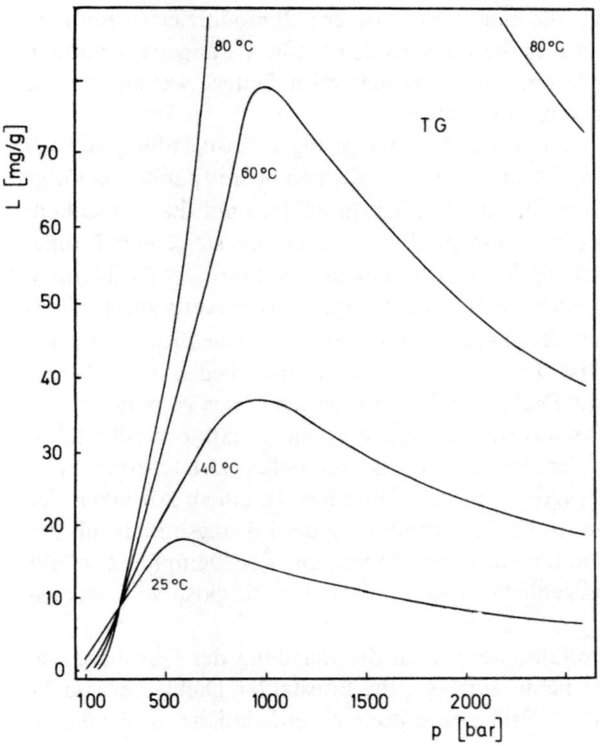

Abb. 37. Löslichkeitsisothermen von Sojaöl in verdichtetem Kohlendioxid in Abhängigkeit vom Druck (geglättete Kurven) [19]

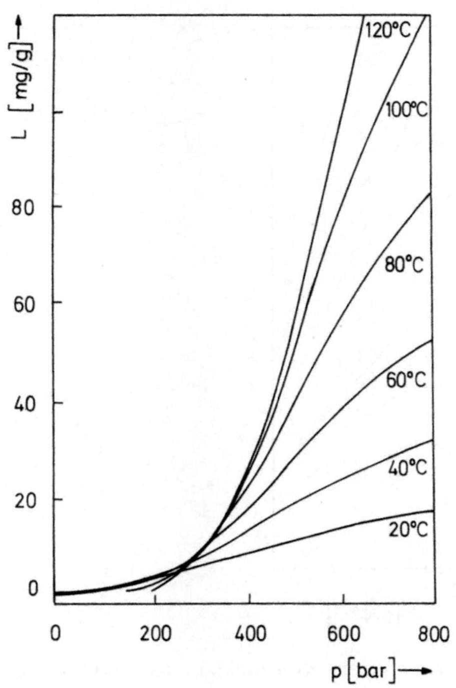

Abb. 38. Berechnete Löslichkeitskurven für Sojaöl in CO_2 in Abhängigkeit vom Druck bei verschiedenen Temperaturen [71]

keitskurven in Abb. 38 [71]. Mit Hilfe einer von Hederer [72] modifizierten Redlich-Kwong-Gleichung, deren Parameter an die vorliegenden Meßwerte angepaßt wurden, gelang eine befriedigende Korrelation der experimentellen Daten, wenngleich die Löslichkeitsmaxima nicht erfaßt werden konnten.

Im Druckbereich um 300 bar, bei vergleichsweise geringer Gasbeladung von 0,9 Gew.-%, haben die Löslichkeitsisothermen von Sojaöl einen Schnittpunkt, als Folge des je nach Druckbereich unterschiedlichen Temperatureffektes auf die Löslichkeit. Im Druckbereich unterhalb dieses Inversionspunktes resultiert bei steigender Temperatur eine Löslichkeitsabnahme, oberhalb eine Löslichkeitszunahme. Der Isothermenschnittpunkt trifft nur innerhalb eines begrenzten Temperaturintervalls zu, darüberhinaus ist ein Überschneidungsbereich zu beobachten. Der unterschiedliche Temperatureinfluß auf die Löslichkeit ist zu verstehen, wenn man bedenkt, daß eine Temperaturerhöhung einerseits die Dichte des komprimierten Gases vermindert und andererseits den Dampfdruck der schwerflüchtigen Komponente exponentiell erhöht. Die Dichteabnahme mit steigender Temperatur ist im tiefen Druckbereich von 1–2p_c besonders stark ausgeprägt (Abb. 36) und führt hier zu einem Absinken der Löslichkeit. Bei höheren Drücken ist die Dichteänderung des Lösungsmittels mit der Temperatur nur gering und von untergeordneter Bedeutung, der Dampfdruckeffekt des Substrats spielt nun die maßgebliche Rolle und ist für die positive Lösungsenthalpie verantwortlich.

Der Isothermenschnittpunkt entfällt, wenn man die Beladung der Gasphase wie in Abb. 39 als Funktion der Gasdichte aufträgt. Bei konstanter Dichte verursacht eine Temperaturerhöhung in jedem Fall eine mitunter beträchtliche Löslichkeits-

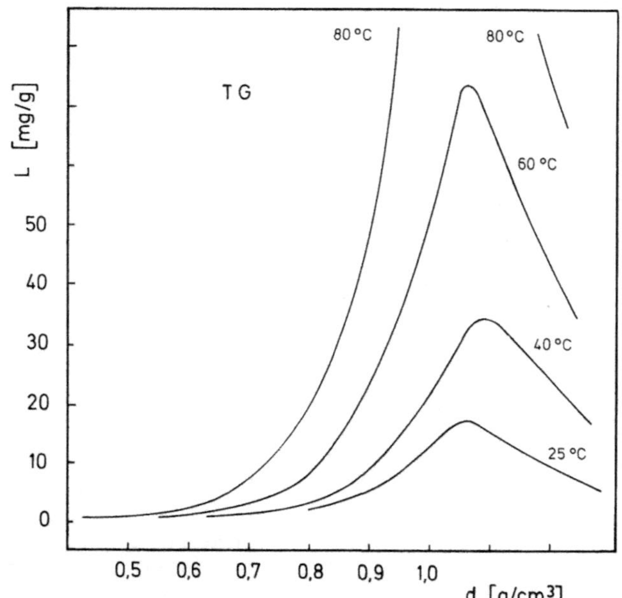

Abb. 39. Löslichkeitsisothermen von Sojaöl in verdichtetem Kohlendioxid als Funktion der Gasdichte (geglättete Kurven) [19]

zunahme. Die Kurven zeigen im Bereich des Löslichkeitsmaximums einen annähernd symmetrischen, parabelähnlichen Verlauf. Die Maxima liegen bei einer Gasdichte von etwa 1,06 g/cm³. Ihre Lage verschiebt sich mit zunehmender Temperatur geringfügig zu kleineren Dichtewerten.

Untersucht man zum Vergleich die Löslichkeit von Jojobaöl, zeigt sich, daß die Isothermen der Wachsester eine ähnliche Form wie diejenigen der Triglyceride aufweisen. Als Funktion der Gasdichte betrachtet, durchlaufen sie ebenfalls annähernd symmetrische Maxima, deren Lage sich von 20 bis 60 °C zu Werten geringerer Dichte, von 1,07 nach 1,03 g/cm³, verschiebt. Zeichnet man die Löslichkeitsisothermen als Funktion des Drucks, eine Darstellung, die für die Extraktionspraxis mehr Relevanz besitzt, tritt wieder ein Isothermenschnittpunkt auf, der für Jojobaöl bei etwa 250 bar und einer Gasbeladung von 0,45 Gew.-% liegt (Abb. 40).

Abbildung 40 läßt zudem erkennen, daß die Löslichkeit der Wachsester bei tiefer Temperatur, in flüssigem CO_2 bei 20 °C, ebenfalls nur wenig durch den Druck beeinflußt wird, während bei höheren Temperaturen, besonders oberhalb von 60 °C, eine enorme Löslichkeitszunahme mit steigendem Druck erreicht werden kann. Der steile Isothermenanstieg in diesem Temperaturbereich ermöglicht eine wirkungsvolle Abscheidung des gelösten Öls schon bei geringen Druckänderungen. Zur Entmischung der Wachsester braucht z. B. bei 80 °C ein Druck von 150 bar, entsprechend eine Restlöslichkeit von 0,02 Gew.-%, normalerweise nicht unter-

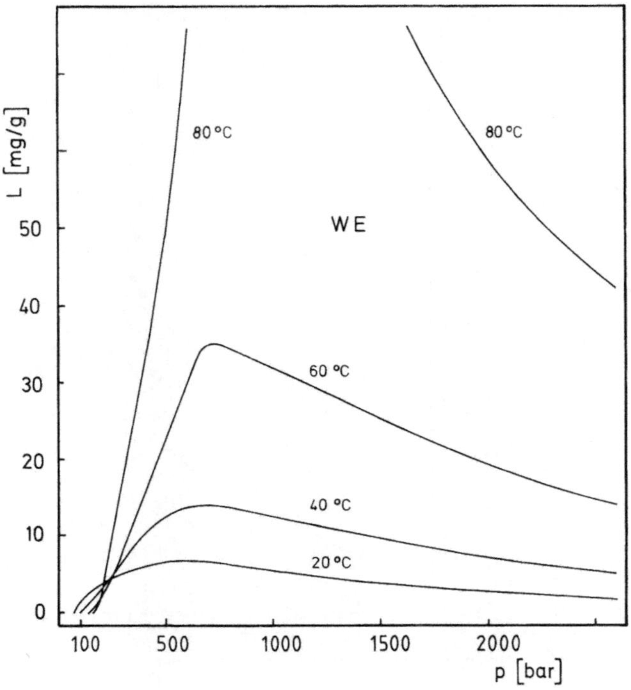

Abb. 40. Löslichkeitsisothermen von Jojobaöl in verdichtetem Kohlendioxid als Funktion des Drucks (geglättete Kurven) [63]

schritten zu werden. Da zur Rekompression des im Kreislauf geführten Gases ein Großteil der Volumenarbeit gerade bei tieferen Drücken zu leisten ist, wo das Gas noch eine hohe Kompressibilität besitzt, können auf diese Weise erhebliche Energiekosten eingespart werden.

Vergleicht man die Absolutwerte der Löslichkeit, fällt auf, daß die Triglyceride bei 20, 40 und 60 °C in verdichtetem CO_2 besser löslich sind als die Wachsester. Bei 40 °C beispielsweise erreicht Sojaöl eine maximale Löslichkeit von 3,6 Gew.-% gegenüber einem Wert von nur 1,4 Gew.-% bei Jojobaöl. Dabei liegt das Löslichkeitsmaximum der Triglyceride im überkritischen Gas bei etwas höherem Druck als das der Wachsester, deren Löslichkeit schon oberhalb von 700 bar wieder abnimmt. Im Gegensatz zu den tieferen Temperaturen erreichen bei 80 °C die Löslichkeitswerte der Wachsester im Isothermenanstieg diejenigen der Triglyceride und liegen sogar geringfügig höher. Offenbar wird die Löslichkeit von Jojobaöl stärker durch die Temperatur beeinflußt als die von Sojaöl. Das Temperaturverhalten wird am deutlichsten sichtbar, wenn man die experimentellen Daten in Form der Löslichkeitsisobaren aufträgt. Diese in Abb. 41 gezeigte Art der Darstellung weist dann auch im Kurvenverlauf merkliche Unterschiede zwischen Soja- und Jojobaöl auf.

Eingezeichnet ist für Soja- und für Jojobaöl jeweils eine Schar von Löslichkeitsisobaren. Wie man sieht, ist lediglich bei den tiefen Drücken eine schwach negative Lösungsenthalpie vorzufinden. Beim Druck des Inversionspunktes bei

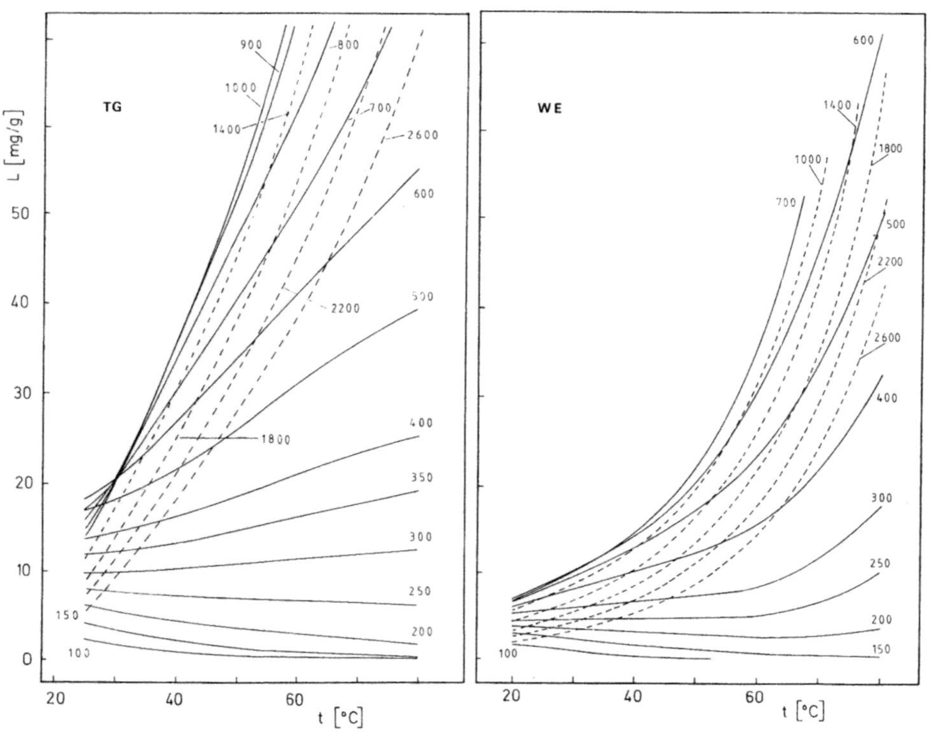

Abb. 41. Löslichkeitsisobaren von Sojaöl (TG) und Jojobaöl (WE) in verdichtetem Kohlendioxid in Abhängigkeit von der Temperatur, Kurvenbezeichnung = Druck in bar [63]

300 bar für Soja- und 250 bar für Jojobaöl, ist die Löslichkeit innerhalb gewisser Grenzen unabhängig von der Temperatur. Bei höheren Drücken, bei der überwiegenden Anzahl der Isobaren, nimmt die Löslichkeit mit steigender Temperatur zu. Der Anstieg der Isobaren wird mit zunehmendem Druck steiler, und die erreichten Löslichkeitswerte im überkritischen Kohlendioxid werden immer größer bis zu einem Druck, der dem Löslichkeitsmaximum entspricht, d. h. bis etwa 1000 bar bei den Triglyceriden und 700 bar bei den Wachsestern. Eine weitere Drucksteigerung führt zu den gestrichelt eingezeichneten Isobaren, die fast parallel verlaufen und wieder zu tieferen Löslichkeitswerten hin verschoben sind. Die Wachsester zeigen im Vergleich zu den Triglyceriden einen stärkeren Isobarenanstieg insbesondere oberhalb einer Temperatur von 60 °C. Der Anstieg wird sogar schon bei tieferen Drücken sichtbar und führt dazu, daß die Isobare bei 200 bar ein flaches Minimum durchläuft. Offenbar überwiegt hier bei steigender Temperatur die Dampfdruckzunahme der kondensierten Phase gegenüber dem Effekt der Dichteerniedrigung des Lösungsmittels. Bei den kleineren und unpolareren Wachsestermolekeln scheint also der Zusammenhalt der kondensierten Phase unter dem Einfluß von Druck und Temperatur stärker abzunehmen als bei den Triglyceriden. Dadurch kann sich CO_2 besser in der kondensierten Phase lösen, während umgekehrt ein gewisser Teil der Wachsester leichter in der Gasphase aufgenommen und solvatisiert wird [73].

Der Verlauf der Löslichkeitsisobaren ermöglicht auch eine eindeutige Stellungnahme zu der Problematik „flüssig oder überkritisch extrahieren“. Gerade bei den Wachsestern wird deutlich, daß unterhalb von 31 °C, im verflüssigten CO_2, die Löslichkeit sehr gering ist und kaum durch den Druck beeinflußt werden kann. Bereits bei 400 bar ergeben sich bei den Wachsestern, aber auch bei den Triglyceriden im überkritischen Bereich so hohe Löslichkeitswerte, wie sie im verflüssigten Gas bei keinem Druck realisierbar sind. Bei 500 bar steigt beispielsweise die Löslichkeit der Wachsester um den Faktor 8, wenn die Temperatur von 20 auf 80 °C angehoben wird. Entsprechend bietet die Extraktion bei hohen Drücken und Temperaturen die interessante Möglichkeit einer effektiven und kostengünstigen Abscheidung allein durch isobare Temperaturerniedrigung.

Löst sich eine bestimmte Menge einer kondensierten Phase, beispielsweise von Sojaöl, in einem verdichteten Gas wie CO_2 auf, so kann dieser Vorgang als „Verdampfung“ angesehen werden, da das Substrat ein Teil der Gasphase wird. Vergleicht man diese fast ausschließlich auf intermolekularen Wechselwirkungen beruhende reale Löslichkeit mit der idealen Löslichkeit, die allein aufgrund des Dampfdrucks der kondensierten Phase ohne die Mitwirkung von Solvatationseffekten erreicht würde, treten beachtliche Abweichungen auf. Das Verhältnis der realen, viel höheren Löslichkeit zu dieser für ideale Verhältnisse berechneten Löslichkeit wird als Enhancement-Faktor (E) bezeichnet [74]. Der Enhancement-Faktor ist also ein Maß für die scheinbare Dampfdruckerhöhung einer schwer löslichen Substanz aufgrund von Wechselwirkungen mit dem verdichteten Gas. Abbildung 42 zeigt die Enhancement-Faktoren von Sojaöl als Funktion der Gasdichte. Die idealen Löslichkeitswerte wurden dabei mit Hilfe des Partialdruckgesetzes unter der Annahme berechnet, daß Sojaöl eine mittlere Molmasse von 900 g/Mol besitzt und die Temperaturabhängigkeit seines Dampfdruckes mit der Gleichung $\lg p = -8700/T + 14$ richtig beschrieben wird [75].

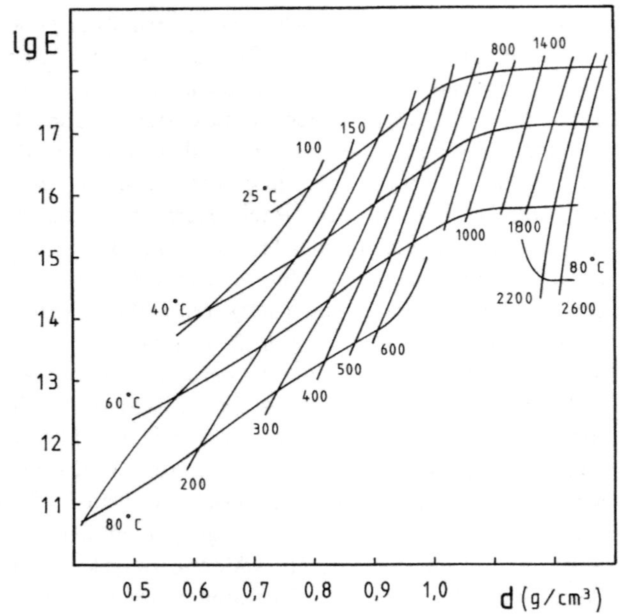

Abb. 42. Enhancement-Faktoren von Sojaöl in verdichtetem Kohlendioxid als Funktion der Gasdichte, Druckbezeichnung in bar [19]

Wie sich zeigt, besitzt Sojaöl besonders hohe Enhancement-Faktoren. Der Ölgehalt im verdichteten CO_2 kann bis zu 18 Zehnerpotenzen höher liegen als aufgrund des Dampfdrucks zu erwarten wäre. Die größten Werte des Enhancement-Faktors werden bei hohen Drücken und tiefen Temperaturen erreicht. Der Isobarenanstieg mit sinkender Temperatur ist bei hohem Druck am stärksten ausgeprägt. Der Verlauf der Isothermen ist zunächst durch einen nahezu parallelen Anstieg mit der Gasdichte gekennzeichnet. Beim Erreichen eines Dichtewertes, der demjenigen der Löslichkeitsmaxima entspricht, gehen die Isothermen in einen horizontalen Verlauf über, d. h. der Enhancement-Faktor behält bei weiterer Zunahme von Druck oder Dichte den erreichten Wert unverändert bei.

Der Isothermenverlauf ist dadurch zu erklären, daß die berechnete relative Substanzmenge in der Gasphase mit steigendem Druck ständig abnimmt, während real aufgrund von Wechselwirkungen zunächst ein Löslichkeitsanstieg beobachtet wird. Nach Überschreiten der Löslichkeitsmaxima stimmt der beobachtete Löslichkeitsrückgang etwa mit der berechneten Substanzmenge in der Gasphase überein. Der Enhancement-Faktor bleibt dann unverändert, das Solvatationsvermögen des verdichteten Gases hat einen Sättigungswert erreicht, der nicht weiter überschritten werden kann.

Enhancement-Faktoren wurden auch im System Ölsäure-Ethylen bestimmt, wobei im Bereich um 100 bar bei 20 °C Werte von 10^{10} erreicht werden [76]. Eine Untersuchung über die relative Konzentrationserhöhung der Ölsäure in verschiedenen Gasen bei gleichem Druck ergab ansteigende Werte in der Reihenfolge Kohlendioxid < Ethylen, Chlortrifluormethan < Bromtrifluormethan < Propan [77].

Daten zu Enhancementfaktoren sind auch für andere Systeme, beispielsweise für Coffein/CO_2 und Anthracen/CO_2 beschrieben [78].

Bei der Übertragung der beschriebenen Löslichkeitsdaten auf die Extraktion von Ölsaaten ist zu bedenken, daß die analytischen Messungen in kleinem Versuchsmaßstab unter gut kontrollierten Bedingungen sowie unter Verwendung eines Trägermaterials durchgeführt wurden, auf dessen Oberfläche das fette Öl als dünner Film vorlag. Die Bedingungen in der Extraktionspraxis weichen hiervon beträchtlich ab.

Bei der Extraktion aus dem Naturstoff spielen Diffusionseffekte, d. h. der Öltransport innerhalb der Saatpartikel eine Rolle. Im Zusammenhang mit den anzutreffenden hohen relativen Strömungsgewindigkeiten von teilweise über 20 kg CO_2 pro Stunde und kg Saat verhindert neben der Diffusion auch der eingeschränkte Massenübergang der Lipidmoleküle in die verdichtete Gasphase die vollständige Nutzung der Lösungskapazität. Systematische Untersuchungen zur Solvatationskinetik fetter Öle liegen bislang nicht vor, während zum Einfluß der Partikelgröße und -form auf die Ölausbeute und Extraktionsgeschwindigkeit bereits Erfahrungen vorliegen, die vergleichbar mit denen der klassischen Ölextraktion sind [17, 71, 79]. Die besten Ergebnisse werden demnach mit Ölsaaten erreicht, die zu dünnen Plättchen von 0,2 mm Wandstärke ausgewalzt sind. Ein gepulvertes Material mit 0,2 mm Korngröße schneidet im Vergleich etwas schlechter ab, während bei größeren Teilchen die Effizienz der Extraktion deutlich geringer ist und aus intakten Saatpartikeln, selbst wenn diese sehr klein sind, kein Öl extrahiert werden kann.

Der natürliche Feuchtigkeitsgehalt der Ölsaaten von ca. 10% beeinflußt kaum die Löslichkeit eines fetten Öls in verdichtetem Kohlendioxid. Er spielt jedoch insofern eine Rolle, als durch Quelleffekte die Permeabilität der Zellmembranen erhöht und so die Verfügbarkeit des fetten Öls verbessert wird.

Überschreitet der Extraktionsgrad der vorgelegten Ölsaat einen bestimmten Wert, der von der gewählten Kontaktzeit, der Partikelgröße und Autoklavengeometrie abhängt, sinkt die Beladung des Lösungsmittels kontinuierlich ab. Ein gleichmäßig guter Wirkungsgrad der Extraktion ergibt sich nur dann, wenn das Lösungsmittel im Gegenstrom geführt wird, was bei dem Hochdruckverfahren durch die Verwendung mehrerer Extraktionsbehälter realisiert werden kann (Kap. III.2.).

Die angesprochenen Effekte können dazu führen, daß bei der Extraktion von Ölsaaten die im verdichteten Gas maximal erreichbaren Extraktkonzentrationen bis zu 40% tiefer als die Löslichkeitswerte liegen, wobei jedoch die Druck- und Temperaturabhängigkeit der Gasbeladung erhalten bleibt. Die vorhandenen Löslichkeitsdaten sind also brauchbare Anhaltspunkte für die Beurteilung und Auslegung von Verfahren sowohl zur Direktextraktion von Triglyceriden und Wachsestern aus den natürlichen Rohstoffen als auch zur Raffination entsprechender Rohöle.

Eine Übertragung der für Sojaöl erhaltenen Ergebnisse ist jedoch nur auf vergleichbare Öle innerhalb der umfangreichen Ölsäure-Linolsäure-Gruppe (Oliven-, Erdnuß-, Sesam-, Maiskeim-, Sonnenblumen-, Lupinen-, Baumwollöl) möglich. Treten größere Unterschiede in der Molmasse und/oder Polarität der Triglyceridmoleküle auf, können beträchtliche Löslichkeitsunterschiede bei ein und denselben Zustandsbedingungen auftreten.

Tabelle 9 zeigt beispielsweise die bei der Extraktion von Ölsaaten maximal

Tabelle 9. Maximal erreichte Gasbeladung bei der Extraktion verschiedener Ölsaaten mit CO_2

extrahiertes Öl	Fettsäuregruppe	Gasbeladung bei 600 bar/40 °C	Lit.
Kokosfett (Kopra)	Laurin-, Myristins. (C_{12}, C_{14})	3,2 Gew.-%	[80]
Palmöl	Palmitinsäure (C_{16})	—	
Sojaöl	Öl-, Linols. ($C_{18:1}$, $C_{18:2}$)	2,0 Gew.-%	[17]
Kakaobutter	Stearinsäure (C_{18})	—	
Rapsöl (Rüböl)	Erucasäure ($C_{22:1}$)	—	
Ricinusöl	Ricinolsäure ($C_{18:1\,(OH)}$)	0,3 Gew.-%	[81]

erreichten Löslichkeitswerte verschiedener Triglyceride in Kohlendioxid von 600 bar und 40 °C. Der Einfluß der Molmasse wird beim Vergleich von Kopra- und Sojaöl deutlich. Den C_{18}-Fettsäuren des Sojaöls stehen im Kokosfett beispielsweise C_{12}-, in geringerem Ausmaß C_{14}-, aber auch C_8- und C_{10}-Fettsäuren gegenüber. Folglich sind beim Sojaöl vorwiegend C_{54}, beim Kopraöl dagegen C_{36}-Triglyceride aufzulösen. Unter Bedingungen, wo beide Öle in flüssiger Form vorliegen, weisen die kleineren Moleküle dann erwartungsgemäß deutlich höhere Löslichkeitswerte auf. Geringer sind die Unterschiede innerhalb einer Fettsäuregruppe, wie die von Eggers et al. [71] unter der Annahme kleinerer Unterschiede in der mittleren Molmasse berechneten Löslichkeitswerte zeigen. Einen wesentlich stärkeren Effekt als der Einbau von CH_2-Gruppen zeigt die Aufnahme einer Hydroxylgruppe in die Kohlenwasserstoffkette der Fettsäuren. Die hierdurch bewirkte drastische Löslichkeitsverminderung in verdichtetem CO_2 überrascht nicht, wenn man das abweichende Verhalten von Ricinusöl in klassischen Lösungsmitteln, wie verminderte Löslichkeit in Hexan, jedoch erhöhte Löslichkeit in Ethanol, kennt.

Ein interessanter Aspekt bei der Diskussion der Löslichkeitswerte ist der Vergleich von verdichtetem CO_2 mit den als Hexanersatz zur Gewinnung fetter Öle vorgeschlagenen alkoholischen Lösungsmitteln. Abbildung 43 zeigt die Löslichkeit eines Öls der Ölsäure-Linolsäuregruppe in absolutem 2-Propanol, in Ethanol, in den jeweiligen Alkohol-Wasser-Azeotropen sowie in verdichtetem Kohlendioxid von 600, 800 und 1000 bar. Die Löslichkeit des Öls ist in Gewichtsprozent bezogen auf das jeweilige Lösungsmittel angegeben und als Funktion der Temperatur aufgetragen.

Wie man sieht, steigt die Löslichkeit in allen Fällen mit zunehmender Temperatur an. Die genannten Alkohole stellen bei diesem Vergleich im absoluten Zustand zwar die weitaus besten Lösungsmittel für fette Öle dar, sie sind jedoch wegen der Notwendigkeit einer aufwendigen Vortrocknung des Saatguts und der Schwierigkeit, die völlige Wasserfreiheit des Lösungsmittels aufrechtzuerhalten, für praktische Extraktionszwecke nicht von Interesse. Durch die Wasseraufnahme bis zum azeotropen Punkt, 4,4% beim Ethanol und 12% beim 2-Propanol, sinkt die

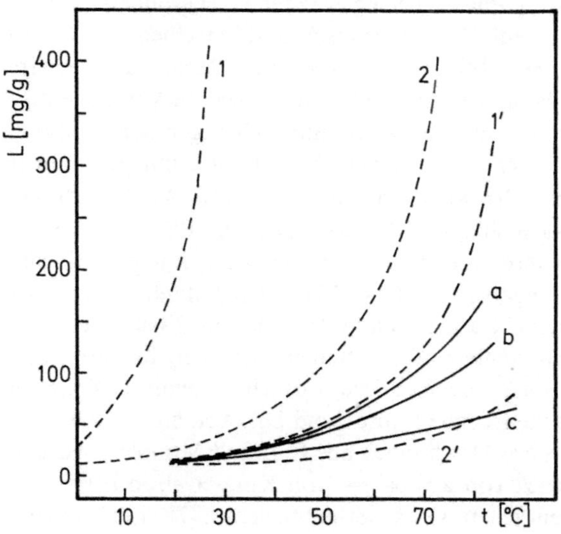

Abb. 43. Löslichkeit von Sojaöl in verschiedenen Lösungsmitteln als Funktion der Temperatur. *a* CO_2 — 1000 bar, *b* CO_2 — 800 bar, *c* CO_2 — 600 bar [19] *1* 2-Propanol, *2* Ethanol, *1'* 2-Propanol-Wasser-Azeotrop, *2'* Ethanol-Wasser-Azeotrop [82, 83, 84]

Fettlöslichkeit erheblich. Der zur wirtschaftlichen Extraktion geforderte Mindestwert von 10% Öl in der Miscella wird zwar bei dem 2-Propanol-Wasser-Azeotrop noch deutlich unterhalb des Siedepunkts (80,4 °C) erreicht, dafür ist jedoch die Qualität des erhaltenen Rohextrakts deutlich vermindert. Der hohe Wassergehalt steigert die Polarität des Lösungsmittels und verursacht daher eine vermehrte Mitextraktion von Nichtlipiden. Beim Ethanol-Wasser-Azeotrop wird selbst am Siedepunkt (78,5 °C) gerade erst die Hälfte der geforderten Löslichkeit erreicht, und ein angemessener Wert macht das Arbeiten unter Druck bei erhöhter Temperatur erforderlich. Darüberhinaus ist die vollständige Abtrennung und Rückgewinnung der Alkohole aus Öl und Schrot aufwendig und schwierig.

Verdichtetes Kohlendioxid verhält sich in bezug auf das Lösungsvermögen für fettes Öl bei 600 bar ähnlich dem Ethanol-Wasser-Azeotrop, bei 1000 bar ähnlich dem 2-Propanol-Wasser-Azeotrop.

Bereits bei 800 bar können in CO_2 Löslichkeitswerte von 25 Gew.-% realisiert werden, wenn man die Extraktionstemperatur nur auf 100 °C erhöht. Dies hat unter den Bedingungen der Hochdruckextraktion (Sauerstoffausschluß) keine nachteiligen Effekte auf die Ölqualität zur Folge. Die starke Temperaturabhängigkeit des Lösungsvermögens bietet dabei den Vorteil, daß allein durch Abkühlen der Miscella bereits eine weitgehende Trennung der Phasen in Öl und Lösungsmittel zu erreichen ist.

Untersuchungen zum Löslichkeitsverhalten der Triglyceride in CO_2 wurden auch von Friedrich durchgeführt [85], wobei das Pflanzenöl nicht auf einem inerten Träger vorgelegt, sondern direkt aus dem pflanzlichen Rohstoff (Soja-, Baumwollsamen) extrahiert wurde. Die zwischen 40 und 80 °C im Druckbereich bis 1000 bar gefundenen Werte weisen zwar keine Löslichkeitsmaxima auf, sie zeigen jedoch in Übereinstimmung mit den diskutierten Ergebnissen sehr deutlich, daß die gleichzeitige Anwendung hoher Drücke (über 550 bar) und hoher Temperaturen (über 60 °C) eine starke Löslichkeitszunahme des Öls in CO_2, weit über 3 Gew.-% hinaus, bewirkt, die von praktischer Bedeutung sein kann.

Umfangreiche Untersuchungen zu Phasengleichgewichten, insbesondere der binären Systeme aus Ölsäure bzw. einem Glyceridgemisch und verschiedenen Gasen sind von Brunner veröffentlicht [86]. Mituntersucht wurden dabei auch ternäre Systeme unter Hinzunahme eines klassischen Lösungsmittels sowie vierkomponentige Systeme aus zwei schwerflüchtigen Substanzen, einem mittelflüchtigen Schleppmittel und einem verdichteten Gas. Die Versuche wurden überwiegend mit Hilfe einer analytisch-statischen Methode im Druckbereich unterhalb von 400 bar durchgeführt, wobei Meßdaten zur Gaslöslichkeit in der kondensierten Phase, aber auch zur Löslichkeit der Substanzen im verdichteten Gas erhalten wurden und mathematisch korreliert werden konnten. Angaben zur Löslichkeit von Palmöl in verschiedenen Gasen, zur Löslichkeit dieser Gase in Palmöl sowie zur Löslichkeit von Palmöl in CO_2 mit Ethanol als Schleppmittel finden sich bei Brunner und Peter [73]. Die Autoren beschreiben ebenfalls die Löslichkeit von Ölsäure in verdichtetem Ethylen bei verschiedenen Temperaturen und Drücken bis 350 bar.

Das System Ölsäure/CO_2 und binäre Mischungen aus CO_2 und Monolein wurden — allerdings nur bis zu einem Druck von 200 bar — von King et al. insbesondere auf der für die Extraktion wesentlichen Gasseite untersucht [87]. Löslichkeitsuntersuchungen einiger gängiger Reinsubstanzen aus den Klassen der Fettsäuren, Triglyceride und Wachsester, die ebenfalls nur Drücke bis 250 bar berücksichtigen, sind von Chrastil beschrieben [88]. De Filippi gibt Werte für die Löslichkeit eines Pflanzenöls bei 20 °C in verflüssigtem sowie bei 55 °C in überkritischem CO_2 im Druckbereich bis 500 bar an [60].

Czubryt et al. haben mit Hilfe einer analytisch-dynamischen Methode bereits zu einem frühen Zeitpunkt Untersuchungen über die Löslichkeit u. a. von Stearinsäure und 1-Octadecanol bei 40 °C und hohen Drücken von 300—1900 bar durchgeführt [89]. Dabei wurden für beide Substanzen Löslichkeitsmaxima bei etwa 400 bar festgestellt. Da die gelösten Substanzen nur indirekt nach Durchlaufen einer Pyrolyseeinheit mit einem Flammenionisationsdetektor bestimmt wurden, ist ein Rückschluß auf absolute Löslichkeitswerte problematisch. Die erhaltenen Daten wurden nach der regulären Lösungstheorie mit Hilfe von Löslichkeitsparametern korreliert.

Eine Fülle weiterer Informationen mehr qualitativer Art über die Extrahierbarkeit von fetten Ölen und Wachsen können aus zahlreichen Veröffentlichungen über die Fraktionierung und präparative Gewinnung entsprechender Produkte aus Naturstoffen erhalten werden.

IV.2.b Extraktion von Ölsaaten

Ein wesentlicher Vorteil des Hochdruckverfahrens bei der Gewinnung fetter Öle und Wachse aus natürlichen Trägermaterialien liegt in der hohen Extraktqualität. Dies gilt insbesondere für die Extraktion mit verdichtetem Kohlendioxid, das interessanterweise eine homologe Verbindung zu Kohlendisulfid ist, dem ältesten zur Extraktion von Ölsaaten verwendeten Lösungsmittel. Klassisch gewonnene Öle werden erst dadurch für den menschlichen Verkehr geeignet, daß die unerwünschten Phospholipide, Schleimstoffe, freien Fettsäuren, Geruchs- und Geschmacksstoffe, Wachse, Farbstoffe, Autoxidationsprodukte und Kontaminanten (Pestizide) abgetrennt werden. Der Raffinationsaufwand zur Herstellung eines verkehrsfähigen

Tabelle 10. Raffinationsverfahren

Konventionelle chemische Speiseölraffination		Speiseölraffination mit verdichtetem Kohlendioxid	
	Rohöl	Entlecithinierung Entschleimung Entsäuerung Desodorierung	Extraktion von konventionell gewonnenem Rohöl oder bevorzugt Direktextraktion der Ölsaat mit fraktionierter Abscheidung
Entlecithinierung	+2% Wasser, 80 °C Lecithin quillt auf		
	Abtrennung in hochtourigen Separatoren		
			Trocknen und Stabilisieren
Entschleimung	+0,1% Phosphorsäure, Proteine und Kohlenhydrate flocken aus	eventuell Bleichung	eventuell Nachbehandlung mit Bleicherde
	Abfiltrieren oder Zentrifugieren		Filtrieren
Entsäuerung	Neutralisation der Fettsäuren mit Natronlauge (Verluste durch Hydrolyse)		raffiniertes Öl
	Abtrennung des „Seifenstocks“, Waschen mit Wasser, Zentrifugieren (Verluste durch Emulsionsbildung)		
	Stabilisieren und Trocknen im Vakuum, 100 °C		
Bleichung	Behandlung mit aktivierten Aluminiumsilikaten, Vakuum		
	Abfiltrieren des Adsorptionsmittels (Bleicherde)		
Dämpfung Desodorierung	Wasserdampfdestillation im Vakuum, 5 mbar, 250 °C		
	raffiniertes Öl		

Endproduktes kann im Vergleich hierzu bei hochdruckextrahierten Ölen wesentlich vermindert werden (Tabelle 10). Verdichtetes Kohlendioxid ist aufgrund seiner über die Zustandsparameter Druck und Temperatur steuerbaren Selektivität sogar zur Raffination klassisch hergestellter Rohöle geeignet.

Während solche Raffinations- und Fraktionierungsverfahren unter hohem Druck in der Regel kontinuierlich durchführbar sind, trifft dies für die Direktextraktion von Ölen aus den pflanzlichen Rohstoffen zur Zeit noch nicht zu. Da fette Öle aus Sojabohnen, Rapssamen, Sonnenblumenkernen usw. jedoch Massenprodukte darstellen, die auf herkömmlichem Wege in kontinuierlichen Verfahren mit mehr als 1000 t Tagesdurchsatz hergestellt werden, können die Vorteile der Hochdruckmethode auf diesem Sektor erst dann voll genutzt werden, wenn es gelingt, feste Rohstoffe kontinuierlich in den Extraktionsbehälter ein- und auszutragen.
Abgesehen von diesem allgemeinen verfahrenstechnischen Problem, an dessen Lösung bereits gearbeitet wird, sollen im folgenden die Erfahrungen und Möglichkeiten der Hochdruckmethode auf dem Lipidsektor bei der Extraktion verschiedene Rohstoffe und der Lösung spezieller Fraktionierungsprobleme betrachtet werden.

Nachdem in der Patentliteratur um 1950 bereits die Extraktion fetter Öle mit Kohlendioxid und anderen verdichteten Gasen vorgeschlagen wurde [90, 91, 92], ist diese Idee erst später in weiteren Patenten von Zosel [93] sowie Vitzthum und Hubert [11], welche die Extraktion von Kopra, Sonnenblumenkernen, Sojabohnen und Erdnußkernen mit überkritischem CO_2 bei 280–350 bar beschreiben, wieder aufgegriffen worden. Umfangreiche und detailliertere Untersuchungen zu diesem Thema wurden jedoch erst in den letzten Jahren von zahlreichen Arbeitsgruppen (Stahl, Friedrich, Peter, Eggers, Marr u. a.) durchgeführt. Den Untersuchungen nach kann übereinstimmend folgende allgemeine Charakterisierung eines hochdruckextrahierten fetten Öls gegeben werden: Die Ölausbeute ist geringfügig tiefer als bei der Hexanextraktion. Dies hat seine Ursache darin, daß u. a. die Phospholipide und Glycolipide nicht oder nur in Spuren extrahiert werden. CO_2-extrahierte Öle sind daher bereits entlecithiniert und unterschreiten den Phosphorgehalt herkömmlicher Rohöle um mehr als das Zehnfache. Entsprechend tiefer liegt ihr Raffinationsverlust. Die Fettsäurezusammensetzung stimmt mit der hexanextrahierter Öle überein. Bei der Extraktion im Batch-Verfahren werden die freien Fettsäuren, aber auch manche Geruchsstoffe, bevorzugt zu Beginn, Pigmente, andere unverseifbare Bestandteile und phosphorhaltige Komponenten bevorzugt am Ende gelöst. In geringem Umfang findet demnach eine zeitliche Fraktionierung statt, wobei erwartungsgemäß Substanzen mit einer geringen Flüchtigkeit und höheren Molmasse und/oder Polarität verstärkt am Extraktionsende auftreten. Insgesamt liegt der Gehalt an freien Fettsäuren und unverseifbaren Bestandteilen sowie die Peroxidzahl auf gleichem Niveau wie beim Hexanextrakt, während der Tocopherolgehalt auch höher sein kann. Der Schwermetallgehalt, insbesondere der von Eisen ist, durch die Beschaffenheit der Anlagen bedingt, in hochdruckextrahierten Ölen deutlich tiefer. Die Farbe ist im allgemeinen heller als die hexanextrahierter Öle. Dies gilt insbesondere für die mit flüssigem CO_2 gewonnenen Extrakte.

Der Geruch ist meist milder und der Geschmack weniger kratzend als bei klassisch hergestellten Rohölen. Nach der Raffination resultiert in beiden Fällen eine vergleichbar gute Geschmacksqualität, die auch nach längerem Lagern keine

Unterschiede aufweist. Abweichungen von dieser allgemeinen Charakterisierung sind in dem ein oder anderen Punkt bei speziellen Ausgangsmaterialien möglich.

Stahl, Schütz und Mangold waren mit die ersten Autoren, welche die Extraktion von Ölsaaten mit verdichtetem Kohlendioxid genauer untersuchten und die Einflußfaktoren Druck, Temperatur, Gasströmung und Partikelgröße der zerkleinerten Saat auf die Extraktion des Öls aus Sojabohnen, Sonnenblumenkernen und Rapssamen quantitativ beschrieben [17]. Durch fraktionierte Abscheidung konnten Ölproben mit deutlichen Unterschieden in Farbe, Geruch und Geschmack erhalten werden.

Auch Friedrich, List und Heakin haben die Extraktion von Sojabohnen mit überkritischem CO_2 unter verschiedenen Bedingungen eingehend untersucht und dabei den Hochdruck- im Vergleich zum Hexanextrakt übereinstimmend mit der bereits gegebenen Beschreibung charakterisiert [94]. Auch wurde der zeitliche Extraktionsverlauf von Begleitsubstanzen, wie freien Fettsäuren, unverseifbaren Bestandteilen und phosphorhaltigen Komponenten, erfaßt. Tabelle 11 zeigt zum Vergleich die Kennzahlen eines CO_2- und eines hexanextrahierten Rohöls aus Sojabohnen.

Tabelle 11. Vergleich von Hexan- und CO_2-extrahiertem Rohöl aus Sojabohnen [94]

	Ausbeute %	Restöl %	Freie Fettsäuren %	Peroxidzahl m equiv/kg	unverseifbarer Anteil %	Eisengehalt in ppm	Phosphorgehalt in ppm
Hexan	19,0	0,7	0,6	<0,1	0,6	1,45	505
CO_2	18,3	2,1	0,3	<0,1	0,7	0,3	45

Zur gleichen Gruppe wie Sojaöl gehört auch Maiskeimöl (US-Jahresproduktion 1982: 400000 t [95]). Während im Maiskorn der Ölanteil nur 4% beträgt und daher nicht rentabel extrahiert werden kann, sind in den abgetrennten Keimlingen 40–50% fettes Öl enthalten. Neben dem Öl ist auch der entfettete Mehlrückstand ein wertvoller Bestandteil für die menschliche Ernährung. Die CO_2-Extraktion führt dabei zu einem qualitativ höherwertigen Keimmehl als die konventionelle Hexanextraktion [96]. Als Grund hierfür wird die weitergehende Abtrennung des in den Keimen enthaltenen Öls (Restgehalt nur noch 1% statt 2%) und die bessere Entfernung der gebundenen Lipide und bitteren Inhaltsstoffe (Restgehalt 2% statt 8%) bei der Hochdruckextraktion angegeben. Gleichzeitig wurde eine verminderte Oxidationsempfindlichkeit des CO_2-extrahierten Keimmehls und eine Desaktivierung der Peroxidasen um den Faktor 7 gefunden. Eine Denaturierung dieser wie angegeben sehr hitzebeständigen Proteine erscheint jedoch unwahrscheinlich, da die Untersuchung hochdruckextrahierter Saatrückstände bisher keine Hinweise auf merkliche Proteinveränderungen ergeben hat. In jedem Fall wurde eine hervorragende Geschmacksneutralität (nur halb so bitter) und eine sehr gute Langzeitstabilität des CO_2-extrahierten Mehls gefunden, das wegen des 20proz. Proteinanteils mit ausgewogener Aminosäurezusammensetzung ein ernährungsphysiologisch hochwertiger Lebensmittelzusatz ist.

Umgekehrt wies das CO_2-extrahierte Keimöl, dessen Löslichkeit mit der von Sojaöl gut übereinstimmt (1,2 Gew.-% bei 345 bar, 2.7 Gew.-% bei 550 bar und jeweils 50 °C, eigene Untersuchungen gaben Werte von 1 Gew.-% bei 350 bar/40 °C und 1,8 Gew.-% bei 450 bar/60 °C [97]), zwar die genannten Vorteile, wie hellere Farbe, geringerer Raffinationsverlust und sogar einen geringeren Anteil freier Fettsäuren als ein gepreßtes Keimöl auf, aber es war deutlich oxidationsempfindlicher. Der Anteil an Tocopherol und unverseifbaren Bestandteilen war in beiden Ölen gleich groß. Dies legt die Vermutung nahe, daß andere in den Keimen nativ enthaltene Antioxidantien (u. a. auch die Phospholipide) in CO_2 unlöslich und daher nicht im hochdruckextrahierten Öl enthalten sind, sondern im Mehl zurückbleiben und dessen Stabilität erhöhen. Eine ausführliche Charakterisierung des CO_2-extrahierten Keimöls im Vergleich zu gepreßten und aus vorgepreßtem Material hexanextrahierten Ölen sowie die Aufarbeitung dieser Rohöle durch klassische Laugenraffination, Bleichung und Desodorierung ist von den gleichen Autoren an anderer Stelle beschrieben [98].

Das fette Öl von Baumwollsamen zählt zu den wichtigsten Vertretern seiner Klasse. Für das Jahr 1985 wird weltweit (vornehmlich in China, Indien, Pakistan, der UdSSR und den USA) eine Produktionsmenge von 4,2 Millionen Tonnen Öl erwartet [99]. Die unmittelbare Verwendung von Öl und Proteinrückstand wird jedoch durch die Anwesenheit von 0,4–1,7% gelb gefärbtem Gossypol erschwert, einem phenolischen dimeren Sesquiterpenderivat, das in hoher Dosierung toxisch wirkt. Zur Entgiftung des Öls sind Adsorptions- und Sedimentationsverfahren sowie die Behandlung mit Alkalien gebräuchlich; zudem erhitzt man die feuchte Saat vor der Extraktion unter Druck auf 100 °C, wodurch ein Teil des Gossypols an Proteine gebunden wird [100].

Hexanextrahiertes Baumwollöl ist trübe und wegen des Gehaltes an Gossypol und anderen Pigmenten extrem dunkel gefärbt. Es erfordert daher eine besonders aufwendige Raffination. CO_2-extrahierte Öle sind dagegen wesentlich heller in der Farbe und zeichnen sich durch einen geringeren Gossypolgehalt aus. List, Friedrich und Pominski geben einen Gehalt von 0,02% an, unabhängig von den Extraktionsbedingungen sowohl bei 550 als auch bei 1000 bar und einer Temperatur von 50 oder 80 °C, während in klassischen Rohölen, selbst bei wärmebehandeltem Saatgut der Gossypolgehalt immer noch 0,2% beträgt [101]. Auch Leiner konnte bei der CO_2-Extraktion keinen wesentlichen Druckeinfluß auf den Gossypolgehalt des Baumwollöls feststellen [81]. Beim Arbeiten mit unbehandeltem Saatgut fand er bei Extraktionstemperaturen über 60 °C zwar einen verminderten Gossypol-, jedoch einen erhöhten Pigmentanteil. Ein Feuchtigkeitsgehalt der Saat von weniger als 15% hatte keinen Effekt auf das Extraktionsergebnis, bei höheren Werten wurde eine vermehrte Mitextraktion von Gossypol beobachtet.

Nach List et al. benötigen die CO_2-extrahierten Rohöle weniger Lauge zu ihrer Aufarbeitung und verursachen einen geringeren Raffinationsverlust. Außerdem war der Anteil an Pigmentvorstufen, der bei der Raffination und Bleichung nicht entfernt werden kann und bei längerem Stehen ein Nachfärben des Öls bewirkt, in hochdruckextrahierten Ölen wesentlich geringer.

Leiner untersuchte verschiedene Möglichkeiten, eine weiter verbesserte Ölqualität unmittelbar bei der Hochdruckextraktion zu erreichen. Bei mehrstufiger Entmischung des Öls fallen Gossypol und andere Pigmente als die schwerer löslichen Bestandteile stets im ersten Abscheider aus, so daß der Gossypolgehalt der Hauptfraktion des Öls unter günstigen Bedingungen bis auf 100 ppm gesenkt werden konnte. Im letzten Abscheider war eine Anreicherung an freien Fettsäuren und Steroiden zu beobachten, während eine Fraktionierung der Triglyceride nicht festzustellen war. Zur Abtrennung der Begleitkomponenten war die Erniedrigung des Drucks effektiver als eine Löslichkeitsverminderung durch Temperaturveränderung. Eine Depigmentierung und Entfernung des Gossypols konnte auch durch Gegenstromextraktion des Rohöls in einer Hochdruckkolonne erhalten werden. Ebenso konnte durch Auswaschen der ölbeladenen Gasphase im Gegenstrom mit einer 1proz. Natronlauge der Gossypolgehalt des Öls beispielsweise von 2600 ppm auf 10 ppm erniedrigt werden. Schließlich wurde mit Erfolg versucht, eine Raffination des Baumwollsamenöls dadurch zu erreichen, daß der extraktbeladene Gasstrom durch einen mit einem Adsorbens gefüllten Druckbehälter geleitet wurde. Die beste Affinität zu Gossypol und anderen Pigmenten zeigten basische Adsorbentien, wie Polyamid und Aluminiumoxid, mit deren Hilfe ein helles, praktisch gossypolfreies Öl erhalten werden konnte. Gleichzeitig wurde ein Teil der freien Fettsäuren und Steroide zurückgehalten, während die Triglyceride diesen Filter unbeeinflußt passieren konnten. Der Adsorbensanteil war relativ hoch, konnte jedoch regeneriert werden. Als die günstigste Lösung wird eine kombinierte Arbeitsweise mit Vorwaschen durch Lauge und anschließender Adsorption an Aluminiumoxid angegeben, bei der alle Verfahrensschritte on-line ablaufen können.

Die Lupine gewinnt in Europa, Afrika, Südamerika und Australien als Ölsaat eine immer größere Bedeutung. Ihre Samen liefern ein wertvolles Pflanzenöl und enthalten hochwertiges Protein. Beide Bestandteile sind hinsichtlich ihrer Zusammensetzung mit denjenigen aus Sojabohnen vergleichbar [102]. Die Nutzbarmachung von Öl und Protein für die menschliche Ernährung wird jedoch durch bis zu 4% im Samen enthaltene bitter schmeckende und giftige Chinolizidinalkaloide, hauptsächlich Lupanin und Hydroxylupanine, sowie Spartein und Tetrahydrorhombifolin, eingeschränkt.

Stahl, Quirin und Mangold beschreiben die Extraktion eines schwach gelbgrünen, nahezu phospholipidfreien Öls aus Lupinensamen mit überkritischem Kohlendioxid bei verschiedenen Drücken bis 300 bar [103]. Der in Abb. 44 gezeigte Extraktionsverlauf ist charakteristisch für das Verhalten von Ölsaaten. Zunächst zeigt die Ausbeutekurve einen linearen Anstieg, welcher der schon gleich zu Beginn erreichten maximalen Gasbeladung von 0,6 Gew.-% bei 300 bar und 40 °C entspricht. Sind ca. 80% des enthaltenen Öls abgetrennt, sinkt die Extraktionsrate, und die Ausbeute nähert sich asymptotisch einem Endwert, der nahezu dem Hexanextrakt von 15,8% entspricht. Zur Extraktion der Hälfte des Öls sind 12, zur erschöpfenden Extraktion 36 g CO_2 pro g Saatgut erforderlich. Der Effektivitätsverlust am Extraktionsende verdeutlicht den Vorteil, den eine Quasi-Gegenstromextraktion mit mehreren Extraktoren mit sich bringt.

Bei der Ölgewinnung mit CO_2 gelangen ebenso wie bei der Hexanextraktion ca. 10% der im Samen vorhandenen Alkaloide in die Ölfraktion, bevorzugt das lipophilere Tetrahydrorhombifolin, während das stark basische Lupanin eher im Schrot

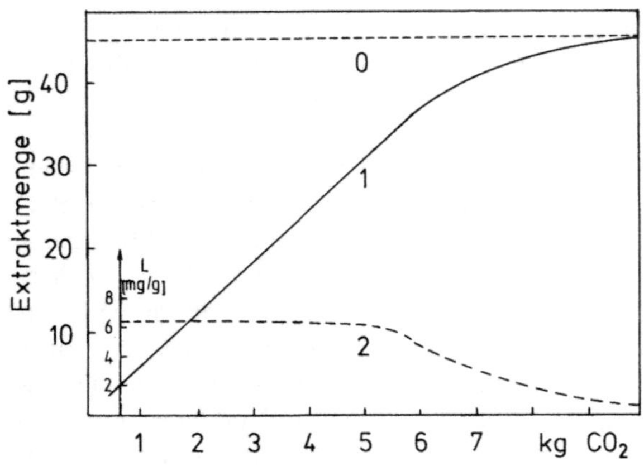

Abb. 44. Extraktion von 250 g Lupinensamen mit überkritischem Kohlendioxid bei 300 bar und 40 °C als Funktion des Lösungsmitteldurchsatzes [103]. *O*: Ölausbeute bei der Soxhlet-Extraktion mit Hexan (15,8%), *1*: Ausbeute bei der CO_2-Extraktion, *2*: Ölkonzentration in CO_2.

zurückbleibt. Die Entbitterung des Öls wird normalerweise durch Waschen mit verdünnter Mineralsäure erreicht. Die Alkaloide können jedoch auch unter den Bedingungen der CO_2-Extraktion in einer Kolonne, die dem Extraktor nachgeschaltet ist, mit Wasser im Gegenstrom ausgewaschen werden [81]. Der Alkaloidgehalt sinkt dabei unter die Nachweisgrenze von 25 ppm, der bittere Geschmack verschwindet vollständig, während bei dem nicht gewaschenen Öl ein Bitterwert (nach DAB) von 2000 vorzufinden ist.

Da die Entbitterung der Lupinensamen mit Säuren, Laugen oder alkoholischen Lösungen [104, 105] stets mit erheblichen Zucker- und Proteinverlusten verbunden ist, wurden auch Möglichkeiten zur Abtrennung der Gesamtalkaloide aus der Ölsaat mit Hilfe von verdichtetem Kohlendioxid untersucht [97]. Dabei konnte gezeigt werden, daß einerseits alle in den Lupinensamen enthaltenen freien Alkaloidbasen in verdichtetem CO_2 gut löslich sind, andererseits jedoch aus dem gepulverten Samenmaterial nur eine partielle Alkaloidextraktion möglich ist. Bei der Untersuchung verschiedener Einflußgrößen wurde festgestellt, daß ein erhöhter Feuchtigkeitsgehalt die Alkaloidextraktion nicht wie in anderen Fällen (Coffein aus grünen Kaffeebohnen [41] oder Nikotin aus Tabakblättern [40]) verbessert. Lediglich bei Temperaturerhöhung ergab sich eine geringfügig bessere Extraktionsrate, wobei jedoch in keinem Fall mehr als 15–20% der vorhandenen Alkaloide abgetrennt werden konnten. Nach Vorbehandlung der gepulverten Samen mit einem Überschuß einer wäßrigen Ammoniaklösung (7 m) wurden 30%, nach Behandeln mit starker Alkalilauge (1,3 m) wurden 50% der Alkaloide entfernt, wenn das Lupinenmehl vor der Extraktion wieder getrocknet wurde. Die daraus abzuleitende starke Fixierung der Alkaloide an saure Gruppen der Drogenmatrix wird beim Betrachten der Basenkonstanten [106, 107] verständlich, welche die Lupinenalkaloide im Gegensatz zu vielen anderen Alkaloiden als sehr starke Basen ausweisen, die nur durch Alkalilaugen in die freie Form überführt werden können. Ein Hindernis hierbei stellt allerdings die hohe Pufferkapazität der Saatproteine dar, die 40% des Samens ausmachen [108]. Da eine starke Alkalisierung die Verfügbarkeit und Qualität der Proteine vermindert, sind zur Entfernung der Gesamtalkaloide wie bisher polare wässrige Lösungsmittel als bessere Alternative zu empfehlen.

Die Gewinnung von Speiseöl aus Rapssaat wurde von Bunzenberger, Lack und Marr beschrieben, wobei der Arbeitsschwerpunkt im verflüssigten Zustandsbereich von Kohlendioxid liegt [109]. Die maximal erreichbare Gasbeladung, die durch Anlegen der Tangente an die Ausbeutekurve in der ersten Extraktionsphase erhalten wird, weist in dem untersuchten Druckbereich von 100–250 bar in Übereinstimmung mit den Löslichkeitsdaten für fette Öle, höhere Werte im verflüssigten als im überkritischen Kohlendioxid auf. Bei 250 bar sinkt beispielsweise die Gasbeladung mit steigenden Temperaturen von 20–30–40 °C in der Reihe 0,44–0,39–0,35 Gew.-%. Die Autoren stellen zu einem relativ frühen Zeitpunkt, bereits nach der Extraktion von nur 40% des vorhandenen Öls, ein Absinken der Gasbeladung fest. Dies mag an einer ungünstigen Autoklavengeometrie liegen oder — wahrscheinlicher — an einer mangelhaften Zerkleinerung der stark ölhaltigen Samen (angegeben werden Partikelgrößen von 1 mm und weniger), wodurch die Ölextraktion bereits frühzeitig durch Diffusionseffekte bestimmt wird.

Auch Eggers, Sievers und Stein setzen sich ausführlich mit der Ölextraktion aus Rapssamen auseinander [71, 110]. Zunächst beschreiben sie eine modifizierte Redlich-Kwong-Gleichung zur Berechnung des quasi-binären Phasengleichgewichts Öl—CO_2, gelangen aber zu dem Schluß, daß selbst bei angepaßten Löslichkeitsparametern hieraus nur ein eingeschränkter Nutzen für die praktische Auslegung des Extraktionsverfahrens gezogen werden kann. Eine Aussage zu der für die Verfahrenstechnik wesentlichen Stoffübergangskinetik konnte durch die Untersuchung des Extraktionsablaufs mechanisch verschiedenartig vorkonditionierter Samen erhalten werden. Eine wenig effiziente Ölextraktion ergaben Samen, die nur geschält und solche, die zusätzlich einem Cell-Cracking durch plötzliche Druckentspannung ausgesetzt waren. Wurden die Samen zu dünnen Plättchen mit 0,1–0,2 mm Schichtdicke flockiert, blieb die maximal erreichte Gasbeladung bis zur Extraktion von 80% des Öls erhalten. Hohe Extraktionsraten wurden auch aus Samen erhalten, deren Ölgehalt zunächst durch Kaltpressung mit einer Seiherschneckenpresse von 42 auf 22% gesenkt wurde, wenn der Preßkuchen vor der CO_2-Extraktion durch mechanische Zerkleinerung aufgelockert wurde. Bei allen Versuchen mit flockiertem Material blieben im Schrot weniger als 2% hexanlösliche Bestandteile zurück.

Bei der Ölextraktion wird ständig ein gewisser Wasseranteil mitextrahiert, der weitgehend unabhängig vom Druck ist und am Extraktionsende einen besonders hohen Anteil im Verhältnis zur erhaltenen Ölmenge ausmacht. Die Peroxidzahl des CO_2-extrahierten Rüböls war tiefer als beim Hexanextrakt, der Anteil freier Fettsäuren wies schwankende Werte auf und nahm stets zum Extraktionsende hin ab. Die Schrotqualität war sehr gut und nur durch eine geringe Abnahme der Proteinlöslichkeit gegenüber dem Ausgangsmaterial gekennzeichnet.

Die bei einem Massenstrom von 10 kg CO_2 pro Stunde und kg Saat erreichten Gasbeladungen lagen deutlich unter den berechneten Löslichkeitswerten. Bei 750 bar/40 °C war die Gasbeladung 2,4 statt 3%, bei 750 bar/80 °C 4,4 statt 8%. Eigenen Untersuchungen zufolge ergibt sich bei 600 bar/60 °C eine 2,8proz. Beladung von CO_2 mit Rüböl. Durch Beimischen von Propan konnte die Gasbeladung gegenüber reinem CO_2 deutlich erhöht und die zur erschöpfenden Extraktion benötigte Lösungsmittelmenge herabgesetzt werden. Ein unterhalb des Flammpunktes liegender Propangehalt von 9,5% ergab bei 350 bar bereits ein Lösungsvermögen, das reinem CO_2 von 750 bar bei derselben Temperatur entspricht.

Zur Abschätzung der Wirtschaftlichkeit wurde der Energieaufwand verschiedener CO_2-Prozeßkreisläufe (Verdichter-, Pumpenbetrieb, verschiedene Abscheidungsbedingungen) mit der konventionellen Hexanextraktion verglichen. Dabei schneidet die Hochdruckextraktion vergleichsweise ungünstig ab, wenn man den CO_2-Kreislauf ohne jede Wärmerückgewinnung betrachtet und die am Extraktionsende abfallende Gasbeladung in Rechnung stellt. Bleibt im Gegenstromverfahren die Sättigungslöslichkeit immer beibehalten, kann unter Bedingungen hoher Löslichkeit (750 bar/80 °C) der Energiebedarf der Hexanextraktion unterboten werden. Schließlich wird auch über Entwicklungen zur kontinuierlichen Hochdruckextraktion berichtet, wobei der Feststoff mit Hilfe von Schneckenpressen in den Druckbehälter eingebracht und nach erfolgter Gegenstromextraktion wieder ausgetragen wird.

Bully et al. beschreiben ebenfalls die Extraktion des fetten Öls aus glucosinolat- und erucasäurefreiem kanadischen Raps (Canolasamen [111]) mit überkritischem CO_2 bei 40 °C [112]. Sie benutzen dabei einen modifizierten Hochdruckflüssigkeitschromatographen, der mit einem 10 ml Extraktor ausgestattet wurde. Die Analyse der Extraktphase erfolgte mit Hilfe eines Flammenionisationsdetektors. Für 300 bar und 40 °C wird eine Gasbeladung von 0,54 Gew.-% angegeben, bei 350 bar stieg dieser Wert auf 0,87 bzw. nur auf 0,72 Gew.-%, wenn mit einem größeren CO_2-Durchfluß von 27 statt 6–10 g CO_2 pro Gramm Saat und Stunde gearbeitet wurde. Die Autoren untersuchen auch die Gasbeladung in Abhängigkeit vom Ölgehalt der Saat und geben Extraktionsgleichungen an, die mit Hilfe der Gleichgewichtsbeladung und des Massenübergangskoeffizienten den Extraktionsablauf zu beschreiben vermögen. Dies ist zur Auslegung eines kontinuierlichen Gegenstromextraktors bedeutsam.

Brannolte, Mangold und Stahl untersuchen im präparativen Maßstab die Extraktion des fetten Öls aus Kopra, dem getrockneten Fruchtfleisch der Kokospalme, das 63,5% Triglyceride enthält [80]. Sie zeigen dabei, daß zur vollständigen Abtrennung des vorhandenen Öls bei 900 bar und 60 °C nur 1/10 der Kohlendioxidmenge und daher nur 1/10 des Zeitaufwandes im Vergleich zu Bedingungen von 300 bar und 40 °C benötigt werden. Als Ergebnis ihrer Untersuchungen wird insbesondere zur Extraktion ölreicher Ausgangsmaterialien mit verdichtetem CO_2 ein Mindestdruck von 600 bar und eine Mindesttemperatur von 60 °C empfohlen.

Die Extraktion des fetten Öls aus Nachtkerzensamen (*Oenothera biennis*) wird von Leiner beschrieben [81]. Das hochwertige Nachtkerzenöl enthält essentielle Polyenfettsäuren, deren physiologische Wirksamkeit durch ω-6,9-Doppelbindungen (Linolsäure-Familie) bedingt ist, wobei die dreifach ungesättigte γ-Linolensäure $C_{18:3}$ (6c, 9c, 12c) von besonderem Interesse ist. Bei der CO_2-Extraktion wird ein hellgelbes, hochwertiges, praktisch phospholipidfreies Öl gewonnen. Es konnte keine Verschiebung von Doppelbindungen, keine Isomerisierung der *cis*-substituierten Fettsäuren zu trans-Verbindungen und keine Autoxidation der sauerstoffempfindlichen ungesättigten Moleküle beobachtet werden. Nach eigenen Untersuchungen wird bei 800 bar und 40 °C eine Gasbeladung von 2,7 Gew.-% erreicht. Zur Anreicherung insbesondere der wirksamen γ-Linolensäure wurden die Fettsäuren des Nachtkerzenöls in Ethylester umgewandelt und diese in einer Stoffaustauschkolonne im Gegenstrom mit CO_2 extrahiert. Obwohl das Estergemisch (ca. 70% Linol- und je ca. 10% Linolen-, Öl- und Palmitinsäure) sich in den physikalischen Eigenschaften der Einzelkomponenten nur minimal unterscheidet, wurde eine Fraktion mit nahezu doppeltem Palmitinsäureanteil gewonnen, während in der Gegenfraktion der Anteil ungesättigter Fettsäuren entsprechend erhöht war.

Die schnelle und einfache Methode der Mikroextraktion in Kopplung mit der Dünnschicht-Chromatographie (FE-DC, vgl. III.2.) nutzen Stahl, Quirin und Mangold zur Abtrennung ungewöhnlicher Lipide aus speziellen tierischen und pflanzlichen Geweben [113]. Neben einem direkten Vergleich der unterschiedlichen Inhaltsstoffe verschiedener Samen (Abb. 45) wird am Beispiel von Ricinussaat die Auswirkung von Druck und Temperatur auf die Extraktion einzelner Komponenten betrachtet. Darüberhinaus konnte aufgrund der Intensität der erhaltenen Substanzzonen der Effekt verschiedener Lösungsmittelzusätze zu CO_2 auf die Lipidextraktion aus Ricinussamen abgeschätzt werden.

Im präparativen Maßstab wurden die Extraktion sowie die Möglichkeiten der Fraktionierung von Ricinusöl mit verdichtetem CO_2 von Leiner untersucht [81]. Im Vergleich zu den aus nichthydroxylierten Fettsäuren bestehenden Ölen zeigen

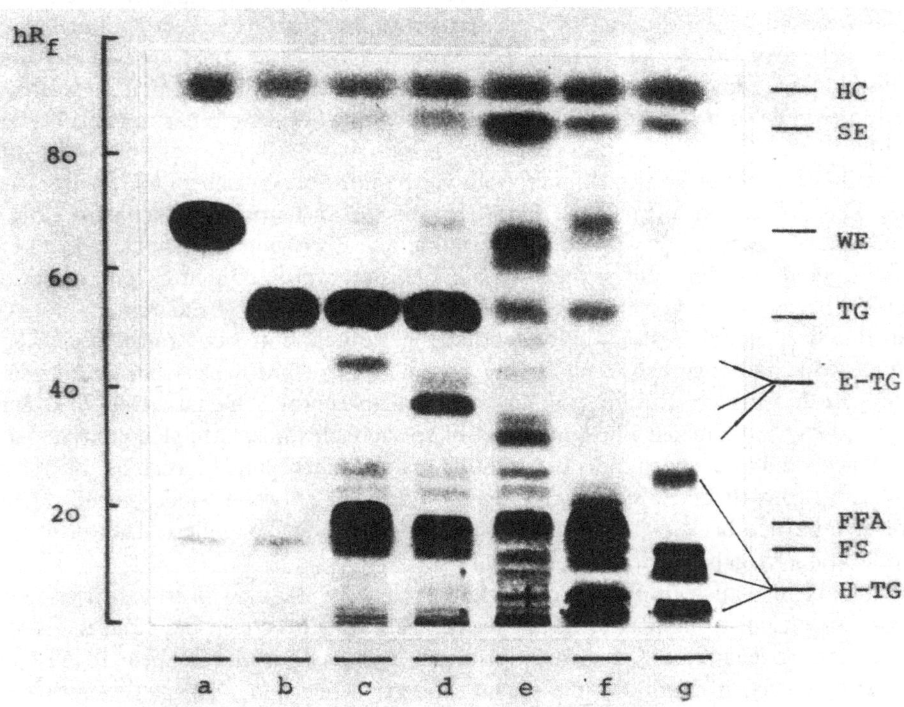

Abb. 45a–g. FE-DC verschiedener Ölsaaten bei 200 bar/40 °C [113].
a *Simmondsia chinensis*, **b** *Glycine max*, **c** *Malope trifida*, **d** *Artemisia absinthium*, **e** *Vernonia anthelmintica*, **f** *Dimorphoteca aurantiaca*, **g** *Ricinus communis*
E-TG Triglyceride mit Epoxyfettsäuren, *FFA* freie Fettsäuren, *H-TG* Triglyceride mit Hydroxyfettsäuren, *FS* freie Sterole, *WE* Wachsester, *SE* Sterolester, *HC* Kohlenwasserstoffe
Fließmittel: Hexan/Diethylether, 40 + 60 (15 cm), dann Tetrachlorkohlenstoff (17 cm)

die Hydroxytriglyceride des Ricinusöls im CO_2 eine stark verminderte Löslichkeit. Bei der Extraktion aus den Samen wurde eine Gasbeladung bei 400 bar/40 °C von 0,25 Gew.-%, bei 400 bar/80 °C von 0,30 Gew.-% und bei 600 bar von jeweils 0,32 bzw. 0,77 Gew.-% gefunden. Das in den Ricinussamen zu 0,1 % enthaltene Alkaloid Ricinin wurde teilweise mitextrahiert. Sein Gehalt im CO_2-Extrakt war 300 ppm, während im Hexanextrakt eine Menge von weniger als 10 ppm zu finden war. Ursache hierfür kann die im Vergleich zur Soxhlet-Extraktion höher gewählte Temperatur bei dem Hochdruckverfahren sein, die eine bessere Freisetzung des Alkaloids aus der Pflanzenmatrix ermöglicht.

Durch Gegenstromextraktion in einer Hochdruckkolonne wurde versucht, die unerwünschten Triglyceride mit ein oder zwei Hydroxygruppen von den erwünschten mit drei oder vier Hydroxygruppen abzutrennen. Dabei konnte das Verhältnis der erwünschten zu den unerwünschten Fettsäuren, das im Ausgangsöl 2,9 beträgt, auf einen Wert von 1,4 im Kopfprodukt erniedrigt und einen Wert von 5,9 im Bodenprodukt erhöht werden, wobei die Menge Kopf- zu Bodenprodukt 35 zu 65 war.

Ein interessanter Anwendungsvorschlag zur Hochdruckextraktion von Lipiden bezieht sich auf die Entfettung von Snacks [114]. Kartoffelchips enthalten beispielsweise 40–45 % Frittierfett. Durch Extraktion mit überkritischem Kohlendioxid läßt sich dieses Fett auf Grund der großen Oberfläche problemlos und auf physiologisch unbedenkliche Art und Weise bis auf den gewünschten Restgehalt entfernen. Die so behandelten Snacks sind bekömmlicher, kalorienärmer und besser haltbar.

Auch Trockenpulver aus Hühnereigelb wurde mit überkritischem CO_2 extrahiert [81]. Das Pulver war aus frischen Eidottern, die zur Pasteurisierung zunächst einige Tage auf 55 °C erwärmt wurden, durch Vakuumversprühung hergestellt, wobei der Wassergehalt von 50 % auf weniger als 5 % reduziert wurde. Durch CO_2-Extraktion bei 300 bar/40 °C war es möglich, aus dem Eigelbpulver einen bei Zimmertemperatur flüssigen, durch feste Lipidbestandteile getrübten, intensiv orange gefärbten Lipidextrakt mit Eigeruch in 40 %iger Ausbeute zu gewinnen. Der Extrakt enthielt Triglyceride, freie Fettsäuren, Wachse und Cholesterol. Die zu etwa 20 % im Eigelbpulver enthaltenen Phospholipide, hauptsächlich Phosphatidylcholin, bleiben im Rückstand, der nach der Behandlung nahezu farb- und geruchlos ist. Der typische Eigeruch bildet sich nach längerer Lagerzeit teilweise wieder zurück. Die Proteine werden bei der Extraktion nicht denaturiert oder koaguliert, das Pulver ist durch Wasserzugabe wieder regenerierbar.

Schließlich ist auch ein Hochdruckverfahren zur Gewinnung wasserfreier tierischer Fette aus Grieben, minderwertigem Fleisch, Talk und Innereien beschrieben [115]. Bei diesem sogenannten Kaltschmelzverfahren wird das Fett durch einen 10–60 minütigen statischen Kontakt mit einem überkritischen Gas, beispielsweise CO_2 (320 bar/45 °C) aus dem Trägermaterial herausgepreßt und extrahiert, ohne daß hohe Temperaturen erforderlich sind. Das Fett sammelt sich im unteren Teil des Druckbehälters und weist eine scharfe Trennung von dem Rückstand auf. Es kann durch Erwärmen des Druckbehälters entweder in flüssiger Form abgelassen werden oder nach Entnahme des gesammten Inhalts meehanisch von dem Rückstand abgetrennt werden.

IV.2.c Extraktion von Wachsen

Die ältesten Arbeiten zur präparativen Hochdruckextraktion beziehen sich auf die Entasphaltierung von Erdöl [116, 117] und die Gewinnung hochmolekularer Paraffinwachse aus Bitumen, Torf und entsprechenden Erzen (Ozokerit) [118, 119]. Die Prozesse laufen bei hoher Temperatur mit überkritischen, unter Normalbedingungen flüssigen Kohlenwasserstoffen als Lösungsmittel ab und sollen an dieser Stelle nicht näher betrachtet werden.

Ein ähnliches Verfahren zur Gewinnung des Lanolins aus Wolle oder rohem Wollfett beschreiben Zhuse, Jushkevic und Gekker [10]. Zur Extraktion wird Propan bzw. ein Propan/Propen-Gemisch bei 100–110 °C, dicht oberhalb der kritischen Temperatur, eingesetzt. Eine Löslichkeitserhöhung des Lanolins konnte durch Zugabe einer unterkritischen C_4-Kohlenwasserstoff-Fraktion erreicht werden. Je nach Extraktionsdruck, der maximal 110 bar war, wurden verschiedene Fraktionen bezüglich Farbe, Tropfpunkt und Molmasse extrahiert und bei 40–50 bar entmischt. Albumine und Verunreinigungen blieben im Rückstand. Eine ausführliche Verfahrensbeschreibung ist bei Valteris zu finden [120].

Ein weiteres Beispiel zur Wachsextraktion liefert Bienenkitt (Propolis), ein dunkelgrün bis rotbrauner klebriger Stoff mit hyazinthenartig-aromatischem Geruch, der nach einiger Zeit bröckelig wird. Propolis enthält einerseits 10–20% eigentliches Wachs sowie Harze und kleine Mengen flüchtiger Öle, andererseits einen großen Anteil intensiv gelb-schwarz gefärbter Flavonoide. Die wertbestimmenden Bestandteile von Propolis sind die Flavonoide (z. B. Galangin, Pinocembrin, Pinobanksin, Pinobanksin-3-acetat) und Kaffeesäureester, die eine ausgeprägte antimikrobielle Wirksamkeit besitzen [121, 122]. Die antibakteriellen, antimykotischen und antiphlogistischen Eigenschaften macht man sich beispielsweise bei der Verwendung von Propolis in Zahnpasten und Mundwässern zur Prophylaxe von Karies, Parodontose und Mundgeruch zunutze. Propolis ist in fast allen Lösungsmitteln schwer löslich. Ursache hierfür und störende Bestandteile, insbesondere bei der Verwendung in wässrigen Systemen, sind die hochmolekularen festen Wachse und Harze, welche die Freisetzung und Emulgierung ausreichender Wirkstoffmengen behindern.

Die Tatsache, daß die unerwünschten unpolaren Komponenten in verdichtetem CO_2 löslich, die polareren antibiotischen Flavonoide dagegen unlöslich sind, kann zur Fraktionierung von Propolis ausgenutzt werden. Aus ungereinigten, gepulverten Propolisproben unterschiedlicher Herkunft gelang mit CO_2 bei 600 bar/40 °C die Abtrennung einer hellgelben, festen Wachsfraktion von 20 bis 27 Gew.-% [123]. Im Verlauf der Extraktion war ein deutlicher Gradient bezüglich Farbe, Konsistenz und Menge des Extrakts zu beobachten (Anfang: gelb, halbfest, würzig-balsamischer Geruch, Ende: hell, fest, geruchlos). Die Angabe einer Gasbeladung ist daher nicht sinnvoll. Pro kg Propolis wurden 20 kg CO_2 unter den angegebenen Bedingungen aufgewendet. Aus dem Extraktionsrückstand konnten durch Kaltperkolation mit einem alkoholischen Lösungsmittel die wertvollen Flavonoide in hoher Reinheit und einer Menge von ca. 60 Gew.-% des eingesetzten Rohpropolis gewonnen werden. Die als unlöslicher Rückstand zu verwerfenden Schmutzstoffe stellen folglich einen Anteil von 15–20% dar.

Die Gewinnung flüssiger Wachsester aus Jojobasamen mit verdichtetem CO_2 [97] entspricht in wesentlichen Punkten der Gewinnung fetter Öle aus Ölsaaten. Bei der Extraktion gepulverter Samen, die 52 % Öl enthielten, wurden bei 400 bar/40 °C – 400 bar/50 °C–660 bar/80 °C Gasbeladungen von 1,0–1,2–3,1 Gew.-% ermittelt. Diese Werte unterschreiten die Daten der quantitativen Löslichkeitsmessungen nur wenig. Hieraus kann man schließen, daß der Massenübergang der kleinen Wachsestermoleküle in die verdichtete Gasphase kinetisch weniger stark gehemmt ist als derjenige der Triglyceride.

Aus bereits einige Zeit gelagerten Jojoba-Preßrückständen, die 16,6 % Öl enthielten, konnte mit CO_2 noch ein hochwertiges Öl extrahiert werden (analytische Daten in Tabelle 12), für dessen Verwendung in kosmetischen Produkten lediglich die Säurezahl auf einen Wert unter 0,4 erniedrigt werden müßte. Ein zum Vergleich angefertigter Hexanextrakt war trübe, relativ dunkel gefärbt und geruchlich unbefriedigend. Die besten Ergebnisse wurden jedoch bei der Direktextraktion frisch gepulverter Samen erhalten, die, wegen ihres geringen Wassergehalts, unmittelbar ein klares Öl lieferten, das eine hellgelbe Farbe besaß, geruchlos war und praktisch keine Raffination benötigte.

Tabelle 12. Analytische Daten eines bei 400 bar/40 °C mit CO_2 aus Jojobapreßrückständen extrahierten Öls [97]

Dichte d_{20}^{20}	Brechungs-index n_{20}^{20}	Jodzahl JZ	Verseifungs-zahl VZ	Säurezahl SZ	Gardner Zahl (Farbe)
0,872	1,4659	84	90	4,0	6

Der Saatrückstand enthält 80 % Proteine, 8 % Zucker, aber auch 4,5 % Simmondsin, ein Cyanomethylen-cyclohexyl-glucosid, das zwar nicht akut toxisch ist, die Verwendung von Jojobaschrot als Futtermittel jedoch einschränkt. Verfahren zur kostengünstigen Abtrennung dieses Stoffs, der bei der CO_2-Extraktion unbeeinflußt bleibt, sind in Erprobung [124].

Bei der Extraktion von Weizenkleie mit CO_2 konnte bei 600 bar/60 °C ein Gesamtextrakt von 3,5 % erhalten werden, der teils flüssige, teils feste Konsistenz aufweist [125]. Bei Reduktion des Drucks auf 350 bar wurde in 3proz. Ausbeute ein bei Zimmertemperatur wachsartig fester Extrakt gewonnen, der weniger fettes Öl enthielt, nahezu vollständig alkohollöslich war und einem angenehmen, fruchtigen Geruch besaß. Die Gasbeladung bei 350 bar/60 °C war 1,6 Gew.-%. Die Kleie ihrerseits wies nach der Extraktion eine um 15 % erhöhte Quellzahl auf, sie war praktisch keimfrei und besaß keinen bitteren Beigeschmack mehr [163].

IV.2.d Beeinflussung der Saatproteine

Fette Öle können mit verdichteten Gasen aus pflanzlichen Trägermaterialien unter schonenden Temperaturbedingungen extrahiert werden, ohne die Notwendigkeit, Lösungsmittelreste aus dem Schrot durch Erhitzen zu entfernen. Die Weiterverwendung des Schrots zur Gewinnung löslicher Proteinisolate ist dann besonders vorteilhaft, wenn die Entölung keine Denaturierung der Saatproteine verursacht und keine im Schrot eventuell vorhandene verdauungsstörende Faktoren durch Wärmebehandlung inaktiviert werden müssen.

Stahl, Quirin und Blagrove untersuchen die Frage, ob die Proteine gepulverter Soja-, Lupinen-, Baumwoll- und Jojobasamen, die einen natürlichen Feuchtigkeitsgehalt von ca. 10% aufweisen, durch zweistündige Extraktion mit überkritischem CO_2 bei 350 bar und 40 °C Veränderungen erfahren [126]. Intakte Vergleichsproben wurden durch Kaltperkolation mit Hexan erhalten. Die Proteine wurden auf verschiedene Art und Weise aus dem Schrot gewonnen und durch Natriumdodecylsulfat-Polyacrylamid-Gelelektrophorese untersucht. Dabei konnte zwischen dem CO_2-behandelten Saatmehl und den Vergleichsproben sowohl mit als auch ohne Reduktion der Disulfidbindungen kein Unterschied im relativen Anteil einzelner Proteinuntereinheiten festgestellt werden. Ebenso wurde keine Oligomerisierung durch intermolekulare Disulfidbrückenbindung beobachtet. Abbauversuche isolierter Globuline aus CO_2- und hexanbehandelter Lupinensaat mit Trypsin führten zu identischen Ergebnissen. Auch die Aminosäurezusammensetzung wies keine Veränderung in Abhängigkeit von der Vorbehandlung auf. Dies legt den Schluß nahe, daß durch CO_2-Extraktion bei 350 bar/40 °C die Proteine in ihrer nativen Konformation erhalten bleiben und ihr Nährwert nicht beeinträchtigt wird.

Weder untersucht den Einfluß von feuchtem überkritischem CO_2 auf Ribonuclease und Lysozym als Modellsubstanzen [127, 128]. Eine zwei- bzw. sechsstündige Behandlung bei 300 bar und Raumtemperatur oder 80 °C hatte keinen Einfluß auf die Aminosäurezusammensetzung. Durch Gelelektrophorese konnte jedoch bei beiden Substanzen eine leichte Oligomerisierung durch intermolekulare Disulfidbrückenbindung nachgewiesen werden. Gleichzeitig war die Spaltung einiger Peptidbindungen innerhalb der Disulfidschleifen erkennbar. Bei Abbauversuchen mit Trypsin wurde gegenüber den unbehandelten Proben eine etwas bessere Spaltbarkeit gefunden, die mit der wasserbedingten Auffaltung der Proteinmoleküle erklärt wird. Da diese Veränderungen auch beim Behandeln mit feuchtem Stickstoff unter den gleichen Bedingungen sowie unter Normaldruck beim Erhitzen mit Wasser auf 80 °C erfolgen, wird ein Beitrag des Drucks oder von Kohlendioxid ausgeschlossen.

In weiteren Versuchen wurden L-Glutaminsäure, L-Glutamin, L-Methionin, L-Leucin, L-Alanin, β-Alanin und L-Lysin mit feuchtem CO_2 sechs Stunden lang bei 300 bar und 80 °C behandelt. Die Analyse der Aminosäuren ergab ein Verlust von 15–23% nur bei Glutamin, das zu 2-Pyrrolidinon-5-carbonsäure umgesetzt wurde, eine Reaktion, die allerdings auch bei alleiniger Wärmebehandlung abläuft. Dieser Befund, sowie die beschriebenen geringen Proteinveränderungen, die primär auf dem Einfluß von Wärme und Wasser beruhen, besitzen nach Weder keinen nachteiligen Effekt auf den Nährwert hochdruckextrahierter proteinhaltiger Naturstoffe.

Die Herstellung von entfetteten Sojaflocken mit hochwertiger Proteinqualität wird von Friedrich beschrieben [129]. Nach konventioneller Hexanextraktion stellt die grüne, bittere Geschmacksnote des Schrots ein Problem bei der Weiterverwendung in Nahrungsmitteln dar. Zusätzlich kann durch Autoxidation oder lipoxygenasekatalysierten Verderb der Restlipide die organoleptische Qualität des Schrots beeinträchtigt und sein Nährwert vermindert werden. Ein Toasten zur Inaktivierung der Enzymaktivität reduziert die durch den NSI-Wert (nitrogen solubility index) ausgedrückte Proteinlöslichkeit von 85 auf ein inakzeptables Niveau unter 60.

Durch CO_2-Extraktion war es möglich, die Oxidationsstabilität des Schrots zu erhöhen und die unerwünschten Geschmacksstoffe zu entfernen, ohne die Proteinlöslichkeit stark zu vermindern, wenn ganz bestimmte Extraktionsbedingungen eingehalten wurden. Als Qualitätsstandard des Schrots wurde ein Restölgehalt unter 1%, ein NSI-Wert über 60, eine Geschmacksqualität über 6 auf einer Zehnpunkteskala und eine Geschmacksintensität unter 1,5 auf einer Dreipunkteskala gefordert. Zur Entfernung der störenden Geschmacksstoffe kann ein etwas höherer Lösungsmittelaufwand erforderlich sein als zur Entölung. Um eine unnötig lange Extraktionszeit und Temperaturbelastung der Proteine zu vermeiden, wird eine Gasströmung von 5–12 kg CO_2 pro Stunde und kg Saat empfohlen. Der Feuchtigkeitsgehalt der Saat soll zwischen 9 und 12% betragen, der Extraktionsdruck soll zur Gewährleistung einer hohen Löslichkeit mindestens 690 bar sein, die Temperatur soll zwischen 81 und 100 °C liegen. Unterhalb von 81 °C wurde eine schlechte Geschmacksneutralität, über 100 °C eine zu geringe Proteinlöslichkeit erhalten. Die entfetteten Sojaflocken ließen sich leicht zu einem feinen, dispergierbaren Mehl vermahlen, das 50% Proteine enthielt und ohne weitere Behandlung als Zusatz zu Getränken, Teig- und Backwaren geeignet war. Alternativ konnten aus CO_2-extrahierten Sojaflocken hochwertige Proteinkonzentrate nach bekannten Methoden hergestellt werden.

IV.2.e Fraktionierung von fetten Ölen und Wachsen

Die Hochdruckextraktion kann alternativ zu den klassischen Methoden der Vakuumdestillation, Dünnschichtverdampfung oder Lösungsmittelextraktion zur Trennung insbesondere von hochsiedenden Stoffmischungen bei schonenden Temperaturen eingesetzt werden. Bei der Extraktion flüssiger Einsatzgemische ist darauf zu achten, daß das System nicht in den Bereich der barotropen Phasenumkehr gelangt, in dem vorhandene Trenneffekte durch die Auswirkungen mangelhafter Phasentrennung nicht mehr nutzbar sind. Diese Gefahr ist besonders bei fetten Ölen gegeben, die als hochmolekulare Verbindungen zum Erreichen der gewünschten Lösungskapazität hohe Gasdichten erfordern können. Gegebenenfalls kann es nötig sein, CO_2 durch Kohlenwasserstoffe, wie Ethylen, Ethan oder Propan zu ersetzen, die geringere Dichtewerte aufweisen. Beim Arbeiten im Batch-Verfahren ist darauf zu achten, daß durch Lösen des verdichteten Gases in der flüssigen Substratphase deren Volumen beachtlich zunehmen kann, wodurch ein „Überlaufen" des zweiphasigen Trennsystems möglich ist.

Zur Aufarbeitung pflanzlicher Rohöle sind in der Patentliteratur zwei Verfahrensvorschläge beschrieben. Die Methode von Coenen und Kriegel ermöglicht die vollständige Raffination eines Rohöls, da die gesamte Triglyceridmenge und die leichter löslichen Begleitkomponenten, wie freie Fettsäuren, Aldehyde, Ketone, Terpene sowie anderer Geruchs- und Geschmacksstoffe in der Gasphase aufgenommen und weitertransportiert werden [130]. Es ist daher ein verdichtetes Gas als Lösungsmittel zu verwenden, das eine hohe Aufnahmefähigkeit für Triglyceride besitzt, beispielsweise Propan bei 150 bar und 130 °C. Schleim- und Schmutzstoffe sind unter diesen Bedingungen unlöslich und bleiben als Raffinatphase zurück, während das fette Öl und die anderen Bestandteile durch stufenweise Druckverminderung bis beispielsweise 7,4 bar und/oder Temperaturänderung fraktioniert entmischt und dadurch getrennt werden. In der Ölfraktion konnte auf diese Weise der Gehalt an freien Fettsäuren unter den geforderten Wert von 0,04 Gew.-%, der Gehalt an Aldehyden und Ketonen unter die Nachweisgrenze herabgesetzt werden [131].

Eine andere Methode, welche die Schritte der Entlecithinierung und Entschleimung ausschließt und daher ein teilraffiniertes Öl erfordert, wird von Zosel beschrieben [12]. Sein Verfahren erreicht eine Entsäuerung und Desodorierung durch selektive Extraktion. Da das fette Öl nicht in der Gasphase aufgenommen wird, ist ein Lösungsmittel einzusetzen, das nur die in geringer Menge vorhandenen Begleitstoffe auflöst, beispielsweise CO_2 bei 200 bar und 150 °C. Die Extraktion erfolgt im Gegenstrom in einer Füllkörperkolonne, die einen guten Kontakt und Stoffübergang zwischen Rohöl und Gas ermöglicht. Der kopfseitig austretende Gasstrom mit den aufgenommenen Komponenten wird ohne Zustandsänderung durch ein festes Adsorbens (Aktivkohle) regeneriert. Das behandelte Öl war geruchs- und geschmacksfrei, der Gehalt freier Fettsäuren von 0,4 auf 0,02 Gew.-% erniedrigt.

Die beschriebenen Hochdruckverfahren vereinigen verschiedene, ganz unterschiedliche klassische Verfahrensschritte der Raffination, wie Entsäuerung durch Alkalibehandlung oder Vakuumdestillation und die besonders aufwendige Desodorierung durch Dämpfen mit Wasser bei hohen Temperaturen und niedrigen Drücken in einem einzigen Prozeß, der schonend abläuft und nur minimale Raffinationsverluste verursacht.

Die Abtrennung des Monoglycerids der Ölsäure aus einem Gemisch, das 50% Mono-, 35% Di-, 12% Tiolein sowie 3% Glycerin enthielt, wird von Peter, Brunner und Riha untersucht [14]. Die Trennung erfolgt in einer Gegenstromkolonne mit Hilfe von verdichtetem Kohlendioxid und Aceton als Schleppmittel. Das Schleppmittel besitzt mehrere Funktionen. Es erhöht die Löslichkeit der schwerflüchtigen Komponenten, verbessert den Trennfaktor durch spezifische Wechselwirkungen und hilft im vorliegenden Fall, die schwerflüchtigen Komponenten in einer nachgeschalteten Hilfskolonne aus dem Kreislaufgas „auszuwaschen", wodurch Entspannung und Rekompression eingespart werden können.

Um die Arbeitsbedingungen besser auswählen zu können, wurden zunächst die Systeme CO_2/Aceton und CO_2/Glyceridgemisch getrennt untersucht und in p-x-Diagrammen beschrieben. Danach wurde das quasiternäre System CO_2/Aceton/Glyceride bei 130 bar und Temperaturen von 70, 100 und 110 °C im Dreiecksdiagramm dargestellt, wobei das Teilsystem CO_2/Aceton bei 70 und 100 °C überkritisch, bei 110 °C dagegen unterkritisch ist und eine Mischungslücke aufweist. Da eine hohe Anreicherung der schwerflüchtigen Stoffe eine überkritische Extraktionsphase CO_2/Aceton erfordert, wurden als Betriebsbedingungen der Trennkolonne 130 bar bei 80 °C Sumpf- und 70 °C Kopftemperatur gewählt. Der Schleppmittelanteil in der flüssigen Phase, die in der Kolonnenmitte zugegeben wurde, war 10 Gew.-%. Unter diesen Bedingungen wurden 5–10% schwerflüchtige Bestandteile in der Gasphase aufgenommen, wobei die Monoglyceride mit Trennfaktoren von 1,4 bis 3 gegenüber den Diglyceriden angereichert waren. Bei wachsendem Schleppmittelanteil nahm die Gasbeladung zwar zu, der Trennfaktor jedoch ab. In einer Hilfskolonne wurden die als Kopfprodukt aus der Trennkolonne erhaltenen schwerflüchtigen Bestandteile bei gleichem Druck jedoch 110 °C abgetrennt, unter Bedingungen, unter denen das System Gas/Schleppmittel unterkritisch war und dadurch eine Teilkondensation des Acetons erfolgte. Bei einem Rücklaufverhältnis von 1,5 war es möglich, die Monoglyceride im Kopfprodukt auf 95% anzureichern. Nach der Trennung wurde das Schleppmittel destillativ aus den Produkten entfernt.

Ein ähnliches Verfahren beschreiben Brunner und Peter auch zur Entsäuerung von Speiseölen und -fetten [7]. Die Trennung von Triglyceriden und freien Fettsäuren ist aufgrund der unterschiedlichen Dampfdrücke bereits mit überkritischem CO_2 allein zu erreichen. Durch Hinzufügen von Ethanol als Schleppmittel konnte jedoch der Trennfaktor verdoppelt, der für die gleiche Löslichkeit erforderliche Druck halbiert und die Abtrennung der schwerflüchtigen Komponenten aus dem Kreislaufgas durch alleinige Temperaturänderung bewirkt werden. Zur Entsäuerung von Palmöl wurde CO_2 mit 10 Gew.-% Ethanol bei 70 °C und 135 bar in der Trennkolonne eingesetzt, wobei 1 Gew.-% schwerflüchtige Substanzen, vorwiegend Fettsäuren in der Gasphase aufgenommen wurden. Die Abscheidung erfolgte durch Temperaturerhöhung auf 110 °C entsprechend einer Restlöslichkeit von nur noch 0,1 Gew.-%. Kostenschätzungen auf der Preisbasis Sept. 1977 ergaben für die Entsäuerung ohne Abtrennung des Schleppmittels aus den Produkten einen Betrag von 0,30 DM/kg für 3000 t/a und 0,10 DM/kg für 15000 t/a. Bei Verwendung von Propan als verdichtetem Gas und Hexan als Schleppmittel konnte der Betriebsdruck auf 55 bar gesenkt und die Lösungskapazität auf 6,8 Gew.-% erhöht werden. Der Trennfaktor Fettsäuren/Triglyceride nahm dabei jedoch erheblich ab.

Panzner, Ellis und Bott beschreiben die Abtrennung des Triglycerids der Ölsäure aus einem Gemisch, das aus 40% Mono-, 50% Di- und 10% Triolein bestand [16]. Da reines Kohlendioxid in dem verfügbaren Arbeitsbereich von 80 bis 100 bar kein verwertbares Lösungsvermögen für die Glyceride aufwies, wurden zur Verbesserung der Glyceridlöslichkeit Tetrachlorkohlenstoff bzw. n-Hexan als Schleppmittel zugesetzt. Die Verwendung von Tetrachlorkohlenstoff führte allerdings zu schweren Korrosionserscheinungen, die mit der Freisetzung einer starken anorganischen Säure und dem Vorhandensein von Feuchtigkeit unter den Verfahrensbedingungen erklärt wurden. Die Fraktionierung wurde batchweise durchgeführt. Dazu wurden die Glyceride zunächst mit 50 Gew.-% Schleppmittel vermischt und im Extraktionsgefäß vorgelegt. Dann wurde die Mischung vom Boden her mit CO_2 durchströmt und die Extraktphase durch eine aufgesetzte Fraktionierkolonne geführt.

Sowohl bei Zusatz von Hexan als auch von Tetrachlorkohlenstoff zu der Glyceridmischung konnte aus der Säule ein Kopfprodukt ausgetragen werden, das bis zu 98% aus Trioleat bestand, welches zwar die höchste Molmasse, jedoch die geringste Polarität aufweist. Die Extraktionstemperatur lag zwischen 80 und 120 °C und nahm vom Kolonnenfuß zum Kolonnenkopf hin um ca. 20 °C ab. Die Abscheidung der extrahierten Triglyceride wurde durch Entspannung auf 30 bar erreicht. Die Schleppmittelkonzentration im Sumpfprodukt fiel im Verlauf der Extraktion von 50 auf 35 Gew.-%. Die Selektivität des Systems für Trioleat war so gut, daß nur eine kurze Fraktioniersäule benötigt wurde. Als nachteilig ist allerdings auch hier die erforderliche Abtrennung des Schleppmittels aus den getrennten Glyceridfraktionen zu bewerten.

Verdichtete Gase wurden auch zur Fraktionierung von Fischölen eingesetzt, die im Vergleich zu Pflanzenölen meist ein breiteres Fettsäurespektrum besitzen. Zosel beschreibt die Fraktionierung von Lebertran im zeitlichen Extraktionsgradienten [15]. Das flüssige Einsatzgemisch wird im Extraktionsgefäß bei 27 °C und 100–160 bar

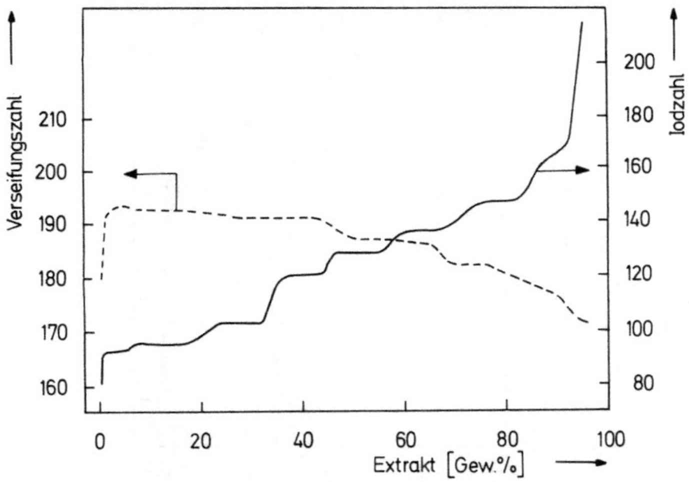

Abb. 46. Verlauf von Verseifungs- und Jodzahl des Extraktes bei der fraktionierten Extraktion von Lebertran mit Ethan bei 100–160 bar und 55 °C Kolonnentemperatur [15]

von flüssigem Ethan durchströmt und das beladene Gas bei gleichem Druck jedoch überkritischer Temperatur von 55 °C durch eine aufgesetzte Kolonne geführt, an deren Kopf ein „heißer Finger" von 90 °C einen partiellen Rücklauf bewirkt. Die Verseifungszahl des Extrakts, die im umgekehrten Verhältnis zur Molmasse der Triglyceride steht, nimmt im Verlauf der Extraktion ab, während die Jodzahl, ein Maß für die Zahl der Doppelbindungen, ansteigt (Abb. 46).

Das gleiche experimentelle Verfahren benutzt Eisenbach zur Abtrennung einer Eicosapentaensäure ($C_{20:5}$)-reichen Fraktion aus Kabeljauöl [132]. Hierzu wurden die Fettsäuren, die Kettenlängen von C_{14}-C_{22}aufweisen und bis zu 6 Doppelbindungen enthalten, in die Ethylester umgewandelt und diese mit CO_2 bei 50 °C und 150 bar extrahiert. Im Verlauf der Extraktion verschiebt sich das Fettsäurespektrum der aufgelösten Substanzen kontinuierlich von der kleinsten bis zur größten Kettenlänge. Die C_{14}–C_{18}-Ester enthaltenden Anfangsfraktionen und die C_{22}-Ester enthaltende Endfraktion wurden verworfen. Die C_{20}-Esterfraktion wurde gesammelt, solange der Gehalt größer 90% war. Die zuvor aufgefangene C_{18}/C_{20}-Esterfraktion und die danach aufgefangene C_{20}/C_{22}-Esterfraktion wurden zusammengemischt und in einer zweiten Stufe unter gleichen Bedingungen nach dem gleichen Schema wieder extrahiert. Auf diese Weise gelang es, 68 bzw. 80% der im Ausgangsmaterial enthaltenen C_{20}-Ester in einer Reinheit von 96 bzw. 92% zu erhalten, wobei jedoch die Anreicherung des gewünschten $C_{20:5}$-Esters im Verhältnis zu dem ebenfalls enthaltenen $C_{20:1}$-Ester nur gering war.

Leiner beschäftigt sich mit der Trennung von „Orange Roughy Oil", einem speziellen Tiefsee-Fischöl aus *Hoplostetus atlanticus* [81]. Dieses Fischöl, dessen Jahresproduktion 2500 t beträgt, besteht aus Wachsestern und enthält zusätzlich 3% unerwünschte Triglyceride. Durch Gegenstromextraktion mit verdichtetem CO_2 in einer Trennkolonne bei 310 bar und 70 °C Boden-, 95 °C Kopftemperatur, gelang es, wie Abb. 47 zeigt, den Triglyceridgehalt des Kopfprodukts (Abb. 47b), das 95 Gew.-% des Einsatzgemisches ausmacht, auf weniger als ein Viertel des Ausgangswertes zu sen-

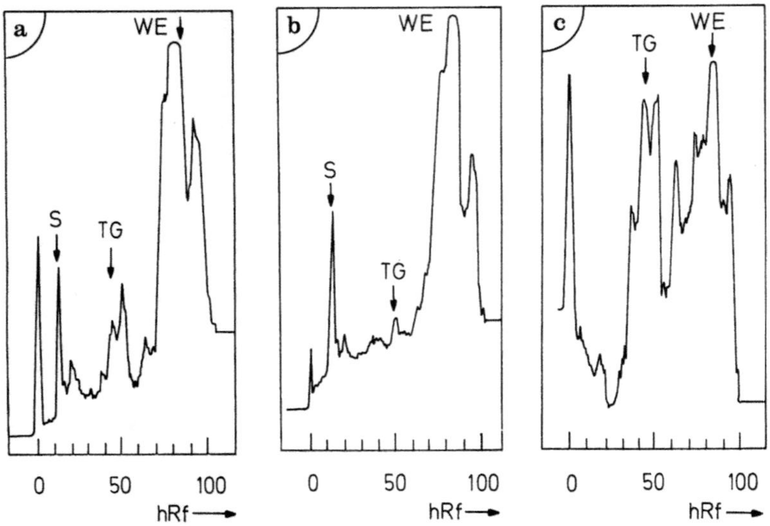

Abb. 47a–c. Dünnschicht-Chromatogramme (Remissionsmessungen) der Fraktionen von Orange Roughy Oil bei der Trennung in einer Kolonne mit überkritischem CO_2 [81]. **a** Zulauf (Einsatzgemisch), **b** Kopfprodukt (95 Gew.-%), **c** Sumpfprodukt (5 Gew.-%)

ken. Im Sumpfprodukt (Abb. 47c) sind die Triglyceride dagegen um mehr als das Zehnfache auf über 35 Gew.-% angereichert. Die im Fischöl enthaltenen Sterole waren im Kopfprodukt bei den Wachsestern zu finden. Erwähnt sei schließlich, daß bei der Trennung Wachsester/Triglyceride die Wachsesterfraktion nicht immer das Kopfprodukt darstellen muß. Je nach Temperaturbedingungen und insbesondere Kettenlänge der Moleküle beider Lipidklassen können sich die Verhältnisse auch umkehren.

Die Fraktionierung von Butterfett durch einfache Extraktion mit überkritischem CO_2 wird von Kaufmann et al. beschrieben [20]. Die im Milchfett enthaltenen kurzkettigen Fettsäuren sind ernährungsphysiologisch bedeutsam. Bei den bisher angewandten Methoden der Milchfettfraktionierung wird der unterschiedliche Schmelzpunkt einzelner Komponenten genutzt, und die Trennung erfolgt nicht nach der Molmasse. Im vorliegenden Fall konnte dagegen bei 200 bar und 80 °C in einer Einstufenextraktion aus dem vorgelegten Ausgangsmaterial 20% einer kurzkettigen Triglyceridfraktion abgetrennt und bei 30 bar/30 °C entmischt werden. Die mittlere unter diesen Bedingungen erreichte Gasbeladung war 0,15 Gew.-%. Die extrahierbare Fraktion besaß im Vergleich zum Ausgangsfett eine geringere Jodzahl (19,6) sowie einen höheren Gehalt an freien Fettsäuren (1,51%) und Cholesterin (0,55%).

Die Untersuchung der Fettsäuren ergab im Extrakt eine Anreicherung kurzkettiger Moleküle von C_4 bis C_{10} um 81%, während die Ölsäure um 44% vermindert war. Bei gleicher Kettenlänge neigten gesättigte Fettsäuren eher dazu, in den Extrakt überzugehen als ungesättigte. Dies ist ein wesentlicher Unterschied zur fraktionierten Kristallisation, bei der kurzkettige und ungesättigte langkettige Fettsäuren als weiche Fette zusammen angereichert werden. Auch die Triglyceridanalyse zeigte, daß im Hochdruckextrakt die Menge kurzkettiger Moleküle mit Acyl-C-Zahlen von 24–38 im Vergleich zum Ausgangsfett deutlich erhöht war, während die langkettigen Triglyceride mit C_{46} und mehr fast vollständig fehlten (Abb. 48). Die differential-

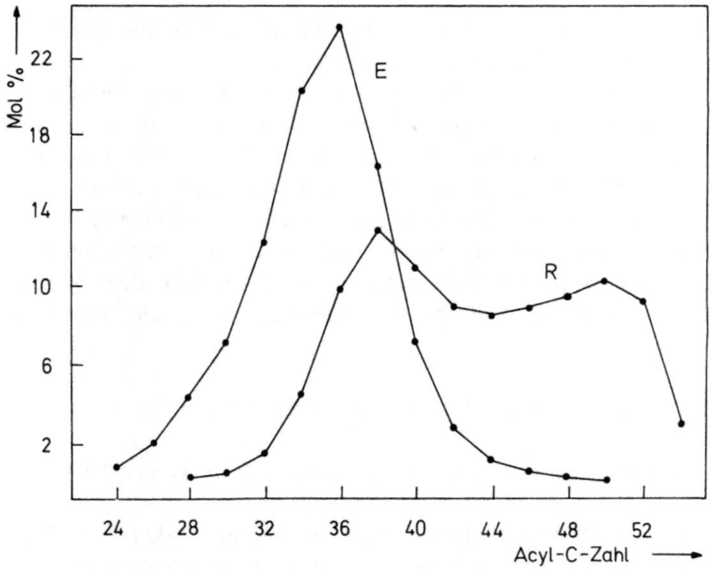

Abb. 48. Molare Verteilung der Triglyceride unterschiedlicher Acyl-C-Zahl im Extrakt E (20 Gew.-%) und Rückstand R (80 Gew.-%) bei der Butterfettfraktionierung mit überkritischem CO_2 von 200 bar und 80 °C [20]

kalorimetrische Untersuchung des Schmelzverhaltens zeigte, daß der Extrakt bei 17–20 °C bereits vollständig aufgeschmolzen ist, der Klarschmelzpunkt des Ausgangsfetts dagegen 37 °C beträgt. Noch bessere Ergebnisse sind bei der Gegenstromextraktion von Butterfett in einer Fraktionierkolonne zu erwarten.

Ein Verfahren zur fraktionierten Extraktion natürlicher Wachse beschreiben Stahl und Quirin [18]. Auch in diesem Fall ergibt sich die Fraktionierung durch den zeitlichen Extraktionsgradienten beim sukzessiven Auflösen eines relativ inhomogenen Ausgangsmaterials. Zusätzlich besteht die Möglichkeit einer schrittweisen Erhöhung der Gasdichte im Verlauf der Extraktion sowie einer fraktionierten Abscheidung. Die Hochdruckextraktion ersetzt dabei klassische Reinigungsverfahren für herkömmlich gewonnene Rohwachse, wie Waschen mit Säuren, Laugen oder Lösungsmittelgemischen. Dies ist bei Verwendung der Wachsprodukte in der Kosmetik- und Lebensmittelindustrie von Vorteil. Gleichzeitig können bei der Fraktionierung die Eigenschaften der Wachse, z. B. der Tropfpunkt, in gewissen Grenzen beeinflußt werden.

Extrahiert man beispielsweise bei 400 bar/60 °C rohes gepulvertes Bienenwachs, das eine bräunliche Farbe besitzt, erhält man zunächst einen elfenbeinfarbenen Extrakt von mildem, honigartigem Geruch und klebrig-wachsartiger Konsistenz. Im Verlauf der Extraktion hellt sich die Farbe bis zu reinem Weiß auf, der Geruch verschwindet, und der Extrakt bekommt eine pulverartige Konsistenz. Der Tropfpunkt liegt zunächst unter, dann über demjenigen des Ausgangsprodukts. In gleicher Weise wurden auch rohes Wollwachs, Carnauba- und Montanwachs in verschiedene Fraktionen zerlegt. Insbesondere bei den letztgenannten harten Wachsen wird zum Erreichen einer guten Löslichkeit in CO_2 die gleichzeitige Anwendung hoher Drücke und Temperaturen empfohlen.

Die Extraktion und Raffination von rohem Montanwachs, einem Toluolextrakt aus Braunkohle, der neben Wachskomponenten auch Harze und asphaltartige Pigmente enthält, wird von Braun und Schmidt untersucht [22]. Die Hochdruckextraktion mit CO_2 ergab bei 40 °C und tieferen Temperaturen nur geringe Extraktausbeuten unter 10%, die kaum von Druck beeinflußt wurden. Bei höheren Temperaturen war ein Anwachsen der Ausbeute mit dem Druck zu beobachten. Bei 100 °C und 500 bar beispielsweise wurde ein Wert von 38 Gew.-% erreicht. Beim Vergleich von CO_2 mit anderen Gasen wurde folgende Reihenfolge steigender Extraktausbeuten erhalten:

$$CHF_3\ (3{,}0) < C_2H_4\ (20{,}0) \sim CO_2\ (21{,}5) < CClF_3\ (56{,}2) < CBrF_3\ (95{,}0)$$

Die in Klammern angegebenen Werte bedeuten Gew.-% Extrakt bei 300 bar und 80 °C.

Kohlenwasserstoffe und Wachsalkohole gingen bevorzugt in den CO_2-Extrakt über, mit zunehmender Temperatur auch steigende Mengen freier Fettsäuren. Unter Bedingungen geringer Löslichkeit wurden niedermolekulare Verbindungen und kaum Ester gelöst, wodurch die Verseifungszahl des Extrakts, aber auch sein Schmelzbereich deutlich unter dem des Ausgangsmaterials lag. Mit steigender Lösungskapazität des Gases gingen Harzkomponenten, aber auch einfache Wachsester in den Extrakt, während die asphaltartigen Pigmente und höhermolekulare komplexe Wachsester im Rückstand angereichert wurden. Die Differenzierung hauptsächlich nach der Molmasse wird auch durch gelpermeations-chromatographische Untersuchungen von Extrakt und Rückstand belegt (Abb. 49). Die vollständige Trennung von Montanwachs nach Verbindungsklassen in Wachs- und Harzkomponenten sowie eine asphaltartige Pigmentfraktion war nicht möglich, da jede dieser Gruppen ein so breites Substanzspektrum auch hinsichtlich der Molmasse überdeckt, daß sich in der Löslichkeit zwangsläufig Überschneidungen ergeben.

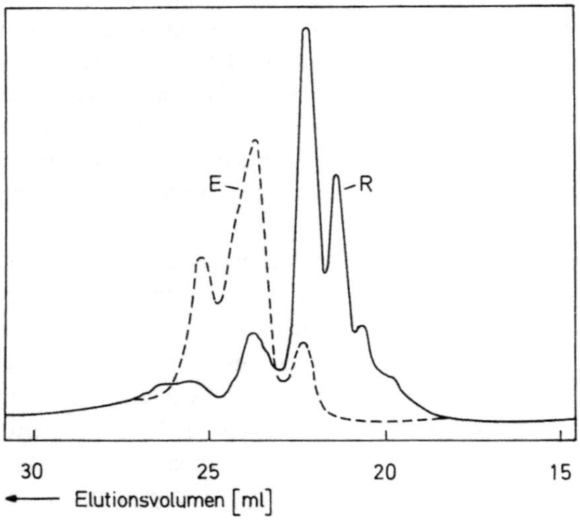

Abb. 49. Gelpermeationschromatogramm von Extrakt E (8 Gew.-%) und Rückstand R (92 Gew.-%) der Extraktion von rohem Montanwachs mit CO_2 bei 300 bar/40 °C [22]

IV.2.f Entölung von Rohlecithin

Bei der Hydratation klassisch extrahierter Rohöle scheiden sich die Phospholipide als sogenannter Naßschlamm aus, der in speziellen Verfahrensschritten von dem eigentlichen Pflanzenöl abgetrennt und getrocknet wird. Das dabei erhaltene Produkt ist Rohlecithin, eine braune, klebrige Masse. Rohlecithin aus Sojabohnen enthält 65% Phosphatide, 35% Neutrallipide sowie Spuren von Wasser und Verunreinigungen. Werden hieraus die Neutrallipide bis auf einen Gehalt von weniger als 5% entfernt, erhält man das sogenannte Reinlecithin, das eine feste Konsistenz und helle Farbe aufweist, falls es keiner thermischen Belastung ausgesetzt war. Die jährliche Produktionsmenge an Reinlecithin beträgt weltweit ca. 4000 t, der Wertzuwachs bei der Entölung ca. 12 DM/kg (Stand 1985). Klassisch erfolgt die Entölung von Rohlecithin durch Extraktion mit Aceton, wobei die getrennten Fraktionen allerdings wieder mehrere aufwendige Arbeitsgänge zur Lösungsmittelrückgewinnung erfordern. Problematisch sind die damit verbundenen Produktverluste, Qualitätseinbußen durch Temperaturbelastung und Lösungsmittelrückstände im Reinlecithin.

Als Alternative bietet sich die Hochdruckextraktion insbesondere mit Kohlendioxid an, da die Neutrallipide, wie Tri- und Diglyceride, Sterole und Sterolester, Fettalkohole und Fettsäuren, Wachsester und Kohlenwasserstoffe in CO_2 löslich, die verschiedenen Phospholipide dagegen unlöslich sind. Die praktische Schwierigkeit besteht jedoch darin, unter hohem Druck einen intensiven, gleichmäßigen Kontakt zwischen dem viskosen Einsatzmaterial und dem verdichteten Gas zu erreichen. Erschwerend kommt hinzu, daß mit zunehmender Entölung des Rohlecithins eine immer steifere Konsistenz insbesondere an der Oberfläche resultiert, welche die vollständige Extraktion im Innern der vorgelegten Masse verhindert. Da die allgemeinen Vorteile der Hochdruckextraktion — keine Lösungsmittelrückstände, keine Temperaturbelastung, kein Sauerstoffzutritt — bei der Lecithinentölung besonderes Gewicht besitzen, erfolgte die Anmeldung verschiedener Patente.

Heigel und Hüschens beschreiben ein Verfahren zur Extraktion von Rohlecithin vorzugsweise mit überkritischem CO_2 bei 200–500 bar und 35–80 °C [133]. Das viskose Rohlecithin wird in einem Druckbehälter vorgelegt und das verdichtete Gas hindurchgeleitet. Am Ausgang des Druckbehälters befindet sich eine Siebvorrichtung, welche die Mitnahme fester Bestandteile verhindern soll. Eine spezielle Verfahrensweise zur Verbesserung des Kontakts zwischen Rohlecithin und Lösungsmittel ist nicht beschrieben. Die Entölung dürfte daher bereits nach kurzer Zeit durch Diffusionseffekte gehemmt werden und vor der Abtrennung aller phosphorfreien Lipide praktisch zum Stillstand kommen. Nicht optimal ausgewählt scheint auch die Regeneration des im Kreislauf geführten Gases bei unterkritischen Temperaturen von vorzugsweise 15–25 °C und Drücken, die unter der entsprechenden Verflüssigungsgrenze liegen müssen.

Das Verfahren von Coenen und Hagen arbeitet bei unterkritischer Temperatur mit verflüssigten Gasen, vorzugsweise mit Ethan und CO_2 [134]. Der Extraktionsdruck liegt zwischen $2p_C$ und 350 bar bei Ethan bzw. 500 bar bei CO_2. Die Extraktionstemperatur beträgt 0 °C bis T_C, bei Verwendung von Ethan vorzugsweise 15–31 °C, bei CO_2 5–30 °C. Die tiefe Extraktionstemperatur kann im Hinblick auf die Viskosität des Einsatzmediums und die Massenübergangskinetik der Lipidmoleküle in das flüssige Lösungsmittel unvorteilhaft sein. Desweiteren zeigen Löslichkeitsuntersuchungen von Triglyceriden (Sojaöl), Wachsestern (Jojobaöl) und Sterolen, daß die Lösungskapazität von verflüssigtem CO_2 vergleichsweise gering ist und wenig durch den Druck beeinflußt wird. Bei überkritischen Temperaturen und den höchsten angegebenen Drücken wären bessere Löslichkeitswerte realisierbar. In einer speziellen Verfahrensweise wird dem verflüssigten Gas Ethanol als Schleppmittel zugesetzt, das keine bedenklichen Rückstände hinterläßt und daher aus dem Lecithin nicht quantitativ abgetrennt werden muß. Keine genaueren Angaben werden auch hier zur Art der Durchmischung von viskosem Rohlecithin und verflüssigtem Gas gemacht. Das Rohlecithin wird in der Mitte eines Druckbehälters eingespeist, das Gas wird im unteren Teil zugeführt und kopfseitig abgezogen. Die Entmischung des extrahierten Öls erfolgt durch Drucksenkung auf 30–40 bar bei Ethan bzw. 10–30 bar bei CO_2 und eventuelle Temperaturerhöhung, höchstens jedoch auf 40 °C bei Ethan bzw. 30 °C bei CO_2. Das als Produkt erhaltene Lecithin fiel in Block- oder Pulverform an und besaß einen Gehalt an Acetonunlöslichem von mindestens 90%.

Verschiedene Methoden zur Hochdruckextraktion von Rohlecithin werden von Stahl und Quirin diskutiert [23, 135], insbesondere im Hinblick auf die Erzeugung einer ausreichenden Kontaktfläche, die erst eine effektive und vollständige Entölung erlaubt. Eine Möglichkeit besteht darin, das Rohlecithin auf ein pulverförmiges, CO_2-unlösliches Trägermaterial, beispielsweise auf Dextrose, aufzutragen, so daß ein nahezu rieselfähiges, gut perkolierbares Material entsteht. Die Methode ermöglicht eine gute Entölung, ist jedoch nur dann sinnvoll, wenn Reinlecithin und Trägermaterial zusammen als Produkt verwendbar sind. Schließlich ist zu bedenken, daß ein hoher Trägermaterialanteil die Schüttdichte des Rohlecithins im Extraktionsbehälter stark vermindern kann.

Ein ganz anderes Verfahren besteht darin, das Rohlecithin vor der Extraktion mit einem klassischen Lösungsmittel zu verdünnen, das die Viskosität erniedrigt und gleichzeitig die Ölextraktion verbessern soll. Am besten geeignet für diesen Zweck war Aceton, das ebenso wie CO_2 praktisch kein Lösungsvermögen für Phospholipide besitzt. Diese können daher während des ganzen Vorgangs als unlöslich betrachtet werden, was die Situation erheblich vereinfacht. Rohlecithin wurde mit der sechsfachen Acetonmenge durchmischt, wobei ein feiner Lecithinniederschlag entsteht. Aus dieser Suspension konnte das in Aceton gelöste Öl durch Hochdruckextraktion quantitativ entfernt werden. Ein geeignetes Verfahrensschema zeigt Abb. 50.

Das Rohlecithin-Aceton-Gemisch wird im Extraktionsbehälter E vorgelegt bzw. mit einer Dosierpumpe D zugeführt. Das verdichtete Gas wird über ein Tauchrohr eingedüst, wobei Druck und Temperatur so eingestellt sind, daß das System CO_2/Aceton überkritisch, d. h. lückenlos mischbar ist und eine hohe Aufnahmefähigkeit für Neutrallipide besitzt. Bewährt haben sich 160 bar/40 °C. Im ersten Abscheider wird der Großteil des extrahierten Öls entmischt unter Bedingungen, unter denen das System CO_2/Aceton gerade noch überkritisch, das Zweiphasengebiet jedoch erheblich erweitert ist. Die Extraktphase zerfällt dann entlang der eingezeichneten Konnode in eine ölreiche Flüssigphase, die über Ventil 4 entnommen werden kann, und eine Gasphase der Zusammensetzung b, welche in den zweiten Abscheider strömt. Hier sind die Bedingungen so gewählt, daß im System Schleppmittel/CO_2 eine Mischungslücke auftritt, wodurch ein Großteil des Acetons zusammen

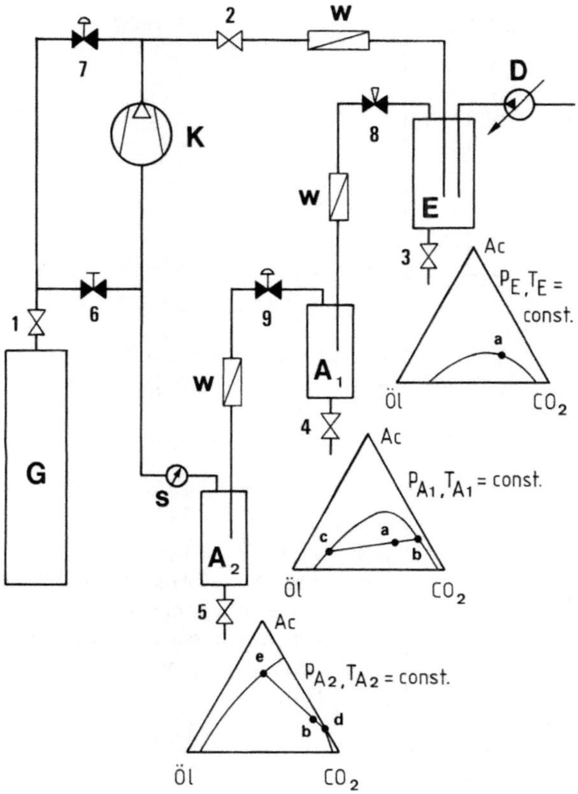

Abb. 50. Schematische Darstellung der Extraktion von Rohlecithin/Aceton(Ac)-Mischungen mit Angabe der Phasen des quasiternären Systems Öl—Ac—CO_2 im Extraktionsbehälter E und den Abscheidern A 1, A 2 [23].
G Gasvorrat, *K* Kompressor, *W* Wärmeaustauscher, *D* Dosierpumpe, *S* Strömungsmesser, *1–5* Absperrventile, *6* Reduzierventil, *7, 9* Druckhalteventile, *8* Feindosierventil.

mit dem Restöl kondensiert. Die verbleibende Gasphase, die nur noch einen geringen Acetongehalt aufweist, wird wieder verdichtet und in den Extraktionsbehälter zurückgeführt.

Am Ende der Extraktion wird im E ein helles, pulverförmiges Reinlecithin erhalten. Vorteilhaft gegenüber dem klassischen Entölungsverfahren ist eine deutliche Acetoneinsparung und die Möglichkeit einer groben Trennung von Öl und Aceton durch Ausnutzen einer Mischungslücke in dem ternären System Öl/CO_2/Aceton. Dennoch ist sowohl im Öl als auch im Reinlecithin ein gewisser Restacetongehalt unabdingbar, der in zusätzlichen Verfahrensschritten entfernt werden muß. Nachteilig ist auch der ungünstige Betriebspunkt des zweiten Abscheiders, der eine aufwendige Rekompression des Kreislaufgases notwendig macht.

Will man den Nachteil der Acetonbeimischung vermeiden, kann das Rohlecithin auch direkt in verdichtetem CO_2 dispergiert und extrahiert werden. Dies erfordert wegen der Zähigkeit des Rohlecithins jedoch einen mechanischen Rührer, der unter Druck arbeiten muß. Abbildung 51 zeigt das Extraktionsdiagramm der Entölung von Rohlecithin in einem Rührautoklaven mit CO_2 bei 350 bar und 40 °C.

Deutlich erkennt man eine Dreiteilung des Extraktionsablaufs. Im ersten Teil ist eine konstante Ölextraktion sichtbar, wobei die maximal erreichte Gasbeladung von 0,45 Gew.-% allerdings die für Sojaöl gemessene Gleichgewichtsbeladung

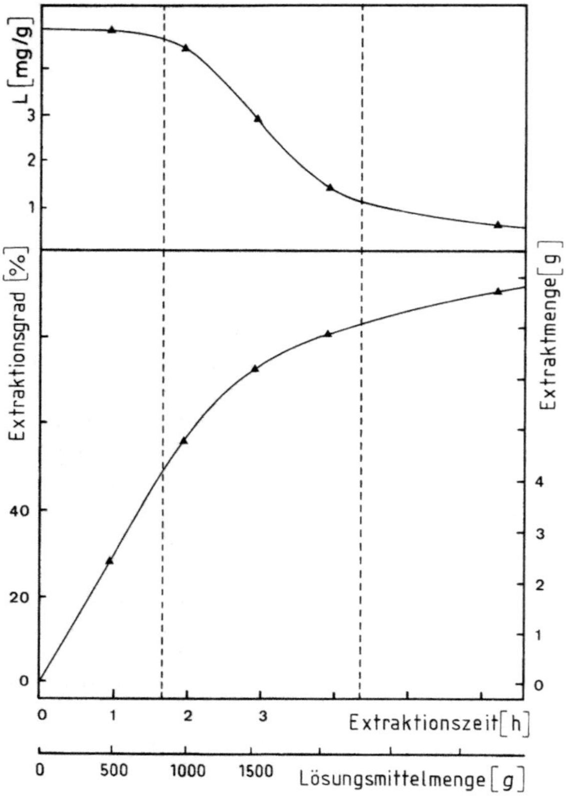

Abb. 51. Ablauf der Entölung von Rohlecithin (24,3 g mit 8,5 g Ölanteil) in einem Rührautoklaven mit CO_2 bei 350 bar/40 °C [23]

deutlich unterschreitet. Sind 50% des Öls entfernt, ist in der zweiten und dritten Phase der Abtransport des Öls trotz Rühreinrichtung mit wachsendem Diffusionsaufwand und sinkendem Wirkungsgrad verbunden. Das Arbeiten mit verflüssigtem CO_2 bei 350 bar/20 °C liefert nahezu identische Ergebnisse. Das so entölte Lecithin hatte eine eher bröckelige als pulverförmige Gestalt und war in der Farbe etwas dunkler als ein klassisch entöltes Produkt, da die enthaltenen Pigmente in CO_2 unter den angegebenen Bedingungen schlechter als in Aceton löslich sind. Schließlich ist zu bedenken, daß gerade im größeren Maßstab das Rühren unter Druck kosten- und wartungsintensiv und mit Einschränkungen bezüglich des Extraktionsdrucks verbunden ist. Zudem ermöglicht auch diese Methode ebenso wie die bisher beschriebenen vom Prinzip her allenfalls eine quasikontinuierliche Betriebsweise.

Eine kontinuierliche und vollständige Entölung von Rohlecithin gelang mit Hilfe der bereits ausführlich beschriebenen Hochdruck-Düsenextraktion (Kap. III.4), nachdem sich gezeigt hatte, daß das viskose Einsatzmedium bereits mit geringem Überdruck durch feine Kapillaren von beispielsweise 0,2 mm Innendurchmesser hindurchgepreßt werden kann, und das pulverförmig anfallende Reinlecithin leicht über das fußseitige Ventil aus dem Auffangbehälter auszutragen ist [135]. Abbildung 52 zeigt einen Ausschnitt der Versuchsanlage zur Entölung von Rohlecithin und den Aufbau der benutzten Düsenanordnung.

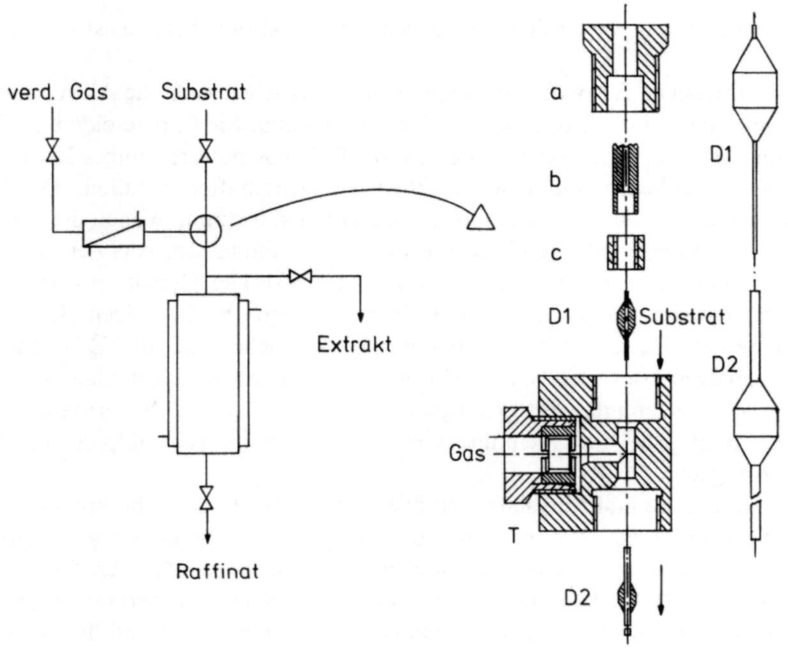

Abb. 52. Versuchsanordnung der Hochdruck-Düsenextraktion mit Angabe des Düsenaufbaus [23].
a Druckschraube, *b* Hochdruckrohr, 1/4″, *c* Druckring, *T* T-Stück, *D1*, *D2* Edelstahl kapillaren mit Doppelkonus

Eine problemlose Funktion des Düsenverfahrens mit einem Restgehalt von weniger als 3,5% Öl im Reinlecithin war mit CO_2 als Lösungsmittel bei 900 bar und 90 °C möglich. Die Dimensionierung der Substratdüse war 0,7 × 0,25 (mm Außendurchmesser × Wandstärke), die der Gasdüse 1,6 × 0,4 bei 150 mm Länge. Der Massenstrom des zudosierten Rohlecithins war ca. 60 g/h, derjenige von CO_2 2,5–3 kg/h. Die erreichte Gasbeladung lag zwischen 0,7 und 1 Gew.-%. Unter den Bedingungen der Düsenextraktion wurde demnach die potentielle Aufnahmefähigkeit von CO_2 für Neutrallipide um mehr als das Zehnfache unterschritten, wenn man die Gleichgewichtsbeladung von Sojaöl zugrunde legt. Dies hängt mit der Reaktionsträgheit der großen Lipidmoleküle und mit ihrer Fixierung innerhalb der in Teilbereichen geordneten Lecithinstrukturen zusammen.

Der Extraktionsdruck von 900 bar stellt technisch kein Problem dar, da alle Volumina des Höchstdruckbereiches wegen der kontinuierlichen Betriebsweise klein gehalten werden können. Auch der Energiebedarf zur Verdichtung von CO_2 liegt im Bereich destillativer Verfahren. Bei günstigen Temperaturwerten im Ölabscheider von 60 oder 80 °C reicht zur Regenerierung des Kreislaufgases bereits eine Drucksenkung auf 150 bar aus, wodurch Rekompressionsenergie eingespart werden kann. Eine Qualitätseinbuße des Lecithins wegen der Extraktionstemperatur von 90 °C ist ebenfalls auszuschließen, da die erhöhte Temperatur unter CO_2 als Schutzgas und zudem nur kurze Zeit wirksam ist. Das Rohlecithin wird kurz vor der Extraktion auf Temperatur gebracht, seine Verweilzeit im Extraktionsbereich ist ca. 0,05 Sekunden.

Die beschriebenen Extraktionsbedingungen ermöglichen auch die Abtrennung der in CO_2 normalerweise schwerer löslichen Komponenten wie Carotinoide und Bitterstoffe. Als Raffinat wurde demzufolge ein hellfarbenes pulverförmiges Reinlecithin mit guten geruchlichen und geschmacklichen Eigenschaften erhalten. Die Korngröße des Pulvers war durchschnittlich kleiner als 0,1 mm, wobei die winzigen Partikel eine unregelmäßig strukturierte Oberfläche aufweisen, was den intensiven Kontakt zu dem Extraktionsmittel bestätigt (Abb. 53). Der Gehalt an acetonunlöslichen Bestandteilen war 1,5–3,5%, was einem qualitativ hochwertigen Handelsprodukt entspricht. Zu bedenken hierbei ist die Tatsache, daß die Düsenmethode in einem einzigen kontinuierlich durchführbaren Verfahrensschritt ohne Sekundärprozesse, wie Ausdämpfen von Lösungsmittelresten, Trocknen, Pulverisieren, Reinigen von Abluft usw., die Trennung von Rohlecithin in Neutrallipide und Reinlecithin ermöglicht.

Eine Optimierung und Maßstabsvergrößerung der Methode ist bislang noch nicht durchgeführt. Es ist jedoch zu erwarten, daß beispielsweise die Beimengung geringer, unterhalb der Explosionsgrenze liegende Propanmengen zu CO_2 den Extraktionsdruck erheblich zu senken und die Gasbeladung weiter zu verbessern vermag, unter Beibehaltung der Selektivität bezüglich der phosphorfreien und der phosphorhaltigen Lipide.

Ein anderer interessanter und ebenfalls kontinuierlich durchführbarer Weg zur Entölung von Rohlecithin bietet sich an, wenn es gelingt, das feste Raffinat

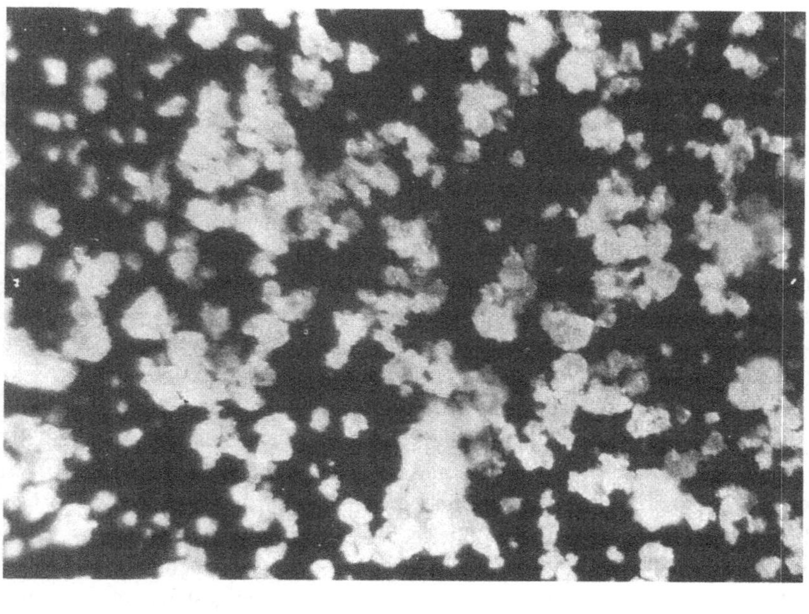

Abb. 53. Mikroskopaufnahme eines durch Entölung von rohem Sojalecithin durch Hochdruck-Düsenextraktion mit Kohlendioxid erhaltenen Reinlecithinpulvers; die horizontale Kantenlänge des Bildes entspricht einer Abmessung von 2 mm [23]

(Reinlecithin) unter den Bedingungen der Extraktion in einen ausreichend flüssigen Zustand zu versetzen. Dann nämlich kann die Entölung durch Gegenstromextraktion in einer Fraktionierkolonne erfolgen, eine Methode, die von Peter et al. untersucht wurde [136]. Unter Einwirkung von Propan bildet Lecithin je nach Druck und Temperatur eine flüssige Phase aus, wobei Lecithin und Öl jedoch in gleichem Maße gelöst werden. Durch Zugabe von CO_2 kann die gewünschte Selektivität erreicht werden, jedoch unter der Gefahr, daß die Phospholipide sich wieder verfestigen und ausscheiden. Zudem bewirkt die CO_2-Zugabe eine deutliche Löslichkeitsabnahme für Neutrallipide. Dies ist insofern bedeutsam, als der Druck und damit die Dichte der Gasphase nicht beliebig erhöht werden kann. Der Trennvorgang erfordert nämlich das Vorliegen eines Zweiphasengebiets mit ausreichendem Dichteunterschied zwischen Gas- und Flüssigphase, um eine vollständige Entmischung zu erreichen. Die Faktoren Selektivität, Viskosität und Kapazität sind daher zur Abgrenzung des möglichen Arbeitsbereiches als Funktion von Druck, Temperatur und Zusammensetzung der Gasphase zu bewerten. Primär ist jedoch darauf zu achten, daß die Lösungsgrenzkurve des Lecithins an keinem Punkt der Trennapparatur unterschritten wird, was zu einer augenblicklichen Verstopfung führen würde. Schließlich ist die Trennleistung der Kolonne auf den ausgewählten Betriebpunkt abzustimmen.

Mit Hilfe eines Computerprogrammes und experimentellen Daten der binären und ternären Teilsysteme gelang es, das quaternäre System Sojaöl—Lecithin—Propan—Kohlendioxid zu beschreiben. Diese Daten wurden für erste Versuche in einer diskontinuierlichen Laboranlage genutzt. Die Ergebnisse erlaubten mit Hilfe einer Boden-zu-Bodenrechnung und eines Bilanzierungsprogrammes, den Betriebspunkt für Versuche in einer Technikumsanlage festzulegen. Dieser wird mit 80 bar, 50 °C und 80 Gew.-% Propan in der Mischung mit CO_2 angegeben. Die Beladung des Kopfgases an Schwerflüchtigem beim Austritt aus der Trennkolonne war ca. 4 Gew.-%, das Lösungsmittelverhältnis lag bei einem Wert von 10. Praktische Kenndaten, wie Trennstufenzahl, Flutpunkt usw. wurden im Experiment bestimmt. Bei der Regenerierung der Gasphase war es günstig, den Restölgehalt unter 0,2% zu senken, damit eine gute Lecithinqualität erreicht werden konnte. Dies erfordert eine Entspannung der Gasphase unter 60 bar bei 80 °C. Die Regenerierung wurde zweistufig mit Hilfe zweier Hilfskolonnen durchgeführt.

Bei optimierten Betriebsbedingungen konnte ein Reinlecithin mit 91,5 Gew.-% Acetonunlöslichem erhalten werden, was nicht ganz der Qualität konventioneller Produkte entspricht. Das Reinlecithin war frei von Triglyceriden, enthielt aber noch eine geringe Menge Sitosterol und erstaunlicherweise einen merklichen Anteil freier Fettsäuren. Der als Produktverlust zu wertende mit dem Sojaöl extrahierte Lecithinanteil konnte von anfänglich 32 auf 0,3 Gew.-% erniedrigt werden, indem die Trennkolonne anstatt isotherm bei 50 °C mit einem Temperaturgradienten zwischen 42 °C Sumpf- und 54 °C Kopftemperatur betrieben wurde. Zudem wurde die in der ersten Regenerierkolonne als Sumpfprodukt anfallende lecithinreiche Fraktion in die Trennkolonne zurückgeführt.

Die in der Technikumsanlage gewonnenen Erkenntnisse dienten dazu, eine Pilotanlage mit 250 Jahrestonnen Rohlecithindurchsatz zu konzipieren. Das schematische Verfahrensfließbild mit Angabe von Drücken und Temperaturen zeigt Abb. 54. Die Anlage besteht aus einer Trenn- und zwei Regenerierkolonnen mit vorgeschalteten

Wärmeaustauschern. Die Trennkolonne wird mit überkritischem Lösungsmittel aus 80,5 Gew.-% Propan und 19,5 Gew.-% CO_2 von unten her durchströmt. Das im Sumpf der Hauptkolonne anfallende flüssige Lecithin/CO_2/Propan-Gemisch wird kontinuierlich in Lecithinaustragsbehälter entspannt, aus denen das pulvrig anfallende Lecithin taktweise entleert wird.

Detailprobleme, die gelöst werden mußten, war der Lecithinaustrag ohne Verstopfung sowie der Austrag des entmischten Sojaöls, das mit der Gasphase einen stabilen Schaum bildet. Frei werdende Gasmengen müssen gesammelt und abgefackelt werden, damit keine explosiven Gemische mit Luft entstehen; Explosionsschutz ist erforderlich. Auf der anderen Seite ist zum Ausgleich von Gasverlusten Frischgas zuzuführen, dessen Zusammensetzung genau eingestellt sein muß, damit keine Betriebsstörungen auftreten. Schließlich ist zu beachten, daß in Rohlecithin in geringen Mengen Bestandteile enthalten sein können, die selbst in reinem Propan nicht löslich sind und im Dauerbetrieb u. U. ein Zusetzen der Packung der Trennkolonne verursachen.

Die geschätzten Kosten für die Herstellung von Reinlecithin nach der beschriebenen Kolonnenmethode liegen bei einer Anlagenkapazität von 1200 Jahrestonnen Reinlecithin bei 40–50% der Kosten des konventionellen Acetonverfahrens (Stand 1985).

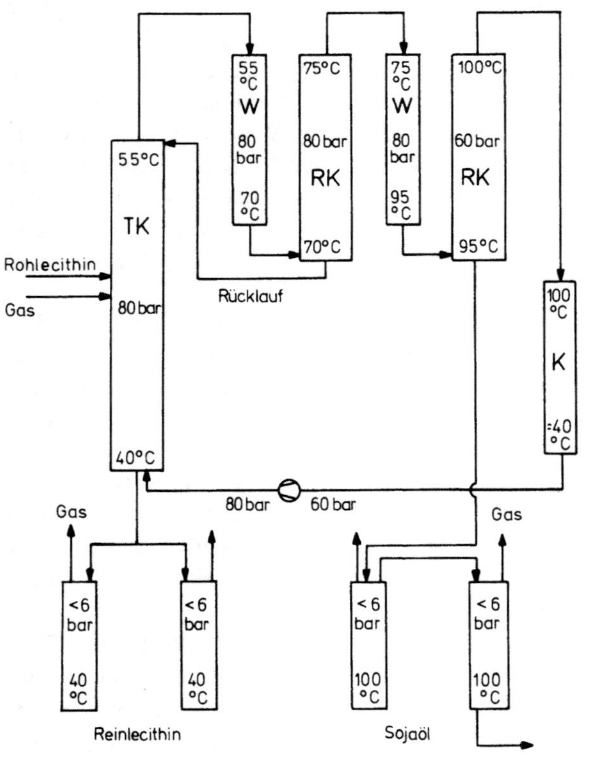

Abb. 54. Schematisches Verfahrensfließbild einer Pilotanlage zur Hochdruckextraktion von Rohlecithin mit Propan/CO_2; Betriebsdrücke und -temperaturen sind eingezeichnet, Tagesdurchsatz: 1 t [137].
TK Trennkolonne, *RK* Regenerierkolonne, *W* Wärmeaustauscher, *K* Kühler

IV.3 Ätherische Öle und Aromen

Ätherische Öle, Duft- und Aromastoffe finden eine vielfältige Anwendung. In Nahrungsmitteln spielen sie als aromatische Geschmacksstoffe und wegen ihrer appetitanregenden und verdauungsfördernden Eigenschaften eine wichtige Rolle. In der Parfümerie und Kosmetik stellen sie wichtige Grundstoffe für Duftkompositionen dar und werden in reiner Form direkt zu hochwertigen Naturparfüms verarbeitet. Ein weiteres Anwendungsgebiet ist der pharmazeutische Bereich. Infolge ihrer pharmakologischen Wirkung haben viele ätherische Öle therapeutisch interessante Anwendungsmöglichkeiten, z. B. als Karminativum, Antiphlogistikum, Sedativum usw.

Stoffeigenschaften, die einen besonderen Einfluß auf das Löslichkeitsverhalten in verdichteten Gasen ausüben, sind der Dampfdruck und die Polarität. Die Verbindungen sind umso besser extrahierbar, je unpolarer sie sind und je kleiner die Molmasse und größer der Dampfdruck ist. In Abbildung 55 sind die Dampfdruckkurven einiger typischer Bestandteile ätherischer Öle in Abhängigkeit von der Temperatur dargestellt.

Monoterpen-Kohlenwasserstoffe mit 10 Kohlenstoffatomen, wie beispielsweise α-Pinen oder Limonen, stellen leicht flüchtige Verbindungen dar. Sie haben bereits bei Raumtemperatur Dampfdrücke von einigen Millibar, die bei Temperatursteigerung auf 100 °C Werte von etwa 100 Millibar erreichen. Die höher molekularen Sesquiterpen-Kohlenwasserstoffe (z. B. Caryophyllen, Cadinen) besitzen als C_{15}-Verbindungen eine 10- bis 20fach geringere Flüchtigkeit. Die sauerstoffhaltigen Monoterpene, von denen Carvon und Geraniol als Vertreter ausgewählt sind, und die Phenylpropanderivate, wie Anethol und Eugenol, haben Dampfdrücke in der gleichen Größenordnung wie die C_{15}-Kohlenwasserstoffe. Weitaus weniger flüchtig sind die sauerstoffhaltigen Sesquiterpene (z. B. Valeranon, α-Bisabolol). Ihre Dampfdrücke erreichen bei 100 °C lediglich Werte von ca. 1 Millibar.

Abbildung 55 zeigt die Temperaturabhängigkeit des Dampfdrucks bei Atmosphärendruck. Wird nun auf eine kondensierte Phase bei gegebener konstanter Temperatur mittels eines Inertgases ein hoher Druck ausgeübt, so steigt der Dampfdruck der kondensierten Phase an. Die Druckabhängigkeit des Dampfdruckes wird im idealen Fall durch die Poynting-Gleichung beschrieben [140]. In Tabelle 13 ist am Beispiel von Limonen und Anethol die Abhängigkeit des Dampfdruckes vom Inertgasdruck bei einer konstanten Temperatur von 40 °C dargestellt. Durch die Auswirkung des reinen Druckeffekts steigt der Dampfdruck der gegebenen Komponenten bei einem Inertgasdruck von 200 bar etwa um den Faktor 3 an.

Es muß jedoch ausdrücklich darauf hingewiesen werden, daß die Poynting-Gleichung von idealen Voraussetzungen ausgeht und Wechselwirkungen zwischen

Tabelle 13. Dampfdrücke von Limonen und Anethol bei 40 °C und verschiedenen Inertgasdrücken

Inertgasdruck (bar)	1	60	200
P_0 (Limonen) (mbar)	6,1	8,8	21,5
P_0 (Anethol) (mbar)	0,3	0,47	0,96

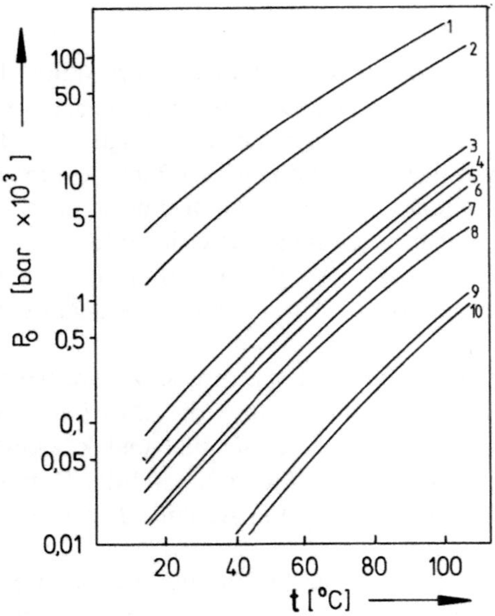

1 α-Pinen
MG 136,24

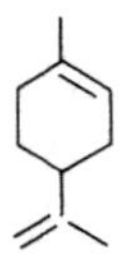
2 Limonen
MG 136,24

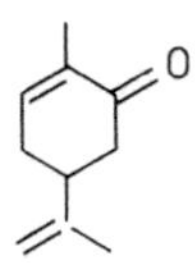

3 Carvon
MG 150,22

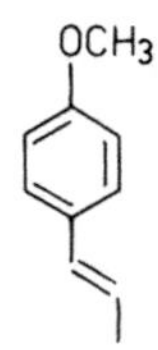

4 Anethol
MG 148,21

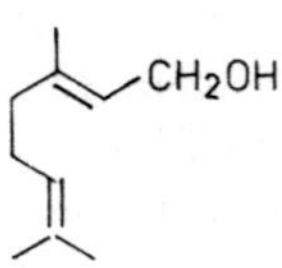

5 Geraniol
MG 154,25

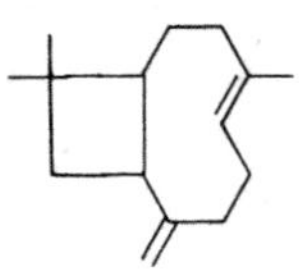
6 Caryophyllen
MG 204,36

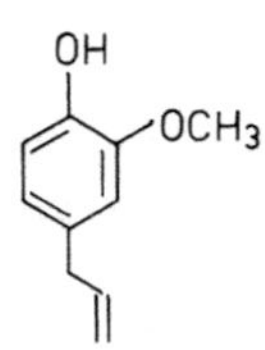

7 Eugenol
MG 164,21

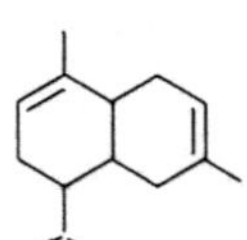
8 Cadinen
MG 204,36

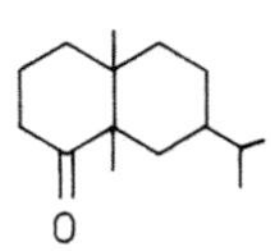

9 Valeranon
MG 222,32

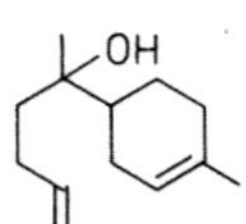

10 α-Bisabolol
MG 222,32

Abb. 55. Dampfdruckkurven ätherischer Ölbestandteile in Abhängigkeit von der Temperatur [138, 139]

den Molekülen des Fremdgases und denen der kondensierten Phase unberücksichtigt läßt. Löslichkeitsberechnungen sind folglich mit dieser Gleichung nicht möglich.

Ein weiterer, das Löslichkeitsverhalten bestimmender Faktor ist die Polarität der Verbindungen, die näherungsweise durch die Dielektrizitätkonstanten (DK) beschrieben wird. Die niedrigsten DK-Werte ätherischer Ölbestandteile haben die Kohlenwasserstoffe (Limonen 2,3; Angaben jeweils für 20 °C). Mit der Einführung funktioneller Gruppen steigen die DK-Werte an (1-Decanol 8,1; Carvon 13,1; Zimtaldehyd 15,7). Die Dielektrizitätskonstanten ätherischer Öle liegen zwischen Werten von 2,9 für Angelicaöl und 16,5 für Senföl [141]. Sie stellen also in jedem Fall lipophile, leicht flüchtige Substanzgemische dar, die mit unpolaren verdichteten Gasen, beispielsweise Kohlendioxid leicht extrahiert werden können. Während polare funktionelle Gruppen bei höhermolekularen Substanzen die Extrahierbarkeit unmöglich machen können [4], ist ihr Einfluß bei den niedermolekularen ätherischen Ölen geringer. Hohe DK-Werte der zu extrahierenden Verbindungen können allenfalls eine geringe Löslichkeitsabschwächung bewirken.

Da ätherische Öle, Duft- und Aromastoffe in hochwertigen Produkten der Parfümerie und Kosmetik, im pharmazeutischen Bereich oder im Nahrungsmittelsektor Verwendung finden, wird in den bisher bekannten Arbeiten bei der Hochdruckextraktion ausschließlich das physiologisch unbedenkliche Kohlendioxid eingesetzt. Ätherische Öle sind als niedermolekulare, lipophile Stoffe mit hohem Dampfdruck in verdichtetem Kohlendioxid sehr gut löslich. Problematisch ist jedoch die quantitative Abscheidung der leicht flüchtigen Komponenten aus dem Kreisgasstrom sowie die Tatsache, daß unerwünschte Begleitsubstanzen aus anderen Stoffklassen mitextrahiert werden können. Die Kenntnis des Löslichkeitsverhaltens ätherischer Öle in verdichtetem Kohlendioxid ist daher Voraussetzung zur optimalen Einstellung der Verfahrensparameter Druck und Temperatur.

IV.3.a Löslichkeitsverhalten

Flüssiges Kohlendioxid zeigt für ätherische Öle und Aromen ein sehr hohes Lösungsvermögen. Bereits 1954 hat Francis das Phasenverhalten einer großen Anzahl leichtflüchtiger Verbindungen in flüssigem Kohlendioxid beschrieben [142]. Weitere Untersuchungen zur Löslichkeit der Aromastoffe aus Fruchtsäften wurden von Schultz veröffentlicht [143]. Eine Auflistung einiger Löslichkeitsdaten aus diesen Arbeiten zeigt Tabelle 14.

Ätherische Ölbestandteile, wie z. B. Limonen oder Kampfer, sind mit flüssigem Kohlendioxid voll mischbar. Gleiches gilt auch für niedermolekulare Alkohole, Aldehyde, Ketone und Ester. Mit zunehmendem Molekulargewicht oder steigender Polarität wird die Löslichkeit schlechter. Während Hexanol in flüssigem CO_2 vollständig mischbar ist, löst sich n-Decanol als C_{10}-Verbindung nur zu einem Gewichtsprozent.

Stahl und Schilz haben 1976 mit der Mikroextraktion in Kopplung mit der Dünnschicht-Chromatographie gezeigt, daß ätherische Öle mit überkritischem Kohlendioxid bei einer Temperatur von 40 °C schon bei Drücken ab 70 bar nachweisbar extrahiert werden [2]. In einer umfassenden Untersuchung zum Löslichkeitsverhalten leicht flüchtiger Öle wurde von Stahl und Gerard der Zustandsbereich von verdichtetem Kohlendioxid charakterisiert, in dem eine selektive Gewinnung dieser Substanzen möglich ist [35].

Tabelle 14. Löslichkeiten in flüssigem Kohlendioxid

Voll mischbar [142]	löslicher Anteil in Gew.-% [142]		unlöslich [143]
Zinnchlorid	Wasser	0,1	Harnstoff
Benzin	Jod	0,2	Glycin
Benzol	Naphthalin	2,0	Phenylessigsäure
Pyridin	Anilin	3,0	Oxalsäure
Essigsäure	o-Nitroanisol	2,0	Bernsteinsäure
Caprylsäure	Ölsäure	2,0	Apfelsäure
Milchsäureethylester	Milchsäure	0,5	Weinsäure
Essigsäureamylester [143]	Stearinsäurebutylester	3,0	Zitronensäure
Glyceroltriacetat	Anthranilsäureethylester	6,0	Ascorbinsäure
Ethanol	Glycerolmonoacetat	1,0	Dextrose
Hexanol	Glycerol	0,05	Saccharose
Benzaldehyd	n-Decanol	1,0	
Kampfer			
Limonen			
Thiophen			

Alle Komponenten der ätherischen Öle sind in komprimiertem Kohlendioxid schon bei relativ geringen Gasdichten sehr gut löslich (s. Abb. 56). Im Druckbereich zwischen 70 und 100 bar bei 40 °C steigt infolge der starken Dichtezunahme des Extraktionsmittels ihre Löslichkeit exponentiell an. Bei einem Druck von 90 bar, d. h. bei einer Gasdichte von nur 0,5 g/cm^3 werden Löslichkeiten von 50–60 mg/g CO_2 erreicht. Bei höheren Gasdichten, d. h. in höher komprimiertem überkritischem oder in flüssigem Kohlendioxid, liegt sogar vollständige Mischbarkeit vor.

Wie aus Abb. 56 zu ersehen ist, zeigen die Monoterpen-Kohlenwasserstoffe (z. B. Limonen) die höchsten Löslichkeitswerte. Dies ist auf ihren höheren Dampfdruck, ihre geringe Polarität und ihre kleinere Molmasse im Vergleich zu den anderen ätherischen Ölkomponenten zurückzuführen. Carvon, ein Vertreter der sauerstoffhaltigen Monoterpene und Caryophyllen, ein Sesquiterpen-Kohlenwasserstoff, haben etwa die gleiche Löslichkeit in überkritischem Kohlendioxid. Ihre Löslichkeitskurven bei 40 °C verlaufen sehr dicht beieinander. Insgesamt gesehen sind diese beiden Substanzgruppen etwas weniger gut löslich als die Monoterpen-Kohlenwasserstoffe. Ein ähnliches Löslichkeitsverhalten wie Carvon zeigen auch die Phenylpropan-Derivate Anethol und Eugenol. Die Löslichkeitskurve von Valeranon verläuft im unteren Druckbereich deutlich tiefer als die der übrigen Komponenten, d. h. die höher molekularen sauerstoffhaltigen Sesquiterpene sind bei diesen Bedingungen weniger gut löslich. Dies ist auf ihre geringere Flüchtigkeit zurückzuführen. Mit zunehmender Gasdichte steigt die Löslichkeit aber sehr stark an, so daß sich bei Drücken oberhalb von 90 bar bei 40 °C die Löslichkeitskurve von Valeranon denen der übrigen ätherischen Ölkomponenten annähert.

Der Anstieg der Löslichkeitsisothermen der ätherischen Ölbestandteile verläuft umso steiler je tiefer die Temperatur ist. Während bei 40 °C Löslichkeiten von

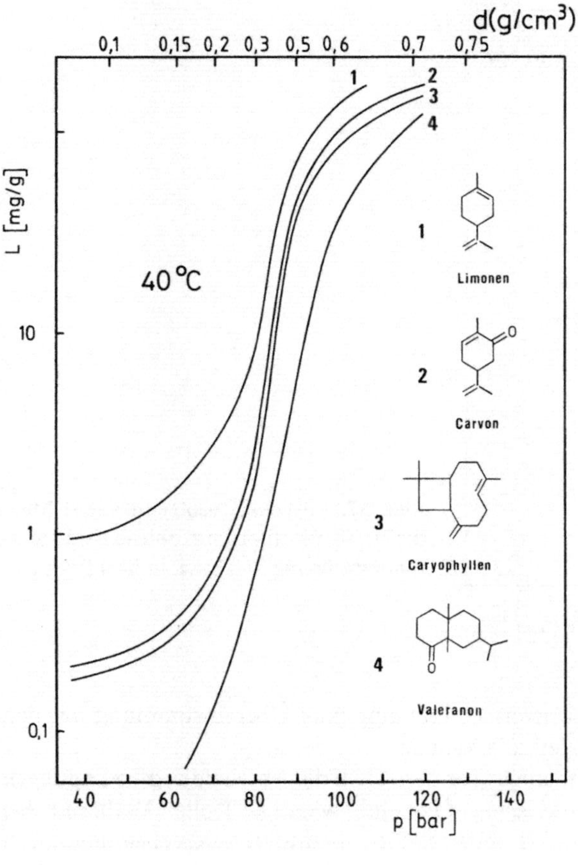

Abb. 56. Löslichkeitsisothermen typischer ätherischer Ölkomponenten in verdichtetem Kohlendioxid bei 40 °C [35]

50 mg/g CO_2 bei etwa 90–100 bar erreicht werden, sind diese Werte bei 30 °C schon bei einem Druck von 75–80 bar gegeben. Bei tieferen Temperaturen steigen die Löslichkeitskurven bei dem Verflüssigungsdruck des Kohlendioxids bis zur vollständigen Mischbarkeit an. Die Löslichkeitsisothermen der einzelnen Substanzen zeigen bei Temperaturen oberhalb von 50 °C einen unterschiedlich starken Anstieg, wodurch Fraktionierungseffekte möglich sind. Mit abnehmender Temperatur gleicht sich ihr Verlauf immer mehr an.

Während die eben diskutierten Löslichkeiten mit dem analytisch-dynamischen Verfahren bestimmt wurden, haben Maier und Stephan hingegen das Phasenverhalten des Monoterpenalkohols Menthol in überkritischem Kohlendioxid mit der analytisch-statischen Methode untersucht [144]. Ihre Ergebnisse sind in Abb. 57 zusammengestellt.

Die Löslichkeitsisobaren von Menthol durchlaufen ein Minimum, das sich mit zunehmendem Druck zu höheren Temperaturen und Löslichkeitswerten verschiebt. Darüberhinaus wird das angesprochene hohe Lösungsvermögen von Kohlendioxid für ätherische Ölbestandteile deutlich. Bei Drücken von 100–200 bar sind im Temperaturbereich von 40–50 °C etwa 10 Gew.-% Menthol in dem überkritischen Gas löslich. Eine weitere Drucksteigerung bewirkt eine beträchtliche Erhöhung

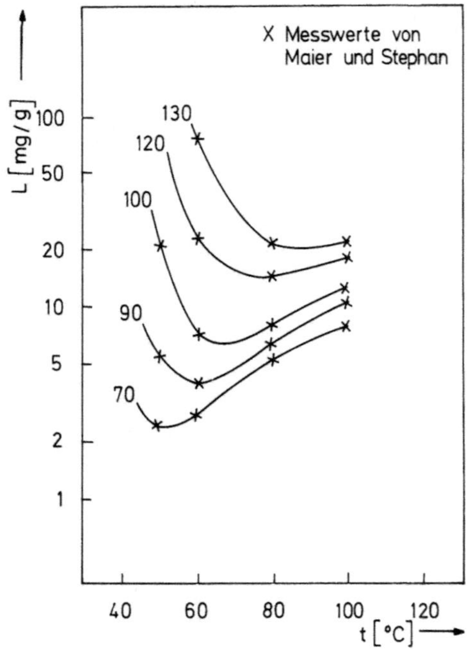

Abb. 57. Löslichkeitsisobaren von 1-Menthol in überkritischem Kohlendioxid (Kurvenbezeichnung = Druck in bar) [144]

dieses Wertes. Der gefundene Sachverhalt läßt eine gute Übereinstimmung mit den analytisch-dynamisch erfaßten Werten erkennen.

Nicht nur die Extraktionsbedingungen sondern auch die Abscheidungsbedingungen spielen bei der Gewinnung ätherischer Öle eine wichtige Rolle. Während bei schwerflüchtigen Verbindungen (z. B. fette Öle) die quantitative Abscheidung durch Entspannen in den gasförmigen Zustand in einfacher Weise gelingt, erfordern die leichter flüchtigen Substanzen besondere Bedingungen. Diese zeigen auch im gasförmigen Extraktionsmittel Restlöslichkeiten, die einerseits durch ihren hohen Dampfdruck und andererseits durch molekulare Wechselwirkungen zwischen dem gasförmigen Kohlendioxid und der gelösten Substanz bedingt sind.

Zur Reduzierung dieser Restlöslichkeiten wurde das Löslichkeitsverhalten charakteristischer Verbindungen im tiefen Druckbereich bei verschiedenen Temperaturen untersucht [34, 145]. Die ermittelten Abscheidungsisobaren und -isothermen sind in Abbildung 58 wiedergegeben. Die Isobaren (Abb. 58, links) durchlaufen ein Minimum, und man erkennt, daß sich bei einer Druckminderung die Abscheidungsminima nach tieferen Temperaturen und Löslichkeitswerten verschieben, da mit abnehmender Temperatur der Dampfdruck der ätherischen Ölkomponenten kleiner wird. Daraus ergibt sich, daß eine Abscheidung bei niedrigem Druck und einer tiefen Temperatur günstig ist. Allerdings ist zu beachten, daß die Abscheidungstemperatur größer sein muß als die vom jeweiligen Druck abhängige Verflüssigungstemperatur von Kohlendioxid, da das verflüssigte Gas ein hohes Lösungsvermögen für ätherische Öle besitzt.

Bemerkenswert ist auch die Tatsache, daß bei einer vorgegebenen Temperatur der Abscheidungsdruck nicht beliebig niedrig gewählt werden darf, da die Isothermen ebenfalls ein Minimum durchlaufen (Abb. 58, rechts). Bei tiefen Drücken

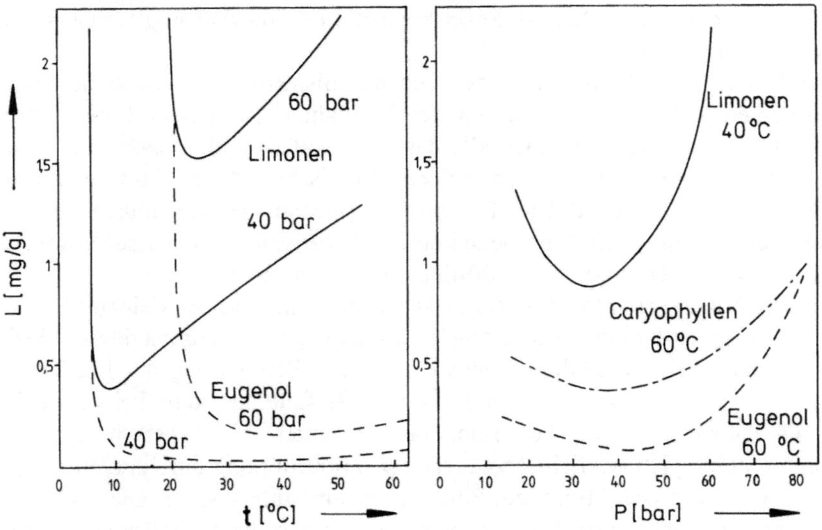

Abb. 58. Abscheidungsisobaren (links) und -isothermen (rechts) typischer Bestandteile ätherischer Öle in Abhängigkeit von der Temperatur und dem Druck [34]

bewirkt der hohe Dampfdruck der ätherischen Ölbestandteile eine gewisse Löslichkeit. Mit zunehmendem Druck wird der Anteil des Dampfdrucks am Systemdruck kleiner, als Folge davon nimmt die Löslichkeit ab. Bei weiter ansteigendem Druck durchlaufen die Isothermen ein Minimum und steigen schließlich aufgrund der zunehmenden Gasdichte, also infolge von Solvatationseffekten, stark an. Die geringere Löslichkeit von Caryophyllen und Eugenol gegenüber Limonen im aufgezeigten Druck- und Temperaturbereich ist auf ihre deutlich geringere Flüchtigkeit zurückzuführen.

Die Verfahrensparameter Druck und Temperatur müssen also optimal eingestellt werden, um Verlusten an vorwiegend leicht flüchtigen Bestandteilen vorzubeugen. Weniger problematisch ist diese Tatsache, wenn das Extraktionsmittel im Kreislauf geführt wird und sich dabei eine Gleichgewichtskonzentration im Kreisgas einstellt. Nach der Anlaufphase einer präparativen Extraktion, bei der sich infolge der Restlöslichkeiten Substanzverluste ergeben, bleibt die Menge an leicht flüchtigen, nicht abgeschiedenen Extraktanteilen im Kreisgas konstant, d. h. in dieser Phase des Extraktionsablaufs werden alle frisch gelösten Substanzmengen im Abscheidungsbehälter gesammelt. Voraussetzung hierfür ist jedoch, daß sich der nicht abgeschiedene Extraktanteil an keiner anderen Stelle der Anlage, außer dem Abscheidungsbehälter, entmischt und anreichert, da sonst Störungen des Verfahrensablaufs resultieren. Insbesondere ist darauf zu achten, daß kein Extrakt im Verdichter, in den Wärmeaustauschern, im Strömungsmesser oder im Gasvorratsbehälter abgelagert wird. Einer möglichst quantitativen Abscheidung, die beispielsweise bei einem Druck von 30 bar bei 0 °C erreicht wird, stehen jedoch hohe Energiekosten für die Rekompression und Kühlung entgegen, so daß es wirtschaftlich vorteilhaft ist, bei einem höheren Druck und einer entsprechend höheren Temperatur abzuscheiden. In diesem Fall müssen jedoch etwas längere Extraktionszeiten in Kauf genommen werden, da durch die Restlöslichkeiten die volle Extraktionskapazität des unbeladenen Lösungsmittels nicht zur Verfügung steht.

Eine selektive Extraktion ätherischer Öle mit überkritischem Kohlendioxid ist bei Gasdichten zwischen 0,4 und 0,6 g/cm^3 möglich. In diesem Bereich treten keine Fraktionierungseffekte innerhalb des Öles auf, da alle Bestandteile hohe Löslichkeitswerte aufweisen. Sollen jedoch ätherische Öle in Substanzgruppen unterschiedlicher Flüchtigkeit oder Polarität aufgetrennt werden, müssen die Löslichkeiten der zu trennenden Komponenten möglichst weit voneinander abweichen. Dazu ist eine Optimierung der Trennbedingungen notwendig.

Infolge der hohen Dampfdrücke, der geringen Polarität und der kleinen Molmasse sind die Monoterpen-Kohlenwasserstoffe in verdichtetem Kohlendioxid besser löslich als die übrigen ätherischen Ölkomponenten. Bei der Betrachtung der Löslichkeitsisobaren von Limonen und Carvon (s. Abb. 59) fällt auf, daß bei Gasdichten größer als 0,4 g/cm^3, d. h. bei Temperaturen unter 35 °C bei 80 bar, keine Fraktionierung möglich ist. Bei isobarer Temperaturerhöhung durchlaufen die Löslichkeitskurven jeweils ein Minimum. Einerseits nimmt aufgrund der Dichteabnahme des Gases dessen Lösungsvermögen ab, während andererseits die höhere Temperatur einen Dampfdruckzuwachs der Substanzen bewirkt. Bei höheren Temperaturen bewirkt die unterschiedliche Flüchtigkeit zusammen mit dem Lösungsvermögen des überkritischen Kohlendioxids eine deutlich unterschiedliche Löslichkeit der zu trennenden ätherischen Ölkomponenten. Die Löslichkeitskurven zeigen bei höheren

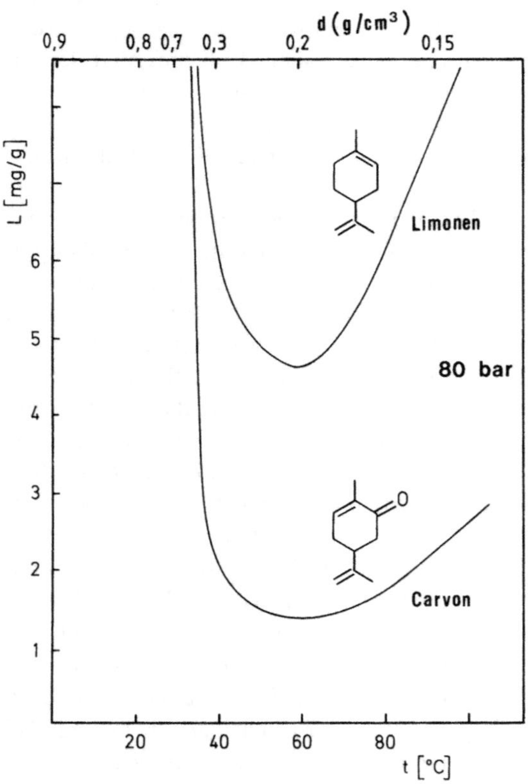

Abb. 59. Löslichkeitsisobaren von Limonen und Carvon in Abhängigkeit von Temperatur und Dichte des komprimierten Kohlendioxids [35]

Drücken einen analogen Verlauf. Hier sind jedoch höhere Temperaturen erforderlich, um Löslichkeitsunterschiede und damit einen Trenneffekt zu bewirken. So liegen beispielsweise bei einem Druck von 90 bar die Löslichkeitsminima bei einer Temperatur um 70 °C. Von Vorteil ist hierbei die stärkere Beladung der verdichteten Gasphase.

Die sauerstoffhaltigen Sesquiterpene sind in überkritischem Kohlendioxid geringer Gasdichte (<0,5 g/cm³) weniger gut löslich als die leichter flüchtigen ätherischen Ölbestandteile. Dies wurde bereits in Abb. 56 deutlich. Eine Fraktionierung ist folglich derart möglich, daß die besser löslichen Monoterpene, deren Derivate und die Sesquiterpen-Kohlenwasserstoffe mit überkritischem Kohlendioxid, zum Beispiel bei Drücken von 70 bis 80 bar bei 40 °C, selektiv abgetrennt werden. Nachteilig bei dieser fraktionierten Extraktion ist die geringe Beladung des Extraktionsgases. Eine weitere Möglichkeit der Trennung, die in einer fraktionierten Abscheidung besteht, soll am Beispiel eines Modellgemischs aus Caryophyllen und Valeranon (Abb. 60) diskutiert werden. Extrahiert man bei Bedingungen hoher Löslichkeit, z. B. bei 90 bar und 35 °C, so werden alle Komponenten sehr gut gelöst. Bei isobarer Temperaturerhöhung, z. B. auf 50–60 °C, werden vorzugsweise die weniger gut löslichen Sesquiterpen-Derivate abgeschieden, da ihre Löslichkeit mit der Temperatur deutlich stärker abfällt. Die übrigen ätherischen Ölkomponenten bleiben vorwiegend in Lösung und können separat abgetrennt werden.

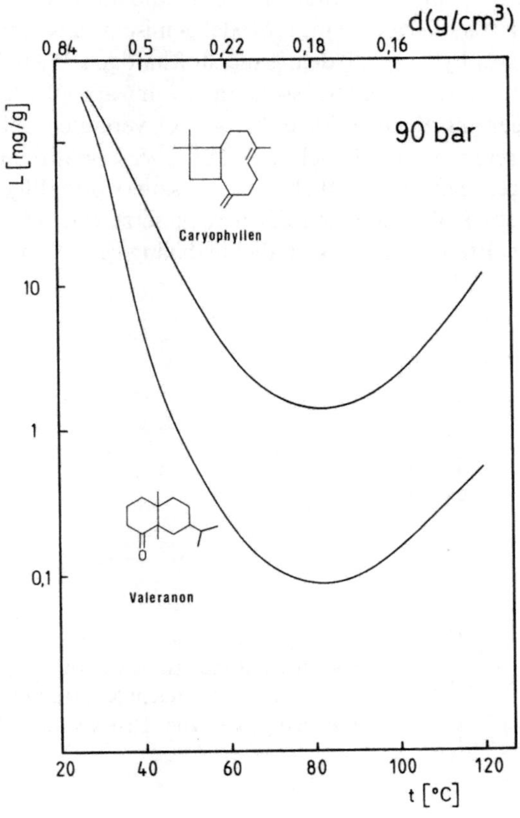

Abb. 60. Löslichkeitsisobaren von Caryophyllen und Valeranon in verdichtetem Kohlendioxid [35]

Problematischer als die Abtrennung der leicht flüchtigen Monoterpen-Kohlenwasserstoffe oder der schwerer flüchtigen sauerstoffhaltigen Sesquiterpene ist die Fraktionierung zwischen Sesquiterpen-Kohlenwasserstoffen und sauerstoffhaltigen Monoterpenen. Diese beiden Substanzgruppen zeigen ein ähnliches Löslichkeitsverhalten in verdichtetem Kohlendioxid. Darüberhinaus haben sie etwa gleich hohe Dampfdrücke. Da aber ihre Polarität deutlich unterschiedlich ist, kann man mit einem Extraktionsmittel höherer Polarität eine bessere Selektivität erwarten. Die Polarität von Kohlendioxid kann durch Zumischen einer polaren Komponente erhöht werden. Dies ist in einfacher Weise durch Sättigen mit Wasser möglich. Die Verwendung von Wasser hat den Vorteil, daß es wieder leicht vom ätherischen Öl abzutrennen und außerdem physiologisch unbedenklich ist.

In Abbildung 61 ist die Sättigungskonzentration des Wassers in verdichtetem Kohlendioxid bei 50 °C gezeigt. Bei tiefen Drücken ist aufgrund des hohen Dampfdrucks des Wassers die Konzentration im Gas groß. Mit zunehmendem Druck durchläuft die Löslichkeitskurve ein Minimum und nähert sich schließlich bei hohen Drücken asymptotisch einem Grenzwert von etwa 3 mg Wasser/g CO_2.

Systematische Untersuchungen des dielektrischen Verhaltens oder der Polarität von Stoffgemischen aus polaren Komponenten und überkritischen Gasen sind nicht bekannt. Es kann jedoch vorausgesetzt werden, daß die Dielektrizitätskonstante von Kohlendioxid durch Sättigung mit Wasser erhöht wird. Daraus sollte sich bei sonst gleichen Druck- und Temperaturbedingungen eine bessere Löslichkeit der polaren Verbindungen in verdichtetem Kohlendioxid ergeben.

Dies wird anhand der Löslichkeitsisothermen eines Modellgemischs aus dem Sesquiterpen-Kohlenwasserstoff Caryophyllen und dem sauerstoffhaltigen Phenylpropan-Derivat Anethol näher erläutert (Abb. 62). Die Isothermen von Caryophyllen (A) und Anethol (B) in komprimiertem Kohlendioxid bei 40 °C verlaufen sehr dicht beieinander, so daß eine Trennung unmöglich ist. Eine Wassersättigung des Extraktionsgases hat zur Folge, daß die Löslichkeit der sauerstoffhaltigen Komponente erhöht (B*) und die des Kohlenwasserstoffs herabgesetzt wird (A*). Am stärksten ausgeprägt ist dieser Effekt im starken dichteabhängigen Anstieg

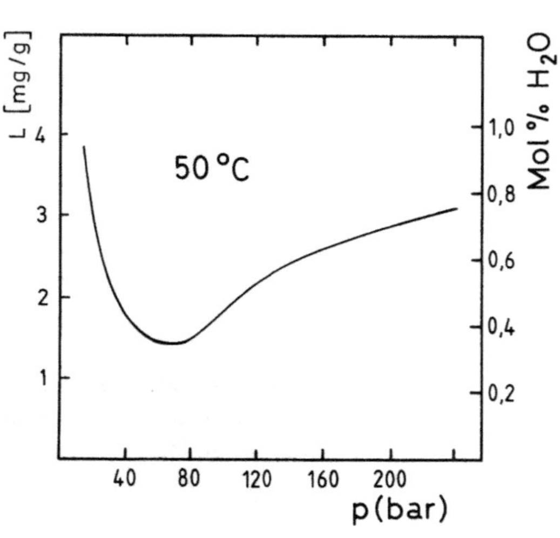

Abb. 61. Sättigungskonzentration des Wassers in verdichtetem Kohlendioxid in Abhängigkeit vom Druck [146, 147]

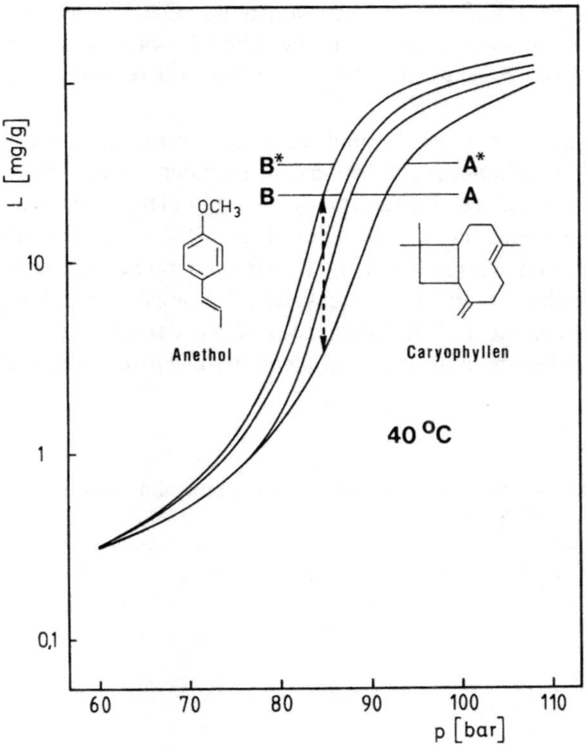

Abb. 62. Einfluß der Wassersättigung von Kohlendioxid auf die Löslichkeit von Anethol und Caryophyllen [35]. *A*, *B* Löslichkeiten in reinem CO_2, *A**, *B** Löslichkeiten in wassergesättigtem CO_2

der Isothermen bei Drücken zwischen 80 und 90 bar. Bei 85 bar beispielsweise ist unter diesen Bedingungen Anethol etwa um den Faktor 8 besser löslich als Caryophyllen (gestrichelter Pfeil). Bei Gasdichten größer als 0,5 g/cm^3, d. h. bei Drücken oberhalb von 90 bar bei 40 °C, steigt die Löslichkeit der Verbindungen auf Kosten der Selektivität so stark an, daß eine Trennung wiederum schwieriger wird. Ein analoges Verhalten zeigt sich auch bei höheren Temperaturen, z. B. 50 oder 60 °C. Hier wird allerdings der Effekt der deutlichen Löslichkeitszunahme bzw. -abnahme erst bei höheren Drücken beobachtet, da eine gewisse Gasdichte von etwa 0,3 bis 0,4 g/cm^3 zum Auflösen der Substanzen nötig ist.

Allgemein kann gesagt werden, daß der Phasenbereich des verdichteten Kohlendioxids, in dem eine Auftrennung der ätherischen Öle in bestimmte Substanzgruppen erfolgt, gegenüber den optimalen Extraktionsbedingungen für das reine Gesamtöl (Gasdichten von 0,4 bis 0,6 g/cm^3) durch eine prinzipiell geringere Gasdichte gekennzeichnet ist. Zur Fraktionierung sind Dichtewerte zwischen 0,2 und 0,4 g/cm^3 geeignet, wobei Temperaturen im Bereich von 50 bis 80 °C zusätzliche Vorteile bringen. Beim Arbeiten unter diesen Bedingungen werden neben den Lösungsmitteleigenschaften des überkritischen Kohlendioxids die unterschiedlichen Dampfdrücke der Substanzen zur Trennung ausgenutzt. Die für die Extraktion und Fraktionierung angegebenen Druck- und Temperaturwerte stellen nicht in jedem Fall — also für alle ätherischen Öle — optimale Bedingungen dar. In Grenzfällen kann für leichtflüchtige Öle eine einheitliche Extraktion erfolgen, während bei schwerer flüchtigen Ölen, die zumindest teilweise aus höhermolekularen Verbindungen zusammengesetzt sind, bereits Fraktionierungseffekte auftreten. Die Extraktions- und Fraktionierungsbedingungen müssen demnach am jeweiligen Problem, also dem zu bearbeitenden ätherischen Öl, optimiert werden. Die angegebenen Bereiche können hierzu als Richtwerte dienen.

Zur Fraktionierung von Substanzen mit ähnlichen Löslichkeitseigenschaften ist eine hohe Selektivität des Extraktionsgases erforderlich. Brunner hat das unterschiedliche Verhalten einiger Gase bei der Extraktion einer äquimolaren Mischung von Hexadecanol und Octadecan untersucht [148]. Diese beiden Substanzen haben etwa die gleiche Flüchtigkeit und sind in ihrem Löslichkeitsverhalten mit Sesquiterpen-Derivaten vergleichbar. In Tabelle 15 sind die Löslichkeiten der Substanzmischung bei 150 bar und 70 °C zusammengestellt. Das Lösungsvermögen der untersuchten Gase steigt von Monochlortrifluormethan über Kohlendioxid, Distickstoffoxid, Ethen bis Ethan an.

Tabelle 15. Löslichkeiten einer äquimolaren Mischung aus Hexadecanol und Octadecan in verschiedenen Gasen bei 150 bar und 70 °C [148]

	C_2H_6	C_2H_4	N_2O	CO_2	CF_3Cl
Löslichkeit von $C_{16}OH/C_{18}$ in Gew.-%	25,5	6,9	5,5	3,2	2,8

In Abbildung 63 sind die Trennfaktoren der verschiedenen Gase für das Modellgemisch aufgezeigt. Der Trennfaktor ist derart definiert, daß bei Werten größer 1 die Löslichkeit von Octadecan in der Gasphase überwiegt. Dabei ist leicht zu ersehen, daß die Trennfaktoren der Gase in der gleichen Größenordnung liegen. Eine Ausnahme bildet Monochlortrifluormethan mit einem Trennfaktor von 5 bis 6.

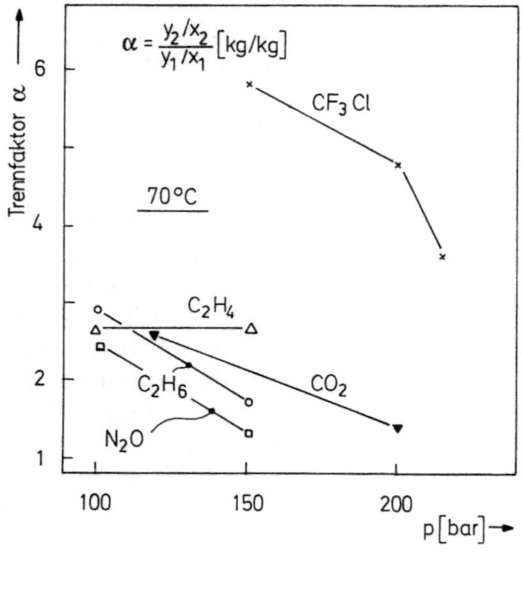

Abb. 63. Trennfaktoren einer äquimolaren Mischung aus Hexadecanol und Octadecan in verschiedenen Gasen [148].
1 Hexadecanol, *2* Octadecan, *Y* Konzentration in der Gasphase, *X* Konzentration in der kondensierten Phase

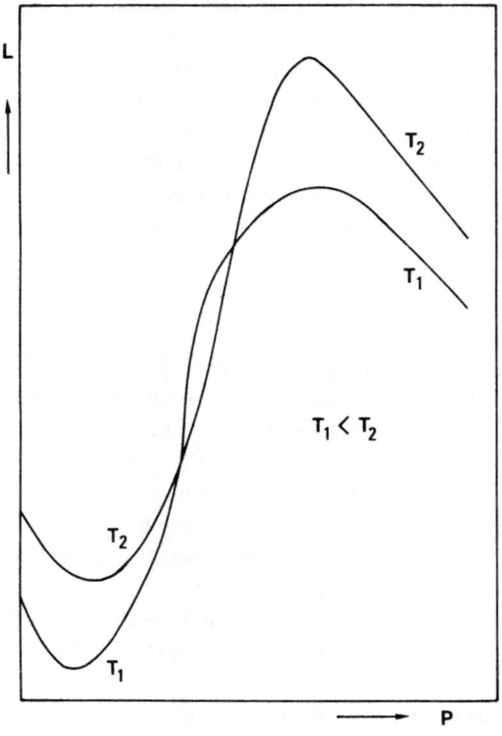

Abb. 64. Schematischer Verlauf zweier Löslichkeitsisothermen in Abhängigkeit vom Druck

Bei isothermer Druckerhöhung werden die Werte im allgemeinen kleiner infolge der zunehmenden Konzentration der zu trennenden Substanzen in der Gasphase. Davon ausgenommen ist das Verhalten von Ethen, das bei 150 bar einen vergleichbaren Trenneffekt wie bei 100 bar ausübt, obwohl die Löslichkeit des Modellgemischs deutlich angestiegen ist.

Nachdem das Löslichkeitsverhalten von Substanzen mehr oder weniger hoher Flüchtigkeit und Löslichkeit (ätherische, fette Öle) bisher ausschnittsweise eingehend diskutiert wurde, soll zur Verdeutlichung der Zusammenhänge in Abb. 64 ein allgemeiner Überblick über den Löslichkeitsverlauf einer Substanz im Kontakt mit einem realen Gas innerhalb eines großen Druckbereichs gegeben werden. Abgebildet sind die Löslichkeitsisothermen ein und derselben Substanz bei zwei verschiedenen Temperaturen. Ausgehend von Löslichkeitswerten, die dem Dampfdruck der Substanz bei der gegebenen Temperatur entsprechen, schließt sich mit steigendem Systemdruck zunächst ein Konzentrationsminimum der betrachteten Substanz in der binären Mischung an. Im folgenden Druckbereich nimmt die Dichte des Gases stark zu, was zu einer exponentiellen Löslichkeitserhöhung der kondensierten Phase führt. Die Löslichkeit erreicht schließlich ein Maximum und nimmt danach wieder langsam ab. Die Lage der charakteristischen Punkte (Extrema, Schnittpunkte) ist von der betrachteten Substanz abhängig. Das Minimum verschiebt sich i.a. bei steigender Temperatur zu höheren, das Maximum zu tieferen Drücken. Da die Löslichkeitswerte der Extrema meist um mehrere Zehnerpotenzen differieren, ist es schwierig, beide Werte bei ein und derselben Substanz zu erfassen. Während das Auftreten der Löslichkeitsmaxima beispielsweise bei den Triglyceriden, Wachsestern und Sterolen experimentell nachgewiesen wurde, konnten die Minima bei ätherischen Ölkomponenten bestätigt werden. Durch die beiden Isothermenschnittpunkte resultiert eine zweimalige Umkehr des Löslichkeitsverhaltens in Abhängigkeit von der Temperatur. Sowohl bei tiefen als auch bei hohen Drücken bewirkt eine Temperatursteigerung eine Löslichkeitszunahme. In einem mittleren verhältnismäßig kleinen Druckbereich liegt ein umgekehrtes Verhalten vor, das durch einen Löslichkeitsrückgang bei steigender Temperatur gekennzeichnet ist.

IV.3.b Deterpenierung

In der Nahrungs- und Genußmittelbranche werden große Mengen ätherischer Öle zum Aromatisieren von Speisen und Getränken verwendet. Die sauerstoffhaltigen Bestandteile dieser Öle sind die eigentlichen Aromaträger, während die Kohlenwasserstoffe, die in manchen Ölen in überwiegender Menge enthalten sind, nur wenig zum Gesamtaroma beitragen. Die besonders viel verwendeten Citrusöle zum Beispiel bestehen bis zu 95% aus Monoterpen-Kohlenwasserstoffen, hauptsächlich Limonen. Diese Kohlenwasserstoffe sind relativ instabile Verbindungen, deren Zersetzungsprodukte zu nachteiligen Veränderungen der geruchlichen und geschmacklichen Qualität der aromatisierten Zubereitungen führen. Deshalb besteht großes Interesse an Verfahren zur Herstellung konzentrierter, kohlenwasserstoffarmer ätherischer Öle.

Zur Gewinnung kohlenwasserstoffarmer Öle werden zur Zeit verschiedene Verfahren angewandt, die zum Teil auch miteinander kombiniert werden. Die wichtigsten sind:

- Fraktionierte Destillation im Vakuum
- Extraktion der leichter löslichen sauerstoffhaltigen Bestandteile mit verdünntem Alkohol
- Gegenstromverteilung zwischen einem polaren (z. B. Alkohol) und einem unpolaren Lösungsmittel (z. B. Pentan)
- Chromatographische Methoden.

Diese Verfahren besitzen entscheidende Nachteile. So müssen die zur Anwendung kommenden organischen Lösungsmittel, die teilweise sogar toxikologisch bedenklich sind, wieder aus den Produkten entfernt werden, was Rückstandsprobleme aufwirft und mit Verlusten verbunden ist. Hinzu kommt, daß die Destillation eine energieaufwendige Methode darstellt und außerdem zu thermischen Belastungen der oft empfindlichen Aromastoffe führt. Bei den chromatographischen Methoden ist insbesondere zu bedenken, daß starke Adsorptionskräfte auch chemische Reaktionen (z. B. Wasserabspaltung, Cyclisierung) bewirken und den Wert der Öle herabsetzen können. Ebenfalls nachteilig ist die Tatsache, daß die konventionellen Verfahren nur zum Teil kontinuierlich betrieben werden können.

Als Alternative zu den klassischen Verfahren steht die Extraktion mit verdichteten Gasen zur Diskussion. Wie die Löslichkeitsbestimmungen in verdichtetem Kohlendioxid zeigen, ist eine Fraktionierung der ätherischen Öle in Substanzgruppen unterschiedlicher Flüchtigkeit oder Polarität möglich. Versucht man unter optimalen Bedingungen, bestimmte Bestandteile selektiv aus der Stoffmischung her-

auszulösen, so wird die erwünschte Trennung nur bedingt erreicht, da auch die anderen Komponenten eine gewisse Löslichkeit besitzen und zumindest teilweise mitextrahiert werden. Eine erhebliche Verbesserung läßt sich erreichen, wenn das zu trennende flüssige Gemisch in einer Hochdruck-Kolonne mit Einbauten zur Oberflächenvergrößerung im Gegenstrom zum verdichteten Gas geführt wird, wobei ein Rücklauf an Kopfprodukt eine zusätzliche Erhöhung der Trennleistung bewirkt.
aus Abb. 65 ersichtlich [34]. Das terpenreiche ätherische Öl wird kontinuierlich
Das Verfahrensprinzip der kontinuierlichen Deterpenierung ätherischer Öle ist in der Mitte der Hochdruck-Kolonne zudosiert. Das verdichtete Gas steht mit dem ätherischen Öl im Stoffaustausch und reichert sich beim Hochsteigen vorzugsweise mit den leichter löslichen und leichter flüchtigen Monoterpen-Kohlenwasserstoffen an, welche nach dem Austritt aus der Kolonne als Terpenfraktion abgeschieden werden. Das terpenarme ätherische Öl wird am Fuß der Hochdruck-Kolonne kontinuierlich abgelassen.

Die zur Trennung ätherischer Ölkomponenten erforderlichen Druck und Temperaturbedingungen des überkritischen Kohlendioxids können aus den Löslichkeitskurven abgeleitet werden. Der optimale Druck zur Extraktion der Monoterpen-Kohlenwasserstoffe aus ätherischen Ölen liegt im Bereich zwischen 70 und 90 bar. Bei geringerem Druck ist die Konzentration an Terpenen im verdichteten Gas unwirtschaftlich niedrig. Bei Drücken oberhalb von 90 bar steigt bei Temperaturen unter 80 °C die Löslichkeit der kondensierten Phase auf Kosten der Selektivität so

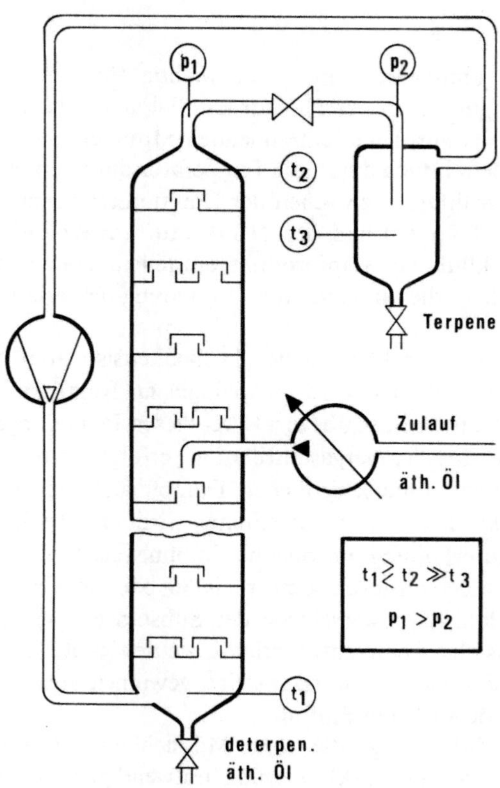

Abb. 65. Prinzip der Apparatur zur kontinuierlichen Deterpenierung ätherischer Öle [34]

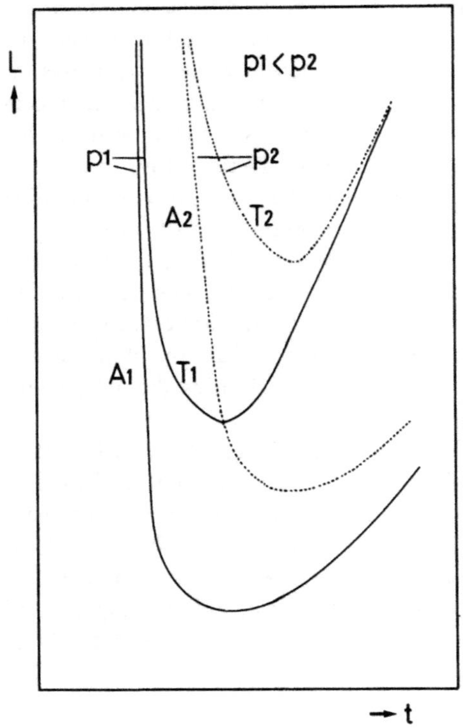

Abb. 66. Schematische Darstellung der Löslichkeitsisobaren der Terpenfraktion (T 1 bei p 1, T 2 bei p 2) und der Aromafraktion (A 1 bei p 1, A 2 bei p 2) in Abhängigkeit von der Temperatur, z. B. p 1 = 80 bar, p 2 = 90 bar

stark an, daß eine Fraktionierung unmöglich wird. Sehr wichtig für eine gute Trennung sind die Temperaturbedingungen in der Hochdruck-Kolonne. Die Beladung des überkritischen Kohlendioxids mit den abzutrennenden Monoterpen-Kohlenwasserstoffen wird bei vorgegebenem Druck durch die Temperatur am Kolonnenkopf eingestellt. Über die Temperaturdifferenz zwischen der Fraktionierungstemperatur (Temperatur in der Mitte der Kolonne) und der Temperatur am Kolonnenkopf läßt sich ein bestimmter Rückfluß an Kopfprodukt einstellen. Hierzu bestehen prinzipiell zwei Möglichkeiten, die anhand von Abbildung 66 erläutert werden (vgl. auch Abb. 59).

Fall I: Im Temperaturbereich rechts der Minima der Löslichkeitsisobaren der zu trennenden Terpene (T) und Aromastoffe (A) wird in Analogie zur Rektifikation durch Abkühlung am Kolonnenkopf ein Rücklauf bewirkt. Bei diesen Bedingungen, bei denen in gewisser Weise eine Art Trägergasdestillation erfolgt, wird der Trenneffekt hauptsächlich aufgrund der unterschiedlichen Dampfdrücke erreicht. *Fall II:* Bei Temperaturwerten links der Löslichkeitsminima wird ein Rücklauf der Terpenfraktion durch Temperaturerhöhung am oberen Kolonnenende bewirkt. In diesem Temperaturbereich erfolgt bei Drücken kleiner als 80 bar die Fraktionierung hauptsächlich infolge der Polaritätsunterschiede der Substanzen. Mit zunehmendem Druck, wobei ebenfalls die Temperatur erhöht werden muß, damit die Löslichkeit der kondensierten Phase nicht zu stark ansteigt, gewinnen aber auch zusätzlich die Dampfdruckunterschiede größeren Einfluß.

Bei Drücken kleiner als 80 bar (pl) bringt die erste Möglichkeit gegenüber Fall II bessere Ergebnisse, da hier die zur Fraktionierung notwendigen Dampfdruckunterschiede der Substanzen größer sind. Bei höherem Druck, z. B. bei 90 bar (p2) bringt die zweite Möglichkeit den Vorteil einer höheren Gasbeladung bei ebenfalls großen Dampfdruckunterschieden. Bei noch höherem Druck bringt das Arbeiten rechts der Minima den Nachteil, daß eine hohe Fraktionierungstemperatur (> 100 °C) erforderlich ist.

Der Einfluß der verschiedenen Verfahrensparameter auf die Qualität der Trennung wird am Beispiel der Deterpenierung zweier ätherischer Citrusöle diskutiert. Die grundlegenden Untersuchungen [34] erfolgten in der Versuchsanlage, die in Kapitel III.4 (s. Abb. 31) beschrieben wurde.

Tabelle 16 zeigt z. B. die Ergebnisse der Gegenstromextraktion von Pomeranzenschalenöl (*Oleum Aurantii pericarpii*), einem kalt gepreßten Citrusöl mit 90% Monoterpen-Kohlenwasserstoffen, mit überkritischem Kohlendioxid bei einem Druck von 80 bar. Die Temperaturbedingungen sind so ausgewählt, daß in der Kolonnenmitte die höchste Temperatur vorliegt und durch Abkühlung am Kolonnenkopf ein Rücklauf der Terpene resultiert. Um die Temperaturbelastung der wertvollen Aromastoffe so gering wie möglich zu halten, wird im unterem Drittel der Hochdruck-Kolonne wieder eine tiefere Temperatur eingestellt. Die sauerstoffhaltigen Verbindungen befinden sich nur kurze Zeit bei höherer Temperatur, da sie in der Kolonne nach unten laufen. Die Sumpftemperatur entspricht den Bedingungen im Löslichkeitsminimum der Ölkomponenten bei einem Druck von 80 bar. Dies hat den Vorteil, daß sich das komprimierte Gas beim Aufsteigen in der Kolonne in zunehmendem Maße mit den abzutrennenden Komponenten anreichern kann. Das überkritische Kohlendioxid ist unter den angegebenen Bedingungen am Kolonnenausgang zu 0,62 Gew.-% mit Terpenen beladen. Die Terpenfraktion wird als vollständig farbloses Öl abgeschieden und enthält weniger als 1% sauerstoffhaltige Verbindungen. Das terpenarme ätherische Öl, das am Fuß der Hochdruck-Kolonne abgelassen wird, besitzt eine sensorisch hochwertige Qualität und ist intensiv rot gefärbt, da alle Aroma- und Farbstoffe

Tabelle 16. Verfahrensparameter der Pomeranzenschalenöl-Deterpenierung

Trennbedingungen	Gasdruck: 80 bar Temperatur in der Mitte der Kolonne: 85 °C Temperatur am Kolonnenkopf: 75 °C Temperatur am Fuß der Kolonne: 60 °C
Abscheidungsbedingungen (Terpenfraktion)	Druck: 30 bar Temperatur: 0 °C
Gasströmung	2,1 kg CO_2/h
Dosierstrom äth. Öl	16 g/h (Terpengehalt 90%)
Ausbeute:	
Terpenfraktion	13,3 g/h (Gehalt an sauerstoffhaltigen Verbindungen < 1%)
Terpenarme Fraktion	2,7 g/h (Kohlenwasserstoffgehalt 42%)

(Carotinoide) des eingesetzten Öles in konzentrierter Form anfallen. Die hohe Konzentration an Carotinoiden ist durchaus erwünscht. Dadurch werden die aromatisierten Zubereitungen gleichzeitig mit unbedenklichen Naturfarbstoffen angefärbt.

In Abbildung 67 ist das Ergebnis der beschriebenen Fraktionierung durch die Kapillar-Gaschromatogramme des ursprünglichen Pomeranzenschalenöles (A) und der terpenarmen Fraktion (B) dargestellt. Im Vergleich zum Originalöl erkennt man im Chromatogramm B deutlich die starke Anreicherung der sauerstoffhaltigen Komponenten (längere Retentionszeiten), sowie die Abnahme des Gehalts an Monoterpen-Kohlenwasserstoffen (kürzere Retentionszeiten).

Bei der Beurteilung der Chromatogramme ist allerdings zu beachten, daß einerseits die Aromastoffe der Citrusöle, beispielsweise Citral, sich bei der Gaschromatographie sehr leicht zersetzen und deshalb nicht detektiert werden und andererseits der Flammenionisationsdetektor auf Kohlenwasserstoffe empfindlicher reagiert. Der gaschromatographische Nachweis fällt also deutlich zugunsten der Monoterpene aus. Die quantitative Bestimmung des Kohlenwasserstoffgehalts ergab, daß bei der Raffination 92% der ursprünglich im ätherischen Öl enthaltenen Terpene abgetrennt wurden. Eine weitere Verbesserung des Trennergebnisses ist möglich. Der Grad der Konzentration der Aromastoffe bzw. die Abnahme des Gehalts an Kohlenwasserstoffen in der terpenarmen Fraktion kann bei gegebenen Druck- und Temperaturbedingungen über den relativen Lösungsmitteldurchsatz (m_{rel}) gesteuert werden. Bei einer vorgegebenen Gasströmung läßt sich der Grad der Deterpenierung über die Dosiermenge an ätherischem Öl pro Zeiteinheit einstellen.

Eine schnelle und auch aussagekräftige Methode, die Abnahme des Gehalts an Kohlenwasserstoffen zu bestimmen, besteht in der Messung des Drehwinkels des polarisierten Lichts. Der Hauptbestandteil der ätherischen Citrusöle, der Monoterpen-Kohlenwasserstoff (+)-Limonen hat einen Drehwert (α_D^{20}) von +126 °8′.

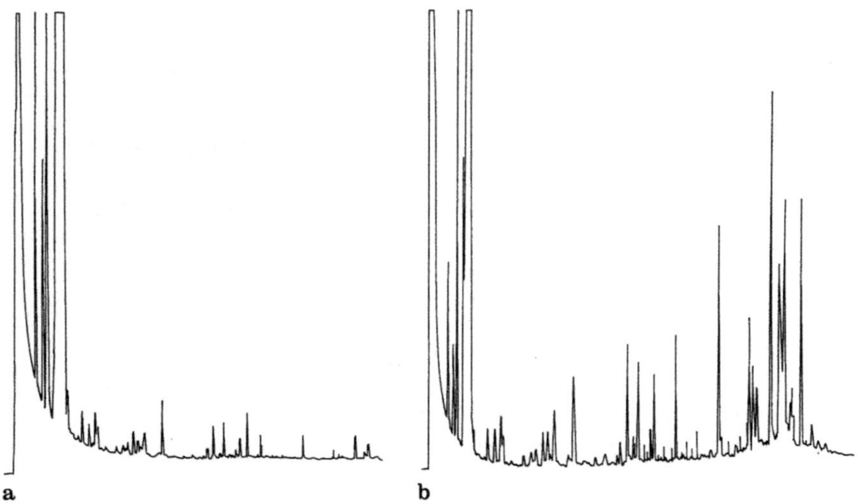

Abb. 67 a, b. Kapillar-Gaschromatogramme des ätherischen Pomeranzenschalenöls (**a**) und der terpenarmen Fraktion (**b**) [34]

Die sauerstoffhaltigen Komponenten bewirken nur eine schwache optische Drehung. Das ebenfalls in die Untersuchungen einbezogene Orangenschalenöl (*Oleum Aurantii dulcis*) bestand zu etwa 90% aus (+)-Limonen, was einen α_D^{20}-Wert von 106°36′ für das zu bearbeitende Öl zur Folge hat. Bei der Deterpenierung mit überkritischem Kohlendioxid nimmt nun der Drehwinkel umso stärker ab, je mehr Terpene entfernt werden.

Tabelle 17. Orangenschalenöl-Deterpenierung mit überkritischem Kohlendioxid

	Trennbedingungen p (bar)/t (°C)	Kopftemperatur (°C)	L_T* (mg/g)	m_{rel}** (g/g)	α_D^{20}
Original-Öl	—	—	—	—	106° 36′
Aromafraktion:					
Probe 1:	80/85	75	8,4	109	18° 42′
Probe 2:	90/55	75	10,4	91	55° 54′
Probe 3:	90/55	75	10,4	72	83° 24′

* Gasbeladung mit Terpenen; **relativer Lösungsmitteldurchsatz bezogen auf Dosierstrom an ätherischem Öl, Drehwinkel der Terpenfraktionen: α_D^{20} = 110° 18′

Die bewährten Bedingungen aus den Versuchen zur Deterpenierung von Pomeranzenschalenöl lassen sich auch auf die Bearbeitung des Orangenschalenöls übertragen (s. Tabelle 17). Zur Gewinnung der konzentrierten Aromafraktion (Probe 1) wird das ätherische Öl bei 80 bar und 85 °C in der Mitte der Hochdruck-Kolonne zudosiert und mit Kohlendioxid im Gegenstrom extrahiert. Ein Rücklauf der Terpenfraktion wird auch in diesem Fall durch Temperatursenkung am Kolonnenkopf auf 75 °C erreicht. Die Arbeitstemperatur liegt also rechts der Löslichkeitsminima der zu trennenden Substanzen (vgl. Abb. 66). Die Gasbeladung beträgt unter den angegebenen Bedingungen 0,84 Gew.-%. Bei einem relativen Lösungsmitteldurchsatz von 109 g/g wird dabei das Orangenöl vollständig von den Terpenen befreit. Der Drehwinkel der konzentrierten Aromafraktion beträgt nur noch 18°42′.

Eine andere Trennmöglichkeit in bezug auf die Verfahrensbedingungen Druck und Temperatur liegt darin, die Fraktionierungstemperatur, d. h. die Temperatur im Mittelteil der Hochdruck-Kolonne, links der Löslichkeitsminima der zu trennenden Substanzen (vgl. Abb. 66) zu wählen. Der Extraktionsdruck wurde dabei zusätzlich auf 90 bar erhöht. Dies führt bei der Temperatur am Kolonnenkopf von 75 °C zu einer höheren Beladung der Gasphase (1,04 Gew.-%), wodurch die Fraktionierungsgeschwindigkeit gegenüber Probe 1 gesteigert wird. Ein Rücklauf der Terpene wird nun durch Temperaturerhöhung am Kolonnenkopf bewirkt. Wird der relative Gasdurchsatz von 72 g/g (Probe 3) auf 91 g/g erhöht (Probe 2), so werden mehr Kohlenwasserstoffe herausextrahiert, was sich in dem kleineren α_D^{20}-Wert äußert. Die Menge der Aromafraktion verringert sich dabei um 80% gegenüber der Probe 3.

Die Beispiele der Deterpenierung ätherischer Citrusöle haben gezeigt, daß eine schonende und effektive Abtrennung der Monoterpen-Kohlenwasserstoffe durch

Gegenstromextraktion mit überkritischem Kohlendioxid möglich ist. Für einige Verwendungszwecke der konzentrierten Aromen ist es erwünscht, daß außer den Monoterpen- auch Sesquiterpen-Kohlenwasserstoffe und die schwerer flüchtigen Begleitstoffe der Citrusöle (Carotinoide, Wachse) abgetrennt werden. Auch dies ist durch Gegenstromextraktion mit CO_2 möglich. Die Gewinnung der reinen Aromastoffe aus den ätherischen Ölen benötigt allerdings einen zweiten Trennschritt, bei dem eine Wassersättigung des überkritischen Kohlendioxids vorteilhaft ist.

Das beschriebene Verfahren zur kontinuierlichen Deterpenierung ist nicht nur auf die Citrusöle beschränkt. Beim Einsatz anderer ätherischer Öle mit unterschiedlicher chemischer Zusammensetzung müssen die zur Fraktionierung notwendigen Verfahrensparameter Druck und Temperatur gegebenenfalls angepaßt werden. Dabei ist zu beachten, daß das Verhältnis an durchgesetztem Extraktionsgas pro Zeiteinheit und Dosierstrom des Rohprodukts vom Gehalt an den unerwünschten Kohlenwasserstoffen und der Fraktionierungsgeschwindigkeit abhängt.

IV.3.c Extraktion pharmazeutischer Wirkstoffe

Extrakte aus Kamillenblüten werden wegen ihrer entzündungshemmenden und krampflösenden Wirkung in großen Mengen angewandt. An der Wirkung sind mehrere Inhaltsstoffe beteiligt, von denen insbesondere das Sesquiterpenlacton Matricin, der Sesquiterpenalkohol (—)-α-Bisabolol, die Bisabololoxide A und B und die En-In-Dicycloether zu nennen sind. Ziel der Extraktion ist die schonende Gewinnung der zum Teil thermolabilen Wirk- und Duftstoffe.

Extraktionsversuche im analytischen Maßstab [2] ergaben eine gute Löslichkeit der interessierenden Wirksubstanzen in überkritischem Kohlendioxid. Bei einer Temperatur von 40 °C lassen sich die therapeutisch wichtigen Kamillenwirkstoffe bereits im Druckbereich von 70 bis 100 bar extrahieren. Weiterführende Untersuchungen im präparativen Maßstab, bei denen neben Kohlendioxid auch Distickstoffoxid als Extraktionsgas eingesetzt wurde, zeigen die Abhängigkeiten der Extraktausbeute und der Wirkstoffgehalte in den Extrakten von den Verfahrensparametern Druck, relative Durchflußmenge und Gasart auf [28]. Die Extraktionstemperatur ist nach oben durch die Thermolabilität der Kamillenwirkstoffe begrenzt. Insbesondere das Matricin zersetzt sich bei Temperaturen oberhalb von 80 °C. Bei der Verwendung von Kohlendioxid und einer relativen Durchflußmenge von ca. 20 g/g nimmt die Extraktionsausbeute bei 40 °C im Druckbereich von 90 bis 160 bar stark zu. So werden beispielsweise bei 90 bar 0,4% und bei 160 bar ca. 1,4% Extrakt gewonnen. Interessant ist die Tatsache, daß Distickstoffoxid unter sonst gleichen Bedingungen deutlich höhere Ausbeuten als Kohlendioxid liefert. Bei 160 bar und 40 °C und einem relativen Lösungsmitteldurchsatz von 6 g/g löst Distickstoffoxid bereits 1,33% der Kamilleninhaltsstoffe, während Kohlendioxid nur 1,06% Extrakt liefert. Der Vergleich der erhaltenen Extrakte ergab eine gute Übereinstimmung der Wirkstoffausbeute, so daß die höhere Gesamtausbeute bei der Verwendung von Distickstoffoxid aus der Mitextraktion höherer Begleitstoffanteile resultiert.

Da die Wirkstoffe der Kamillenblüten bereits bei geringem Lösungsvermögen des Extraktionsgases, bei 40 °C z. B. im Druckbereich von 80–100 bar, löslich sind, können die erwünschten Inhaltsstoffe selektiv extrahiert werden. In Tabelle 18 sind die Wirkstoffgehalte verschiedener Extrakte gegenübergestellt.

Tabelle 18. Wirkstoffgehalte von CO_2-Extrakten aus Kamillenblüten

p (bar)	t (°C)	Extraktausbeute	Matricin	α-Bisabolol	En-In-Dicycloether
300	40	1,65%	7,5%	9,2%	11,7%
90	40	0,4%	17,0%	21,0%	16,7%
80	40	0,12%	3,5%	27%	14%

Wird bei einer hohen Lösungskapazität des Extraktionsgases gearbeitet, so erhält man in hoher Ausbeute einen Extrakt mit verhältnismäßig geringem Wirkstoffgehalt. Bei einem Druck von 90 bar sinkt der Anteil der extrahierten Ballaststoffe erheblich. Der Matricin- und Bisabololgehalt im Extrakt wird dadurch mehr als verdoppelt. Bei Versuchsbedingungen von 80 bar und 40 °C treten infolge der weiter abnehmenden Gasdichte Fraktionierungseffekte innerhalb der Wirkstoffe auf. Während der Gehalt an ätherischen Ölkomponenten im Extrakt weiter ansteigt, nimmt der Gehalt an dem schwerer flüchtigen Matricin ab.

Die Extraktzusammensetzung läßt sich folglich durch Variation der Extraktionsbedingungen verändern. Eine Anreicherung der Kamillenwirkstoffe ist aber auch durch stufenweise Abscheidung des Hochdruckextraktes möglich. Bei der Extraktion von Kamillenblüten ist man nicht nur auf den überkritischen Zustand der Gase festgelegt, auch flüssiges Kohlendioxid hat für die Wirkstoffe ein gutes Lösungsvermögen [24, 149].

Kalmusrhizome werden hauptsächlich innerlich als aromatische Bittermittel angewandt. Die Droge und ihre Zubereitungen regen die Speichel-, Magensaft- und Galleproduktion an und sind daher ein gutes Appetitanregungsmittel. Darüberhinaus besitzt Kalmus krampflösende und blähungstreibende Eigenschaften. Neben der Anwendung in der Volksmedizin als „Magenwurz" werden Kalmusrhizome sowie deren Öle und Extrakte vor allem in der Likörindustrie zur Herstellung von Bitterlikören verwendet.

Bei der Extraktion von β-asaronfreien Kalmusrhizomen (*Acorus calamus L. var. americanus WULFF*) mit überkritischem Kohlendioxid kann das genuin vorliegende ätherische Öl unzersetzt gewonnen werden [154]. Die erschöpfende Extraktion bei 90 bar und 40 °C liefert ein Öl mit dem typischen Geruch der Droge in einer Ausbeute von 8,3%, während bei der Wasserdampfdestillation ein Gehalt von nur 6,4% an ätherischem Öl ermittelt wurde. Dies ist darauf zurückzuführen, daß einerseits thermolabile Verbindungen zersetzt werden und andererseits Kalmus relativ schwer flüchtige, aber mit CO_2 gut extrahierbare Sesquiterpendiketone enthält. Der analytische Vergleich des extrahierten Öles mit dem Wasserdampfdestillat zeigt erhebliche Unterschiede innerhalb der Gruppe der sauerstoffhaltigen Sesquiterpene (s. Tabelle 19). In dem CO_2-Extrakt fehlt das 2,6-Diepi-Shyobunon, eine Hauptkomponente des Wasserdampfdestillats, völlig. Shyobunon selbst tritt nur in geringen Mengen auf. Anstelle dieser Artefakte der Wasserdampfdestillation ist im CO_2-Extrakt das genuin vorliegende, thermolabile Acoragermacron enthalten. Die Hauptkomponenten des Extraktes sind die typischen Kalmusbitterstoffe Acoron und Isoacoron. Die Sesquiterpendiketone sind nur wenig wasserdampfflüchtig, während sie in überkritischem Kohlendioxid sehr gut löslich sind und daher vollständig im Extrakt enthalten sind.

Tabelle 19. Einfluß der Herstellungsmethode auf die Zusammensetzung von Kalmusöl [154]

Bestandteile	Mit überkritischem Kohlendioxid extrahiertes Öl (%)	durch Wasserdampfdestillation gewonnenes ätherisches Öl (%)
Kohlenwasserstoffe	10	10
(β-Sesquiphellandren)	1	2
Shyobunone	2	22
Preisocalamendiol	10	12
Acoragermacron	12	—
Acorenon	6	9
Isocalamendiol	2	3
Acorone	37	8
cis-Isoasaron	—	—

Die Blüten von *Chrysanthemum cinerariaefolium (TREV.) VISIANI* (Pyrethrumblüten) enthalten sechs Ester der Chrysanthemum-Mono- bzw. Dicarbonsäure, die unter dem Sammelbegriff Pyrethrine bekannt sind (s. Abb. 68). Charakteristisch für die biologisch abbaubaren Pyrethrine ist ihre hohe kontaktinsektizide Wirksamkeit bei sehr geringer Toxizität für Warmblütler. Die höchste Aktivität haben Pyrethrin I und etwas weniger Cinerin I und Jasmolin I (= Pyrethrine I), während die II-Verbindungen schwächer wirksam sind. Die Bedeutung der Pyrethrine unterstreicht die Tatsache, daß in den Anbaugebieten Afrikas, insbesondere Kenyas, im Jahr 1980 pro Tag etwa 100 Tonnen Blütenmaterial mit klassischen Lösungsmitteln extrahiert wurden.

In einer umfassenden Arbeit haben Stahl und Schütz die Extraktion von Pyrethrumblüten mit überkritischem und verflüssigtem Kohlendioxid beschrieben [29]. Dabei hat sich gezeigt, daß die thermolabilen Wirkstoffe im Temperaturbereich

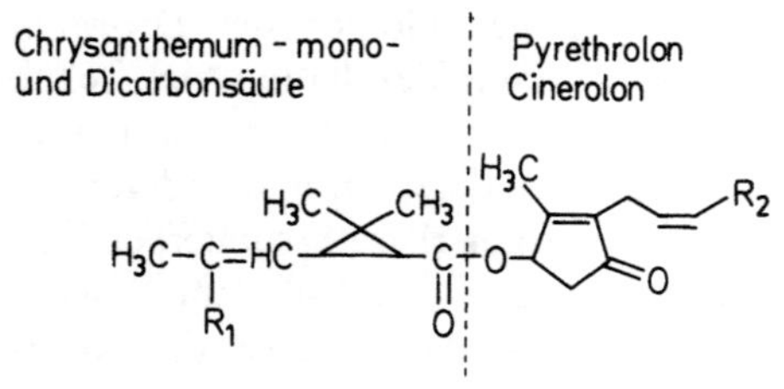

	R_1	R_2
Pyrethrin I	$-CH_3$	$-CH{=}CH_2$
Pyrethrin II	$-COOCH_3$	$-CH{=}CH_2$
Cinerin I	$-CH_3$	$-CH_3$
Cinerin II	$-COOCH_3$	$-CH_3$
Jasmolin I	$-CH_3$	$-CH_2CH_3$
Jasmolin II	$-COOCH_3$	$-CH_2CH_3$

Abb. 68. Chemische Struktur der Pyrethrine

Tabelle 20. Extraktionsgrad der Pyrethrum-Wirkstoffe in Abhängigkeit von den Extraktionsparametern [29]

Extraktionsparameter				Extraktionsgrad	
Druck (bar)	Temp. (°C)	m* (g/g)	t (h)	Ges.Py.I (%)	Ges.Py.II (%)
90	40	32	3	78	50
100	40	32	3	93	86
100	20	32	3	94	95
250	40	50	5	98	98

m* = Extraktionsgasmenge pro Drogeneinwaage

von 20–40 °C unzersetzt extrahiert werden können, während bei Temperaturen über 60 °C erste Zersetzungserscheinungen auftreten. Die Wirkstoffausbeuten und die Zusammensetzung der Extrakte hängen in starkem Maße von den Extraktionsbedingungen ab.

Tabelle 20 zeigt den Extraktionsgrad der Pyrethrum-Wirkstoffe in Abhängigkeit von den Extraktionsparametern. Bei 90 bar und 40 °C reicht die Löslichkeit der Pyrethine, insbesondere der etwas schwerer löslichen Pyrethrine II, nicht zur erschöpfenden Extraktion in der vorgegebenen Zeit aus. Ein Extraktionsdruck von 100 bar bei sonst gleichen Bedingungen bringt eine deutliche Steigerung der Wirkstoffausbeute. Die höhere Löslichkeit der Pyrethrine in flüssigem Kohlendioxid (100 bar, 20 °C) führt zu einem Extraktionsgrad von 95%. Durch Erhöhung des Extraktionsdruckes bzw. der Extraktionsgasmenge kann der Restgehalt an Wirkstoffen auf 2% und weniger herabgesetzt werden.

Abbildung 69 zeigt die prozentuale Ausbeute an Gesamtpyrethrinen (Kurve 1) sowie den Wirkstoffgehalt im Extrakt (Kurve 2) in Abhängigkeit von der Extrak-

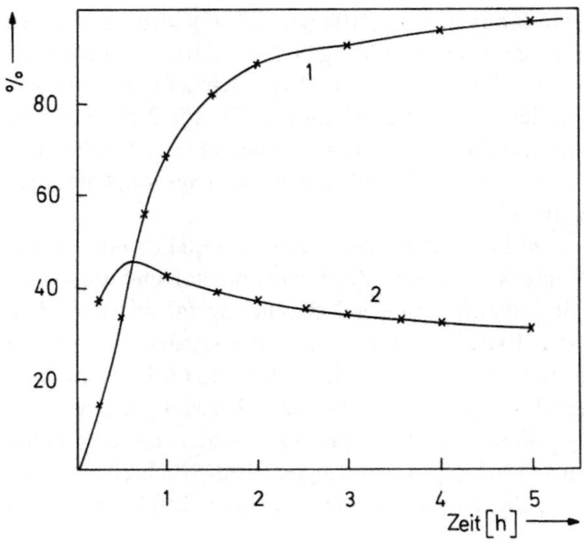

Abb. 69. Extraktionsverlauf in Abhängigkeit von der Zeit [29]. Extraktionsbedingungen: s. Text. *1* Ausbeute an Gesamtpyrethrinen, 100% entsprechen einem Gehalt von 0,81% in der Droge, *2* Pyrethringehalt im Gesamtextrakt

tionszeit. Dabei wurde ein Blütenmaterial mit einem Gehalt von 0,81% an Gesamtpyrethrinen (I und II) mit insgesamt 46 g CO_2 pro g Rohstoff (5 h) bei 100 bar und 40 °C extrahiert. Bei diesem Versuch wurde ein Extraktionsgrad der Wirkstoffe von 97% erreicht. Zu Beginn der Extraktion werden hohe Pyrethringehalte im Extrakt erreicht (Kurve 2). Nach etwa 30 min ist der Gehalt maximal und nimmt dann mit fortschreitender Extraktionszeit langsam ab, da in zunehmendem Maße unerwünschte Begleitstoffe mitextrahiert werden.

In Tabelle 21 sind die Wirkstoffgehalte von Pyrethrum-Extrakten aus drei verschiedenen Einsatzmaterialien gegenübergestellt. Die analytischen Daten eines klassischen Lösungsmittelextraktes sind zum Vergleich jeweils mit angegeben.

Tabelle 21. Wirkstoffgehalt verschiedener Pyrethrum-Extrakte [29]

Extraktionsbedingungen	Extraktausbeute (% der Droge)	Ges.-Pyrethrine (% d. Extraktes)	Färbung*
Droge 1 (0,4% Ges.Pyrethrine)			
CO_2, 90 bar, 40 °C	0,65	36,2	0,2
CO_2, 100 bar, 40 °C	0,94	29,9	0,4
CO_2, 100 bar, 20 °C	2,06	21,8	0,9
Petrolether	3,6	11	20
Droge 2 (1,6% Ges.Pyrethrine)			
CO_2, 160 bar, 40 °C	2,8	51,3	0,3
Petrolether	6,2	26	70
Droge 3 (0,8% Ges.Pyrethrine)			
CO_2, 100 bar, 40 °C	2,4	30,8	0,7
Petrolether	6,6	11,8	90

* $E^{1\%}_{1\,cm}$, bezogen auf 1 % Pyrethrine

Bei der Extraktion mit flüssigem Kohlendioxid (100 bar, 20 °C) wird auf Kosten einer hohen Extraktausbeute ein niedrigerer Pyrethringehalt im Extrakt erhalten als mit dem überkritischen Gas bei gleichem Druck. Im Vergleich zum Petrolether-Extrakt sind die Wirkstoffgehalte der CO_2-Extrakte um den Faktor 2 bis 3 höher. Je nach Einsatzmaterial und Extraktionsbedingungen lassen sich mit der Hochdruckextraktion Produkte mit über 50% Wirkstoffanteil gewinnen. Dies zeigt deutlich die hohe Selektivität von Kohlendioxid.

Pyrethrum-Extrakte, die nach dem klassischen Verfahren hergestellt sind, müssen aufgrund ihres hohen Farbstoffanteils (Carotinoide, Chlorophylle) und unerwünschter Wachse und harzartiger Begleitstoffe vor der Verwendung raffiniert werden. Insbesondere eine Entfärbung der Extrakte ist für die Anwendbarkeit, z. B. in Sprays im Haushalt, von besonderer Wichtigkeit. Die Kohlendioxid-Extrakte sind auch diesbezüglich gegenüber den klassischen Rohextrakten höherwertig einzustufen. Neben den größeren Wirkstoffgehalten weisen sie praktisch keine unerwünschten Farbstoffe auf, wie die geringen Färbungswerte zeigen. Ein Nachteil bei der einfachen Hochdruckextraktion ist die Konsistenz der Extrakte. Infolge der Mitextraktion von Pflanzenwachsen fallen sie ebenso wie die Petrolether-Extrakte als zähflüssige bis feste Massen an. Durch eine spezielle Vorabscheidung ist es jedoch möglich, diese wachsartigen Bestandteile von den eigentlichen Wirkstoffen abzutrennen, so daß ein flüssiger, wenig gefärbter Extrakt mit einem hohen Pyrethrin-Gehalt erhalten wird (vgl. S. 180).

Die vorstehenden Ergebnisse zur Pyrethrum-Extraktion mit verdichtetem Kohlendioxid konnten auch von Bunzenberger, Lack und Marr bestätigt werden [109]. Die Attraktivität des Hochdruckverfahrens spiegelt sich auch in einer Patentanmeldung zur Extraktion von Pyrethrumblüten mit flüssigem Kohlendioxid wieder [150].

Die Rhizome der *Zingiberaceae*-Arten *Curcuma xanthorrhiza Roxb.* und *Curcuma domestica Val.* (Gelbwurz) enthalten pharmakologisch interessante Inhaltsstoffe, die in Gallenpräparaten Anwendung finden. Während für das ätherische Öl eine gallenflußsteigernde Wirkung nachgewiesen ist, zeigen die Curcuminoide choleretische Eigenschaften (gallenanregend). Neben ihrer Verwendung in pharmazeutischen Produkten haben die Curcuminoide auch Bedeutung als natürliche Lebensmittelfarbstoffe.

Die ätherischen Curcumaöle enthalten hohe Anteile an schwerer flüchtigen Sesquiterpen-Derivaten. Ihre Gewinnung mit Hilfe der Wasserdampfdestillation ist daher zeitaufwendig, wobei das Material einer lang andauernden Temperaturbelastung ausgesetzt ist. Dadurch werden thermolabile Inhaltsstoffe zersetzt. Nach eigenen Untersuchungen lassen sich die ätherischen Öle aus Curcuma-Rhizomen mit verdichtetem Kohlendioxid schnell, quantitativ und unzersetzt extrahieren [174]. Die gute Löslichkeit der Curcumaöle in verdichtetem CO_2 erkennt man anhand der Tatsache, daß bereits bei einem Extraktionsdruck von 120 bar bei 40 °C eine Gasbeladung von ca. 8 Gew.-% erreicht wird. Aus *Curcuma xanthorrhiza* wurden unter diesen Bedingungen 8,5%, aus *Curcuma domestica* 4% ätherisches Öl extrahiert.

Die chemische Zusammensetzung der CO_2-extrahierten ätherischen Öle aus *Curcuma xanthorrhiza* und *Curcuma domestica* ist in Tabelle 22 wiedergegeben [175]. Komponenten, die zu weniger als 1% im ätherischen Öl enthalten sind, wurden nicht aufgeführt. Die beiden Öle beinhalten — bis auf einige Ausnahmen — die gleichen Verbindungen, wobei jedoch die quantitative Zusammensetzung verschieden ist. Bemerkenswert ist die Tatsache, daß Tolylmethylcarbinol, ein Hauptbestandteil des Wasserdampfdestillates, in den CO_2-Extrakten nicht nachgewiesen werden konnte. Diese Verbindung ist daher als Artefakt anzusehen.

Die Extraktion der gelb färbenden Curcuminoide (Diferuloylmethanfarbstoffe) ist mit verdichtetem Kohlendioxid, auch bei hohen Drücken (bis 600 bar) und Temperaturen (bis 80 °C), nur unbefriedigend, da diese Farbstoffe relativ polar sind. Zu ihrer wirtschaftlichen Gewinnung mit Hilfe der Hochdruckextraktion müßte man auf Kohlendioxid mit einem Zusatz eines polaren Schleppmittels, z. B. Methanol, zurückgreifen.

Baldrian-Präparate werden wegen ihrer milden sedativen Wirkung als Naturheilmittel eingesetzt. Sowohl das ätherische Öl als auch Extrakte und Tinkturen der Baldrian-Wurzel gelten als pharmakologisch wirksam. Bis zur heutigen Zeit besteht jedoch noch keine endgültige Klarheit, welche Inhaltsstoffe für die sedative Wirkung verantwortlich sind.

Tabelle 22. Quantitative Zusammensetzung (%) der CO_2-extrahierten ätherischen Öle aus Curcuma-Rhizomen, ermittelt durch GC sowie präparative HPLC [175]

	Curcuma	
	xanthorrhiza	*domestica*
α-Pinen	1,3	3,1
Camphen	3,1	0,3
Sabinen	2,7	0,1
α-Phellandren	1,3	1,6
Limonen	1,2	0,5
1.8-Cineol	3,3	5,5
Terpinolen	0,4	1,3
Campher	5,8	0,7
Caryophyllen	1,5	2,6
allo-Aromadendren	4,7	—
Humulen	—	3,1
Borneol	6,3	—
Zingiberen	5,5	8,2
β-Bisabolen	1,7	2,4
β-Curcumen	8,5	1,3
β-Sesquiphellandren	1,9	7,3
ar-Curcumen	11,3	5,2
Isofuranogermacren	8,3	—
Tumeron	1,2	22,6
Tumerol	0,6	11,4
ar-Turmeron	1,2	16,5
Atlanton	—	3,5
Xanthorrhizol	27,0	—

Muravlev und Smetanin beschreiben die Extraktion von Baldrian-Wurzeln mit flüssigem Kohlendioxid bei 25 °C und 65 bar [176, 177]. Sie fanden, daß die Ausbeute bei gleicher Lösungsmittelmenge (je 20 g/g) nahezu unabhängig von der Extraktionszeit im Bereich von 35–140 min und damit von der Durchflußgeschwindigkeit des Kohlendioxids ist.

Die Extraktion von indischem Baldrian (*Valeriana wallichii DC.*) mit überkritischen Gasen ist Gegenstand einer Arbeit von Stahl und Schütz [178]. Bei dieser Untersuchung lag der Schwerpunkt auf einer schonenden Gewinnung der in *Valeriana wallichii* in hoher Konzentration vorliegenden Valepotriate (ca. 3%). Als Extraktionsgase wurden dabei Kohlendioxid und Trifluormethan bei Drücken von 70–200 bar und Temperaturen von 30–40 °C verwendet. Es hat sich gezeigt, daß die Valepotriate mit hohem Extraktionsgrad (über 90%) unzersetzt gewonnen werden können. Bei der präparativen Extraktion wurde die Valepotriatausbeute vom Druck im Bereich von 100 bis 200 bar nur wenig beeinflußt, was auf eine gute Löslichkeit der Valepotriate bereits bei geringen Drücken hindeutet. Diese Vermutung wird auch dadurch gestützt, daß bei einem relativen Durchfluß von 4 g/g bereits 80% der Valepotriate extrahiert waren. In überkritischem Trifluormethan wurde bei 70 bar und 30 °C eine Extraktkonzentration von 1 Gew.-%, in überkritischem Kohlendioxid bei 100 bar und 40 °C von 0,7 Gew.-% erreicht. Diese Werte zeigen, daß Trifluormethan bei geringen Drücken ein besseres Lösungsvermögen für Valepotriate besitzt als Kohlendioxid. Die Valepotriate nehmen bezüglich ihrer Löslichkeit in verdichteten Gasen eine Mittelstellung zwischen den leicht löslichen Bestandteilen des ätherischen Öles und den übrigen schwer löslichen Baldrianinhaltsstoffen ein.

Tabelle 23. Valepotriat-Gehalte verschiedenartig gewonnener Extrakte aus Baldrian-Wurzeln [178]

Extraktionsmittel	Didrovaltrat (%)	Valtrat (%)	Gesamt-Extrakt (%)
Petrolether	46–47	5,7–5,8	4,5–4,7
Dichlormethan	36–39	4,0–4,7	7,7–7,9
Kohlendioxid, überkritisch	55–67	6,2	3,9–4,4
Trifluormethan, überkritisch	59–65	6,6–7,0	3,5–4,4

Wie Tabelle 23 zeigt, ist der Valepotriat-Gehalt von Baldrianextrakten vom Extraktionsmittel abhängig. Überkritisches Kohlendioxid und Trifluormethan liefern mit etwa 60–70% Valepotriat-Anteil deutlich höhere Werte als die konventionellen Lösungsmittel. Die überkritischen Gase besitzen folglich eine höhere Lösungsselektivität.

Zur Zeit wird der Gehalt an Valepotriaten in Baldrianextrakten etwas kritischer beurteilt. Nach neuesten Erkenntnissen sollen die Valepotriate keine unbedenklichen Verbindungen darstellen. Aufgrund dieser Trendwende sind valepotriatarme oder -freie Extrakte von Interesse. Es besteht auch die Möglichkeit, valepotriatfreie CO_2-Extrakte aus Baldrian-Wurzeln zu gewinnen [179]. Durch Extraktion von offizinellem Baldrian mit verdichtetem Kohlendioxid wird zunächst ein Primärextrakt hergestellt, der unter schonenden Bedingungen einer Alkoholyse unterzogen wird. Dabei gelingt es, selektiv die Valepotriate in schwerlösliche Verbindungen zu überführen, die bei einer nachfolgenden CO_2-Extraktion des behandelten Primärextraktes als unlöslicher Rückstand verbleiben. Auf diese Weise konnte aus *Valeriana officinalis* ein hellgelber, valepotriatfreier CO_2-Extrakt in einer Ausbeute von ca. 2% erhalten werden. Bei dieser Behandlung wurden die übrigen Extraktbestandteile nicht verändert, wie in Abb. 70 deutlich zu sehen ist. Dies wurde auch durch Untersuchungen mit Hilfe der Kapillar-Gaschromatographie und der HPLC bestätigt. Bei der HPLC-Analytik der Valerensäure und ihrer Derivate wurden zwischen beiden Extrakten qualitativ und quantitativ keine Veränderungen festgestellt. Ebenso wies die Kapillar-GC des Primärextraktes und des valepotriatfreien CO_2-Extraktes keine Unterschiede bezüglich der Zusammensetzung des ätherischen Öles auf.

Wermutkraut (*Artemisia absinthium L.*) ist aufgrund seines Gehaltes an Bitterstoffen und ätherischem Öl ein beliebtes Amarum-Aromaticum; es wird als Car-

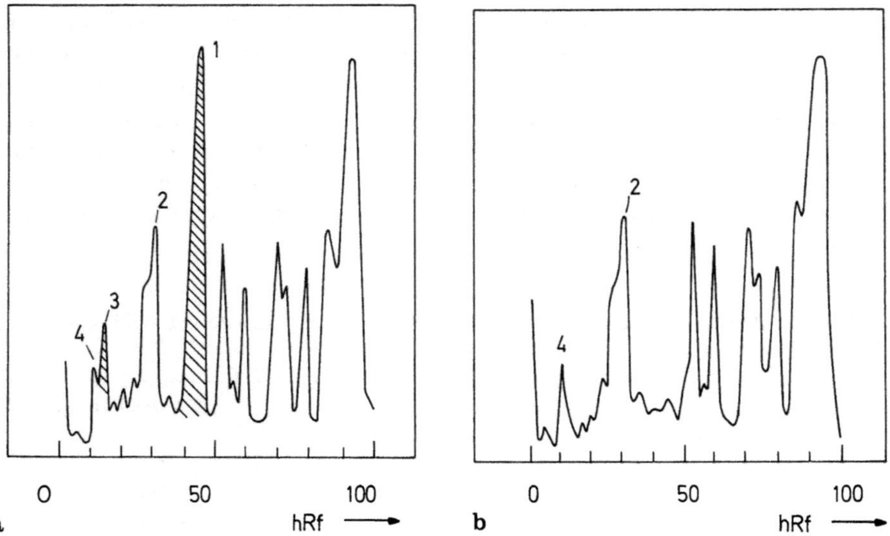

Abb. 70a, b. Dünnschicht-Chromatogramm-Auswertungen verschiedener Baldrianextrakte. **a** Primärextrakt (CO_2-extrahiert), **b** valepotriatfreier CO_2-Extrakt, *1, 3*: Valepotriate, *2*: Valerensäure, *4*: Hydroxy-Valerensäure

minativum, Cholagogum und Stomachicum verwendet. Im europäischen Raum werden jährlich 100—150 Tonnen verarbeitet, wobei die Hauptmenge in die Spirituosenindustrie geht. Für den bitteren Geschmack dieser Droge sind Sesquiterpenlactone verantwortlich. Die sensorisch maßgebenden Bitterstoffe sind vor allem das Absinthin und in geringerem Umfang das Artabsin. Die Verwendung alkoholischer Wermutzubereitungen ist jedoch eingeschränkt durch die gesundheitsschädliche Wirkung des im ätherischen Öl enthaltenen β-Thujons [151].

Eine Abtrennung des giftigen Thujons aus dem Wermutkraut mit Hilfe herkömmlicher Trennverfahren ist nicht möglich, da die wertbestimmenden Bitterstoffe thermisch instabil sind und klassische Lösungsmittel eine geringe Selektivität aufweisen, so daß neben dem Thujon auch ein Teil der Bitterstoffe mitextrahiert wird. Durch Hochdruckextraktion mit Kohlendioxid ist jedoch eine Entgiftung des Wermutkrautes möglich [32].

Zur Einstellung der optimalen Bedingungen bei der Extraktion mit verdichtetem Kohlendioxid ist die Kenntnis der Löslichkeit der wichtigsten Drogeninhaltsstoffe erforderlich. Der Hauptbitterstoff des Wermutkrautes, das dimere Sesquiterpenlacton Absinthin, ist in überkritischem Kohlendioxid bei 40 °C bis zu einem Druck von 200 bar praktisch unlöslich. Bei einer Druckerhöhung auf 300 bar beträgt die Löslichkeit etwa 22 µg pro Gramm Gas. In flüssigem Kohlendioxid bei 80 bar und 20 °C lösen sich nur 4 µg pro Gramm. Die Löslichkeiten von Thujon und Artabsin in überkritischem CO_2 bei 40 °C sind in Abb. 72 aufgezeigt. Das Monoterpenketon Thujon besitzt eine sehr gute Löslichkeit. Bereits mit unterkritischem Kohlendioxid bei 60 bar und 40 °C werden infolge der hohen Flüchtigkeit fast 0,6 mg Thujon pro Gramm Gas extrahiert. Eine Steigerung des Druckes auf 90 bar bewirkt eine exponentielle Zunahme der Löslichkeit auf Werte von ca. 5 Gew.-%. Das Artabsin ist im

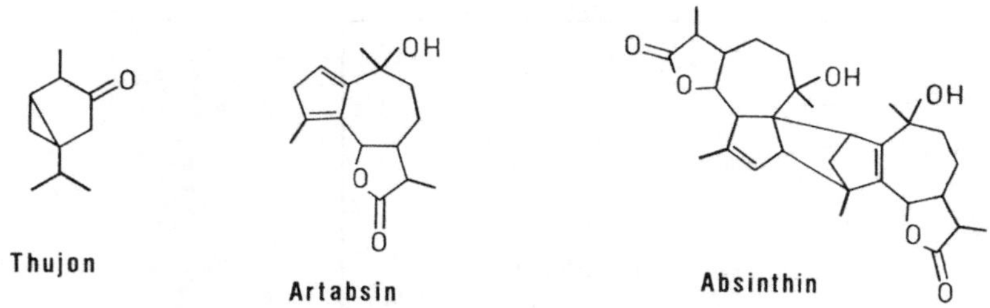

Abb. 71. Strukturformeln der wichtigsten Inhaltsstoffe des Wermutkrautes

Vergleich hierzu um den Faktor 100 schlechter löslich. Beispielsweise lösen sich bei 90 bar und 40 °C etwa 0,4 mg Substanz in einem Gramm Kohlendioxid.

Die quantitativen Löslichkeitsuntersuchungen dieser Inhaltsstoffe des Wermutkrautes in verdichtetem Kohlendioxid zeigen, daß eine Abtrennung des ätherischen Öles mit dem darin enthaltenen Thujon möglich ist. In Abb. 73 ist der Verlauf der Extraktion der wichtigen Inhaltsstoffe aus dem Wermutkraut mit überkritischem Kohlendioxid bei 100 bar und 40 °C gezeigt.

Das toxische Thujon kann schnell und vollständig aus der Droge extrahiert werden. Bereits bei einem relativen Gasdurchfluß von 4 g/g sind fast 95% des Thujons extrahiert, während der Artabsingehalt noch etwa 50% des ursprünglichen Wertes

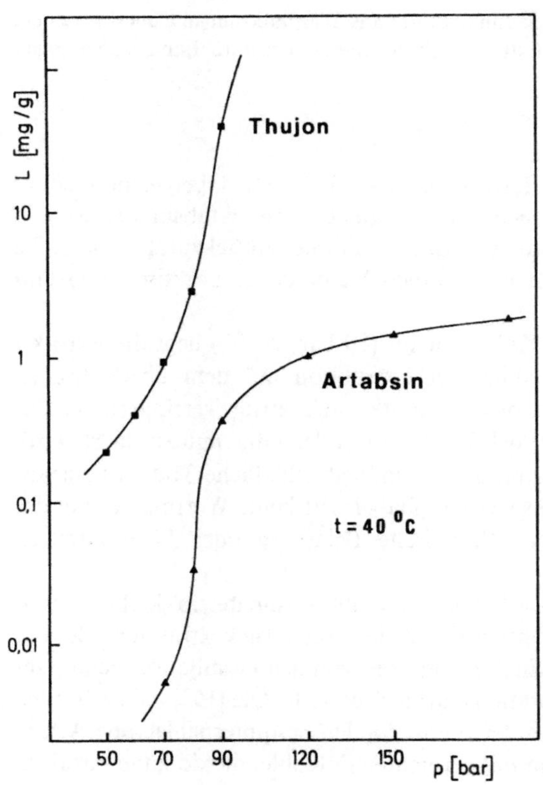

Abb. 72. Löslichkeiten von Thujon und Artabsin in überkritischem Kohlendioxid bei 40 °C in Abhängigkeit vom Druck [32]

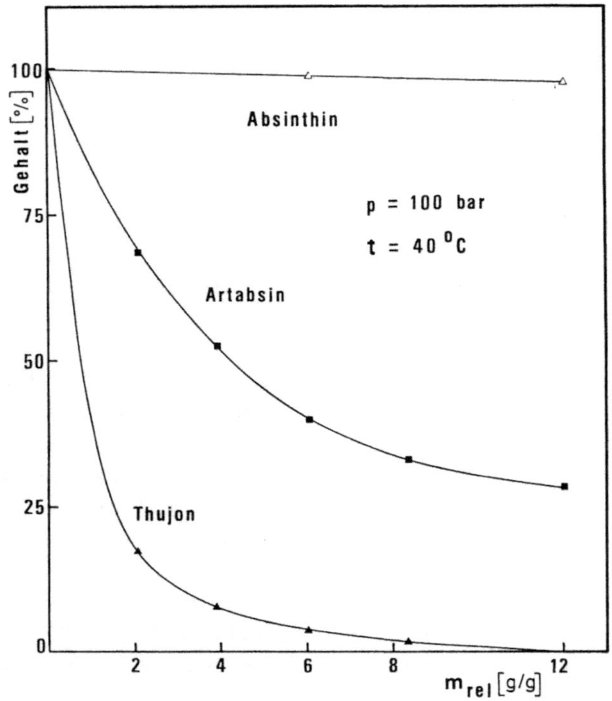

Abb. 73. Extraktionsverlauf der wichtigen Inhaltsstoffe aus Wermutkraut mit überkritischem Kohlendioxid als Funktion der relativen Extraktionsgasmenge (= Gasdurchflußmenge bezogen auf die Drogeneinwaage) [32]

beträgt. Der Absinthin-Gehalt des Drogenmaterials hat sich dabei nicht meßbar verändert. Eine erschöpfende Thujon-Extraktion zieht einen Artabsin-Verlust von etwa 75% nach sich. Der vor allem auf das Absinthin zurückzuführende hohe Bitterwert des Drogenmaterials von etwa 50000 bleibt dabei praktisch konstant (s. Tabelle 24).

Bei der Extraktion mit flüssigem Kohlendioxid (80 bar, 20 °C) liegt die Extraktausbeute mit 2,3% etwas höher als bei der Extraktion mit dem überkritischen Gas. Dabei hat sich der Bitterwert des Wermutkrautes etwas verringert, da das Artabsin in flüssigem CO_2 leichter löslich ist und vollständig mitextrahiert wird. Wie diese Untersuchungen zeigen, kann das gesundheitsschädliche Thujon vollständig durch CO_2-Extraktion abgetrennt werden. Dabei tritt keine Wertminderung der Droge durch erniedrigten Bitterwert, thermische Belastung oder Lösungsmittelrückstände auf.

Das Beispiel der Extraktion von Wermutkraut mit verdichtetem Kohlendioxid zeigt deutlich den schonenden Verfahrensablauf der Hochdruckextraktion. Bei der Wasserdampfdestillation erhält man in Abhängigkeit von den Destillationsbedingungen blaue, grüne oder auch orange-braun gefärbte ätherische Öle [152]. Diese Farben resultieren aus Zersetzungsprodukten der thermolabilen Sesquiterpenlactone Artabsin und Absinthin. Bei der Extraktion mit verdichtetem Kohlendioxid kann Artabsin

Tabelle 24. Gehalte des mit CO_2 extrahierten Wermutkrautes im Vergleich zur Ausgangsdroge

Droge	m*	Extrakt-ausbeute (%)	Bitterwert nach DAB 8	Absinthin-Gehalt (%)	Artabsin-Gehalt (%)	Thujon-Gehalt (%)
*Absinthii herba*** (Ausgangsdroge)			50000	0,42	0,23	0,08
Absinthii herba (CO_2-extrahiert bei 100 bar und 40 °C)	12	2,1	50000	0,41	0,06	—
Absinthii herba (CO_2-extrahiert bei 80 bar und 20 °C)	8	2,3	49000	0,42	—	—

* $m = \frac{\text{Extraktionsgas in g}}{\text{Drogeneinwaage in g}}$, ** Gehalt der Ausgangsdroge an ätherischem Öl: 0,63 %, darin 13 % Thujon

unzersetzt gewonnen werden, während es unter den Bedingungen der Wasserdampfdestillation zu farbigen Dihydrochamazulenen weiterreagiert [153].

IV.3.d Extraktion von Gewürzaromen

Die wertbestimmenden Inhaltsstoffe der Gewürze sind ihre Geruchs- und Geschmackskomponenten. Der industrielle Einsatz von Rohgewürzen zum Aromatisieren und Würzen von Nahrungs- und Genußmitteln ist rückläufig, insbesondere seit die Ethylenoxidbegasung zur Entwesung und Entkeimung des pflanzlichen Ausgangsmaterials gesetzlich stark eingeschränkt ist. Als Alternative zu den Rohgewürzen nimmt die Verwendung von Gewürzölen und -oleoresinen ständig zu. Diese Konzentrate haben gegenüber den Ausgangsmaterialien eine Reihe von Vorteilen, wie Keimfreiheit, längere Haltbarkeit, bessere Ausnutzung der Inhaltsstoffe, leichtere Handhabung und bessere Standardisierbarkeit.

Gewürzöle und Aromen werden klassisch mit Hilfe der Wasserdampfdestillation gewonnen. Neben den ätherischen Ölen enthalten eine Vielzahl von Gewürzen auch wenig flüchtige Wertbestandteile, wie Scharfstoffe oder bestimmte Harzfraktionen, die das Geschmacksprofil des entsprechenden Rohstoffs bestimmen. Zu ihrer Gewinnung ist die Extraktion mit niedrig siedenden Lösungsmitteln gebräuchlich. Die Hochdruckextraktion mit verdichtetem Kohlendioxid vereinigt die Wirkprinzipien der beiden genannten klassischen Trennverfahren, ohne jedoch ihre Nachteile aufzuweisen. Sie stellt somit eine echte Alternative dar, die unter thermisch schonenden Bedingungen Konzentrate mit einer sensorisch hochwertigen Qualität liefert, die dem reinen Öl entsprechen oder einen beliebig hohen Anteil weniger flüchtiger Komponenten enthalten.

Die Attraktivität der Hochdruckextraktion mit verdichtetem Kohlendioxid zur Herstellung von Gewürzextrakten ist seit langem bekannt. Im Jahre 1974 wurde eine russische Arbeit publiziert [27], in der die Extraktion von 20 verschiedenen Naturprodukten, hauptsächlich Gewürzen, mit flüssigem Kohlendioxid beschrieben wird. In Tabelle 25 sind die verschiedenen Einsatzmaterialien und die daraus erhaltenen Extraktausbeuten aufgelistet. Ferner sind die Extraktmengen angegeben, die in den Jahren 1966 bis 1972 auf diese Weise produziert wurden und die einem Einsatz von mehr als 1000 t getrockneten Rohstoffen entsprechen.

Die Verwendung von überkritischen Gasen zur Extraktion von Gewürzen wurde erstmals 1971 publiziert [26]. Vitzthum und Hubert beschreiben in diesem Patent die Extraktion von Pfeffer, Gewürznelken, Vanille und Zimt mit überkritischen Gasen bei Drücken von 280 bis 400 bar und Temperaturen von 50–60 °C.

Das patentierte Verfahren läuft in zwei Stufen ab. Im ersten Schritt werden die ätherischen Öle aus den Gewürzen mit trockenem, überkritischem Kohlendioxid herausgelöst. Anschließend erfolgt die Extraktion der Geschmackskomponenten mit wasserhaltigem, überkritischem CO_2. In vielen Fällen, so z. B. beim Piperin, dem Hauptscharfstoff des Pfeffers, erfolgt bereits im ersten Schritt neben der Extraktion der Geruchskomponenten auch das Herauslösen der Geschmacksstoffe, so daß sich der zweite Schritt erübrigt.

Ebenfalls ein zweistufiges Verfahren zur Herstellung von Gewürzextrakten beschreiben Behr et al. [157]. Als Beispiele geben sie die Extraktion von Pfeffer, Ingwer, Gewürznelken, Fenchel und Salbei an. In der ersten Extraktionsstufe werden den Gewürzen unter schonenden Temperaturbedingungen mit flüssigem Kohlendioxid die ätherischen Öle entzogen und anschließend erfolgt in der zweiten

Tabelle 25. Übersicht über in der UdSSR von 1966 bis 1972 mit flüssigem CO_2 hergestellten Gewürz- und Kräuterextrakten, nach [27]

Einsatzmaterial	Extraktausbeute (Gew.-%)	Produzierte Extraktmengen (kg)
Gewürznelken	18,6	14144
Muskatnüsse	10,5	8941
Muskatblüte (*Macis*)	20,7	3573
Pfeffer, schwarz	5,1	849
Pfeffer, grün	3,9	348
Ingwerwurzeln	3,6	1438
Petersiliensamen	3,6	1493
Dillsamen	3,6	1498
Korianderfrüchte	1,8	88
Lorbeerblätter	2,5	321
Anisfrüchte	4,3	175
Kalmuswurzel	5,1	3094
Selleriewurzel	7,0	380
Kamillenblüten	2,9	4243
Schafgarbenkraut	1,1	403
Hopfendolden	7,8	5430
Eucalyptusblätter	1,8	144
Johanniskraut	2,2	776
Karottenwurzeln	2,7	230
Ringelblumen (*Calendulae*)	2,3	210

Stufe die Extraktion der Geschmacksstoffe mit überkritischem CO_2. Eine vollständige Trennung zwischen ätherischem Öl und Geschmacksstoffen ist aber mit dieser Verfahrensweise nicht möglich, wie die angegebenen Beispiele selbst beweisen. Beispielsweise wird bei der Extraktion von Fenchel mit flüssigem Kohlendioxid (130 bar/30 °C) ein Extrakt erhalten, der nur zu 62% aus ätherischem Öl besteht. Bei der Extraktion von Ingwer werden bereits in der ersten Stufe (flüssiges CO_2, 280 bar, 29 °C) die mit Kohlendioxid extrahierbaren Inhaltsstoffe vollständig extrahiert, so daß in der zweiten Stufe kein meßbarer Extrakt erhalten wird.

Die Extraktion von reinen Gewürzölen und Aromen mit verdichtetem Kohlendioxid erfordert eine Optimierung der Lösungsmittelselektivität, da die meisten Ausgangsmaterialien mit ätherischem Öl auch schwerflüchtige lipophile Bestandteile, wie z. B. fette Öle, Wachse, Harze und Farbstoffe enthalten. Hierauf wird in vielen Anwendungsbeispielen nicht eingegangen. Die Extraktionen werden zum Teil bei „drastischen“ Bedingungen, z. B. bei Drücken von 250–300 bar und Temperaturen von 40–60 °C, durchgeführt, obwohl zur Gewinnung von ätherischen Ölen und Aromastoffen vergleichsweise niedrige Verfahrensdrücke (90–150 bar bei 40–50 °C) ausreichend sind. Auch bei der Extraktion mit flüssigem Kohlendioxid, das für Gewürzöle und Aromen ein ausgezeichnetes Lösungsmittel ist, werden zum Teil unerwünschte Begleitstoffe mitextrahiert.

Die grundsätzlichen Möglichkeiten zur selektiven Gewinnung der Gewürzöle und Aromen sind einerseits die fraktionierte Extraktion und andererseits die gemeinsame Extraktion sowohl der leichtflüchtigen Öle als auch der schwererflüchtigen Komponenten mit anschließender fraktionierter Abscheidung. Wie die Löslichkeitsuntersuchungen zeigen, werden bereits bei 90 bar und 40 °C (Gasdichte 0,5 g/cm^3) Substanzkonzentrationen an ätherischen Ölen in der Gasphase von ca. 5 Gew.-% erreicht. Die Löslichkeiten von fetten Ölen oder anderen schwer flüchtigen Verbindungen sind bei diesen Druck- und Temperaturbedingungen sehr gering, so daß ihr Gehalt im Gesamtextrakt niedrig ist.

Die verschiedenen Möglichkeiten der selektiven Gewinnung ätherischer Öle sind bei der Extraktion von Gewürzen mit verdichtetem CO_2 beschrieben [155]. Extrahiert wurden Anis-, Sternanis- und Kümmelfrüchte sowie Gewürznelken und Ceylon-Zimt. Beim Vergleich der Extraktions- und Abscheidungsbedingungen sowie der Ausbeuten erkennt man, daß bei entsprechender Wahl der Verfahrensparameter eine weitgehende Abtrennung der ätherischen Öle von Fettbestandteilen, Wachsen, Harzen, und ähnlichen schwerflüchtigen Lipiden möglich ist (s. Tabelle 26). Der ätherische Ölanteil der CO_2-Extrakte wurde durch Wasserdampfdestillation bestimmt. Dabei ist zu bedenken, daß thermolabile Substanzen durch die härteren Bedingungen bei der Wasserdampfdestillation zerstört werden können und sich deshalb der Bestimmung entziehen.

Die Extraktion von Anisfrüchten bei 90 bar und 40 °C ergab ein dünnflüssiges, hellgelbes ätherisches Öl in einer Ausbeute von 2%. Der hohe wasserdampfflüchtige Anteil dieses Extraktes von ca. 85% zeigt, daß unter diesen Bedingungen kaum schwerflüchtige Verbindungen mitextrahiert werden. Die Extraktion der auf diese Weise vorextrahierten Anisfrüchte mit überkritischem Kohlendioxid bei 300 bar und 40 °C liefert dann fettes Öl in einer Ausbeute von fast 10%. Dieses Beispiel zeigt die Trennung von ätherischem und fettem Öl durch fraktionierte Extraktion.

Tabelle 26. Bedingungen und Ausbeuten der Extraktion von Gewürzen mit ätherischem Öl [155]

Droge	äther. Öl* Gehalt (%)	Extr.-Bed. p(bar)/T °C	Abscheid.-Bed.: p (bar)/T °C			Extraktausbeute %, davon wasserdampfl. Anteil (%)		
			1. Stufe	2. Stufe	3. Stufe	1. Stufe	2. Stufe	3. Stufe
Anis	2,1**	90/40	75/40	30/0	—	0,7 (80)	1,3** (85)	—
		nachfolgend 300/40	75/40	40/5	—	9,7	0,2	—
Sternanis	4,2**	90/20	90/50	80/55	30/0	3,4 (5)	0,7** (76)	2,8** (90)
Kümmel	4,1**	90/20	90/40	75/40	30/0	3,8 (1)	0,8 (38)	3,7** (90)
Gewürznelken	19,0**	90/40	85/40	30/0	—	2,9 (75)	13,6** (82)	—
		90/0	90/40	70/40	30/0	0,1 (0)	12,6 (81)	4,1 (82)
Ceylon-Zimt	1,5**	100/40	85/40	50/20	30/0	0,1	1,4	0,2
		90/0	85/45	75/40	30/0	0,7	0,6	1,1**

*: bestimmt durch Wasserdampfdestillation
**: sensorische Beurteilung, in Tabelle 27

Wird mit Kohlendioxid höherer Gasdichte extrahiert, so werden gleichzeitig beide Stoffklassen gelöst. Durch stufenweise Dichteabsenkung kann danach, wie die Beispiele der Extraktion von Sternanis- und Kümmelfrüchten zeigen, zuerst das fette Öl und schließlich das ätherische Öl vom Extraktionsgas getrennt werden. In Abb. 74 ist die Kümmelölfraktionierung durch stufenweise Abscheidung schematisch dargestellt. Im Anschluß an die Extraktion mit flüssigem Kohlendioxid (90 bar/20 °C) erfolgte die erste Abscheidung durch isobare Temperaturerhöhung auf 40 °C. Dabei wurde hauptsächlich das fette Öl mit nur etwa 1% ätherischem Öl abgeschieden. In der zweiten Stufe wurde bei gleicher Temperatur der Druck von 90 auf 75 bar gesenkt. Die hier erhaltene Zwischenfraktion, die nur 9,6% des Extraktes ausmacht, besteht aus einem Gemisch von fettem und ätherischem Öl. Die Hauptmenge des ätherischen Öles wurde in der dritten Stufe durch Druck- und Temperaturabsenkung auf 30 bar und 0 °C abgeschieden. In diesem Extrakt sind über 90% wasserdampfflüchtige Bestandteile enthalten. Durch Einsatz einer Stoffaustausch-Kolonne im Anschluß an die Extraktion kann die Anzahl der Trennstufen und somit die Effektivität der Trennung erheblich gesteigert werden. Auf diese Weise ist es möglich, die fetten und ätherischen Öle quantitativ in zwei Fraktionen zu trennen.

Aus Tabelle 26 ist weiterhin ersichtlich, daß zur vollständigen Abscheidung der ätherischen Öle optimale Bedingungen notwendig sind. Ein eindrucksvolles Beispiel ist die Zimtölextraktion (100 bar/40 °C). Bei der Abscheidung unter normal üblichen Bedingungen von 50 bar und 20 °C werden nur etwa 87% des ätherischen Öles vom Extraktionsmittel entmischt. Durch weitere Druck- und Temperaturabsenkung auf 30 bar und 0 °C werden vor allem die leicht flüchtigsten Komponenten des Zimtöles, hauptsächlich Monoterpen-Kohlenwasserstoffe, abgeschieden.

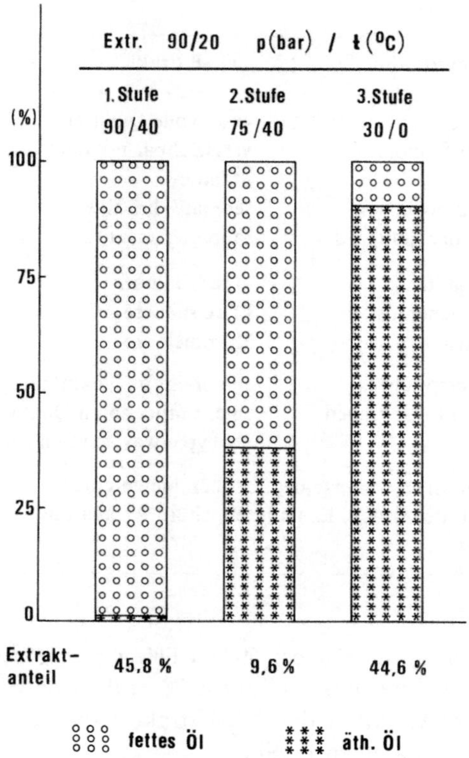

Abb. 74. Schematische Darstellung des Gehaltes an ätherischem und fettem Öl in verschiedenen Fraktionen von Kümmelextrakt mit flüssigem Kohlendioxid [155]

Die CO_2-extrahierten ätherischen Öle von Anis-, Sternanis- und Kümmelfrüchten sowie von Gewürznelken und Ceylon-Zimt zeigen gegenüber den Wasserdampfdestillaten in bezug auf ihre Farbe und Konsistenz praktisch keine Unterschiede, wohl aber in der sensorischen Qualität (s. Tabelle 27). Bei der geruchlichen und geschmacklichen Prüfung wurden die verschiedenen Öle mit einem marktgängigen ätherischen Öl hoher Qualitätsstufe (Standard) verglichen. Die durch Extraktion mit verdichtetem Kohlendioxid gewonnenen ätherischen Öle wurden sensorisch positiver beurteilt als die Wasserdampfdestillate aus dem gleichen Rohstoff. Stark abweichende Qualitäten der geprüften Öle im Vergleich zum Standard (z. B. Gewürznelken) sind auf eine verschiedenartige chemische Zusammensetzung zurückzuführen. Aber auch in diesem Fall wurde der CO_2-Extrakt positiver beurteilt als das Wasserdampfdestillat, das den Anforderungen nicht mehr entspricht.

Die Extraktion von Pfeffer mit verflüssigtem und überkritischem Kohlendioxid wird in der Literatur mehrfach beschrieben [26, 31, 157, 159, 160, 161]. Je nach Qualität enthält Pfeffer an wertbestimmenden Bestandteilen 1 bis 3,5% ätherisches Öl und 5 bis 10% Scharfstoffe, hauptsächlich Piperin. Aufgrund der sehr verschiedenen Qualitäten erhält man bei der Extraktion auch stark unterschiedliche Extraktausbeuten. Generell läßt sich jedoch sagen, daß mit überkritischem Kohlendioxid höhere Ausbeuten erzielt werden als mit flüssigem CO_2.

Am Beispiel der Untersuchungsergebnisse von Hubert und Vitzthum [26, 160] soll die Pfefferextraktion näher erläutert werden. Die Extraktion von schwarzem

Tabelle 27. Sensorische Beurteilung der ätherischen Öle [155]

Droge	Wasserdampfdestillat	CO_2-Extrakt
Anis (*Anisi fruct.*)	terpenig, nicht so voll wie der Standard	gute, volle Qualität, vergleichbar mit dem Standard
Sternanis (*Anisi stellati fruct.*)	abweichend, nicht so sauber wie der Standard	sehr süß, kräftige, saubere Anisnote
Kümmel (*Carvi fruct.*)	saubere Qualität, etwas schwächer als der Standard	gute Qualität, klare saubere Kümmelnote
Gewürznelken (*Caryophylli flos*)	atypisch, entspricht nicht den Anforderungen	entspricht im Charakter einer brauchbaren Qualität, im Typ etwas abweichend
Ceylon-Zimt (*Cinnamoni ceyl. cortex*)	kaum qualitativer Unterschied. Proben bieten einen guten Gesamteindruck. Es fehlt jedoch an Aromafülle und Körper	

Pfeffer mit überkritischem Kohlendioxid (z. B. 350 bar/60 °C) liefert ein gelbes, pastöses Oleoresin mit einem intensiven Pfefferaroma. In Tabelle 28 ist die Analytik des gemahlenen Pfeffers vor und nach der Extraktion, des CO_2-Extraktes sowie eines handelsüblichen Dichlormethan-Extraktes zusammengestellt.

Unbefriedigend ist die Tatsache, daß der CO_2-Extrakt nur 12,7% ätherisches Öl enthält. Nach eigenen Erfahrungen und nach den Angaben anderer Autoren [157] können CO_2-Pfefferextrakte aus derartig hochwertigem Ausgangsmaterial (3,5% ätherisches Öl) bis zu 30% Aromaöl enthalten. Der angegebene Extraktionsgrad des ätherischen Öles von nur 81%, der über die Wiederfindung im Extrakt berechnet ist, kann vermutlich darauf zurückgeführt werden, daß das leicht flüchtige Pfefferöl nicht vollständig abgeschieden werden konnte.

Wie die Tabelle 28 zeigt, enthält Pfefferoleoresin, das mit überkritischem Kohlendioxid extrahiert und einstufig abgeschieden wurde, einige Prozent Wasser, welches

Tabelle 28. Analytische Daten zur Pfefferextraktion mit überkritischem CO_2 [160]

	Material		CO_2-Extrakt	Extraktionsgrad	handelsübl. CH_2Cl_2-Extrakt
	vor CO_2-Extraktion	nach CO_2-Extraktion			
Piperin (%)	10,1	0,3	44,0	97,7	41,2
äth. Öl (%)	3,5	0,1	12,7	81,1	15,0
Wasser (%)	9,3	6,2	7,0		0,2
Farbe des Extraktes			gelb		olivgrün

schwierig aus dem pastösen Extrakt abzutrennen ist und die Haltbarkeit des Produktes einschränkt. Von Vorteil ist eine Abtrennung des mitextrahierten Wassers während des Verfahrensablaufs. Dies kann nach Hubert und Vitzthum dadurch erfolgen, daß die Abscheidungstemperatur mindestens so hoch ist wie die Extraktionstemperatur [26], wodurch das Wasser nicht zusammen mit dem Pfefferoleoresin abgeschieden wird. Nachteilig wirkt sich dies jedoch auf die vollständige Gewinnung des ätherischen Öles aus. Eine andere Möglichkeit besteht darin, den extraktbeladenen Gasstrom durch ein körniges, festes Trocknungsmittel, wie z. B. Calciumsulfat, zu führen, wobei ausschließlich Wasser adsorbiert werden soll [162]

Der Scharfstoffgehalt von CO_2-Pfefferextrakten ist infolge der höheren Selektivität von verdichtetem Kohlendioxid im allgemeinen größer als der von klassischen Lösungsmittelextrakten. In Abhängigkeit von der Qualität des Ausgangsmaterials und von den Extraktionsbedingungen werden in CO_2-Extrakten Piperin-Gehalte bis zu 66% erreicht [157]. Da die Hochdruckextraktion darüberhinaus eine schonende und vollständige Gewinnung des Aromaöls zuläßt, ist eine hochwertige Qualität der Pfefferextrakte zu erwarten. Bei einer sensorischen Prüfung wurden die CO_2-Extrakte besser beurteilt als die klassischen Lösungsmittelextrakte [161]. Geruch und Geschmack wurden als rein und typisch charakterisiert. Die gute Qualität des Hochdruckextraktes zeigte sich auch bei einer „Konzentratmischung“, die durch Anlagerung des Oleoresins an Dextrose hergestellt wurde. Die mit dieser

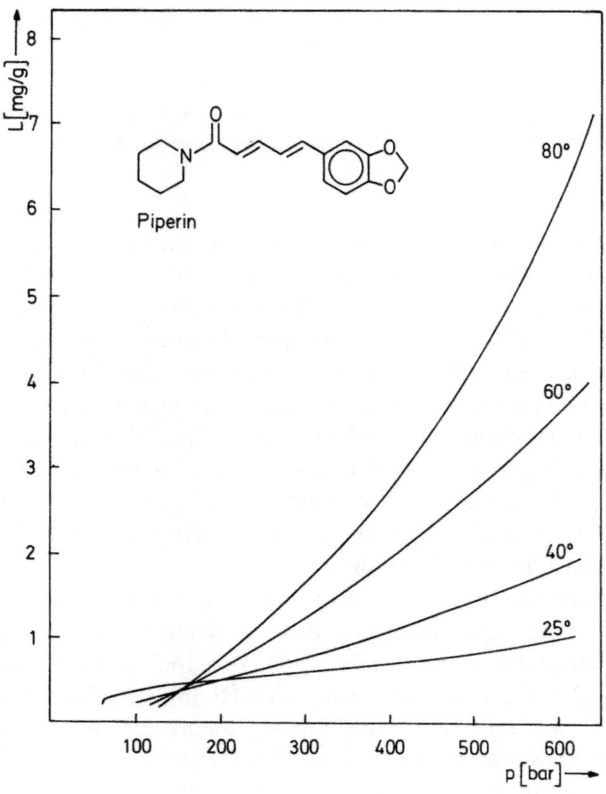

Abb. 75. Löslichkeitsisothermen von Piperin in verdichtetem Kohlendioxid als Funktion des Druckes [163]

Konzentratmischung gewürzten Fleischerzeugnisse (Bratwurst und Lyoner) wurden in Geruch und Geschmack sehr positiv beurteilt.

Da die wertbestimmenden Bestandteile des Pfeffers (ätherisches Öl, Scharfstoffe) stark unterschiedliche Löslichkeiten in verdichtetem Kohlendioxid aufweisen, ist eine Fraktionierung der Inhaltsstoffe möglich. Das Aromaöl des Pfeffers zeigt wie alle ätherischen Öle eine gute Löslichkeit in verdichtetem Kohlendioxid. Die Scharfstoffe sind deutlich schlechter löslich [163]. Wie die Abb. 75 zeigt, erreicht Piperin, der Hauptscharfstoff des Pfeffers, in flüssigem CO_2 (25 °C) nur Löslichkeiten um 0,5 mg/g. Bessere Löslichkeiten werden in überkritischem Kohlendioxid erreicht, insbesondere bei höheren Temperaturen und Drücken. Infolge dieses stark unterschiedlichen Löslichkeitsverhaltens sind die Aroma- und Scharfstoffe bei der CO_2-Extraktion getrennt zu gewinnen. Dadurch ergibt sich in einfacher Weise die Möglichkeit einer Standardisierung der Pfefferextrakte.

Die wertbestimmenden Inhaltsstoffe der Capsicumgewürze (z. B. Paprika, Chillie) sind einerseits Scharfstoffe, wie Capsaicin und Dihydrocapsaicin (s. Abb. 76) und andererseits Carotinoide, die als natürliche Farbstoffe in der Lebensmittelindustrie gebräuchlich sind.

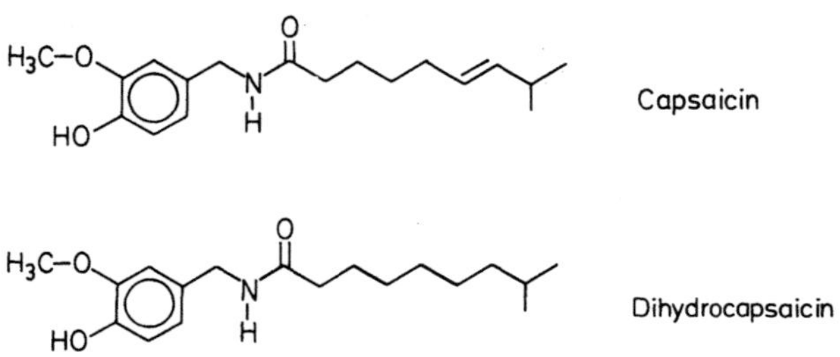

Abb. 76. Hauptscharfstoffe der Capsicum-Gewürze

Hubert und Vitzthum beschreiben die Extraktion von gemahlenen Chilliefrüchten mit überkritischem Kohlendioxid [160]. Sie erhielten ein rotes Öl, wobei der Extraktionsgrad, bezogen auf Capsaicin, 97% betrug. Die Extraktion von Paprikafrüchten mit überkritischem Kohlendioxid ist von Coenen und Mitarbeitern publiziert [131, 169]. Die Autoren schlagen eine zweistufige Extraktion vor, um die Scharfstoffe von der Carotinoidfraktion abzutrennen, wobei mit einer großen Lösungsmittelmenge, bezogen auf den eingesetzten Rohstoff, gearbeitet wird. Die Extraktion der Aroma- und Scharfstoffe erfolgte bei 120 bar und 40 °C, das Farbstoffkonzentrat wurde anschließend bei 320 bar und 40 °C gewonnen. Da in diesen Arbeiten der Hauptschwerpunkt auf der Gewinnung von natürlichen Pflanzenfarbstoffen liegt, wird dies in Kap. IV.4. ausführlicher behandelt.

Die Extraktion von Koriandersamen mit flüssigem Kohlendioxid bei Temperaturen zwischen 0 und 20 °C und dem entsprechenden Sättigungsdruck ist von russischen Autoren in mehreren Arbeiten beschrieben [164, 165, 166]. Unter diesen Bedingungen wird neben dem ätherischen Öl auch fettes Öl mitextrahiert. Der CO_2-Extrakt wurde analytisch auf seine Zusammensetzung untersucht, wobei die Abtrennung des ätherischen Öles durch Wasserdampfdestillation erfolgte [165]. In einer weiteren Arbeit wird gezeigt, daß auch bei der Extraktion mit flüssigem Kohlendioxid die Temperatur einen Einfluß auf die Zusammensetzung der Extrakte hat. Der höchste Gehalt an Linalool im CO_2-Extrakt wurde bei einer Temperatur von 0 °C erhalten, da bei höheren Temperaturen schwerer flüchtige Bestandteile in höherem Ausmaß mitextrahiert wurden [166]. Auch der Zerkleinerungsgrad der Samen besaß einen Einfluß auf die Extraktion der Inhaltsstoffe. Eine Teilchengröße von 0,3 mm brachte die besten Ergebnisse.

Andere russische Autoren beschreiben die Extraktion von Cardamomenfrüchten [167] und Dillsamen [168] mit flüssigem Kohlendioxid. Auch in diesen Gewürzextrakten waren neben den eigentlich erwünschten ätherischen Ölen schwerflüchtige Bestandteile enthalten. So war in dem Cardamomenextrakt gegenüber dem Wasserdampfdestillat ein deutlich höherer Gehalt an organischen Säuren und Phenolen nachzuweisen. Der CO_2-Extrakt aus Dillsamen bestand zu 73,8% aus ätherischem Öl und zu 26,2% aus fettem Öl. Die Unterscheidung zwischen ätherischem und fettem Öl erfolgte durch Behandlung mit kaltem Methanol, in dem beide Substanzklassen unterschiedliche Löslichkeiten aufweisen. Eine quantitative Trennung mit Hilfe dieser Methode erscheint jedoch fragwürdig.

Die Extraktion von Thymian mit flüssigem CO_2 im Labormaßstab wurde von Bestmann, Erler und Vostrowsky beschrieben [158]. Zur Ölgewinnung wurden getrocknete Thymianblätter in einem Hochdruck-Soxhlet-Extraktor mit Kohlendioxid bei 5–10 °C und dem entsprechenden Verflüssigungsdruck von 40–45 bar extrahiert, wobei eine Ausbeute von 2,1% erhalten wurde. Diese Ausbeute entsprach etwa derjenigen der klassischen Wasserdampfdestillation. Bei der gaschromatographischen und massenspektrometrischen Analyse der ätherischen Öle konnten deutliche Unterschiede zwischen dem CO_2-Extrakt und dem Wasserdampfdestillat festgestellt werden. So lag der Gehalt an p-Cymen im CO_2-Extrakt bei 2,5%, im Wasserdampfdestillat aus dem gleichen Ausgangsmaterial bei 18,9% und in einem käuflichen rektifizierten Thymianöl sogar bei 47%. Auch γ-Terpinen war in den destillierten Ölen in deutlich höheren Mengen enthalten. Diese C_{10}-Kohlenwasserstoffe stellen Artefakte dar, die bei der Destillation aus sauerstoffhaltigen Ölkomponenten gebildet werden (p-Cymen beispielsweise aus Thymol). In dem CO_2-Extrakt waren 30% schwerflüchtige Verbindungen, hauptsächlich höhermolekulare Kohlenwasserstoffe und freie Fettsäuren, enthalten, was auf die Mitextraktion von Blattwachsen zurückzuführen ist.

In den vorangegangenen Abschnitten wurde die Herstellung von Gewürzextrakten mit verdichtetem Kohlendioxid aus getrockneten Naturprodukten besprochen. Küchenkräuter, wie beispielsweise Dill, Estragon oder Petersilie, werden vorzugsweise in frischer Form verwendet, da bei der Trocknung wesentliche Bestandteile der Aromen teilweise oder vollständig verloren gehen. In einer Patentanmeldung beschreiben Schütz et al. die Herstellung von konzentrierten Frischpflanzenextrakten, die den typischen Geruch und Geschmack der Ausgangsmaterialien aufweisen sowie nahezu unbegrenzt haltbar und darüberhinaus praktisch keimfrei sind [30]. Die vollständige Isolierung der Geruchs- und Aromastoffe erfolgt durch einstufige Extraktion mit Kohlendioxid bei überkritischem Druck (bis 300 bar). Die Temperaturbedingungen bei der Extraktion liegen vorzugsweise zwischen 0 und 31 °C. Zur vollständigen und schonenden Abscheidung, insbesondere der leicht flüchtigen Komponenten, wird eine Temperatur von 0 bis 20 °C vorgeschlagen, wobei darauf zu achten ist, daß der Abscheidungsdruck den entsprechenden Sättigungsdruck nicht erreicht. An den Beispielen der Extraktion von Dillkraut und Estragonblättern sowie von Cassisknospen und Mimosenblüten, welche parfümistisch interessant sind, wird das Verfahren näher erläutert. Mit flüssigem Kohlendioxid werden hierbei Extrakte erhalten, die ein intensives, dem frischen Pflanzenmaterial entsprechendes Aroma besitzen. Das Einsatzgut ist nach der Extraktion praktisch geruchlos. Erfolgt die Extraktion der frischen Pflanzenteile und die Abscheidung der Extrakte beispielsweise bei 45 °C, so werden qualitativ minderwertige Aromen erhalten und der Extraktionsrückstand besitzt einen modrigen Geruch, der vermutlich auf enzymatische Reaktionen oder mikrobielle Prozeßabläufe zurückzuführen ist.

Vanillearoma wird häufig zur Aromatisierung von Lebensmitteln verwendet. Da das Aroma des künstlichen Vanillins das hocharomatische Flavour der Vanillekapseln („Schoten") nicht vollständig wiedergibt, besteht ein großes Interesse an natürlichen Vanilleextrakten, die neben dem Vanillin auch die übrigen wichtigen Duftstoffe der Vanille enthalten.

Bei der Extraktion von Vanillekapseln mit überkritischem Kohlendioxid bei 400 bar und 45 °C läßt sich ein intensiv riechendes Aromaöl gewinnen [26]. Infolge der „drastischen" Extraktionsbedingungen enthält ein derart hergestellter Extrakt jedoch nur einen Aromastoffgehalt von 28%. Bei höherer Selektivität des überkritischen Kohlendioxids, z. B. bei geringerem Gasdruck, läßt sich der Gehalt an Aroma- und Duftstoffen im Extrakt erhöhen.

Schütz et al. beschreiben die Gewinnung der Aromastoffe der Vanillekapseln mit verflüssigtem Kohlendioxid bei Drücken zwischen 80 und 350 bar und Temperaturen zwischen 10 und 30 °C [170]. Die Abscheidung der zum Teil empfindlichen Aromastoffe erfolgt bei einer Temperatur unter 20 °C. Zur Erzielung einer quantitativen Ausbeute empfehlen die Autoren, die Vanillekapseln bei tiefer Temperatur, zwischen —50 und —30 °C, fein zu vermahlen. Eine andere Möglichkeit besteht darin, die grob zerkleinerten Kapseln unter den angegebenen Bedingungen zu extrahieren. Das vorextrahierte Material wird dann einer schnellen Druckentlastung ausgesetzt, wobei der gewünschte Aufschluß des Zellgewebes erfolgt. Die Vanillekapselteile blähen sich dabei um ca. 30% ihres Volumens auf, wodurch die Inhaltsstoffe dem Extraktionsmittel gut zugänglich werden und nachfolgend quantitativ extrahiert werden können. Die gaschromatographische Analyse zeigte, daß im CO_2-Extrakt ein höherer Gehalt an Aromastoffen enthalten ist als in einem herkömmlichen Alkoholextrakt aus der gleichen Rohstoffcharge. Zur sensorischen Qualitätsprüfung wurde je ein Speiseeisgemisch mit beiden Vanilleextrakten aromatisiert. Bei der anschließenden Verkostung wurde die mit dem CO_2-Extrakt aromatisierte Eisprobe eindeutig bevorzugt.

Ein weiteres Beispiel zur Extraktion von Aromastoffen ist die Gewinnung des ätherischen Öles aus Citrusschalen. Konventionell werden Citrusöle durch Kaltpressen die Fruchtschalen gewonnen. Diese Öle haben aufgrund der gelösten Carotinoide eine intensive Farbe und enthalten mehrere Prozente nicht flüchtiger Bestandteile, u. a. Cuticularwachs. Außerdem verbleiben erhebliche Mengen an ätherischem Öl im Preßrückstand.

Bei der Extraktion von Zitronenschalen mit überkritischem Kohlendioxid bei 300 bar und 40 °C, die von Calame und Steiner beschrieben ist [31], wird in einer Ausbeute von 0,9% ein ätherisches Öl erhalten, das eine andere Zusammensetzung aufweist als ein kalt gepreßtes Zitronenschalenöl. Die Analytik der beiden

Öle ist in Tabelle 29 wiedergegeben. Die Hauptunterschiede liegen in den Gehalten an Aldehyden und Alkoholen. Das CO_2-extrahierte Öl enthält weniger Citral (Neral, Geranial), dafür aber einen höheren Anteil an Nerol, Geraniol und α-Terpineol.

Tabelle 29. Chemische Zusammensetzung von Zitronenschalenölen [31]

	CO_2-Extrakt (%)	Kalt gepreßtes Öl (%)
Monoterpenkohlenwasserstoffe	92,4	95,0
Limonen	62,9	66,6
Neral	0,3	1,2
Geranial	0,2	1,15
α-Terpineol	1,2	0,25
Citronellol	—	0,4
Nerol	0,8	0,01
Geraniol	1,3	0,03
Nerylacetat	0,45	0,4
Geranylacetat	0,45	0,35

Bei Extraktionsbedingungen von 300 bar und 40 °C werden außer dem ätherischen Öl auch schwerer flüchtige Begleitstoffe mitextrahiert. Aufgrund unserer Erkenntnisse ist es sinnvoll, durch geeignete Wahl der Extraktionsbedingungen zunächst selektiv das ätherische Öl und dann, falls erwünscht, in einer zweiten Extraktionsstufe die Farbstoffe und weitere lipophile Inhaltsstoffe zu gewinnen. Zur Gewinnung des ätherischen Öles wurden luftgetrocknete, frisch pulverisierte Orangenschalen mit überkritischem Kohlendioxid bei 90 bar und 50 °C extrahiert und der Extrakt bei 30 bar und 0 °C abgeschieden [171]. Nach der Abtrennung des mitextrahierten Wassers erhält man auf diese Weise ein klares, vollständig farbloses ätherisches Öl mit sehr guten sensorischen Eigenschaften in einer Ausbeute von 5,0%. Anschließend wurden bei 800 bar und 60 °C die Carotinoide, Wachse und andere schwerflüchtige, lipophile Verbindungen extrahiert. Dieser Extrakt (Ausbeute 1,3%) besitzt eine wachsartige Konsistenz und ist tief dunkelrot gefärbt.

IV.3.e Extraktion von Duftstoffen

Hochwertige natürliche Duftstoffe haben ihren festen Platz in der Parfümerie und Kosmetik. Von je her ist man bemüht, naturbelassene Riechstoffe zu isolieren und zu konzentrieren, wobei besonders bei empfindlichen ätherischen Ölen größte Sorgfalt angebracht ist. Hier bietet sich die Extraktion mit verdichtetem Kohlendioxid als schonendes Gewinnungsverfahren an, mit dem hochwertige Duftöle erhalten werden können, die in ihren geruchlichen Eigenschaften dem Einsatzmaterial entsprechen.

Besonders deutlich wird dies bei der Gewinnung der Duftstoffe aus Fliederblüten. Den mit klassischen Methoden isolierten Blütenölen fehlt in der Regel die typische Fliedernote. Mit verdichtetem Kohlendioxid wurde dagegen bei 90 bar und 34 °C ein Extrakt in einer Ausbeute von 0,0024% erhalten, der den charakteristischen

Tabelle 30. Zusammensetzung eines CO_2-Extraktes aus Fliederblüten [31]

Benzylbenzoat	32,6%
Elemicin	14,6%
Fliederalkohol	9,8%
Benzylalkohol	7,3%
Phytol	7,8%
Zimtalkohol	4,1%
Hexadecanol	3,2%

Fliederduft vollständig wiedergibt [31]. Dieser Extrakt war fast fest, konnte jedoch durch Abtrennung der Blütenwachse (ca. 90% des Extraktes) zu einem Absolue aufgearbeitet werden, dessen Zusammensetzung in Tabelle 30 wiedergegeben ist.

Bei der Gewinnung des ätherischen Öles aus Lavendelblüten mit Hilfe der Wasserdampfdestillation wird ein wertbestimmender Hauptbestandteil des Öles, das Linalylacetat, teilweise hydrolysiert, wodurch ein verminderter Estergehalt resultiert. Die Extraktion mit verflüssigtem Kohlendioxid liefert Lavendelöle, die den typischen Dufteindruck des Blütenmaterials vermitteln [172]. In den extrahierten ätherischen Ölen wurden Gehalte an Linalool von 30–32% und an Linalylacetat von 47–49% nachgewiesen. In dieser Untersuchung wird darüberhinaus der Einfluß der Extraktionstemperatur und der Extraktionszeit auf die Ausbeute und den ätherischen Ölgehalt im Extrakt diskutiert.

Auf die Vorteile von flüssigem Kohlendioxid zur Extraktion von Duftölen weist Moyler hin [33]. An den Beispielen der Extraktion von Wacholderbeeren, Ingwerwurzeln und Hopfenzapfen erläutert er die günstigen Voraussetzungen der Hochdruckextraktion zur Gewinnung hochwertiger Parfümgrundstoffe. Die bei tiefen Temperaturen, zwischen 0 und 10 °C, und Drücken bis 80 bar mit flüssigem CO_2 erhaltenen Extrakte werden mit klassischen Wasserdampfdestillaten bzw. Lösungsmittelextrakten verglichen, wobei die Vorteile der CO_2-Extrakte besonders herausgestellt werden. Frisch destillierte ätherische Öle sind meist mit einem Fehlgeruch („Kochgeruch") behaftet, der aus Abbauprodukten entweder von Ölkomponenten oder Bestandteilen des Ausgangsmaterials resultiert. Dieser Fehlgeruch destillierter Öle verschwindet langsam mit der Lagerung wenn also die Möglichkeit einer Reifung des Produktes gegeben ist. Eine lange Lagerzeit ist jedoch unbequem und verursacht unnötige Kosten. CO_2-Extrakte enthalten dagegen keine Fehlgerüche, so daß diesbezüglich keine Nachteile bestehen.

Der Gehalt an Monoterpen-Kohlenwasserstoffen ist in den CO_2-Extrakten geringer als in den Wasserdampfdestillaten. Ein eindrucksvolles Beispiel hierfür ist in Abb. 77 wiedergegeben. Während in einem CO_2-extrahierten Wacholderbeeröl nur 32% Monoterpen-Kohlenwasserstoffe enthalten sind, ist im Wasserdampfdestillat aus dem gleichen Ausgangsmaterial ein Gehalt von 69% zu finden. Ein geringerer Anteil an Kohlenwasserstoffen bringt neben der stärkeren Geruchsintensität vor allem Vorteile für die Löslichkeit des Produktes in wässrig-alkoholischen Lösungen.

Nach Moyler besitzen CO_2-Extrakte eine stärker ausgeprägte Kopfnote, was insbesondere darauf zurückzuführen ist, daß im Extrakt einige leichtflüchtige Komponenten

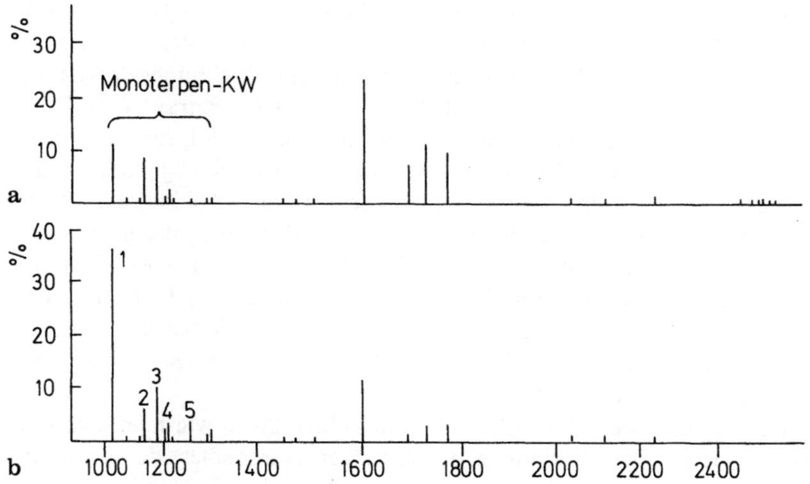

Abb. 77a, b. Substanzgehalte in verschiedenen Wacholderbeerölen aufgetragen gegen die Retentionsindices bei der Gaschromatographie auf einer Carbowax 20 M-Kapillarsäure [33].
a CO_2-Extrakt, **b** Wasserdampfdestillat
1 α-Pinen, α-Thujon, *2* Sabinen. *3* Myrcen, *4* Limonen, *5* α-Terpinen

enthalten sind, die im Wasserdampfdestillat fehlen. Diese Tatsache wird auch bei dem analytischen Vergleich verschiedener Hopfenöle belegt. CO_2-Extrakte zeigen aber auch einen stärker ausgeprägten Hintergrund („more backnote"). Bei der Extraktion mit „kaltem", flüssigem Kohlendioxid werden neben dem ätherischen Öl auch leichter flüchtige Harzfraktionen extrahiert, die dem Extrakt fixierende Eigenschaften sowie einen vollkommeneren Geruchseindruck verleihen, die Löslichkeit des Produktes jedoch nicht beeinträchtigen. Mit klassischen Lösungsmitteln hergestellte Extrakte zeigen ebenfalls einen besser fixierten Duft als die Wasserdampfdestillate. Infolge der geringen Selektivität der Lösungsmittel sind sie jedoch schwierig zu handhaben, da unerwünschte Begleitkomponenten, wie höhermolekulare Harze, Fette und Wachse, insbesondere bei der Herstellung von Extrait-Parfums und Duftwässern Probleme bereiten.

Wegen ihrer geruchlichen Eigenschaften haben einige Arten der Familie der Baldriangewächse (*Valerianaceae*), insbesondere der Gattungen Valeriana und Nardostachys, eine besondere Bedeutung. So werden beispielsweise die parfümistisch interessanten ätherischen Öle aus *Valeriana celtica L.* (Speiköl) und aus *Nardostachys jatamansi DC.* (indisches Nardenöl) in der pflegenden Kosmetik verwendet. Hauptinhaltsstoffe dieser Öle sind Sesquiterpen-Kohlenwasserstoffe sowie deren sauerstoffhaltige Derivate, die weniger gut flüchtig und zudem teilweise thermolabil sind. Die klassische Wasserdampfdestillation liefert aus diesen Rohstoffen nur minderwertige Ölqualitäten. Durch Extraktion mit verdichtetem Kohlendioxid ist es möglich, bei niedrigen Verfahrenstemperaturen das genuin vorliegende ätherische Öl in guter Ausbeute und hervorragender Qualität zu gewinnen [173].

Bei der Extraktion der indischen Narde mit überkritischem Kohlendioxid bei 90 bar und 40 °C wurde selektiv das ätherische Öl in einer Ausbeute von 2,1% gewonnen. Der wasserdampfflüchtige Anteil des Extraktes lag bei ca. 92%. Die quantitative Extraktion des ätherischen Öles erforderte aufgrund der guten Löslichkeit unter diesen Bedingungen lediglich einen relativen Lösungsmitteldurchsatz von 4 g CO_2 pro g Drogeneinwaage. Die Hauptinhaltsstoffe des CO_2-Extraktes sind das Sesquiterpenketon Valeranon und der Sesquiterpenalkohol Nardol, die zusammen 54% des Öles ausmachen. Mit Hilfe einer zweistufigen Abscheidung konnten die sauerstoffhaltigen Verbindungen im ersten und die Sesquiterpen-Kohlenwasserstoffe im zweiten Abscheidungsbehälter angereichert werden. Dabei wurde der größte Anteil (81%) des bei 90 bar und 40 °C gelösten Extraktes im ersten Abscheider bei 90 bar und 60 °C entmischt. In dieser Fraktion waren lediglich 3% Kohlenwasserstoffe nachweisbar. In der zweiten Entmischungsstufe wurde bei 30 bar und 0 °C der restliche Extraktanteil abgeschieden, der über 50% der in der Droge vorliegenden Sesquiterpen-Kohlenwasserstoffe enthielt.

Bei der Extraktion des ätherischen Öles aus dem Echten Speik wurde in analoger Weise verfahren wie bei der Gewinnung des indischen Nardenöles, da es sich in beiden Fällen um nahe verwandte Rhizomdrogen handelt, die zudem ähnlich zusammengesetzte ätherische Öle enthalten.

Zur Gewinnung des Speiköles wurde die fein pulverisierte Droge mit überkritischem Kohlendioxid bei einem Druck von 90 bar und einer Temperatur von 40 °C extrahiert und der Extrakt einstufig bei 30 bar und 0 °C abgeschieden. Dabei wurde in einer Ausbeute von 3,4% ein goldgelbes Öl erhalten. Bemerkenswert ist hierbei die Tatsache, daß die Wasserdampfdestillation des gleichen Drogenmaterials bei einer Destillationszeit von 6 Stunden nur 1,6% ätherisches Öl ergab. Bei der sensorischen Beurteilung wurde der CO_2-Extrakt qualitativ deutlich höher eingestuft als das Wasserdampfdestillat. Eine weitere Qualitätssteigerung des Speiköles wurde bei der Extraktion von frischem Pflanzenmaterial mit verdichtetem Kohlendioxid beobachtet.

Der analytische Vergleich der verschiedenen ätherischen Öle aus dem Echten Speik mit Hilfe der Kapillar-Gaschromatographie zeigt eindeutige Unterschiede, womit möglicherweise die weitaus bessere Qualität des CO_2-Extraktes gegenüber dem Wasserdampfdestillat erklärt werden kann. Abbildung 78 zeigt die Kapillar-Gaschromatogramme des CO_2-Extraktes (A) und des Wasserdampfdestillates (B). Besonders augenfällige Abweichungen der beiden Öle sind im Bereich langer Retentionszeiten, ab etwa 45 min, zu beobachten. So sind im Chromatogramm des CO_2-Extraktes bei Retentionszeiten von 59 und 76 min schwerflüchtige ätherische Ölkomponenten in hoher Konzentration nachzuweisen, die im Wasserdampfdestillat (Chromatogramm B) nur in geringer Menge bzw. gar nicht vorkommen. Bei diesen Substanzen handelt es sich wahrscheinlich um Sesquiterpenester.

IV.3.f Vorabscheidung von Pflanzenwachsen

Langkettige *n*-Alkane sind im Pflanzenreich als Blatt- oder Cuticularwachse weit verbreitet. Sie besitzen die Funktion eines Schutzüberzuges und sind störende Bestandteile bei der Extraktion lipophiler Duft- und Wirkstoffe aus Blüten-, Kraut- und Blattmaterialien. Dadurch besitzen die Extrakte meist eine wachsartige Konsistenz, obwohl aufgrund der Wirkstoffe ein flüssiger Extrakt zu erwarten wäre. Bei Duftstoffextrakten, die in der Parfümerie eingesetzt werden, führt der Wachsgehalt

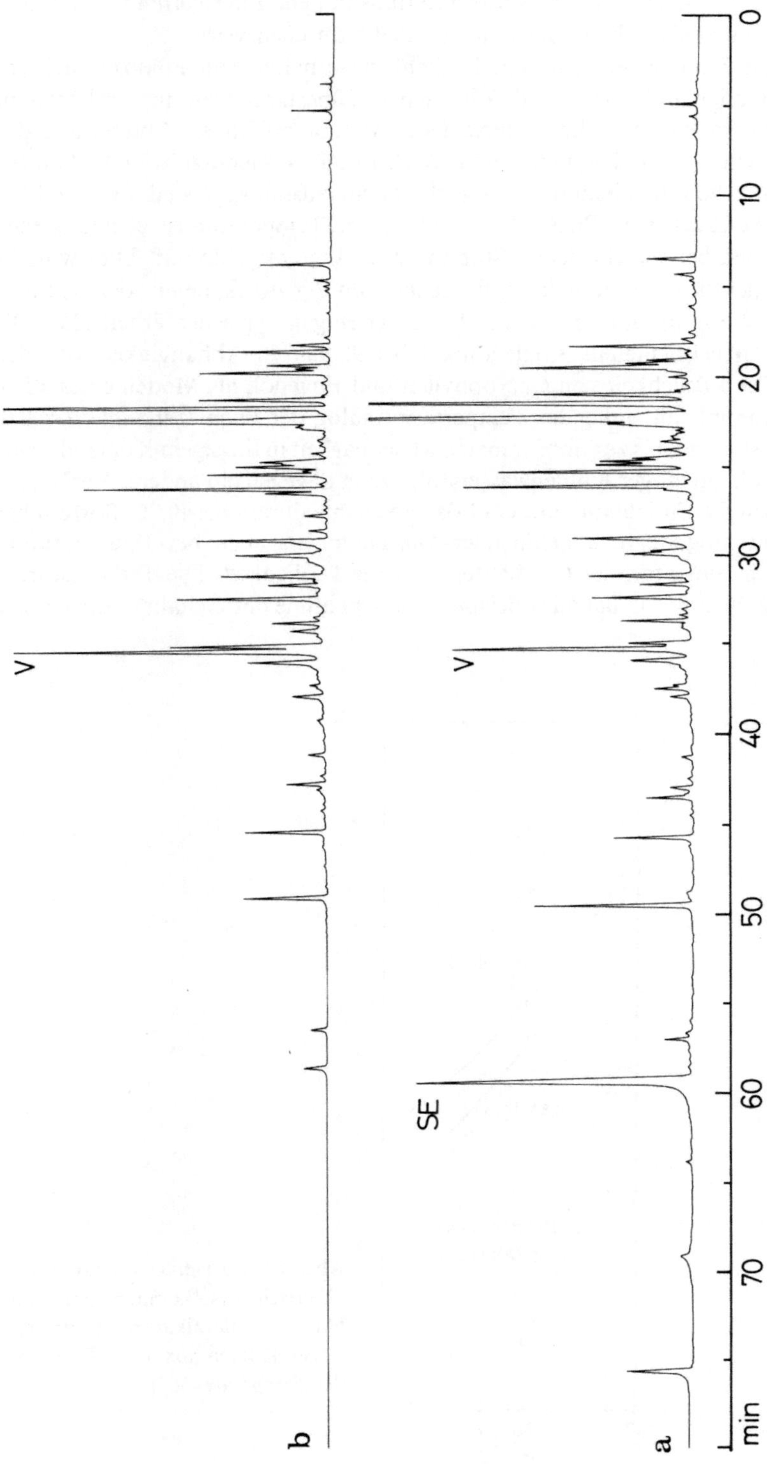

Abb. 78. Kapillar-Gaschromatogramme eines CO_2-Extraktes **(a)** und eines Wasserdampfdestillates **(b)** aus *Valeriana celtica L.* [173]. *V* Valeranon, *SE* Sesquiterpenester

zu einer partiellen Unlöslichkeit in alkoholischen Lösungsmitteln, und damit zu unerwünschten Trübungen der Riechstoffkompositionen. Eine getrennte Abscheidung der störenden Wachskomponenten ist daher wünschenswert.

Vergleichende Untersuchungen zum Löslichkeitsverhalten von Pflanzenwachsen, speziell von Cuticularalkanen, und ätherischen Ölbestandteilen in verdichtetem Kohlendioxid ergaben deutliche Unterschiede, die zur effektiven Abtrennung der Wachskomponenten von den Duft- und Wirkstoffen ausgenutzt werden können [63]. Die Dichte von Kohlendioxid ist nicht allein ausschlaggebend für die Löslichkeit einer kondensierten Phase. Der Einfluß der Temperatur ist ebenfalls sehr wichtig und weist bei verschiedenen Stoffen große Unterschiede auf. Dies wird in Abbildung 79 deutlich. Dargestellt ist die Löslichkeit der *n*-Alkane aus dem Cuticularwachs von Wermutkraut im Vergleich zu derjenigen typischer ätherischer Ölkomponenten in verdichtetem Kohlendioxid bei 90 bar in Abhängigkeit von der Temperatur. Die Löslichkeit von Caryophyllen und Eugenol, als Modell eines ätherischen Öles, nimmt mit sinkender Temperatur analog der Dichtezunahme des Extraktionsgases stark zu, bis zur unbegrenzten Mischbarkeit in flüssigem Kohlendioxid. Die Löslichkeit langkettiger Kohlenwasserstoffe zeigt dagegen ein anderes Verhalten. Bei 90 bar haben die Cuticularalkane ein Löslichkeitsmaximum bei 40 °C. Sowohl bei Temperaturerhöhung, d. h. abnehmender Gasdichte, als auch bei Temperaturerniedrigung, d. h. zunehmender Gasdichte, sinkt die Löslichkeit. Die Temperaturerniedrigung von 40 auf 0 °C hat zum Beispiel eine Abnahme des Gehaltes an Alkanen

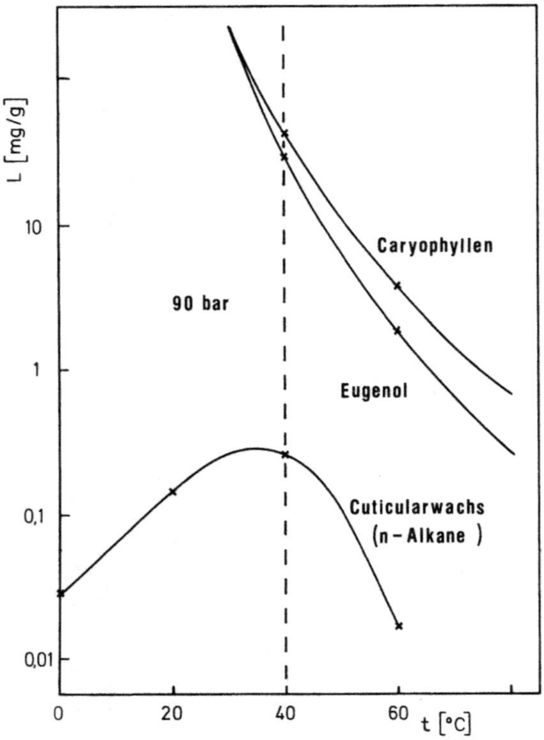

Abb. 79. Löslichkeitsisobaren von ätherischen Ölkomponenten und von Cuticularalkanen in verdichtetem Kohlendioxid als Funktion der Temperatur [63]

in der verdichteten Gasphase um eine Zehnerpotenz zur Folge. Die durch die gestrichelte Linie angedeuteten Bedingungen von 90 bar und 40 °C haben sich zur Extraktion von ätherischen Ölen bewährt. Hier wird einerseits unter thermisch schonenden Bedingungen eine gute Löslichkeit von ca. 5 Gew.-% erreicht. Andererseits werden weniger unerwünschte Begleitstoffe, wie fette Öle, Farbstoffe usw. extrahiert als dies mit flüssigem Kohlendioxid der Fall ist. Führt man eine Extraktion unter diesen Bedingungen durch, so wird immer ein Teil des Pflanzenwachses, dessen Löslichkeit etwa 0,3 mg/g CO_2 beträgt, mitextrahiert. Scheidet man die im überkritischen Kohlendioxid gelösten Substanzen, wie es allgemein üblich ist, durch Dichteerniedrigung ab, d. h. entweder durch isotherme Druckabsenkung oder isobare Temperaturerhöhung, so nimmt die Löslichkeit sowohl der ätherischen Ölkomponenten als auch des Cuticularwachses ab und man erhält beide Substanzklassen in einer Fraktion. Führt man jedoch eine isobare Temperaturabsenkung beispielsweise auf 0 °C durch, erhält man eine Vorabscheidung der Alkane. Die Löslichkeit der ätherische Ölkomponenten steigt unter diesen Bedingungen noch weiter an, so daß das Wachs in reiner Form ohne die übrigen gelösten Substanzen abgetrennt werden kann.

Abb. 80 zeigt ein erprobtes Extraktionsschema, mit dem eine derartige Fraktionierung gelingt. Am Beispiel der Extraktion von Wermutkraut mit überkritischem Kohlendioxid wurde dies erstmals in der Literatur beschrieben [153]. Bei 100 bar und 40 °C wird neben den monomeren Sesquiterpenlactonen und dem ätherischen Öl das Cuticularwachs extrahiert. Die Abscheidung des Extraktes erfolgt in drei Stufen. In der ersten Stufe wird durch Temperaturabsenkung auf 0 °C — was zu einer Dichteerhöhung und Verflüssigung des Kohlendioxids führt — ein rein weißes Cuticularwachs gewonnen. In der zweiten und dritten Fraktion, welche durch schrittweise Dichteerniedrigung erhalten werden, erfolgt dann die Abscheidung der

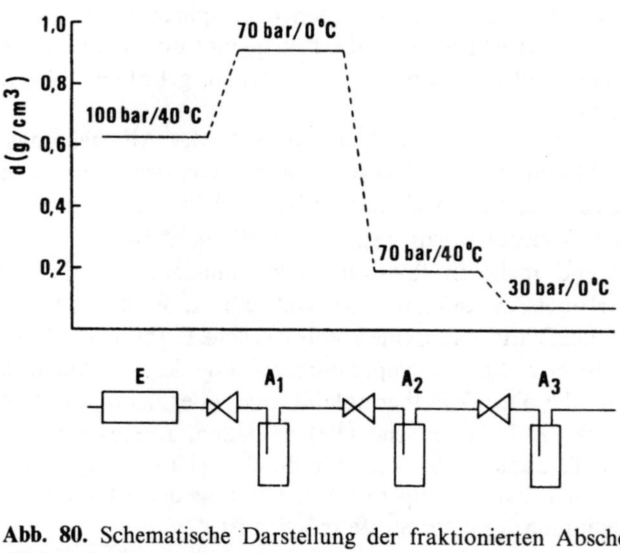

Abb. 80. Schematische Darstellung der fraktionierten Abscheidung des CO_2-Extraktes aus Wermutkraut.
E Extraktionsbehälter, *A 1*–*A 3* Abscheidungsbehälter

monomeren Sesquiterpenlactone und des ätherischen Öles. Die Analyse des bei 70 bar und 0 °C abgeschiedenen Cuticularwachses ergab 17% Wachsester und 83% langkettige n-Alkane, die zu über 90% C_{27}, C_{29} und C_{31}-Kohlenwasserstoffe enthalten.

Ein zweites Beispiel für die getrennte Abscheidung der störenden Wachskomponenten von den eigentlichen Wirkstoffen ist die Gewinnung von Kamilleninhaltsstoffen (vgl. auch Seite 152). Die bei der Extraktion mit überkritischem CO_2, z. B. bei 100 bar und 40 °C, anfallenden Extrakte haben eine wachsartige Konsistenz. Wendet man nun die vorstehend beschriebene Abscheidungstechnik an, so ist es möglich, eine Abtrennung des Cuticularwachses vorzunehmen. Das auf diese Weise bei 0 °C abgeschiedene Cuticularwachs besteht zu über 90% aus *n*-Alkanen, welche Kettenlängen von C_{25} bis C_{31} aufweisen. Die Endabscheidung kann dann bei 30 bar und 0 °C erfolgen, wobei der Extrakt nun ein dünnflüssiges Öl mit einer hohen Duft- und Wirkstoffkonzentration ist. Analoge Ergebnisse erhält man bei der Extraktion von Pyrethrumblüten (vgl. auch Seite 154). Auch hier kann die wachsartige Beschaffenheit der CO_2-Extrakte, die auf dem Gehalt an langkettigen Alkanen, wie *n*-Penta-, *n*-Hepta- und *n*-Nonacosan beruht, durch die beschriebene Vorabscheidung vermieden werden. Hierdurch erhält man wachsfreie Extrakte von erheblich besserer Qualität und weiter erhöhtem Wirkstoffgehalt.

Ein eindrucksvolles Beispiel zur Gewinnung von wachsfreien Duftstoffen ist die Extraktion von Eichenmoos (Mousse de chène) mit überkritischem Kohlendioxid und anschließender Extraktfraktionierung [156]. Extrakte aus Eichenmoos werden in der Parfümerie zur Verfeinerung und Abrundung des Buketts von Riechstoffkompositionen sowie aufgrund ihrer großen Haftfestigkeit als Fixateure eingesetzt. Klassische Petroletherextrakte sind stark grün bis braun gefärbte, wachsartige Massen. Diese Resinoide müssen vor ihrer Verwendung durch Behandlung mit Alkohol von den Wachsen befreit werden. Bei der Extraktion mit überkritischem Kohlendioxid werden ebenfalls die in großer Menge vorliegenden Wachse teilweise mitextrahiert. Eine Vorabscheidung der extraktbeladenen Gasphase in flüssigem Kohlendioxid (z. B. bei 0–5 °C) bewirkt jedoch eine fast quantitative Abtrennung der Wachse, so daß bei der Endabscheidung ein rot-braun gefärbter, öliger, intensiv riechender Extrakt anfällt.

Wie diese Beispiele zeigen, kann durch geschickte Auswahl der Abscheidungsbedingungen eine selektive Abtrennung der Wachsbestandteile von den ätherischen Ölen und Duftstoffen erreicht werden. Auf diese Weise erhält man Extrakte, die einen höheren Duft- und Wirkstoffgehalt besitzen, in alkoholischen Lösungsmitteln besser löslich sind und meist in flüssiger Form anfallen. Die flüssige Konsistenz erlaubt beim Arbeiten im präparativen Maßstab, z. B. bei der Extraktion von Blüten-, Kraut- oder Blattdrogen, eine kontinuierliche Extraktentnahme, die auf andere Art, beispielsweise durch Temperaturerhöhung des Abscheiders, nicht zu erreichen ist, wenn die Extrakte thermolabil sind oder Komponenten mit einem hohen Dampfdruck (z. B. ätherische Öle) enthalten. Interessant und bisher wenig beachtet ist die Tatsache, daß nicht nur durch isobare Temperaturerhöhung, sondern auch durch isobare Temperaturerniedrigung des Extraktionsmittels eine Abscheidung bestimmter gelöster Stoffe möglich ist.

IV.4 Weitere Isoprenoide

IV.4.a Extraktion von Hopfen

Der in der Brauerei eingesetzte Hopfen erfüllt hauptsächlich die Aufgabe, dem Bier den bitteren Geschmack und das Aroma zu verleihen. Diese Eigenschaften resultieren aus den Harzen und ätherischen Ölen, die in den Drüsenhaaren (Lupulin) der Hopfenzapfen enthalten sind. Der wertbestimmende Anteil der Hopfenharze sind die Weichharze, die aus einer Mischung verschiedener Humulone (α-Säuren) und Lupulone (β-Säuren) bestehen und chemisch betrachtet isoprenoide Verbindungen darstellen (s. Abb. 81). Der typische Bittergeschmack des Bieres ergibt sich nach Isomerisierung der α-Säuren während des Brauprozesses. Das Flavour des Bieres wird weitgehend von dem ätherischen Hopfenöl geprägt.

Bei der klassischen Hopfenextraktion wird im allgemeinen Dichlormethan als Lösungsmittel verwendet, das nach der Extraktion aus dem pastösen Hopfenextrakt nur unvollständig abgetrennt werden kann. Dichlormethanextrakte enthalten demnach immer Lösungsmittelrückstände und stellen dunkelgrüne bis schwarz-grüne Massen dar.

Eine vielversprechende Alternative zur klassischen Extraktion ist die Gewinnung der wertvollen Hopfeninhaltsstoffe mit verdichtetem Kohlendioxid. Infolge des großen Bedarfs an Hopfenextrakten, ihres hohen Marktwerts und der günstigen Voraussetzungen für die Hochdruckextraktion (hoher Gehalt an extrahierbaren Inhaltsstoffen, hohe Gasbeladung) existiert eine Vielzahl von patentierten oder zum Patent eingereichten Verfahrensbeschreibungen [25, 180—190]. Zur großtechnischen Extraktion von Hopfen mit Kohlendioxid sind derzeit in der Bundesrepublik, in England und in Australien bereits mehrere industrielle Anlagen in Betrieb, die zum Teil mit überkritischem und zum Teil mit flüssigem Kohlendioxid arbeiten. Das überkritische Gas besitzt eine größere Lösungskapazität und erlaubt eine flexiblere Arbeitsweise bezüglich der Verfahrensparameter und der darüber einstellbaren Selektivität. Der überkritische Prozeß ist jedoch insbesondere wegen des

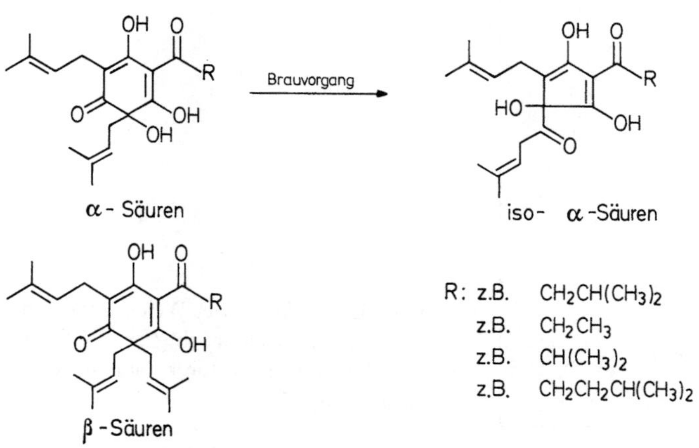

Abb. 81. Chemische Struktur der Weichharzkomponenten des Hopfens

höheren Drucks teurer als das Arbeiten mit unterkritischem, flüssigem CO_2 beim Sättigungsdruck. Unter dem Gesichtspunkt der vollständigen Extraktion aller wichtigen Hopfeninhaltsstoffe ist das Arbeiten mit überkritischem CO_2 sinnvoll. Bei ausreichendem Angebot an preisgünstigem Hopfen kann auf eine quantitative Extraktion verzichtet werden, so daß die billigere Arbeitsweise mit flüssigem CO_2 Preisvorteile mit sich bringt.

Die Extraktion von Hopfen mit unterkritischem, flüssigem Kohlendioxid ist von mehreren Autoren in der Literatur beschrieben [27, 191–196]. Flüssiges Kohlendioxid besitzt für die Hopfenharze ein begrenztes Lösungsvermögen [193]. Wie Abb. 82 zeigt, hat die Temperatur des flüssigen Kohlendioxids einen bestimmenden Einfluß auf die Löslichkeit der Weichharzkomponenten. Die Löslichkeit der α-Säuren erreicht bei einer Temperatur von 7 °C einen Maximalwert (0,81 Gew.-%), der sowohl mit steigender als auch mit fallender Temperatur stark abnimmt. Die β-Säuren sind etwa um den Faktor 10 schlechter löslich. Diese Weichharzkomponenten haben in unterkritischem, flüssigem CO_2 ein Löslichkeitsmaximum (0,13 Gew.-%) bei 20 °C.

Die industrielle Extraktion von Hopfen mit flüssigem CO_2 wird bei ca. 8 °C und 60 bar durchgeführt, die Verdampfung des Lösungsmittels und somit die Abscheidung des Extrakts erfolgt zwischen 12 und 15 °C (Dampfdruck ca. 50 bar) [194, 195]. Aufgrund der geringen Löslichkeit der wertbestimmenden α-Säuren sind zum Erreichen eines Extraktionsgrads von 95% mindestens 50 kg CO_2 pro kg Rohstoff erforderlich [196]. Das flüchtige Hopfenöl, das unter diesen Bedingungen gut löslich ist, wird quantitativ und infolge der tiefen Temperatur sehr schonend extrahiert. Das geringe Lösungsvermögen des flüssigen Kohlendioxids unter diesen Bedingungen wirkt sich günstig auf die Extraktqualität aus. Die erhaltenen Hopfenextrakte bestehen fast ausschließlich aus Weichharzkomponenten und dem ätheri-

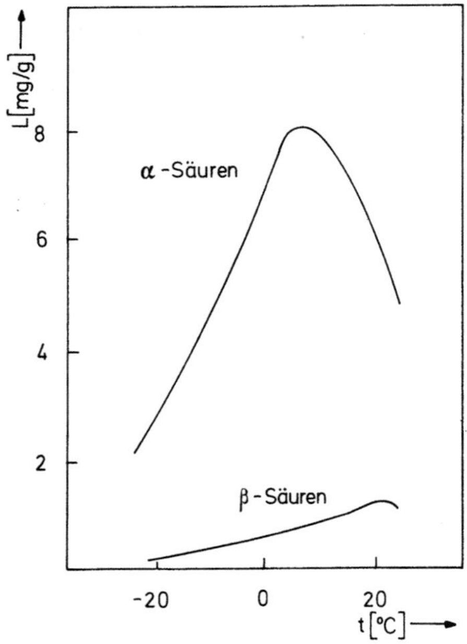

Abb. 82. Löslichkeiten der Weichharzkomponenten des Hopfens in flüssigem CO_2 bei verschiedenen Temperaturen und unterkritischem Druck [193]

schen Öl. Sie enthalten keine Hartharze und Tannine sowie nur einen geringen Anteil an Fetten und Wachsen [194].

Wilson beschreibt die Fraktionierung von Hopfenextrakt in eine Aromaöl- und eine Weichharzfraktion [196]. Dem mit flüssigem CO_2 erhaltenen Hopfenextrakt wird in einer Gegenstromkolonne mit Kohlendioxid das flüchtige Hopfenöl entzogen und separat abgeschieden. Auf diese Weise ist es gelungen, eine Ölfraktion mit einem Gehalt von ca. 70% ätherischem Öl zu gewinnen. Dies ist aus der Sicht der Bierbrauer interessant, da beim Brauvorgang normalerweise ein Großteil der Aromastoffe verloren geht. Nunmehr besteht die Möglichkeit, das Hopfenaroma dem Bier direkt zuzusetzen, während die ölarme Weichharzfraktion dem Brauansatz zugegeben wird.

Ein Problem bei der Extraktabscheidung im Verdampfer ist die Tatsache, daß halbkristalline Ablagerungen auftreten können, die den Wärmeaustausch behindern und deshalb Störungen hervorrufen. Eine Zugabe von ca. 5% Ethanol im Verdampfer beseitigt die Extraktablagerungen bzw. wirkt ihrem Auftreten entgegen [196]. Die Anwesenheit von Ethanol im Verdampfer hat noch einen weiteren Vorteil. Während der Hauptanteil des Alkohols mit dem Extrakt ausgetragen wird, gelangen kleinere Mengen in das Kreislaufgas. Alkoholkonzentrationen von 1–2% im flüssigen Kohlendioxid bewirken eine deutliche Löslichkeitssteigerung der α-Säuren, ohne daß die Extraktqualität darunter leidet. Bei höheren Ethanolkonzentrationen (3–4%) werden unerwünschte Begleitstoffe, wie z. B. Chlorophyll, mitextrahiert.

Überkritisches Kohlendioxid hat gegenüber dem verflüssigten Gas den Vorteil eines besseren Lösungsvermögens für die Hopfenharze. Dies führt zur Erniedrigung der erforderlichen Lösungsmittelmenge und somit zur Verkürzung der Extraktionszeit. Erste Untersuchungen zur Extraktion von Hopfen mit überkritischem CO_2 wurden von Vitzthum und Hubert veröffentlicht [25, 160]. Bei Extraktionstemperaturen von 40–60 °C und -drücken bis 350 bar wurden aus handelsüblichen Hopfenpellets olivgrüne, pastöse Extrakte mit sehr intensivem Hopfenaroma erhalten. In Tabelle 31 sind einige analytische Daten der Hopfenextraktion zusammengestellt. Die wertbestimmenden Hopfenbitterstoffe, die α-Säuren, wurden fast quantitativ extrahiert (Extraktionsgrad fast 99%). Leider sind in dieser Untersuchung keine Angaben zur Extraktion des Hopfenöles und zum Aromastoffgehalt des Extraktes gemacht.

Tabelle 31. Analytische Daten der Hopfenextraktion mit überkritischem Kohlendioxid [160]

	Hopfenpellets		CO_2-Extrakt	Extraktionsgrad	Extrakt, handelsüblich
	vor CO_2-Extraktion	nach CO_2-Extraktion			
Wassergehalt (%)	6,0	5,4	7,0		8,0
Gesamtharze (%)	30,3	4,3	90,0	89,9	88,5
Weichharze (%)	26,6	1,3	84,8	96,5	82,0
α-Säuren (%)	12,6	0,2	41,2	98,9	39,5
β-Säuren (%)	14,0	1,1	43,6	94,4	42,5
Hartharze (%)	3,7	3,0	5,2		6,5

Krüger vergleicht das Lösungsvermögen von Kohlendioxid im flüssigen und überkritischen Zustand [197]. Diese Untersuchungen wurden mit Hopfenextrakt in einer Phasengleichgewichtsapparatur durchgeführt. Eine Auswahl der Ergebnisse ist in Tabelle 32 zusammengestellt.

Tabelle 32. Löslichkeit von Hopfenextrakt in verdichtetem CO_2 bei 28 °C und 80 °C [197]

Druck (bar)	t = 28 °C Gew.-%	t = 80 °C Gew.-%
80	0,52	0,026
100	0,67	0,06
150	1,1	0,26
200	1,55	0,74
300	2,5	3,2
400	3,45	9,4

Wie aus den Daten zu ersehen ist, bringt im Druckbereich unterhalb von 200 bar flüssiges Kohlendioxid die besseren Ergebnisse. Bei höheren Drücken steigt die Löslichkeit mit der Temperatur drastisch an. So werden bei 400 bar und 80 °C 94 mg Hopfenextrakt pro g CO_2 gelöst. Um bei 28 °C eine derart hohe Löslichkeit zu erreichen, ist nach Krüger ein Druck von ca. 1000 bar notwendig.

Bei der Extraktion mit überkritischem Kohlendioxid sind zum Erreichen guter Löslichkeitswerte der Hopfenharze relativ hohe Drücke bis ca. 350 bar erforderlich. Um den apparativen Aufwand zu verringern, haben Kurzhals und Hubert ein Verfahren beschrieben, das bei niedrigeren Drücken eine wirtschaftliche Extraktion ermöglicht [184]. Dabei wird als Lösungsmittel eine Mischung aus Kohlendioxid und einer weiteren Komponente, wie z. B. Propan, Butan oder Aceton verwendet. Die

Tabelle 33. Analytische Daten zur Hopfenextraktion mit einem flüssigen CO_2/Butan-Gemisch [184]

	Hopfen-ausgangs-material	Hopfen-treber	Extrakt
Wasser (%)	10,5	12,3	3,4
Gesamtharz (%)	23,0	4,1	91,9
Weichharz (%)	20,8	2,0	89,4
α-Säuren (%)	10,1	<0,1	46,3
β-Säuren (%)	10,7	1,9	41,5
Hartharze (%)	2,2	2,3	2,1
Hopfenöl (%)	1,0	<0,1	4,9
Gerbstoffe (%)	4,3	5,3	0

Extraktionsparameter Druck und Temperatur werden so eingestellt, daß die Mischung der beiden Komponenten flüssig ist. Die Extraktion von Hopfen wurde mit einem flüssigen Gemisch aus 94 Mol % CO_2 und 6 Mol % *n*-Butan bei einem Druck von 82,7 bar und einer Temperatur von 35 °C durchgeführt. Nach Entspannung und Verdampfung des Extraktionsmittelgemischs wurde dabei ein hellgrüner Extrakt erhalten, dessen Zusammensetzung in Tabelle 33 wiedergegeben ist.

In dieser Untersuchung ist auch eine einfache Möglichkeit zur Extraktfraktionierung beschrieben. Bei der Entspannung des Lösungsmittelgemischs auf 50 bar ergibt sich eine butanreiche, flüssige Phase, die sowohl gelöste als auch ungelöste Extraktkomponenten enthielt, sowie eine CO_2-reiche, extraktfreie Gasphase. In der butanreichen, flüssigen Phase sind die Hopfenharz-Komponenten unlöslich, während hauptsächlich das Hopfenöl in gelöster Form vorliegt. Nach dem Abtrennen der ungelösten Bestandteile wird das flüssige Butan verdampft, wobei die zuvor gelösten Hopfeninhaltsstoffe getrennt erhalten werden.

Die wertbestimmenden Hopfenbitterstoffe, die α-Säuren, sind in Wasser bzw. in der Bierwürze nicht löslich und werden erst durch das Kochen der Bierwürze in die lösliche Form (iso-α-Säuren) überführt. Bei der Bierbereitung werden insbesondere durch die Gärung ein Teil der Bitterstoffe ausgeschieden und gehen dadurch verloren. Aus diesem Grund ist es interessant, die Bitterung zumindest teilweise erst nach der Gärung vorzunehmen (postfermentative Hopfung). Voraussetzung hierfür ist jedoch, daß die Bitterstoffe in der bierlöslichen Form vorliegen.

Zu dieser Problematik beschreibt Krüger eine interessante Verfahrensausführung der Hopfenextraktion mit überkritischem CO_2 [198]. Die Humulone (α-Säuren) besitzen als einzige von den Hopfenextrakt-Inhaltsstoffen die Eigenschaft, mit Calcium- und Magnesium-haltigen Mineralien (z. B. Bentonit) Salze zu bilden. Durch die Überführung der α-Säuren in die entsprechenden Humulate entziehen sie sich der CO_2-Extraktion, so daß eine Abtrennung von den übrigen Extraktbestandteilen leicht möglich ist. Durch Wärmeeinwirkung (100 °C) werden die an Bentonit gebundenen Humulate isomerisiert. Diese Verhaltensweise eröffnet die Möglichkeit, die Extraktion der Hopfeninhaltsstoffe mit der Isomerisierung der α-Säuren zu kombinieren. Hopfen wird mit überkritischem Kohlendioxid bei 50 °C und 300 bar extrahiert. Die Miscella wird durch einen mit Bentonit gefüllten Reaktionsbehälter geführt, der auf 100 °C thermostatisiert ist. Während die übrigen, in überkritischem CO_2 gelösten Hopfeninhaltsstoffe das Bentonit passieren und anschließend bei 50 bar und 20 °C abgeschieden werden, verbleiben die α-Säuren als Humulate im Bentonit und werden hier sofort isomerisiert. Das iso-α-säurenhaltige Bentonit ist nach der Behandlung ein rieselfähiges Pulver, das unmittelbar zur postfermentativen Hopfung eingesetzt werden kann und darüberhinaus zur Bierstabilisierung beiträgt.

Vollbrecht erläutert in einer Publikation die Vorzüge der Extraktion von Hopfen mit überkritischem Kohlendioxid und macht Angaben über die Qualität der erhaltenen Extrakte [199]. Die CO_2-Extrakte sind frei von Pestiziden, die zur Zeit im Hopfenanbau verwendet werden. Selbst bei der Bearbeitung einer Hopfenprobe, die mit einer ungewöhnlich hohen Menge an Dithiocarbamat (DTC) von 527 ppm belastet war, wurden im Extrakt lediglich 6,7 ppm DTC nachgewiesen. Die schonenden Temperaturbedingungen (40 °C) zusammen mit der Schutzgasatmosphäre von Kohlendioxid bewirken, daß bei der Extraktion weder eine Oxidation noch eine thermische

Artefaktbildung der Hopfeninhaltsstoffe erfolgt. Dies wird einerseits durch die gaschromatographischen Analysen des Aromaöls von Hopfenpellets und des CO_2-Extraktes belegt und andererseits durch die Tatsache, daß die α-Säuren im Extrakt in ihrem natürlichen Zustand vorliegen und nicht einmal teilweise isomerisiert sind. Da neben der Gewinnung der Extrakte auch das Abfüllen unter Schutzgasatmosphäre erfolgen kann, sind sie lange haltbar und können ohne jeglichen Qualitätsverlust eine beträchtliche Zeit gelagert werden.

CO_2-Hopfenextrakte müssen auf dem Markt mit den klassischen Lösungsmittelextrakten konkurrieren. Gehrig betrachtet die CO_2-Extrakte mehr unter einem wirtschaftlichen Aspekt [200]. Im Vergleich zum klassischen Verfahren werden bei der Extraktion mit flüssigem Kohlendioxid beim Sättigungsdruck oder mit überkritischem CO_2 bei 40–60 °C und Drücken bis 350 bar geringere Ausbeuten erzielt, und es sind längere Extraktionszeiten notwendig. Kohlendioxid unter milden Bedingungen extrahiert die Weichharze und das ätherische Öl, die sogenannten Hartharze werden nicht gelöst. Aus diesem Grund schlägt der Autor eine fraktionierte Extraktion vor. Zuerst werden mit flüssigem oder überkritischem CO_2 unter milden Bedingungen die Weichharze und das Hopfenöl extrahiert. Anschließend erfolgt bei erhöhter Temperatur (120 °C) und einem Druck von 350 bar die Extraktion zusätzlicher Hopfeninhaltsstoffe (z. B. Hartharze), wodurch die Ausbeute erhöht wird und alle brautechnologisch interessanten Bitterstoffe gewonnen werden.

Ebenfalls unter dem Gesichtspunkt der Ausbeutesteigerung ist die nachfolgende, zum Patent angemeldete Verfahrensbeschreibung zu sehen. Zur Gewinnung der Gesamtharze und Aromastoffe aus Hopfen arbeitet Müller mit Kohlendioxid als Lösungsmittel bei unterkritischen Temperaturen und überkritischen Drücken bis max. 500 bar [185]. Unter diesen Bedingungen soll es möglich sein, neben dem ätherischen Öl und den Weichharzen auch nahezu alle Hartharzkomponenten zu extrahieren.

IV.4.b Steroide

Löslichkeitsverhalten

Die Naturstoffklasse der Steroide liefert ein eindrucksvolles Beispiel für die enge Beziehung zwischen der chemischen Struktur einer Verbindung und ihrer Löslichkeit in verdichteten Gasen. Die Untersuchung einer großen Anzahl verschiedener Steroide in überkritischem CO_2 bei 40 °C mit Hilfe der Hochdruck-Mikroextraktion in direkter Kopplung zur Dünnschicht-Chromatographie (FE-DC, Kap. III.2) zeigt in Übereinstimmung mit den bereits formulierten Faustregeln (Kap. IV.1) den Zusammenhang zwischen der Löslichkeit und der Art und Anzahl der Substituenten am tetracyclischen Steroid-Grundgerüst (Abb. 83).

Wie Stahl und Glatz [4] zeigten, werden Steroide mit einer Hydroxylgruppe, d. h. alle Sterole, bereits ab 80 bar, solche mit 2 Hydroxylgruppen, z. B. Pregnandiol, ab 120 bar und diejenigen mit 3 Hydroxylgruppen, wie Pregnantriol, erst ab 150 bar extrahiert (Tabelle 34). Unpolarere Substituenten, wie Carbonylgruppen, vermindern die Löslichkeit weniger. So werden Androgene, die männlichen Geschlechtshormone, die eine Hydroxyl- und eine Carbonylgruppe aufweisen, bei 90 bar extrahiert. Vergleichsweise gering ist auch der Einfluß des Spiroketalrings in den Sapogeninen, wie Diosgenin und Solasodin, die ebenfalls bei 90 bar gelöst werden. Den stärksten löslichkeitsvermindernden Einfluß besitzt die Carboxylgruppe. Von den Gallen-

Tabelle 34. Zusammenhang zwischen dem Extraktionsbeginn von Steroiden und den Substituenten am tetracyclischen Grundgerüst, FE-DC, Temperatur 40 °C, Durchfluß 2 g Kohlendioxid [4]

Extraktionsbeginn (bar)	funktionelle Gruppen	Beispiel
80	-OH	Sitosterol
	2(=O)	Progesteron
90	-OH, =O	Androsteron
	-OH, Spiroketalring	Diosgenin
	-OH(phenolisch), -C(C≡C)(OH)	Ethinylöstradiol
100	-OH(phenolisch), -OH	Östradiol
	-OH(phenolisch), =O	Östron
120	2(-OH)	Pregnandiol
150	3(-OH)	Pregnantriol
	2(-OH), Lactonring	Digitoxigenin
200	2(-OH), -COOH	Desoxycholsäure
unlöslich	3(-OH), 2(=O)	Hydrocortison
	3(-OH) -COOH	Cholsäure
	mehr als 3(-OH)	Glykoside

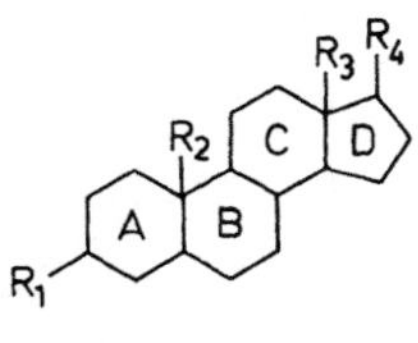

Abb. 83. Grundgerüst der Steroide

säuren beispielsweise wird allein die Desoxycholsäure bei Drücken oberhalb von 200 bar gelöst. Alle Verbindungen mit mehr als drei funktionellen Gruppen sind praktisch unlöslich.

Die in Tabelle 34 aufgezeigte Einteilung wurde auch durch quantitative Löslichkeitsuntersuchungen einiger ausgewählter Steroide im Druckbereich bis 200 bar bestätigt. Die höchsten Löslichkeitswerte bei 200 bar/40 °C haben die Sterole mit 0,5 mg pro g CO_2. Bereits ein zweiter, wenig polarer Substituent, wie der Lactonring in Diosgenin und Solasodin, vermindert diesen Wert um das Fünffache, eine zweite Hydroxylgruppe sogar um eine Zehnerpotenz. Verbindungen mit drei freien Hydroxylgruppen lösen sich nur noch mit 1 µg pro g CO_2.

Höhere, praktisch verwertbare Löslichkeiten der Steroide von 1 Gew.-% und mehr erfordern die gleichzeitige Anwendung hoher Drücke und Temperaturen. Dies zeigen quantitative Löslichkeitsmessungen an Sitosterol bei Drücken bis 1100 bar und Temperaturen bis 80 °C (Abb. 84).

Verflüssigtes Kohlendioxid weist mit einem Wert von maximal 0,3 mg Substanz pro g Gas für Sitosterol nur ein geringes Lösungsvermögen auf, das zudem nur wenig durch den Druck beeinflußt wird. Bei höheren Temperaturen gewinnt der Extraktionsdruck an Bedeutung, die Löslichkeitsisothermen verlaufen zunehmend steiler. Bei 600 bar und 80 °C lösen sich beispielsweise über 10 mg Sitosterol pro g Gas, das ist bereits die 40-fache Substanzmenge dessen, was bestenfalls in flüssigem CO_2 gelöst werden kann. Im Druckbereich um 200 bar tritt ein Isothermenschnittpunkt auf. Nur bei tieferen Drücken sinkt die Löslichkeit mit steigender Temperatur, sonst nimmt sie dagegen zu. Bezieht man die Substanzlöslichkeit auf die Gasdichte, führt eine Temperatursteigerung in jedem Fall zu höheren Löslichkeitswerten.

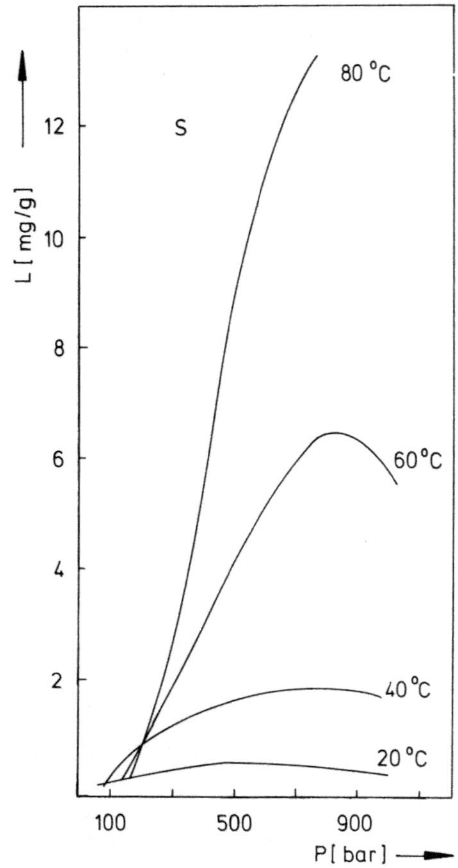

Abb. 84. Löslichkeitsisothermen von Sitosterol in verflüssigtem und überkritischem Kohlendioxid als Funktion des Drucks [201]

Der Löslichkeitsanstieg mit zunehmendem Druck bzw. zunehmender Gasdichte setzt sich nicht unbegrenzt fort. Bei Gasdichten zwischen 1,03 und 1,06 g/cm^3 werden Löslichkeitsmaxima erreicht, deren Lage mit steigender Temperatur geringfügig zu kleineren Dichtewerten verschoben ist. Bei weiterem Druckanstieg nimmt die Löslichkeit wieder ab. Das Löslichkeitsverhalten der Steroide in verdichtetem CO_2 weist also insgesamt eine große Ähnlichkeit mit dem der Triglyceride und Wachsester auf [201].

Neben Kohlendioxid wurden auch Stickstoff, Distickstoffmonoxid, Ethan, Ethylen, Schwefelhexafluorid und Trifluormethan hinsichtlich ihrer Lösungskapazität für Steroide untersucht [3]. In Stickstoff und Schwefelhexafluorid lösen sich bei 300 bar/40 °C weniger als 10 ppb Substanz, d. h. die Steroide sind in diesen Gasen praktisch unlöslich. In den übrigen Gasen konnten Substanzlöslichkeiten gemessen werden, wobei sich zeigte, daß auch hier die Substituentenregel ihre Gültigkeit besitzt. Polare Steroide waren weniger löslich als unpolare. Allerdings zeigen sich hinsichtlich der Absolutwerte der Löslichkeit starke Unterschiede. Trifluormethan weist sowohl in verflüssigtem (20 °C) als auch im überkritischen Zustand (40 °C) wesentlich geringere Werte als Kohlendioxid auf. Ethylen und Kohlendioxid zeigen ein vergleichbares, Distickstoffmonoxid und besonders Ethan ein wesentlich höheres Lösungsvermögen. Ethan löst im Verhältnis zu Kohlendioxid bei 200 bar/40 °C beispielsweise die zehnfache Steroidmenge. Ein direkter Zusammenhang zwischen der unterschiedlichen Lösungskapazität dieser Gase und ihren physikalischen Daten, wie Dichte, Dielektrizitätskonstante oder Dipolmoment ist bei den Steroiden nicht feststellbar.

Die Sättigung von überkritischem Kohlendioxid mit Wasser vermindert die Löslichkeit der Steroide. Die Zugabe organischer Lösungsmittel als Schlepper, beispielsweise von Methanol oder Hexan in einer Menge unter 5% erhöht die Löslichkeit von Sitosterol in verdichtetem CO_2 nur wenig. Lösungsmittelkonzentrationen bis zu 20 Gew.-% führten dagegen zu einem starken Anstieg. Die Selektivität und Druckabhängigkeit des Lösungsvermögens von reinem CO_2 ging dabei verloren.

Extraktion aus Tallprodukten

Tallprodukte fallen als Reststoffe bei der Papierherstellung nach dem Sulfatzellstoffverfahren an. Aus zerkleinerten Hölzern wird durch Kochen mit sulfathaltigen Laugen unter Druck und erhöhter Temperatur Lignin und Hemizellulose herausgelöst, während der feste Zellstoff als gewünschtes Produkt zurückbleibt. Nach Abdampfen des Wassers erhält man aus der Lauge braune halbfeste Tallseifen, die im wesentlichen aus den Alkalisalzen von Harz- und Fettsäuren bestehen, aber auch andere lipophile Holzbestandteile, wie die Sterole, enthalten. Durch Umsetzung mit Schwefelsäure gewinnt man hieraus die flüssigen freien Säuren, das Tallöl. Dieses kann durch Vakuumdestillation im Groben in eine Harz- und eine Fettsäurefraktion sowie den undestillierbaren Rückstand, das Tallpech, zerlegt werden, in dem sich die Steroide anreichern.

Weltweit fallen jährlich über eine Million Tonnen Tallöl an (Stand 1980). Die hieraus gewonnenen Harz- und Fettsäuren sind ein begehrter industrieller Rohstoff, die verbleibenden mehr als 200000 t Tallpech sind dagegen ein Abfallprodukt, obwohl sie mit einem Gehalt von bis zu 15% ein ideales Ausgangsmaterial zur Gewinnung von Phytosterolen darstellen, die als Grundstoffe für Steroidhormone (Empfängnisverhütungsmittel, Corticoidarzneimittel) in großer Menge benötigt werden. Die Steroidanreicherung durch klassische Raffination erfordert wegen der geringen Selektivität organischer Lösungsmittel zahlreiche Schritte, die mit hohem Zeitaufwand und Energiebedarf, insbesondere zur destillativen Lösungsmittelrückgewinnung, verbunden sind. Zusätzlich erhöhen unvermeidliche Lösungsmittelverluste die Kosten und führen zu Umweltbelastungen. Die Extraktion von Tallöl, Tallpech und verseiftem Tallpech mit verdichteten Gasen als alternative Methode zur Anreicherung der Steroide wurde von Stahl und Glatz untersucht [3].

Die Versuche zur Trennung von rohem Tallöl, das bis zu 3,5% Phytosterole, teils in freier Form, teils verestert, enthält, wurden mit überkritischem Kohlendioxid bei 80 °C und Drücken von 250 bis 600 bar durchgeführt. Die Extraktion bei 250 bar, bei der eine maximale Gasbeladung von 0,8 Gew.-% erreicht wird, führt zu einer Zerlegung des Ausgangsprodukts, indem zunächst die Fett- und dann die Harzsäuren extrahiert werden. Bei 530 bar und einer Gasbeladung von 4,5 Gew.-% geht die Selektivität des Lösungsmittels weitgehend verloren. Eine grobe Auftrennung des Extrakts gelingt jedoch durch fraktionierte Abscheidung, wobei im ersten Entmischungsschritt eine harzsäurenreiche Fraktion anfällt und im zweiten die leichter löslichen Fettsäuren abgeschieden werden. Eine Isolierung der Steroide war nicht möglich, da die freien Phytosterole ein ähnliches Lösungsverhalten wie die Harzsäuren zeigen und die Sterolester als schwerlösliche Verbindungen mit hoher Molmasse im Rückstand angereichert werden, der in seiner Zusammensetzung dem klassischen Tallpech entspricht. Interessante Perspektiven eröffnet die Hochdruckextraktion von Tallöl demnach nur als Ersatz für die herkömmliche Vakuumdestillation zur Trennung der sauren Tallölbestandteile. Dies zeigen insbesondere Versuche in einer Fraktionierkolonne, in der eine gute Trennung der Harz- und Fettsäuren möglich war, die Abtrennung der freien Sterole von den Harzsäuren allerdings auch nicht gelang.

Zur Extraktion von Tallpech wurden verschiedene Gase bei Drücken von 420 bis 550 bar und Temperaturen von 80–110 °C eingesetzt. Die hohen Temperaturen sind erforderlich, um das Material in eine ausreichend dünnflüssige Form zu versetzen, damit es vom Gas mühelos penetriert werden kann. Tallpech enthält über 60% zum Großteil höhermolekulare und polymerisierte Harz- und Fettsäuren, die etwa zur Hälfte in freier, zur Hälfte in veresterter Form vorliegen. Der restliche unverseifbare Anteil besteht aus Kohlenwasserstoffen, Fett- und Harzalkoholen sowie Phytosterolen [202]. Der weitaus größte Teil der im Tallpech enthaltenen Sterole liegt jedoch in veresterter Form vor, der Gehalt reicht von 6 bis 10, in Einzelfällen bis 15 Gew.-% [203].

Abb. 85 zeigt die mit verschiedenen Lösungsmitteln aus Tallpech extrahierbaren Substanzmengen in Abhängigkeit vom Verhältnis Lösungsmittel/Tallpech. Bei Verwendung von Kohlendioxid oder Ethylen sind zu einer befriedigenden Extraktion der Probe in jedem Fall erhebliche Gasmengen erforderlich. Wesentlich besser

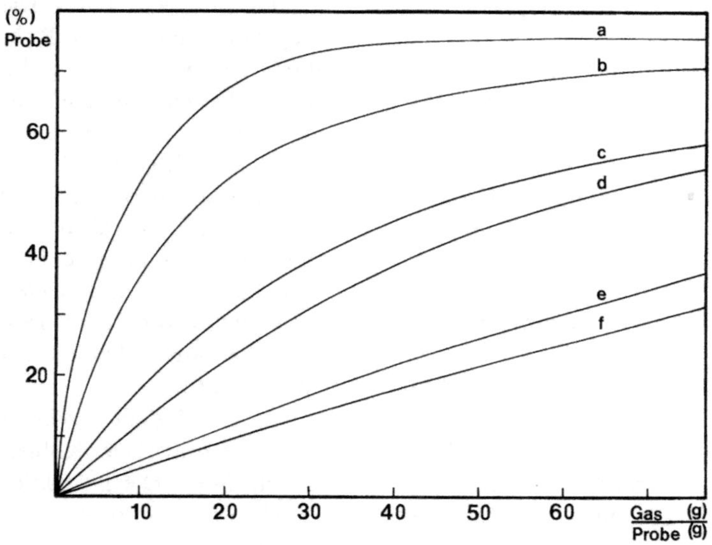

Abb. 85. Extraktausbeuten aus Tallpech in Abhängigkeit vom relativen Lösungsmitteldurchfluß [3]:
a Ethan 480 bar, 110 °C; *b* Distickstoffmonoxid 480 bar, 110 °C; *c* Ethylen 480 bar, 110 °C; *d* Kohlendioxid 550 bar, 110 °C; *e* Kohlendioxid 480 bar, 110 °C; *f* Kohlendioxid 440 bar, 90 °C

ist das Lösungsvermögen von Distickstoffmonoxid und Ethan. Bei einem Massenverhältnis Gas zu Probe von 10:1 werden in Ethan bereits 52% des Tallpechs mit nahezu 85% der enthaltenen Sterolester gelöst. Ausgehend von einem schwarzen, bei Raumtemperatur halbfesten Rohprodukt mit 10,5% Sterolgehalt werden auf diesem Wege flüssige, bernsteinfarbene Extrakte mit 19 bis 23% Sterolen gewonnen. Der Vergleich zu klassischen Extrakten aus Tallpech, die mit Methanol, Toluol oder Hexan erhalten werden, zeigt deutlich die Überlegenheit überkritischer Gase im Hinblick auf die Lösungsselektivität. Die Anreicherung der Sterole im Hochdruckextrakt kann durch zweistufige Abscheidung weiter verbessert werden. Dies ist sowohl durch isotherme Druckabsenkung als auch durch isobare Temperaturerniedrigung möglich. Bei einer Extraktverteilung zwischen dem 1. und dem 2. Abscheider von 1:1 bis 1:2 weisen die schwerer löslichen Fraktionen einen Sterolgehalt bis zu 30% entsprechend 60% Sterolestern auf. Hieraus können die reinen Sterole nach Verseifung in bekannter Weise isoliert werden.

Die Tallpechextraktion mit verdichteten Gasen kann auch kontinuierlich durch Gegenstromextraktion in einer Füllkörperkolonne durchgeführt werden. In einer entsprechenden Laboranlage wurde das Extraktionsgut im oberen Drittel, das verdichtete Gas im unteren Drittel der Kolonne zugeführt. Das Sumpfprodukt konnte kontinuierlich über ein Absperrventil entnommen werden, das gelöste Kopfprodukt wurde im Abscheidungsteil der Anlage entmischt und ebenfalls über ein Absperrventil abgelassen. Ein guter Massendurchsatz war mit Ethan möglich, das eine große Dichtedifferenz und rasche Entmischung der beiden Phasen gewährleistet.

Die gleiche Apparatur wurde auch zur kontinuierlichen Extraktion von verseiftem Tallpech benutzt. Da verseiftes Tallpech eine feste Konsistenz aufweist und durch Temperaturerhöhung allein nicht ausreichend verflüssigt werden kann, war zur Viskositätsverminderung der Zusatz eines klassischen Lösungsmittels erforderlich. Besonders vorteilhaft ist die Verwendung von Methanol, in dem die zur Verseifung benötigten Alkalihydroxide gut löslich sind. Das Verseifungsgemisch kann dann unmittelbar der Extraktion zugeführt werden. Die bewährten Versuchsparameter sind in Tabelle 35 zusammengefaßt.

Unter diesen Bedingungen werden etwa 25% des verseiften Tallpechs und mehr als 85% der darin enthaltenen Sterole extrahiert. Der Extrakt im 1. Abscheider enthält dann ca. 50% freie Sterole, die zweite Fraktion vorwiegend leichter lösliche Begleitkomponenten und die dritte Fraktion den Alkohol. Alle Komponenten können dem Prozeß kontinuierlich zugeführt und wieder entzogen werden. Die erhaltenen Rohsterolgemische sind in ihrer Produktqualität den konventionellen

Tabelle 35. Versuchsparameter der kontinuierlichen Extraktion von verseiftem Tallpech mit überkritischem Ethan [3]

Methanolgehalt des Verseifungsgemischs:		15%
Extraktionsbedingungen:		500 bar, 110 °C
Massenverhältnis Ethan:Verseifungsgemisch = 20:1		
Abscheidungsbedingungen:	1. Stufe:	130 bar, 110 °C
	2. Stufe:	20–40 bar, 80 °C
	3. Stufe:	20–40 bar, 5–20 °C

Extrakten zumindest gleichwertig. Auffällig im Vergleich zu klassischen Methoden ist jedoch die deutliche Reduktion der Verfahrensschritte bei Anwendung des Hochdruckverfahrens zur Sterolgewinnung aus Tallprodukten.

IV.4.c Carotinoide

Die Carotinoide stellen eine umfangreiche Substanzklasse gelber und roter Naturfarbstoffe dar. Chemisch gesehen sind die Carotinoide hochungesättigte aliphatische bzw. aliphatisch-alizyclische Kohlenwasserstoffe und ihre Oxidationsprodukte. Die meisten Carotinoide stellen C_{40}-Verbindungen dar und gehören zur Gruppe der Tetraterpene. Verbindungen mit kürzerer Kohlenwasserstoffkette sind beispielsweise die Apocarotinoide. Einige dieser Pflanzenfarbstoffe sind ernährungsphysiologisch bedeutungsvoll, z. B. β-Carotin mit seinem Provitamin-A-Charakter. Praktische Bedeutung haben die Carotinoide vor allem zum Färben von Nahrungsmitteln sowie in der pharmazeutischen und kosmetischen Industrie. Außerdem werden sie in großem Umfang als Zusätze für Tierfuttermittel verwendet. beispielsweise, um bei Hühnereiern einen stärker gefärbten Dotter zu erhalten.

Erste Untersuchungen zur Extraktion von Carotinoiden mit überkritischem Kohlendioxid wurden von Stahl und Schilz veröffentlicht [2]. Mit Hilfe der Mikroextraktion in direkter Kopplung zur Dünnschicht-Chromatographie konnte gezeigt werden, daß β-Carotin bei 40 °C ab 100 bar nachweisbar extrahiert wird. Diese ersten Ergebnisse waren Anlaß für weitere Untersuchungen zum Extraktionsverhalten der Carotinoide mit überkritischen Gasen [204]. Dabei wurden mit dem Mikroextraktionsverfahren Karotten, Algenpulver, Tomatenmark und Paprika mit überkritischem Kohlendioxid bei 40 °C und verschiedenen Drücken extrahiert und die Extrakte dünnschicht-chromatographisch untersucht. Die Mikroanalytik zeigte, daß neben den Carotinoiden, wie β-Carotin aus Karotten und Algen, Lycopin aus Tomaten und Capsanthin aus Paprika, auch weitere lipophile Pflanzeninhaltsstoffe extrahiert werden. In den meisten Fällen kann jedoch aufgrund von Löslichkeitsunterschieden die Carotinoid-Fraktion aus dem Gesamtextrakt getrennt gewonnen werden.

Vergleichende Untersuchungen mit überkritischem Trifluormethan als Extraktionsmittel für Carotinoide ergaben eine ähnliche Extrahierbarkeit wie mit überkritischem Kohlendioxid. Dabei war zu beobachten, daß Carotinoide, wie β-Carotin, Apocarotinsäureester (C_{32}) und Apocarotinal (C_{30}), mit überkritischem Trifluormethan bei 40 °C bereits ab 90 bar, Canthaxanthin, ein Carotindiketon, ab 200 bar nachweisbar extrahiert werden.

Eine zusammenfassende Darstellung von Carotinoid-Löslichkeiten in überkritischem Kohlendioxid ist in Abb. 86 zu sehen. Alle Carotinoide sind als Reinsubstanzen schwer löslich ($<0{,}03$ Gew.-% bei 300 bar/40 °C), wenngleich die Verbindungen mit kürzerer Kettenlänge, die Apocarotinoide (z. B. C_{30}) im Vergleich zu den C_{40}-Carotinoiden (z. B. β-Carotin) eine ca. 30fach höhere Löslichkeit aufweisen. Die Einführung von polaren funktionellen Gruppen, beispielsweise von 2 Carbonylgruppen beim Canthaxanthin oder 2 Hydroxylgruppen beim Zeaxanthin bewirkt eine weitere Löslichkeitsverminderung. Durch gleichzeitige Anwendung höherer Drücke und Temperaturen können die Löslichkeitswerte jedoch beträchtlich gesteigert werden. Außerdem liegt die Löslichkeit der Carotinoide bei der Extraktion aus pflanzlichen Materialien infolge der Schlepperwirkung von Lipiden

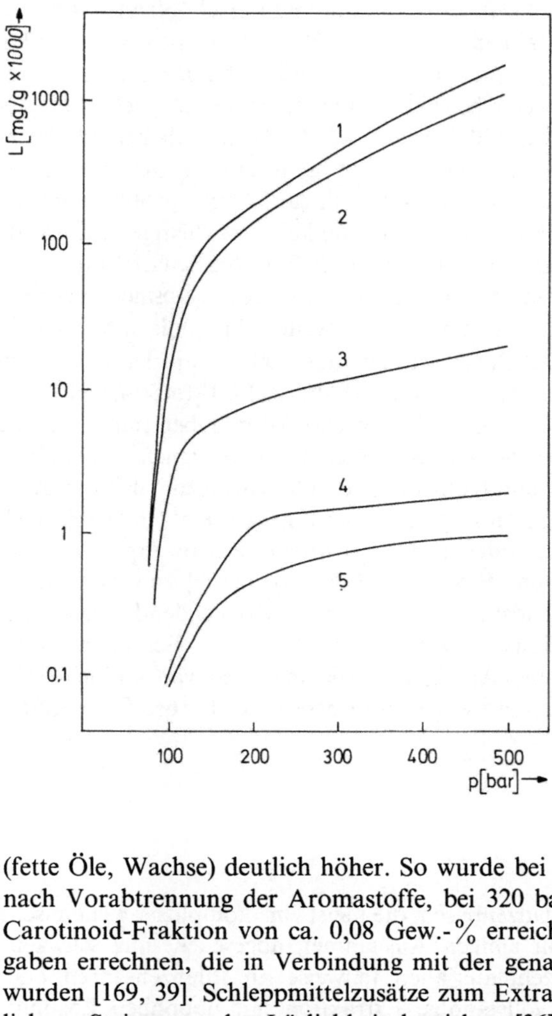

Abb. 86. Löslichkeitsisothermen einiger Carotinoide in überkritischem Kohlendioxid bei 40 °C [204]. *1* Apocarotinsäureester (C_{32}), *2* Apocarotinal (C_{30}), *3* β-Carotin, *4* Canthaxanthin, *5* Zeaxanthin

(fette Öle, Wachse) deutlich höher. So wurde bei der CO_2-Extraktion von Paprika, nach Vorabtrennung der Aromastoffe, bei 320 bar und 40 °C eine Löslichkeit der Carotinoid-Fraktion von ca. 0,08 Gew.-% erreicht. Dieser Wert läßt sich aus Angaben errechnen, die in Verbindung mit der genannten Paprikaextraktion gemacht wurden [169, 39]. Schleppmittelzusätze zum Extraktionsgas können eine noch deutlichere Steigerung der Löslichkeit bewirken [36]. Als Schleppmittel wurden verschiedene organische Lösungsmittel vorgeschlagen, wobei niedere Alkohole die deutlichsten Effekte aufwiesen. So beträgt beispielsweise die Löslichkeit von β-Carotin in Ethanol gesättigtem Kohlendioxid bei 200 bar und 40 °C ca. 0,18 Gew.-%. Dies bedeutet gegenüber reinem Kohlendioxid bei sonst gleichen Bedingungen eine Löslichkeitszunahme um den Faktor 200.

Experimentelle Ergebnisse zur präparativen Extraktion von Paprika-Früchten wurden von Coenen und Mitarbeitern publiziert [131, 169, 39]. Sie beschreiben darin die fraktionierte Extraktion von capsaicinhaltigem Rosenpaprika, die Gewinnung eines reinen Farbstoff-Oleoresins aus edelsüßem, scharfstofffreiem Paprika, sowie die extraktive Aufarbeitung von konventionell gewonnenem Paprikaextrakt. Bei der Bearbeitung von Rosenpaprika schlagen die Autoren eine zweistufige Extraktion vor, um die Scharfstoffe von der Carotinoid-Fraktion zu trennen. Die Aromastoffe werden zunächst bei 120 bar und 40 °C mit überkritischem Kohlendioxid extrahiert. Da der Scharfstoff des Paprikas, das Capsaicin, unter diesen Bedingungen eine vergleichsweise geringe Löslichkeit aufweist, waren zu erschöpfenden Aromastoffextraktion hohe Lösungsmittelmengen, z. B. 130 kg CO_2 pro kg Paprika, erforderlich. Der in dieser Stufe gewonnene, pastöse, wasserhaltige Extrakt (Ausbeute ca. 15%) hatte eine orange-gelbe Farbe und einen extrem scharfen Geschmack. Anschließend wurden bei 320 bar und 40 °C die natürlichen Pflanzenfarbstoffe der Paprikafrüchte extrahiert, wobei zur quantitativen Gewinnung der Carotinoide ein relativer Kohlendioxid-Durchsatz von ca. 50 kg/kg notwendig war. In dieser zweiten Stufe der Extraktion wurde ein dunkelrotes, flüssiges Farbstoffkonzentrat (Ausbeute 2,5%) gewonnen, das praktisch frei von Scharfstoffen war. Bei der Extraktion von edelsüßem, rotem Paprika, der kein Capsaicin enthielt, wurden bei 300 bar und 40 °C die Carotinoide und weitere lipophile Inhaltsstoffe, insbesondere fettes Öl, extrahiert. Dabei wurden aus 300 g Paprika mit einem Kohlendioxid-Aufwand von 58 kg ca. 25 g wasserhaltiges Farbstoffkonzentrat erhalten. Die Extraktionsrückstände der CO_2-Paprikaextraktion haben nur noch eine blaßgelbe Färbung, sind fast geruch- und geschmacklos und eignen sich infolge ihres hohen Gehaltes an Proteinen und Kohlenhydraten hervorragend als Viehfutter.

Zur Extraktion der Carotinoide aus Paprika sind neben Kohlendioxid auch andere Gase geeignet. Mit Ethan oder Ethylen wurden bessere Ergebnisse bezüglich Ausbeute, Extraktionszeit und Produktqualität erzielt [169]. In diesen Gasen sind die Carotinoide etwas besser löslich, wodurch der aufzuwendende Gasdurchsatz vermindert und die Extraktionszeit verkürzt werden kann. Bei Extraktionsbedingungen von 250 bar/45 °C und Abscheidungsbedingungen von 46 bar/45 °C ließ sich mit überkritischem Ethan ein weitgehend wasserfreies Farbstoffkonzentrat gewinnen.

IV.5 Alkaloide

Alkaloide sind stickstoffhaltige Pflanzenbasen, die meist eine komplizierte chemische Struktur aufweisen. Sie sind, von einigen Ausnahmen abgesehen, nur schwache Basen und liegen in den Pflanzenmaterialien teilweise an Pflanzensäuren oder Gerbstoffen gebunden vor. Die vollständige Extraktion mit lipophilen Lösungsmitteln ist nur möglich, wenn die Alkaloide als freie Basen vorliegen. Dies macht in der Regel eine vorherige Alkalisierung des Ausgangsmaterials notwendig.

IV.5.a Extraktion arzneilich verwendeter Alkaloide

Stahl und Willing untersuchen die Extrahierbarkeit einer Vielzahl unterschiedlicher Alkaloide mit verdichteten Gasen bei Temperaturen in der Nähe der kritischen Temperatur und Drücken von 50–200 bar [205, 206]. Anhand von Extraktionsversuchen im Mikromaßstab wurde das Lösungsvermögen der Gase Trifluormethan. Bromtrifluormethan, Schwefelhexafluorid, Ethylen, Kohlendioxid und Distickstoffmonoxid verglichen. Dabei wurde gefunden, daß SF_6 und C_2H_4 für die Alkaloidextraktion ungeeignet sind. In verdichtetem CO_2 zeigen lediglich einige wenige Verbindungen, wie Coffein, Nicotin und die relativ unpolaren Indol-Alkaloide Strychnin und Brucin eine gute Löslichkeit. Im Vergleich zu CO_2 bringt Distickstoffmonoxid bessere Ergebnisse. Die polareren Extraktionsgase $CBrF_3$ und CHF_3 besitzen für bestimmte Alkaloide ein besseres Lösungsvermögen, was auf spezifische Wechselwirkungen schließen läßt. Eine gute Extrahierbarkeit der Alkaloide ist immer dann gegeben, wenn sie nicht gebunden vorliegen und einen genügend lipophilen Charakter aufweisen. Polare Substituenten am Molekül, wie Hydroxyl- und Carbonylgruppen verringern die Löslichkeit in den untersuchten Gasen.

Aufbauend auf diesen mikroanalytischen Ergebnissen wurde das Lösungsvermögen der für die Alkaloidextraktion interessanten Gase Kohlendioxid, Distickstoffmonoxid und Trifluormethan im überkritischen, aber auch im flüssigen Zustand im Druckbereich bis 200 bar quantitativ untersucht [6]. In Tabelle 36 sind einige Löslichkeitswerte der Opiumalkaloide zusammengestellt.

Tabelle 36. Löslichkeitswerte von Opiumalkaloiden in verdichteten Gasen [6]

	p (bar), T (°C)	Löslichkeit in mg/g		
		CO_2	N_2O	CHF_3
Codein	80/23	0,41	0,43	0,25
	150/40	0,9	1,0	0,56
Thebain	100/18	0,2		0,73
	150/40	0,2		0,66
Papaverin	100/20	0,09		1,26
	150/40	0,04		0,71
Noscapin	80/21	0,09	0,1	0,49
	150/40	0,09	0,2	0,62

In dem untersuchten Druck- und Temperaturbereich zeigt N_2O geringfügig höhere Löslichkeitswerte als Kohlendioxid. Beim Vergleich der Lösungskapazität von CO_2 und CHF_3 sind unterschiedliche Effekte zu beobachten, die auf spezifische Wechselwirkungen der einzelnen Alkaloide mit den verdichteten Gasen zurückzuführen sind. Während Codein in verdichtetem Trifluormethan eine geringere Konzentration erreicht als in Kohlendioxid, sind Thebain, Papaverin und Noscapin deutlich besser löslich. Morphin ist infolge seiner hohen Polarität (2 freie Hydroxylgruppen) in den untersuchten Gasen schlecht löslich. In überkritischem CO_2 bei 200 bar und 40 °C lösen sich lediglich 5 µg/g. Verdichtetes Trifluormethan ist auch für Ipecacuanha-Alkaloide und für Colchicin das bestgeeignete Extraktionsmittel. Bei 150 bar und 40 °C erreichen diese Verbindungen Löslichkeiten von ca. 1 mg/g, die jedoch bei höheren Drücken noch stark ansteigen. Die gemessenen Gasphasenkonzentrationen in mg/g vermitteln für die präparative Extraktion ein unvollständiges Bild. Die Extraktionszeiten werden entscheidend durch den Massenstrom an Lösungsmittel bestimmt. Hierbei bewirkt die höhere Dichte von Trifluormethan, die beispielsweise bei 200 bar und 40 °C ca. 20% höher ist als die von CO_2, eine schnellere Extraktion.

Bei der Extraktion der Opiumalkaloide läßt sich feststellen, daß im Druckbereich bis 120 bar flüssiges Distickstoffmonoxid und flüssiges Kohlendioxid höhere Substanzmengen auflöst als die entsprechenden überkritischen Gase. Bei höheren Drücken werden allerdings in den überkritischen Gasen deutlich bessere Löslichkeiten erreicht. Gleichzeitig erhöhte Temperaturen (z. B. 80 °C) bewirken eine starke Löslichkeitssteigerung infolge der zunehmenden Flüchtigkeit der Alkaloide. Bei Trifluormethan schneiden sich die Löslichkeitsisothermen im Druckbereich von 150 bis 180 bar.

Die Extraktion von Thebain aus *Papaver bracteatum Lindl.* mit verdichteten Gasen ist Gegenstand einer Untersuchung von Stahl und Willing [5]. Diese Mohnart enthält kein Morphin, sondern als Hauptalkaloid Thebain, das ein Krampfgift darstellt und deshalb in der Drogenszene keine Anwendung findet. Thebain kann aber chemisch relativ gut in arzneilich verwendbare Morphinderivate umgewandet werden. Als Extraktionsgase wurden Kohlendioxid und Trifluormethan im Druckbereich von 70 bis 200 bar bei Temperaturen von 20 und 40 °C verwendet. Zur Freisetzung des Thebains, das in den Mohnkapselwänden zu 95% gebunden vorliegt, wurde das ohne Samen pulverisierte Kapselmaterial mit Ammoniaklösung durchfeuchtet. Für die Thebain-Extraktion hat es sich als günstig erwiesen, einen Wassergehalt von 30–40% einzustellen. Die Extraktionsergebnisse sind in Abb. 87 gezeigt.

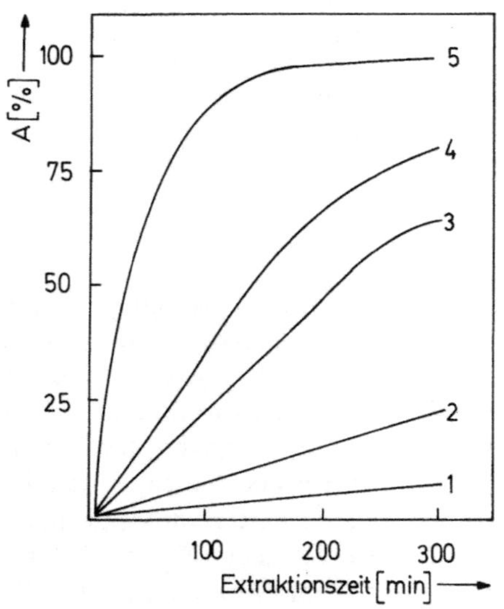

Abb. 87. Verlauf der Thebain-Extraktion mit verdichtetem Kohlendioxid und Trifluormethan bei verschiedenen Bedingungen [5].
A = Thebain-Ausbeute (100% entspricht einem Gehalt von 1,8% in der Droge)
1 flüssiges CO_2, 100 bar, 20 °C, 43% Wasser in der Droge, *2* überkritisches CO_2, 200 bar, 40 °C, 31,5% Wasser in der Droge, *3* flüssiges CHF_3, 90 bar, 19 °C, 33% Wasser in der Droge, *4* überkritisches CHF_3, 100 bar, 40 °C, 33% Wasser in der Droge, *5* überkritisches CHF_3, 150 bar, 40 °C, 31,5% Wasser in der Droge

Unterhalb von 150 bar wurden mit überkritischem Kohlendioxid keine nennenswerten Thebain-Mengen extrahiert, nach 5stündiger Extraktion bei 150 bar wurden 7%, bei 200 bar ca. 21% der Gesamt-Thebainausbeute erreicht. Die Extrakte mit überkritischem CO_2 bestanden bis zu 90% aus fettem Öl. Ähnliche Ergebnisse wurden mit flüssigem Kohlendioxid erhalten. Verdichtetes Trifluormethan war dagegen zur Alkaloidextraktion besser geeignet. Sowohl mit flüssigem als auch mit überkritischem CHF_3 wurden hohe Thebainausbeuten erhalten. Bei 150 bar und 40 °C wurde die maximal extrahierbare Menge relativ schnell erreicht (Kurve 5). Die dabei erhaltenen Extrakte bestanden etwa je zur Hälfte aus Thebain und fettem Öl. Bei 100 bar und 40 °C war mit Trifluormethan eine interessante Fraktionierung zu beobachten. Unter diesen Bedingungen ist die Löslichkeit für fettes Öl deutlich geringer als die für Alkaloide, so daß Extrakte mit einem Thebaingehalt von 80–90% erhalten wurden.

IV.5.b Entcoffeinierung von Kaffee und Tee

Kaffee gehört zu den beliebtesten Genußmitteln und besitzt eine große wirtschaftliche Bedeutung. Seine anregende Wirkung verdankt er dem Gehalt an Coffein, das in Rohkaffee zu 0,6 bis 3% enthalten ist. Das physiologisch wirksame Coffein wird jedoch nicht von allen Menschen gleich gut vertragen. Es kann Herzklopfen und Schlaflosigkeit hervorrufen. Aus diesem Grunde sucht die kaffeeverarbeitende Industrie auch nach Verfahren zur Entfernung dieses Alkaloids aus der Kaffeebohne. Das klassische Entcoffeinierungsverfahren besteht im wesentlichen aus vier Schritten: Quellen des Rohkaffees mit Wasser, Extraktion des Coffeins mit einem mit Wasser nicht mischbaren organischen Lösungsmittel (Dichlormethan), Ausdämpfen des von den Bohnen aufgenommenen Lösungsmittels und Trocknen des coffeinarmen Produktes. Der dritte Schritt ist dabei in bezug auf die physiologische Unbedenklichkeit des behandelten Kaffees besonders wichtig, da nach der Extraktion ein Teil des Lösungsmittels in der Kaffeebohne relativ fest eingeschlossen bleibt und erst beim Aufbrechen der Bohnenstruktur oder beim Ausdämpfen wieder freigesetzt wird. Alternativ hierzu kann die Entcoffeinierung von Kaffee und Kaffeeprodukten auch mit verdichteten Gasen durchgeführt werden. In den letzten beiden Jahrzehnten ist für zahlreiche derartige Verfahrensvarianten Patentschutz beantragt worden [41, 207–227]. Bei der Wiedergabe der Patentlage wird kein Anspruch auf Vollständigkeit erhoben. Die Fa. HAG AG, Bremen, betreibt bereits eine industrielle Anlage zur Entcoffeinierung von Rohkaffee durch Extraktion mit verdichtetem CO_2.

Bevor die einzelnen Verfahrensausführungen näher erläutert werden, ist es sinnvoll, das Löslichkeitsverhalten von Coffein in verdichtetem Kohlendioxid zu betrachten. Stahl und Schilz untersuchen die Löslichkeit mit der dynamischen Durchflußmethode im Druckbereich bis 200 bar bei Temperaturen zwischen 20 und 60 °C [228]. Die ermittelten Löslichkeitsisothermen zeigen, daß im Druckbereich unterhalb 110 bar flüssiges CO_2 (21 °C) Coffein besser löst als das überkritische Gas. Dabei werden Konzentrationen von 0,4 mg/g erreicht. Bei höheren Drücken ist die Löslichkeit in überkritischem CO_2 besser (z. B. 200 bar/40 °C, ca. 1 mg/g). Die Untersuchungen von Gährs und Marnette, die mit Hilfe einer Phasengleichgewichtsapparatur durchgeführt wurden, umfassen einen größeren Druckbereich, beschränken sich jedoch auf überkritische Temperaturen von 40 bis 80 °C (Abb. 88) [229]. Ebeling und Franck hingegen untersuchen das Phasensystem Coffein/CO_2 im Temperaturbereich von 50 bis 160 °C bei Drücken bis 220 bar.(Abb. 89) [78]. Diese Versuche wurden ebenfalls mit einer statischen Meßmethode durchgeführt. Beim Vergleich der absoluten Löslichkeiten kann eine gute Übereinstimmung der statisch und dynamisch bestimmten Werte festgestellt werden.

Anhand der Abbildungen 88 und 89 wird der Einfluß der Parameter Druck, Temperatur und Gasdichte auf die Löslichkeit von Coffein in Kohlendioxid verdeutlicht. Je nach Extraktionsdruck zeigen die Löslichkeitsisobaren einen anderen Verlauf (Abb. 88). Bei Drücken im Bereich von 110 bis ca. 250 bar steigen die Löslichkeitskurven mit zunehmender Temperatur zunächst an, durchlaufen bei 40 bis 60 °C ein Maximum und fallen dann infolge der temperaturabhängigen Dichteabnahme des Kohlendioxids wieder ab. Bei Temperaturen um 100 °C gewinnt jedoch die Flüchtigkeit von Coffein zunehmend an Bedeutung, so daß die Löslichkeitsisobaren mit weiter zunehmender Temperatur erneut stark ansteigen (s.

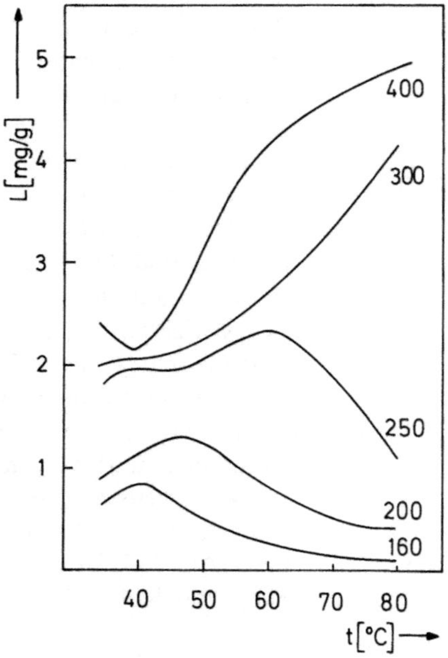

Abb. 88

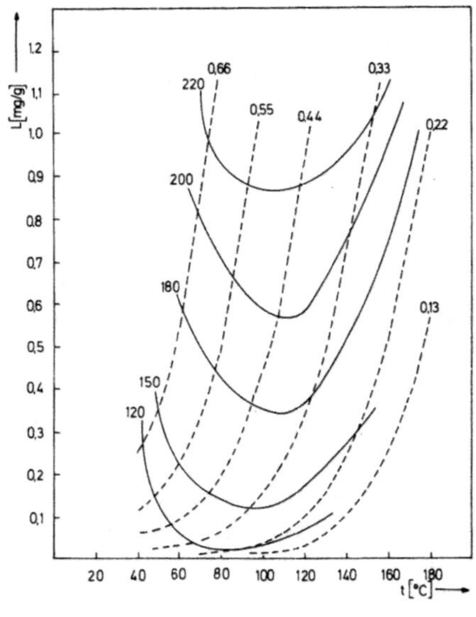

Abb. 89

Abb. 88. Löslichkeitsisobaren von Coffein in überkritischem Kohlendioxid als Funktion der Temperatur [229], Druckangaben in bar

Abb. 89. Löslichkeitsisobaren (durchgezogene Linien) und -isochoren (gestrichelte Linien) von Coffein in überkritischem Kohlendioxid, zusammengestellt nach Werten von Ebeling und Franck [78], Druckangaben in bar, Dichteangaben in g/cm³

Abb. 89). Bei hohen Drücken, z. B. 300 bzw. 400 bar, nimmt die Dichte des Kohlendioxids mit steigender Temperatur nur langsam ab, so daß die zunehmende Flüchtigkeit des Coffeins diesen Effekt in jedem Fall kompensiert und eine deutliche Erhöhung der Coffein-Löslichkeit bewirkt. Der wechselnde Vorrang von Solvatations- und Dampfdruckeffekten beeinflußt folglich entscheidend den Verlauf der Löslichkeitskurven. Die allgemeingültige Aussage, daß eine Temperaturerhöhung bei konstanter Gasdichte eine zum Teil drastische Löslichkeitssteigerung der kondensierten Phase in einem verdichteten Gas zur Folge hat, wird auch bei Coffein bestätigt.

Die grundlegenden Arbeiten zur Entcoffeinierung von Rohkaffee wurden Anfang der 70er Jahre von Zosel am Max-Planck-Institut für Kohleforschung durchgeführt [41, 207, 215]. Die Extraktion von Coffein aus grünen Kaffeebohnen erfolgt dabei mit Hilfe von feuchtem, überkritischem Kohlendioxid im Druckbereich zwischen 160 und 220 bar bei Temperaturen von 70 bis 90 °C. Kohlendioxid hat unter diesen Bedingungen nur eine geringe Lösungskapazität, jedoch eine hohe Selektivität für Coffein, so daß keinerlei Stoffe verloren gehen, die beim anschließenden Rösten zur Bildung des Aromas beitragen. Die Extraktion mit flüssigem Kohlendioxid ist wegen des im Vergleich zu überkritischem Kohlendioxid bei 160 bar/70 °C geringeren Selektivität unzweckmäßig, da der Kaffeebohne nicht nur Coffein, sondern auch erhebliche Mengen erwünschter Stoffe, wie beispielsweise fette Öle (Gehalt 10–15%), entzogen werden. Eine unabdingbare Voraussetzung zur Coffeinextraktion ist eine Quellung des Rohkaffees auf einen Wassergehalt von ca. 45%.

Zosel beschreibt zur Entcoffeinierung von grünen Kaffeebohnen verschiedene Verfahrensvarianten, die sich hauptsächlich in der Art der Coffein-Abtrennung aus der überkritischen Gasphase unterscheiden [15]. Bei einer Ausführung wird wassergesättigtes, überkritisches Kohlendioxid isobar und isotherm im Kreislauf geführt. Im Extraktionsbehälter wird das Coffein mit überkritischem Kohlendioxid aus den vorgequollenen grünen Kaffeebohnen gelöst, in einen „Waschturm" transportiert und hier mit heißem Wasser aus der Gasphase ausgewaschen. Das regenerierte Kohlendioxid wird dem Extraktionsbehälter wieder zugeführt. Nach einer Extraktionszeit von ca. 10 Stunden ist der Coffeingehalt des Rohkaffees — ausgehend von Werten zwischen 0,7 und 3% — auf 0,02% zurückgegangen. Zur Gewinnung des Coffeins wird die heiße, wäßrige Lösung mit einem Luft- oder Stickstoffstrom konzentriert und das Coffein anschließend durch Abkühlen kristallisiert [207]. Die Abtrennung des Coffeins aus dem im Kreislauf geführten überkritischen Kohlendioxid kann ebenfalls isobar und isotherm durch Adsorption an Aktivkohle erfolgen. Nach der Beladung der Aktivkohle wird das Coffein durch Extraktion gewonnen. Besondere Vorteile bringt eine Verfahrensausführung, bei der ein Druckbehälter mit einer Mischung aus gequollenen Kaffeebohnen und Aktivkohle beschickt wird, wobei die Korngröße des Adsorbens so gewählt ist, daß dieses lediglich die Hohlräume zwischen den Kaffeebohnen ausfüllt und somit das Schüttgewicht des Kaffees unverändert bleibt [215]. Pro 3 kg Kaffee kann dabei etwa 1 kg Aktivkohle eingesetzt werden. Überkritisches Kohlendioxid wirkt nun bei 220 bar und 90 °C stationär auf die vorgelegte Mischung. Das Coffein diffundiert aus dem Rohkaffee direkt in die Aktivkohle, wobei das überkritische Lösungsmittel diesen Vorgang stark beschleunigt. Nach einer Einwirkungszeit von ca. 5 Stunden ist der gewünschte Extraktionsgrad (Rest-Coffeingehalt 0,02%) bereits erreicht. Nach dem Entspannen erfolgt die Trennung von Kaffee und beladener Aktivkohle durch einfaches Aussieben.

Um die relativ hohen Verfahrensdrücke zu umgehen, die bei der Verwendung von überkritischem Kohlendioxid notwendig sind, kann man auf ein anderes Extraktionsmittel zurückgreifen. Bei der Anwendung von flüssigem Propan oder Butan sind lediglich Drücke von ca. 10 bar erforderlich [22]. Zur Entcoffeinierung von grünen Kaffeebohnen muß dabei jedoch ein ca. dreifach höheres Lösungsmittel-Kaffee-Verhältnis aufgewandt werden als bei der CO_2-Extraktion. Niedrigere Verfahrensdrücke sind auch bei der Verwendung von CO_2-Schlepper-Gemischen möglich [219, 223]. Als Schleppmittel sind in diesen Verfahrensbeschreibungen organische Lösungsmittel, wie Aceton oder niedere Alkohole, vorgesehen, die nach der Entcoffeinierung aus dem Rohkaffee wieder ausgedämpft werden müssen. Bei der Extraktion von Coffein aus Rohkaffee mit überkritischen Gasen wird weniger eine hohe Gasbeladung angestrebt als vielmehr eine hohe Selektivität des Lösungsmittels. Bezüglich der Extraktionszeit bringt eine niedrige Coffeinkonzentration im überkritischen Gas keinerlei Nachteile, da die Diffusion des Alkaloids in der Kaffeebohne den geschwindigkeitsbestimmenden Schritt darstellt und daher eine hohe Lösungskapazität oder die Aufwendung großer Lösungsmittelmengen nicht genutzt werden können. Dies zeigen neben den praktischen Erfahrungen, die in Patenten niedergelegt sind, insbesondere die Untersuchungen von Brunner [230]. In Abb. 90 sind zwei Extraktionskurven für die Entcoffeinierung von Rohkaffee mit überkritischem Distickstoffmonoxid wiedergegeben. Dabei ist deutlich zu sehen, daß nach einer gewissen Zeit die Extraktionsgeschwindigkeit nicht mehr von der Gasströmung abhängt.

Von entscheidender Bedeutung für die Extraktionsgeschwindigkeit ist der Wassergehalt des Rohkaffees. In maximal gequollenen Kaffeebohnen sind die natürlichen

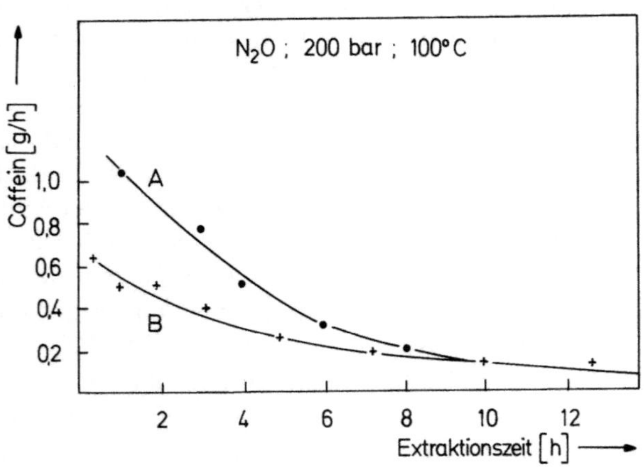

Abb. 90. Extraktionskurven für die Entcoffeinierung von Rohkaffee mit überkritischem Distickstoffmonoxid [230].
A, *B* verschiedene Gasströmungen, wobei *A* > *B*

Durchtrittsöffnungen in der Zellwandtextur stark vergrößert, so daß die Diffusion erleichtert wird. Der Transport des Coffeins ist aber auch abhängig vom Extraktionsmittel, insbesondere von seiner Löslichkeit in der Flüssigphase der Kaffeebohne. Das gelöste Gas bewirkt neben einer Dichteerniedrigung der Flüssigphase vor allem höhere Diffusionskoeffizienten. Detaillierte Untersuchungen zu den Diffusionsvorgängen bei der Entcoffeinierung von Rohkaffee sind auch bei Bichsel zu finden [231]. Obwohl in dieser Arbeit die Extraktion mit klassischen Lösungsmitteln diskutiert wird, kann man die Ergebnisse zumindest teilweise auf die Hochdruckextraktion übertragen.

Van der Stegen und de Witt beschreiben eine andere Möglichkeit zur Entcoffeinierung von Rohkaffee [217, 227]. Dabei werden die gemahlenen, grünen Kaffeebohnen mit heißem Wasser extrahiert, das kein Coffein, jedoch so viele lösliche Kaffeebestandteile enthält, daß sich deren Gehalt im Rohkaffee nicht wesentlich verringert. Das Coffein wird anschließend durch Gegenstromextraktion mit flüssigem oder überkritischem Kohlendioxid aus der wäßrigen Lösung entfernt und durch Änderung der Verfahrensbedingungen oder Waschen mit heißem Wasser abgeschieden.

Bei der Extraktion von wäßrigen Extrakten aus Röstkaffee mit überkritischem Kohlendioxid soll es möglich sein, selektiv das Coffein zu extrahieren, ohne dabei Aroma und Flavour des Kaffees nachteilig zu beeinflussen [218]. Der wäßrige Kaffee-Extrakt wird dabei in einer Füllkörperkolonne als dünner Film mit überkritischem CO_2 in Kontakt gebracht und im Gegenstrom extrahiert. Ausgehend von einer wäßrigen Kaffeelösung mit 4,5% Coffein (Gesamtfeststoffanteil 32%) erfolgte bei 200 bar und 50 °C mit einer CO_2-Menge von 47 g pro g Kaffee-Extrakt eine Reduktion des Coffein-Gehaltes auf ca. 0,1%. Der hohe relative Massendurchsatz ist bedingt durch den niedrigen Verteilungskoeffizienten des Coffeins in dem Phasensystem CO_2/Wasser. Für die Extraktion von Coffein aus einer wäßrigen Kaffeelösung mit flüssigem Kohlendioxid bei 450 bar und 18 °C wurde von Paulaitis et al. [232] aus Angaben in einem US-Patent [221] ein Koeffizient von 0,054 berechnet. Werte für überkritisches CO_2 sind nicht bekannt, dürften jedoch in vergleichbarer Größenordnung liegen. Die Entcoffeinierung von wäßrigen Kaffee-Extrakten mit verdichtetem Kohlendioxid ist auch Gegenstand weiterer Verfahrensbeschreibungen, die sich nur in Details von der diskutierten Ausführung unterscheiden [220, 221, 226].

Roselius, Vitzthum und Hubert beschreiben einen mehrstufigen Prozeß, der die Herstellung von coffeinfreiem Kaffee-Extrakt erlaubt [208, 211]. Aus grob geschrotetem Röstkaffee wird zunächst mit trockenem, überkritischem Kohlendioxid bei 350 bar und Temperaturen von 40–50 °C das Kaffeeöl mit den darin enthaltenen Aromastoffen extrahiert. Dabei werden Ausbeuten von 10–12% erreicht. Der Coffein-Gehalt des Röstkaffees von 1,1% bleibt bei dieser Behandlung angeblich unverändert. Nach der Quellung des entölten Kaffees auf einen Wassergehalt von ca. 30% wird mit wassergesättigtem, überkritischem CO_2 (250 bar, 60 °C) das Coffein bis zu einem Restgehalt von 0,05–0,1% extrahiert. Der entcoffeinierte Röstkaffee wird anschließend einer Extraktion mit heißem Wasser unterzogen. Dabei hat sich gezeigt, daß ein derart vorbehandelter Kaffee eine 4–6% höhere Extraktausbeute (mit Wasser) liefert, was damit erklärt wird, daß die Porösität des Kaffees durch die Druckbehandlung mit nachfolgender Entspannung erhöht ist. Infolge des stark reduzierten Fettgehaltes dürfte jedoch auch die bessere Benetzbarkeit bedeutsam sein. Das nach Eindampfung und Gefriertrocknung des wäßrigen Extraktes erhaltene Instant-Kaffeepulver wird schließlich mit dem in der ersten Stufe gewonnenen Kaffeeöl aromatisiert. Der Coffein-Gehalt des getrockneten Extraktpulvers war 0,07%.

Je nach den Extraktionsbedingungen werden mit verdichtetem Kohlendioxid aus Röstkaffee qualitativ verschiedene Kaffeeöle extrahiert [209]. Mit überkritischem CO_2 werden neben den Aromastoffen und dem Kaffeeöl auch die natürlichen Antioxidantien des Kaffees extrahiert, welche die Lagerfähigkeit des Aromaöls entscheidend verbessern. Die Temperaturbedingungen bei der Extraktion haben einen bedeutenden Einfluß auf die Qualität des Aromas. Während bei 300 bar und Temperaturen von 50–70 °C ein „leicht liebliches“ Aroma gewonnen wird, ist das Aroma eines bei 300 bar und 130–150 °C extrahierten Kaffeeöls als „schwer und rauchig“ zu charakterisieren. Eine vollständige Gewinnung des aromatischen Kaffeeprinzips inklusive der für die Haltbarkeit erforderlichen Antioxidantien ist mit überkritischem Kohlendioxid möglich, während nach Angaben der Autoren flüssiges CO_2 infolge des geringeren Lösungsvermögens dazu nicht in der Lage ist. Bei der analytischen Untersuchung der Aromaöle aus Röstkaffee mit Hilfe der Kapillar-Gaschromatographie in Kopplung mit der Massenspektroskopie konnten eine Vielzahl von Komponenten nachgewiesen und identifiziert werden [233, 234].

Im Gegensatz zur Entcoffeinierung von Kaffee, die bevorzugt aus Rohkaffee erfolgt, muß bei schwarzem Tee das Coffein notgedrungen aus einem fermentierten, aromatischen Material abgetrennt werden, wobei die Aromastoffe nicht verloren gehen dürfen. Diese Problematik haben Vitzthum und Hubert aufgegriffen und ein entsprechendes Verfahren zur Herstellung von coffeinfreiem Tee erarbeitet [42, 304]. Die Entcoffeinierung läuft in mehreren Stufen ab. Zuerst wird dem Tee mit trockenem, überkritischem Kohlendioxid das Aroma entzogen. Daran anschließend erfolgt die Extraktion des Coffeins mit wassergesättigtem, überkritischem Kohlendioxid bei 250 bar und 50 °C. Nach der Entcoffeinierung wird das feuchte Blattmaterial im Vakuum bei 50 °C getrocknet und schließlich mit dem in der ersten Stufe gewonnenen Aromaextrakt rearomatisiert. Dazu wird eine Lösung der Aromastoffe in überkritischem CO_2 von 300 bar und 40 °C in den mit entcoffeinierten Teeblättern gefüllten Druckbehälter entspannt. Zur Herstellung eines coffeinfreien Instant-Tees werden die vom Coffein befreiten Blätter mit heißem Wasser extrahiert. Nach Sprüh- oder Gefriertrocknung des wäßrigen Extraktes wird das erhaltene Produkt wie beschrieben mit den Aromastoffen imprägniert.

Nach Angaben der Autoren ist Coffein nur in Gegenwart von Wasser aus Tee zu extrahieren. Dies legt die Vermutung nahe, daß das Alkaloid im Teeblatt teilweise gebunden (Gerbstoffe) vorliegt. Bei dem ganzen dreistufigen Verfahren wird letztendlich nur das Coffein abgetrennt. Die Geruchs- und Geschmacksstoffe sowie die farbgebenden Inhaltsstoffe des Tees bleiben in ihrem Gehalt nahezu unverändert, wie aus Tabelle 37 zu ersehen ist. Lediglich einige lipophile Teeflavone werden zusammen mit dem Coffein entfernt, was sich auch darin äußert, daß der coffeinhaltige Extrakt als gelbes Pulver mit einem Coffeingehalt von 92% anfällt.

IV.5.c Extraktion von Nicotin aus Tabak

Das Verfahrensziel bei der Extraktion von Tabak ist es, ebenso wie bei der Bearbeitung von Kaffee und Tee, eine Veredlung des Trägerstoffs zu erreichen.

Tabelle 37. Entcoffeinierung von schwarzem Tee mit überkritischem Kohlendioxid [304]

	Ausgangsmaterial	Entcoffeinierter Tee
Feuchte (%)	7,26	6,8
Asche, 600 °C (%)	5,15	5,17
Wäßriger Extrakt (%)	38,25	35,50
Coffein (%)	2,99	0,07
Gerbstoffe (%)	9,98	10,5
Teeflavone (%)	0,61	0,52
Extrahierbare Teerubigene (%)	8,90	8,26

Der Extrakt ist jeweils nur von sekundärem Interesse. Nicotin, das relativ leicht flüchtige, niedermolekulare Hauptalkaloid des Tabaks (s. Abb. 91) ist als freie Alkaloidbase in verdichtetem Kohlendioxid sehr gut löslich. Bei Temperaturen von 50–70 °C werden im Druckbereich um 150 bar Löslichkeitswerte von 7–8 Gew.-% erreicht [229]. Die Extrahierbarkeit einer Verbindung hängt jedoch nicht allein von ihrer Löslichkeit ab, ihre Bindung an die pflanzliche Matrix kann die Extraktion erheblich erschweren. Nicotin liegt im Tabak teilweise frei, zum Teil jedoch auch an Tabakinhaltsstoffe gebunden vor. Zur vollständigen Extraktion ist die Freisetzung des gebundenen Alkaloids erforderlich. Die Abtrennung von Nicotin aus Tabak mit überkritischen Gasen wurde umfassend von Roselius, Vitzthum und Hubert untersucht [40, 160, 235, 236]. Vor der Extraktion wird der Tabak mit Wasser befeuchtet und kurzzeitig in CO_2-Atmosphäre auf 70 °C erwärmt. Dabei werden die Bräunungsfermente inaktiviert, so daß der Tabak während der Bearbeitung hell bleibt. Diese Behandlung ist auch für die Freisetzung des gebundenen Nicotins von Vorteil. Die nachfolgende Extraktion wird beispielsweise bei 300 bar und Temperaturen von 40 bis 70 °C durchgeführt. Die Abscheidung des nicotinhaltigen Extraktes erfolgt bevorzugt isobar und isotherm durch Adsorption an einem Sorptionsmittel. Bei den Untersuchungen hat sich gezeigt, daß die Nicotinextraktion bei höherem Wassergehalt des Tabaks begünstigt ist (vgl. Tabelle 38). Bei niedrigem Wassergehalt werden fast ausschließlich Aromastoffe extrahiert.

Tabelle 38. Extraktion von Nicotin aus Virginia-Tabak (Nicotingehalt 1,36%) mit überkritischem Kohlendioxid [40]

Extraktions-bedingungen	Tabak-Feuchte (%)	Lösungsmittel-menge (g/g)	Extraktions-grad (%)	Rest-Nicotin-gehalt (%)
CO_2, 300 bar, 70 °C	25	5–6	94,1	0,08
CO_2, 1000 bar, 50 °C	15	7–9	91,2	0,12
CO_2 + 5% NH_3, 250 bar, 70 °C	20	5–6	97,8	0,03

Bei höherem Wassergehalt des Tabaks sind zur Nicotinabtrennung mildere Extraktionsbedingungen sowie geringere Lösungsmittelmengen erforderlich. Besonders günstig wird die Extraktion beeinflußt, wenn dem Extraktionsmittel 5 Gew.-% Ammoniak zugemischt werden. Bei dem entsprechenden Versuch wurde ein Extraktionsgrad für Nicotin von fast 98% erreicht.

Da bei einigen Tabaksorten der beschriebene, einstufige Prozeß zu einer Minderung des Aromagehalts führt, wurde analog der Coffeinextraktion aus Tee ein dreistufiges Verfahren ausgearbeitet, das eine weitgehende Schonung des Tabakaromas ermöglicht [235]. In der ersten Stufe werden dem trockenen Tabakmaterial mit reinem überkritischen Kohlendioxid die Aromastoffe neben vernachlässigbaren Mengen an Nicotin entzogen. Anschließend erfolgt die Extraktion des Nicotins mit wassergesättigtem überkritischem CO_2. In der dritten Stufe wird der nicotinarme Tabak wieder mit dem zuerst erhaltenen Tabakextrakt rearomatisiert. Dieses Verfahren kann in einer Mehrbehälteranlage quasi-kontinuierlich ablaufen. Ein Blockschema des Dreistufenprozesses ist in Abb. 92 wiedergegeben. Der obere Pfeil markiert die Übernahme einer vorher entnicotinisierten Charge, die in diesem Zyklus rearomatisiert wird, der untere Pfeil die Abgabe der im dargestellten Ausschnitt produzierten, nicotinreduzierten Charge an den nächsten Zyklus.

Bei der Bearbeitung von Tabak mit überkritischem Kohlendioxid ist das eigentliche Verfahrensziel eine Verminderung des Nicotingehaltes. Dabei ergibt sich gewissermaßen als erwünschter Nebeneffekt eine Expansion der Tabakblätter. Bei dem Entspannen des verdichteten Kohlendioxids und der Entnahme aus dem Extraktionsbehälter bläht sich der Tabak auf, so daß das effektive Tabakvolumen um ca. 10% vergrößert wird. Das Produkt ist äußerlich nicht oder nur kaum von einem unbehandelten Tabak zu unterscheiden.

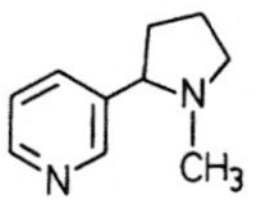

Nicotin

Abb. 91. Strukturformel von Nicotin

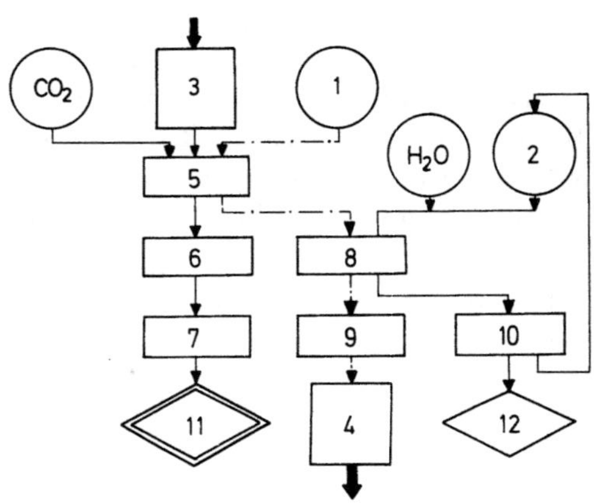

Abb. 92. Mehrstufenprozeß zur Extraktion von Nicotin aus Tabak mit überkritischem Kohlendioxid [160].

1 Tabakausgangsmaterial, *2* Sorptionsmittel für Nicotin, *3* nicotinreduzierter Tabak aus vorhergehendem Zyklus, *4* im abgebildeten Prozeß erzeugter, nicotinreduzierter Tabak aus 1, *5* Aromaübertragung von 1 auf 3, *6* Aromaverteilung, *7* Konditionierung, *8* Nicotinentzug der entaromatisierten Charge aus 1 mit überkritischem CO_2, *9* Trocknung, *10* Regenerierung des Sorptionsfilters, *11* nicotinreduzierter, rearomatisierter Tabak, *12* Nicotin

IV.6 Schwerflüchtige Öle und Polymere

Bei der Herstellung von hochmolekularen synthetischen Ölen entstehen in der Regel homologe Verbindungen, die einen größeren Molmassenbereich umfassen. Zudem können in Konkurrenzreaktionen Nebenprodukte gebildet werden, die ebenfalls schwerflüchtig sind, bezüglich anderer Eigenschaften jedoch ein abweichendes Verhalten aufweisen. Aufgrund des geringen Dampfdrucks derartiger Gemische sind rein thermische Methoden zur Entfernung der Verunreinigungen und Gewinnung einheitlicher Fraktionen wenig geeignet oder unbrauchbar. Bei den extraktiven Verfahren ermöglichen herkömmliche Lösungsmittel normalerweise keine strenge Differenzierung hinsichtlich der Molmasse, während überkritische Gase diesbezüglich eine hohe Selektivität aufweisen, die zudem durch Druck und Temperatur gezielt variiert werden kann. Diesen Vorteil macht man sich im analytischen Bereich bei der Supercritical Fluid Chromatography (SFC) zunutze. Zur präparativen Trennung schwerflüchtiger Öle mit verdichteten Gasen bieten sich die bekannten Methoden der fraktionierten Extraktion, der fraktionierten Abscheidung oder der multiplikativen Verteilung in Kolonnen an.

Paulaitis et al. beschreiben, allerdings ohne die Angabe von Bedingungen und experimentellen Details, die Weiterfraktionierung eines bei der Molekulardestillation als Rückstand erhaltenen Perfluoroalkylpolyether-Gemisches [232]. Die Charakterisierung der Fraktionen erfolgte durch die Messung der Viskosität, da eine gaschromatographische Untersuchung wegen des geringen Dampfdrucks nicht möglich war. Aus dem Anfangsöl mit einer dynamischen Viskosität von 2 Pa · s wurden fünf Fraktionen mit Viskositäten von 0,8–8 Pa · s erhalten. Dies läßt auf Molmassenunterschiede im Ausgangsöl um mehr als den Faktor drei schließen. Ebenso konnte aus Silikonöl der Viskosität 8 Pa · s und der mittleren Molmasse 60000 g/Mol eine kleine Fraktion sehr geringer Molmasse abgetrennt werden, während die Hauptfraktionen mittlere Molmassen aufwiesen und eine ebenfalls kleine Fraktion sehr hoher Molmasse zurückblieb.

Ziel bei der Extraktion fester Polymere ist es, nicht vollständig durchreagierte Oligomere, aber auch unverbrauchte Monomere und andere leichtflüchtige Verbindungen, wie Lösungsmittel oder Wasser abzutrennen, die bei der späteren Anwendung oder Verarbeitung Probleme verursachen können. Werden die Polymere beispielsweise als Verpackungsmaterial für Lebensmittel eingesetzt oder im kosmetischen und medizinischen Bereich verwendet, sind aus physiologischen Gründen an ihre Reinheit insbesondere hinsichtlich niedermolekularer Verbindungen hohe Anforderungen zu stellen. Zur Abtrennung solcher Verunreinigungen ist die Hochdruckextraktion ideal geeignet, da thermische Methoden zur Schädigung des Polymers führen und klassische Lösungsmittel unlösbare Rückstandsprobleme verursachen können.

Erste Untersuchungen zur Löslichkeit von Polymeren in verdichteten Gasen bezogen sich auf das Phasengleichgewicht von Polyethylen (PE) [237–242] und Polypropylen (PP) [243] mit dem jeweiligen monomeren Gas und liegen bereits einige Zeit zurück. Inzwischen sind weitere Untersuchungen zum Verhalten von Polyvinylchlorid (PVC), Polymethylmethacrylat (PMMA) und Polystyrol (PS) im verdichteten CO_2 [43, 244], zur Löslichkeit von PS [245], zur Antrennung oligomerer cyclischer Ether aus einem Polymerisat [246], zur Extraktion von Polyacrylamid

(PAA), PS, Polyoxymethylen, PP-Wachs und niedermolekularem PE (HDPE) mit CO_2, Frigenen und Ethylen [45] bekannt geworden.

Schröder und Arndt untersuchen das Verhalten von PVC-, PMMA- und PS-Folien unter Einwirkung von überkritischem CO_2 bei Temperaturen bis 80 °C und Drücken bis 1000 bar in einem statischen System [43, 244]. Die Aufnahme von CO_2 in den Probenkörper wurde mit Durchlichtmessungen verfolgt. Im Kontakt mit CO_2 stieg das Volumen des Polymers an und seine Lichtdurchlässigkeit wurde geringer, wobei der Effekt mit steigendem Druck und steigender Temperatur größer ausfiel. PMMA-Folie erreichte beispielsweise bei 1000 bar und 40 °C Ausdehnungskoeffizienten bis zu 50%. Das in die Probe eingedrungene CO_2 besaß die Wirkung eines Plastifizierungsmittels. Nach der Entspannung wurde der zunächst noch glasartige Probenkörper undurchsichtig weiß. Die Dünnschnittuntersuchung von PS-Folie, die zunächst klar und ohne Strukturelemente war, zeigte nach einstündiger Druckbehandlung bei 1000 bar/67 °C und Entspannung auf Atmosphärendruck winzige Hohlräume von 1 µm Durchmesser. Die Desorption des Gases ist am Beispiel von PVC-Folien beschrieben. Zum Erreichen der Gewichtskonstanz war nach jedem Versuch eine vierstündige Verweilzeit im Trockenschrank bei 60 °C erforderlich. Die dabei abgegebene Gasmenge belief sich bei 2stündiger Behandlung mit CO_2 von 40 °C und 200 bar auf mehr als 3%, bei 600 bar auf mehr als 4% und bei 1000 bar auf nahezu 5% der Probemasse. Aus den Desorptionskurven lassen sich Diffusionskoeffizienten berechnen.

Die Löslichkeit des Polymers wurde gravimetrisch aus dem relativen Massenverlust der Probe nach der CO_2-Behandlung ermittelt. Die Untersuchung der Zeitabhängigkeit des Lösungsvorganges ergab, daß eine Druck- und insbesondere Temperaturerhöhung die Gleichgewichtseinstellung beschleunigt. Oberhalb von 400 bar und 40 °C war bei PVC-Folien zum Erreichen des Endwerts der Löslichkeit in dem statischen System eine Kontaktzeit von einer Stunde ausreichend. Die Höhe der Löslichkeit nahm mit steigendem Druck und steigender Temperatur zu, wobei die Temperaturabhängigkeit bei hohen Drücken besonders stark ausgeprägt war. Mit steigender Molmasse nahm die gelöste Substanzmenge ab, was innerhalb einer Reihe eng fraktionierter PVC-Proben gezeigt wurde. Die Verhältnisse werden in der Praxis dadurch kompliziert, daß die Löslichkeit auch von der relativen Molekülmassenverteilung des Polymers abhängt. Zudem können von der Präparationsmethode verbliebene Lösungsmittelrückstände den experimentellen Befund verfälschen. Beispielsweise ist es unwahrscheinlich, daß PVC der Molmasse 110000 g/Mol in CO_2 gelöst werden kann. Die Präparations- und Lagerbedingungen der als Gießfilm oder Preßfolie hergestellten Proben haben auch insofern einen Effekt, als sie den Ordnungsgrad, die Packungsdichte und Leerstellenkonzentration, also die Mikrostruktur des Polymers bestimmen und dadurch das Zeitverhalten der Extraktion durch Begünstigung oder Behinderung von Diffusion und Massentransport beeinflussen können.

Braun untersucht die Extraktion von Wasser mit überkritischem CO_2 aus einem Acrylamid-Copolymerisat, das einen Feststoff (FS-Gehalt) von 30% besaß [45]. Ein Trocknungsgrad über 80% (>70% FS) war in angemessener Zeit nur bei Extraktionstemperaturen über 100 °C erreichbar. Der Extraktionsdruck von 150 oder 300 bar hatte keinen Einfluß auf die Extraktion des Wassers. Der Trocknungsgrad steigt selbst bei hoher Gasströmung von 37,5 kg CO_2 pro kg PAA und Stunde linear bis zu einem bestimmten Endwert an und bleibt danach praktisch konstant. Das belegt den leichten Massenübergang von Wassermolekülen in die überkritische Gasphase. Erst bei Strömungen über 70 kg CO_2 pro kg PAA und Stunde wird die Sättigung nicht mehr erreicht. Die Extraktionskurven flachen schon früher ab, und die Gasbeladung sinkt bei 150 bar und 120 °C von etwa 10 auf 5 g Wasser pro kg CO_2. Wichtiger ist der Befund, daß aus herkömmlich vorgetrocknetem PAA (74% FS) monomeres Acrylamid bei Temperaturen unterhalb 40 °C mit CO_2, C_2H_4, CHF_3 oder $CClF_3$ extrahiert werden kann. Dies ist gegenüber herkömmlichen Methoden insofern vorteilhaft, als das Polymer keiner höheren Temperatur als 60 °C ausgesetzt werden darf, sonst würde monomeres Acrylamid wieder nachgebildet werden.

In analoger Weise konnte durch CO_2-Extraktion von PS bei 300 bar/40 °C der Gehalt an monomerem Styrol von 550 auf weniger als 50 ppm verringert werden, ebenso auch Verunreinigungen an Ethyl- und Propylbenzol. Aus Polyoxymethylen konnte durch Hochdruckextraktion das enthaltene Formaldehyd und Trioxan/Tetraxan abgetrennt werden.

Die Extraktion von Polypropylenwachs mit CO_2 von 80 °C ergab bei 150 bar 4,7% eines öligen, bei 450 bar 30% eines honigartig viskosen Extrakts. Die mittlere Molmasse der extrahierten Bestandteile war bei 150 bar 800, bei 450 bar 1400 g/mol. Die größten extrahierten Moleküle hatten ein Molekulargewicht von 5000 g/mol, das entspricht einem Polymerisationsgrad von 120 Einheiten.

Aus niedermolekularem PE (HDPE) konnte mit CO_2 bei 450 bar/80 °C lediglich 1% Extrakt aus Komponenten geringerer Molmasse als 2000 g/mol abgetrennt werden. Die Molmassenverteilung von Rückstand und Extrakt geht aus dem Gelpermeationschromatogramm in Abb. 93 hervor.

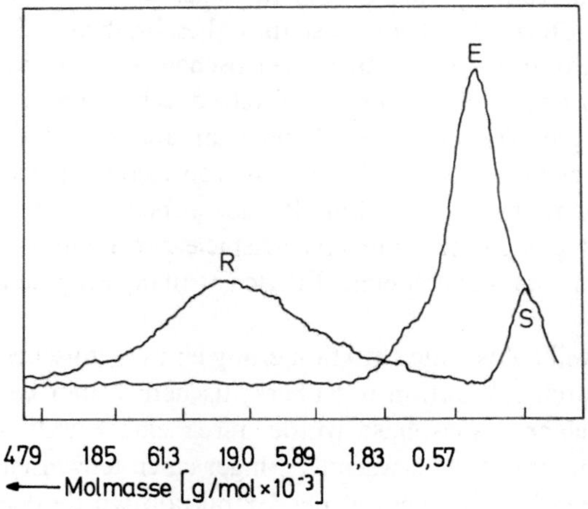

Abb. 93. Gelpermeationschromatogramm von Rückstand R und Extrakt E bei der CO_2-Extraktion (450 bar/80 °C) von HDPE, S Stabilisator [45]

IV.7 Extraktion von Erdölprodukten

Die Anwendungsmöglichkeiten verdichteter Gase auf dem Erdölsektor sind sehr vielseitig, können jedoch prinzipiell unter zweierlei Aspekten betrachtet werden. Einerseits macht man sich die „flüchtigkeitserhöhende" Wirkung komprimierter

Gase zur Extraktion von Substanzen aus Teersanden, Ölschiefer, Stein- und Braunkohlenteer und zur Aufarbeitung von Rückständen der Erdöldestillation und Kohlehydrierung zunutze. Dabei kann die Abtrennung eines möglichst großen Anteils schwerflüchtiger Verbindungen aus einem bestimmten Trägermaterial oder die Zerlegung eines vorhandenen Substanzgemisches in Fraktionen unterschiedlicher Eigenschaften beabsichtigt sein. Andererseits nutzt man die „viskositätsvermindernde" Wirkung verdichteter Gase entweder direkt bei der Ölförderung zur Mobilisierung des zähflüssigen tertiären Erdöls und damit zur besseren Ausnutzung der Lagerstätten oder aber zur Abtrennung feiner Feststoffpartikel, die in viskosen Extrakten aus Kohle und ölhaltigem Gestein enthalten sind und große Probleme bei der Weiterverarbeitung verursachen.

IV.7.a Entasphaltierung von Schwerölen

Die ältesten Vorschläge zur extraktiven Anwendung verdichteter Gase sind auf dem Mineralölsektor zu finden. Sie beziehen sich auf die Entasphaltierung von schweren Kohlenwasserstoff-Fraktionen. Die Trennung ist darauf zurückzuführen, daß die als Asphaltene bezeichneten Komponenten mit sehr hohem Molekulargewicht in verdichteten Gasen, beispielsweise in Propan unlöslich sind und bei der Extraktion als Rückstand anfallen. Die Entasphaltierung ist insofern bedeutsam, als die Asphaltene bei der Weiterverarbeitung von Schweröl zur Koksbildung neigen und bei ihrer Abtrennung auch unerwünschte metallhaltige Verbindungen entfernt werden, welche die bei der Hydrierung eingesetzten Katalysatoren vergiften.

Pilat und Godlewicz beschrieben bereits 1936 ein Verfahren zur Entasphaltierung von Erdöl und zur Trennung hochmolekularer Mineralölgemische, beispielsweise mit Propan bei 104 °C und 80 bar [247]. Bei wesentlich höheren Drücken und mit Methan als Lösungsmittel arbeitet ein von Messmore 1943 publiziertes Verfahren zur Gewinnung von Asphaltöl [116]. Zhuze und Kapelyushnikov beschrieben 1955 eine Methode zur Entharzung von Erdölrohstoffen mit überkritischem Propan bei 100 °C und 110 bar [117]. Die Entmischung des Extrakts erfolgte durch isotherme Drucksenkung auf 40 bar. In analogen Verfahren, die bereits an anderer Stelle erwähnt wurden, beschreiben Zhuze et al. auch die Gewinnung von Zeresin (Erdwachs) aus Ozokeriterzen und die Abtrennung von Lanolin aus rohem Wollfett [248]. In einem umfangreichen Patent gibt Zosel zahlreiche Beispiele zur Trennung von Erdölprodukten durch Extraktion mit verdichtetem Ethylen, Ethan, Propylen und anderen Gasen [249].

In einer anderen Publikation beschreibt Zosel die Fraktionierung eines Gemisches hochsiedender α-Olefine (C_{14}–C_{20}) durch Extraktion mit überkritischem Ethan bei 45 °C und 60 bar [15]. Die extraktbeladene Gasphase wurde durch eine Fraktionierkolonne geführt, an deren Kopf ein auf 85 °C erwärmter Finger einen teilweisen Rücklauf der gelösten Substanzen bewirkte. Im Verlauf der Extraktion wurde der Druck langsam von 60 auf 110 bar erhöht, wobei die einzelnen Komponenten in der Reihenfolge steigender Siedepunkte gelöst und extrahiert wurden. Zur Abscheidung wurde die beladene Gasphase auf 30 bar entspannt.

Ein anderes Anwendungsbeispiel behandelt die kontinuierliche Entasphaltierung von Top-Rückständen der Erdöldestillation mit überkritischem Propan in einer 750 l-Versuchsanlage. Abweichend von der bei Zhuze angegebenen Arbeitstemperatur von 100 °C, die nur wenig über dem kritischen Punkt liegt und in Verbindung

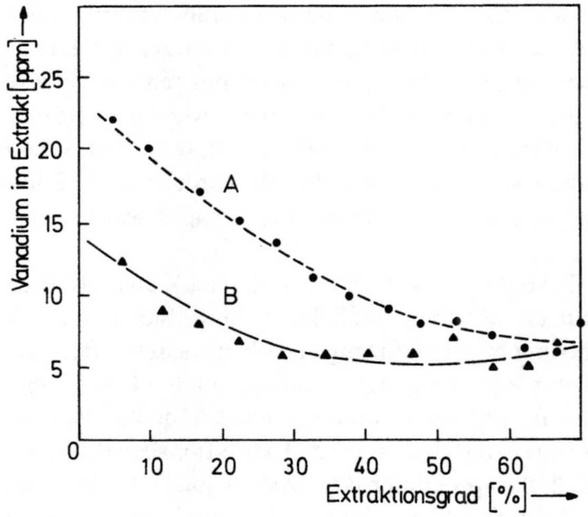

Abb. 94. Vanadiumgehalt des Extrakts bei der Behandlung von schwerem Mineralöl, *A* mit flüssigem (60 °C/77 bar) und *B* mit überkritischem (115 °C/103 bar) Propan; die Bedingungen *A*, *B* entsprechen einer vergleichbaren Lösungskapazität des Propans für das Mineralöl [8]

mit dem Öl zur Ausbildung einer zusätzlichen Flüssig-Flüssig-Entmischung führen kann, empfiehlt Zosel eine höhere Temperatur von 140 °C und einen Druck von 130 bar. Unter diesen Bedingungen konnten 75% des Einsatzprodukts als alphaltfreies Öl extrahiert werden. Der hochmolekulare unlösliche Rückstand enthielt die Hauptmenge der Vanadiumverbindungen. Bei einem Vergleichsexperiment mit flüssigem Propan bei 70 °C und 70 bar wurden im Extrakt höhere Vanadiumkonzentrationen von 2,4 anstatt 0,15 ppm und ein höheren Anteil schwerflüchtiger Bestandteile gefunden.

Auch Irani und Funk untersuchen die Deasphaltierung von Erdölfraktionen mit überkritischem Propan im Vergleich zur üblichen Methode, die flüssiges Propan verwendet [8]. Bei der Bewertung der Anlagen- und Betriebskosten, der Selektivität und des zur Trennung benötigten Lösungsmittel/Öl-Verhältnisses konnte außer einem etwas geringeren Vanadiumgehalt im Extrakt (Abb. 94) kein wesentlicher Vorteil der überkritischen Arbeitsweise gefunden werden.

In den USA wurde bereits in den 50er Jahren von der Kerr-McGee Refining Corporation ein als ROSE-Prozeß (Residual Oil Supercritical Extraction) bezeichnetes Entasphaltierungsverfahren entwickelt und in einer Pilotanlage mit 80 t Tageskapazität betrieben [250]. Die zu bearbeitenden Destillationsrückstände wurden mit unterkritischem Pentan extrahiert, wobei die Asphaltene als unlösliche Komponenten zurückblieben. Das extrakthaltige Pentan wurde bei mäßigem Druck auf überkritische Temperaturen erhitzt, was zur Reduktion der Dichte und damit des Lösungsvermögens führt. Auf diese Weise wurde zunächst eine Harz- und dann eine Ölfraktion abgeschieden und gleichzeitig das Lösungsmittel zurückgewonnen.

IV.7.b Partikelabtrennung aus viskosen Ölen

Eine Abwandlung dieser Methode wurde als CSD-Verfahren (Critical Solvent Deashing) zur Abtrennung unlöslicher Partikel aus viskosen Extrakten und Destillationsrückständen vorgeschlagen [251]. Der feststoffhaltige Extrakt wird dabei mit Toluol im Verhältnis 2,5:1 gemischt und auf unterkritische Bedingungen von 290 °C und 55 bar gebracht. Die Hauptmenge des Extrakts geht in Lösung, während sich die Feststoffteilchen zusammen mit den höchstmolekularen Verbindungen rasch absetzen. Die Lösung hat unter diesen Bedingungen eine so geringe Dichte und Viskosität, daß eine Sedimentation selbst bei Aufwärtsströmungen von 90 m/h noch eintritt. Die Entmischung des gereinigten Extrakts wird wie beim ROSE-Verfahren durch Aufheizen auf überkritische Temperaturen, d. h. durch starke Reduktion der Lösungsmitteldichte bewirkt. Der CSD-Prozeß wurde in einer Pilotanlage mit 6 Tagestonnen Durchsatz erprobt, weitaus größere Anlagen wurden projektiert.

Mit der Abtrennung feinster Feststoffpartikel (im µm-Bereich) aus viskosen Ölen beschäftigen sich auch Stützer, Brunner und Peter [54]. Sie setzen als Lösungsmittel einen unter Normalbedingungen gasförmigen Kohlenwasserstoff (Ethylen oder Propan) in Verbindung mit einem flüssigen Schleppmittel (Toluol) ein. Die Methode arbeitet im Vergleich zum CSD-Verfahren bei etwas höheren Drücken (50–100 bar) und tieferen Temperaturen (80–180 °C). Im Extraktionsbehälter sind die Bedingungen so eingestellt, daß das pseudoternäre System aus Öl, Gas und Schleppmittel ein homogene überkritische Phase bildet, die durch eine geringe Viskosität und eine geringe Dichte (0,3–0,5 g/cm^3) im Vergleich zu derjenigen der Feststoffpartikel (2 g/cm^3) gekennzeichnet ist. Die Sedimentationsgeschwindigkeit der Partikel hängt in hohem Maße von der Konzentration des viskosen Öls in der Lösung ab. Beispielsweise wurde Schieferöl, in dem Feststoffteilchen der Korngröße 3–12 µm in einer Menge von 25% dispergiert vorlagen, mit einer 1:1 (w/w)-Mischung aus Propan und Toluol bei 80 bar und 120 °C behandelt. Lag der Ölgehalt der Mischung bei 30%, so wurde eine Sedimentationsgeschwindigkeit der Teilchen von ca. 1 m/h beobachtet, bei Werten über 50% nahm die Sedimentationsrate rasch auf sehr kleine Werte ab. Das gereinigte Öl kann aus der Lösung durch Ausnutzen einer Mischungslücke in dem quasiternären System bei konstantem Druck jedoch erhöhter Temperatur von 170 °C abgeschieden werden. Ein im Öl noch gelöster Restgehalt an Toluol muß in einem separaten Prozeß zurückgewonnen werden.

Nach Henry, der verschiedene Möglichkeiten zur Entfernung von mineralischen Teilchen aus schwerem Erdöl und Kohleextrakten diskutiert, wird das Verhalten der Partikel entscheidend dadurch geprägt, daß sie mit einem Überzug von Asphaltenen versehen sind [252]. Experimentelle Messungen wurden in einer Hochdruck-Hochtemperatur-Zelle mit Aluminiumfenstern durchgeführt, die für Röntgenstrahlen durchlässig sind. Einerseits konnte durch Zugabe eines gesättigten Anti-Lösungsmittels eine Assoziation der asphaltenischen Komponenten, verbunden mit einer Agglomeration der asphaltenüberzogenen Feststoffpartikel, erreicht werden. Andererseits konnten durch Dispergieren einer wässrigen Phase in dem Mineralöl die Feststoffteilchen in der Wasserphase angereichert werden, wenn dem Wasser zur besseren Benetzung Alkalien oder Detergentien zugesetzt waren. Als dritte Möglichkeit zur Abtrennung der Feststoffe wird die Behandlung mit überkritischen Lösungsmitteln (Toluol) untersucht, die zur Entmischung einer Asphaltenphase aus dem eingesetzten Schweröl führte. Diese besaß eine besondere Affinität zu den asphaltüberzogenen Feststoffpartikeln und bewirkte dadurch eine rasche Abtrennung der Partikel, wobei die Geschwindigkeit mehr durch Koaleszenzeffekte als durch die reine Sedimentationskinetik beeinflußt wurde.

IV.7.c Extraktion von ölhaltigen Mineralien und Rückständen

Das in Ölschiefer enthaltene Kerogen und die in Teersand enthaltenen organischen Verbindungen stellen ein mehr als zehnfach größeres Reservoir für Kohlenwasserstoffe als Erdöl dar. Zur Nutzbarmachung dieser Rohstoffquellen wurden ‚in situ' Methoden, ähnlich denen zur Förderung von tertiärem Erdöl, vorgeschlagen [253], die jedoch wegen der hohen Viskosität der bituminösen Öle als problematisch zu bewerten sind. Nach dem Abbau des ölhaltigen Gesteins besteht die Möglichkeit der Extraktion des Öls evtl. verbunden mit einer Hydrierung zur Gewinnung flüssiger Produkte mit höherem H/C-Verhältnis. Hoffmann et al. untersuchen die Behandlung von brasilianischem Irati-Ölschiefer mit N_2, H_2, H_2O bei Temperaturen von 400 bis 700 °C und Drücken bis 220 bar [254]. Hohe Umsatzgrade von 74% des enthaltenen organischen Kohlenstoffs in flüssige und 9% in gasförmige Verbindungen konnten in H_2- oder H_2/H_2O-Atmosphäre bei 450 °C/100 bar erhalten werden. Auf dieser Basis wurde ein kombiniertes Verfahren zur Gewinnung flüssiger Produkte aus Ölschiefer vorgeschlagen, in dessen Arbeitszyclus sich vorteilhaft auch die notwendige Wasserstoff-, Dampf- und Energieerzeugung miteinbeziehen läßt.

Martin und Williams konnten zeigen, daß überkritisches Toluol bei 420–440 °C und 100 bar 88% des Kerogens aus Colorado-Ölschiefer extrahiert, während die einfache Pyrolyse bei 600 °C nur Umsätze bis zu 70% bei gleichzeitig ungünstigerem Extrakt/Gas-Verhältnis liefert [255]. Aus dem leichter zu extrahierenden Athabasca-Teersand konnte mit überkritischem Toluol bei 400 °C/100 bar oder mit überkritischem Tetrahydrofuran bis 310 °C/100 bar alle organischen Bestandteile bis auf einen Restgehalt von 5% abgetrennt werden. Mit überkritischem Pentan (230 °C/100 bar) als Lösungsmittel blieben 13% hochmolekulare Verbindungen im Ölsand zurück.

Bott beschreibt die Extraktion von Teersanden und Torf, wobei besonderes Gewicht auf die gleichzeitige Trennung der komplexen Inhaltsstoffe in kommerziell interessante Fraktionen gelegt wurde [51]. Zu diesem Zweck war dem Extraktionsbehälter ein Aktivkohlefilter nachgeschaltet, in dem ein Teil der vom Lösungsmittel aufgenommenen Komponenten adsorbiert und zurückgehalten wurde. Die Extraktion von Athabaska-Teersand mit unter- bzw. überkritischem Pentan bei 140–240 °C und 20–80 bar ergab unter diesen Bedingungen als erste Fraktion einen entasphaltierten, metallfreien Leichtölextrakt (Maltene) in 10,6%iger Ausbeute. Im zweiten Schritt wurden aus dem Aktivkohlefilter mit Benzol bei 270 °C/60 bar die adsorbierten niedermolekularen Asphaltene abgetrennt. Als dritte Fraktion konnten schließlich mit Benzol aus dem pentanextrahierten Einsatzmaterial noch hochmolekulare Asphaltene extrahiert werden, die einen hohen Metallgehalt aufwiesen. In analoger Weise gelang es, aus Torf 2,8% helles, vorraffiniertes Wachs, 3,25% nieder- und mittelmolekulare Asphaltene und 3,8% hochmolekulare Asphaltene in verschiedenen Fraktionen zu extrahieren.

Mit der Extraktion von Athabaska-Teersand und der Gewinnung von Wertstoffen aus Braunkohlenteer beschäftigen sich auch Eisenbach und Niemann [52]. Aus Teersand konnte mit überkritischem Propan bei 110 °C und 200 bar ein dunkelrotes viskoses Öl aus überwiegend paraffinischen Verbindungen extrahiert werden. Die Ausbeute war 9,5%. Im Verlauf des Versuchs wurde der bei 20 °C entmischte Extrakt viskoser, was auf einen zunehmenden Anteil höhermolekularer Verbindungen hindeutet. Aus dem Rückstand konnten durch Soxhlet-Extraktion mit Toluol noch 4% eines schwarzen Feststoffs (Asphaltene) abgetrennt werden.

Ein als Quelle für paraffinische Verbindungen noch wenig genutzter Rohstoff ist Teer. Teer besteht hauptsächlich aus zwei Verbindungsklassen, den n-Paraffinen mit den dazugehörigen 1-Olefinen und aus sauerstoffhaltigen Phenolen und Carbonsäuren, die als Kreosote bezeichnet werden. Durch Extraktion mit überkritischem Ethan bei 55 °C und 200 bar wurden aus Braunkohlenteer innerhalb kurzer Zeit die Paraffin- und Kreosotölfraktion gemeinsam extrahiert und dadurch von den unerwünschten hochmolekularen Verbindungen mit C-Zahlen über 40 sowie von Asche und Koksstaub befreit. Aus diesem Gesamtextrakt, der 80% des eingesetzten Rohstoffs ausmacht, konnte das Kreosotöl, das zwar etwas polarer ist, jedoch eine höhere Flüchtigkeit aufweist, in einer ‚Rektifizierungsapparatur' bei einem Rücklaufverhältnis von 1,5 mit Kohlendioxid als Lösungsmittel praktisch quantitativ und selektiv abgetrennt werden. Da CO_2 unter den gewählten Bedingungen von 135 bar und 55 °C im Vergleich zu dem im ersten Extraktionsschritt benutzten Ethan ein stark reduziertes Lösungsvermögen aufweist, ist es günstig, daß nur die kleinere Kreosotölfraktion über die Gasphase abtransportiert wird. Im Paraffinrückstand wurden 48% n-Paraffine und 26% 1-Olefine mit Kettenlängen von C_{22} bis C_{36} identifiziert. Eine gewisse Überschneidung bei der Trennung ergab sich dadurch, daß die in geringer Menge vorhandenen niedermolekularen Paraffine zusammen mit dem Kreosotöl gelöst wurden. Eine Abtrennung dieser Paraffine gelingt interessanterweise durch Extraktion des Kreosotöls mit wassergesättigtem Kohlendioxid. Dieser Umstand ist jedoch in der Regel nicht erforderlich. Aufbauend auf diesen Versuchen wurde eine zweistufige kontinuierliche Extraktionsanlage vorgeschlagen, mit der eine Zerlegung von Teer in 45% Rohparaffine, 35% Kreosotöl und 20% Rückstand erfolgen kann.

Bei der Braunkohle-(Lignit)-hydrierung fällt eine schwerflüchtige Fraktion an, aus der durch Vakuumdestillation ein hochmolekulares Öl abgetrennt werden kann. Durch Extraktion mit überkritischen Lösungsmitteln lassen sich aus dem Destillationsrückstand weitere organische Verbindungen isolieren. Entsprechende Versuche wurden mit Propan, Butan und Pentan bei 200 bar und Temperaturen jeweils ca. 20 °C oberhalb des kritischen Punkts, bei 120, 170 und 210 °C durchgeführt [256]. Dabei stieg in der homologen Reihe mit der Molmasse auch das Lösungsvermögen der überkritischen Phase an, was sich durch höhere Extraktionsgeschwindigkeiten und eine Zunahme der Endausbeute von 20 auf 47% bemerkbar machte. Die Überlegenheit von Pentan blieb auch dann bestehen, wenn die anderen Lösungsmittel bei gleich hoher Temperatur eingesetzt wurden. Wie sich zeigte, kann Pentan höhermolekulare, weniger flüchtige Komponenten (Asphaltene) teilweise noch auflösen, die in Propan nicht mehr löslich sind. Der Asphaltengehalt des Propanextrakts war höchstens 11%, derjenige des Pentanextrakts dagegen 38%. Dies kommt auch in der Erweichungstemperatur der Extrakte zum Ausdruck, die bei 44 bzw. 62 °C lagen. Extrahiert man unmittelbar den Hydrierrückstand, nimmt bei allen Lösungsmitteln die Ausbeute um den Betrag zu, der sonst bei der Vakuumdestillation anfallen würde. Die Erweichungstemperatur des Extrakts sinkt dabei auf Werte von 26–31 °C.

Ein anderes interessantes Anwendungsgebiet bei der Hochdruckextraktion von Mineralölrückständen ist die Aufarbeitung von Altölen zu wiederverwendungsfähigen Schmiermitteln, die von Coenen und Rinza beschrieben wird [53]. Das bisher zur Aufarbeitung genutzte Schwefelsäure-Bleicherde-Kontaktverfahren hat den Nachteil, daß pro 2,5 t regeneriertem Öl ca. 1 t Rückstände, größtenteils Säureharze, anfallen, die nur unter Belastung der Umwelt und mit erheblichen Kosten zu beseitigen oder zu deponieren sind. Vor der Hochdruckextraktion wird — wie bei der klassischen Methode — aus dem Altöl zunächst Gasöl I (Benzin) und Wasser destillativ abgetrennt. Das erhaltene Trockenöl wird mit Kohlendioxid, Ethen, Ethan oder Propan unter überkritischen Bedingungen in einer Extraktionsapparatur mit mehrstufiger Abscheidung behandelt, die in Kap. III.4 näher beschrieben ist. Dabei fallen 10% des Trockenöls, Oxidationsprodukte, schwerflüchtige Komponenten und Feststoffe als Rückstand an. Die extrahierten Substanzen werden durch stufenweise Dichtereduzierung des Lösungsmittels in hauptsächlich drei Fraktionen getrennt: 51% Grundöl, 31% Spindelöl und 8% Gasöl II. Diese Produkte, die noch Restadditive aus dem Altöl enthalten, wären direkt als Schmiermittel verwendbar. Da jedoch zur Zeit am Markt ausschließlich additivfreie Zweitraffinate gehandelt werden, ist eine zusätzliche Nachbehandlung der Hochdruckextrakte mit Schwefelsäure und Bleicherde erforderlich. Die dabei produzierte Menge an Säureharz und verölter Bleicherde ist jedoch gegenüber der klassischen Methode um 70% reduziert.

Auf der Basis der Versuchsergebnisse wurde eine Anlage mit einem Durchsatz von 5 t Trockenöl/h ausgelegt, und die Investitions- und Betriebskosten wurden ermittelt. Als Gestehungskosten für 1 t Zweitraffinat durch Hochdruckextraktion inklusive Schwefelsäurenachbehandlung wurden 182 DM bzw. 125 DM bei Ausnutzung noch bestehender kostensenkender Maßnahmen angegeben. Im Vergleich hierzu belaufen sich bei dem Schwefelsäure-Bleicherde-Verfahren die Herstellungskosten für 1 t Zweitraffinat aus Trockenöl auf 220–230 DM (Stand 1981).

IV.7.d Analytische Untersuchungen

Neben den präparativen Anwendungsmöglichkeiten verdichteter Gase sind in der Literatur auch grundlegende analytische Untersuchungen und Untersuchungsmethoden auf dem Mineralölsektor zu finden. Monge und Prausnitz beschreiben eine experimentelle Methode zur Bestimmung der Löslichkeit von Schwerölfraktionen, die mehrere Komponenten enthalten und analytisch schwierig zu erfassen sind, in verdichteten Gasen bei Drücken bis 100 bar und Temperaturen bis 300 °C [257]. Die Löslichkeitswerte ergeben sich aus dem Gasvolumen, das unter dynamischen Bedingungen zum vollständigen Auflösen einer kleinen, genau bekannten Masse der zu untersuchenden Ölprobe erforderlich ist. Simon beschreibt vor dem Hintergrund der Ölförderung aus tiefliegenden Vorkommen, wo besondere Druck- und Temperaturbedingungen herrschen, ein System mit einer speziellen optischen Zelle, das die Untersuchung der Eigenschaften von Erdöl (Dichte, Viskosität, Oberflächenspannung, Siede-, Taupunkte, Entmischungen) in Abhängigkeit von der Zusammensetzung bei Drücken bis 138 bar und Temperaturen bis 200 °C ermöglicht [258].

Kuss beschreibt experimentelle Methoden zur Untersuchung der Viskosität von Gas/Öl-Lösungen unter Druck [259, 260]. Bei der Untersuchung verschiedener Rohöle, die mit N_2, H_2, CO_2, CH_4, C_2H_6 oder C_3H_8 gesättigt wurden, traten Viskositätsverminderungen bis zu einem Faktor von 1000 auf. Auch Killesreiter untersucht die Löslichkeit verschiedener Gase insbes. von Kohlendioxid in Rohöl und das Viskositätsverhalten der gebildeten Systeme [261]. Die Untersuchungen sind für die Ölförderung von Interesse. In der Erde liegt das Öl in porösem Sand und Gestein vor. Es enthält gelöste Gase, meist Methan, die sich beim Erschließen einer Quelle teilweise entmischen und das Öl an die Oberfläche drücken. Ist das Gas verbraucht, bleiben in der Regel 70% des Ölvorkommens als viskoses Totöl in der Erde zurück. Zur Förderung dieses tertiären Öls wurden in den USA bereits erfolgreiche Feldversuche mit der Injektion von Gasen, in den meisten Fällen CO_2, in Öllagerstätten durchgeführt [262–265]. Der Einsatz von CO_2 erfordert zwar höhere Drücke vermeidet jedoch den Verbrauch großer Mengen teurer Kohlenwasserstoffe (C_2–C_4).

IV.8 Extraktion von Holz, Torf und Lignit

Baumholz besteht zu 40–50% aus Cellulose als Gerüstsubstanz und enthält daneben je 25–30% Hemicellulosen und inkrustiertes Lignin. Cellulose ist ein Kohlenhydrat aus langen Ketten β(1,4)-glucosidisch verknüpfter D-Glucoseeinheiten mit einer Molmasse von 200000 bis zu einigen Millionen. Es handelt sich dabei um eine weiße, in den meisten organischen Lösungsmitteln und Wasser unlösliche Substanz, die als „Zellstoff“ gehandelt wird. Die Hemicellulosen sind Pflanzengummen aus einem Gemisch verschiedener Polysaccharide, die bei der Hydrolyse D-Mannose, D-Xylose, D-Galactose, D-Glucuronsäure u. a. liefern. Ligin ist ein Gemisch komplex aufgebauter polymerer Phenole aus Phenylpropanderivaten vom Syringyl- bzw. Guajacyl-Typ, z. B. Coniferylalkohol. Neben diesen Bestandteilen können aus dem Harzsaft des Holzes verschiedene Verbindungen abgetrennt werden. Aus dem Harz von Nadelbäumen kann beispielsweise das flüchtige Terpentinöl, das größtenteils aus Terpenkohlenwasserstoffen, wie α- und β-Pinen, besteht, und ein nichtflüchtiger Anteil aus vorwiegend Harzsäuren (Kolophonium), meist tricyclische Diterpensäuren, wie z. B. Abietinsäure, gewonnen werden. In der Rinde sind insbesondere Fette und Oberflächenwachse enthalten.

Entsprechend dieser vielschichtigen Zusammensetzung kann Holz als Rohstoffquelle unterschiedlich genutzt werden. Einerseits kann durch Extraktion mit verdichteten Gasen unter schonenden Bedingungen die Abtrennung von Terpenen, Harzen, Wachsen, Fetten und anderen Substanzen erfolgen. Andererseits kann unter drastischeren Extraktionsbedingungen, die mit einem möglichst definierten thermischen Abbau der Biopolymere verbunden sein sollten, die Gewinnung von Phenolen aus Lignin oder von Zuckern und anderen Verbindungen aus Hemicellulose und Cellulose angestrebt werden. In diesem Fall werden zur Extraktion herkömmliche, unter Normalbedingungen flüssige organische Lösungsmittel (Pentan, Aceton, Dioxan, Ethanol) als überkritische Gase bei hoher Temperatur eingesetzt. Als Produkt erhält man komplexe Gemische, die je nach Verwendungszweck zerlegt oder chemisch modifiziert werden können. Diese extraktiven Methoden ermöglichen also eine sinnvolle, für die Zukunft wirtschaftlich interessante Nutzung von Holz als Rohstoffquelle zur Gewinnung wertvoller, bereits hochorganisierter Verbindungen, während ein Verbrennen, Vergasen und Verkohlen nur unter dem Gesichtspunkt der Energieerzeugung mit Sicherheit keine optimale und rentable Nutzungsmöglichkeit von Biomasse darstellt.

Die schonende Holzextraktion mit verdichteten Gasen als Ersatz für petrochemische Lösungsmittel ist weniger bedeutsam und infolgedessen in der Literatur auch seltener erwähnt. Fremont beschreibt in einer Patentschrift die Extraktion von Terpentin- und Tallöl aus zerkleinerten Nadelhölzern mit überkritischem Kohlendioxid [266]. Der Extrakt wird durch stufenweise Drucksenkung in verschiedene Fraktionen definierter Zusammensetzung zerlegt, wobei zuerst die Harzsäuren, dann die Fettsäuren und schließlich die Terpene entmischt werden. Ein solches Verfahren ist im Prinzip durchaus möglich, jedoch scheinen die in der Patentschrift bezüglich Methode und Verfahrensbedingungen gemachten Angaben zum Erreichen des vorgegebenen Ziels fragwürdig. Die angesprochene Holzextraktion wird nicht allein im Hinblick auf hochwertige Extrakte durchgeführt, sie erleichtert auch die Weiterverarbeitung der zurückbleibenden Holzstücke. Bei der Herstellung der Cellulosepulpe werden gegenüber dem unbehandelten Holz geringere Chemikalienzusätze benötigt, und die Seifenbildung aus den Tallsäuren ist erheblich vermindert. Dies bedeutet eine geringere Anlagenverschmutzung und reduziert die Abwassermenge und damit auch die Umweltbelastung.

McDonald et al. untersuchen die Extraktion von Harz- und Fettsäuren aus Kiefernholz und von Wachs aus Tannenrinde mit überkritischem Kohlendioxid, Distickstoffmonoxid, Propan und Ethylen [49]. Aus Kiefernholz wurde bei 40 °C mit der relativen Gasmenge von 8 g CO_2 pro g Holz-Trockensubstanz (TS) ein Teil der Säuren extrahiert und die Auswirkung des Drucks auf die Extraktmenge beobachtet. Bei 210 bar ergab sich eine Ausbeute von 2,1 Gew.-% (d. TS), die mit steigendem Druck entsprechend der zunehmenden Löslichkeit auf 5,6% bei 620 bar anstieg. Führt man diesen Versuch bei 210 bar mit den anderen Gasen jeweils 9 °C über der kritischen Temperatur durch, so zeigt sich, daß Ethylen (15 °C) geringfügig bessere Ausbeuten als Kohlendioxid liefert. Distickstoffmonoxid (45 °C) ergab im Vergleich zu CO_2 mehr als die dreifache, Propan (105 °C) fast die neunfache Extraktmenge. Bei höheren Gasmengen von etwa 70 g Gas/g Holz konnten bei 620 bar mit CO_2 15%, mit N_2O sogar 25% Extrakt gewonnen werden. Der Extrakt enthält zu Beginn eines Versuches über 90% Harz- und Fettsäuren, am Ende dagegen weniger als 50%. Die typische Zusammensetzung der Anfangsfraktion zeigt Tabelle 39.

Bei der Wachsextraktion aus Tannenrinde wies Ethylen im Vergleich zu CO_2 schlechtere Lösungseigenschaften auf (Temperatureffekt). Die erreichbaren Aus-

Tabelle 39. Typische Zusammensetzung eines Extrakts aus Kiefernholz (Anfangsfraktion) bei der schonenden Behandlung mit überkritischem CO_2, N_2O, C_2H_4 oder C_3H_8 [49]

Säure	Gehalt im Extrakt (%)	Säure	Gehalt im Extrakt (%)
Abietinsäure	31	Pimarinsäure	4,0
Levopimarin- u. Palustrinsäure	26	Sandaracopimarinsäure	1,1
Neoabietinsäure	14	Linolsäure	0,22
Isopimarinsäure	8,3	Öl- u. Linolensäure	0,14
Dehydroabietinsäure	4,8	unbekannt	ca. 10

beuten waren nur 4%, bei Propan etwas mehr. Das hellgelbe Wachs enthielt sechs Hauptkomponenten, wenn es mit Propan extrahiert war, sonst nur fünf. Identifiziert wurden 1-Octadecanol, 2-Methyl-1-hexadecanol sowie eine gesättigte C_{24}- und C_{30}-Fettsäure. Die Verseifungszahl des Extrakts war 110, der Schmelzbereich 40–70 °C. Im Vergleich zur konventionellen Petroletherextraktion lief die Extraktion von Kiefernholz und Tannenrinde mit überkritischen Gasen jeweils schneller ab, und die Extraktausbeuten waren höher, wenn vergleichbare Lösungsmittelmengen aufgewendet wurden.

Die gleichen Autoren untersuchen auch die Gewinnung eines möglichst großen Anteils flüssiger Produkte aus Zedernholz durch Pyrolyse/Extraktion mit überkritischem Aceton oder Methanol bei 260–350 °C und 100–280 bar. Dabei wurden bis zu 74% des Rohstoffs als Extrakt erhalten, mit Aceton ein geringfügig höherer Anteil als mit Methanol. Der Rückstand zeigte nahezu keine Verkohlung. Die Elementaranalyse des Extrakts wies unabhängig von der Extraktionstemperatur gleichbleibende Werte auf. Der Gehalt an Methoxylgruppen in Extrakt und Rückstand der methanolbehandelten Proben war gegenüber den mit Aceton behandelten Proben verdoppelt, was auf Reaktionen zwischen Holz und Methanol hindeutet. In den Extrakten konnten 2,3% substituierte Guajacole und 2% Levoglucosen (1,6-anhydro-β-D-Glucopyranose) identifiziert werden. Der Acetonextrakt konnte in Phenol-Formaldehyd-Harzen, die zum Verkleben von Holzplatten verwendet werden, 30% der Phenolkomponente ersetzen, ohne im Trockentest die Klebefestigkeit zu beeinträchtigen.

Calimli und Olcay untersuchten bereits zu einem frühen Zeitpunkt mit Hilfe einer diskontinuierlichen Methode die Verflüssigung von Holz durch Behandlung mit überkritischen Gasen [47]. Bei der statischen Extraktion von Rottannenholz in einem Druckbehälter wurde mit überkritischem Dioxan bei 330 °C und 90 bar die höchste Ausbeute flüssiger Produkte erhalten. Dieser Extrakt wurde hinsichtlich Menge und Zusammensetzung mit einem durch Pyrolyse unter Sauerstoffausschluß bei 340 °C gewonnenen Destillat verglichen [267]. Hierzu wurden die Abbauprodukte zunächst durch Extraktion mit Hexan und Benzol in drei Fraktinen zerlegt und dann durch Adsorptionschromatographie weiter getrennt. Die flüchtigen Bestandteile wurden durch GC-MS, der unlösliche Rückstand durch ^{1}H-NMR-Spektrometrie charakterisiert.

Der thermische Abbau führte bei beiden Methoden zu etwa 23% flüssigen Produkten, 30% des Holzes blieben als Rückstand und der Rest ging in Form von Gasen und leichtflüchtigen Verbindungen verloren. Im Dioxanextrakt waren mehr hexan- und benzollösliche Bestandteile und weniger unlösliche Verbindungen als im Trockendestillat. Außerdem war im Extrakt mit einem Anteil von 50% die doppelte Menge phenolischer Komponenten zu finden wie im Destillat, d. h. die Phenole werden bei der Pyrolyse gespalten oder polymerisiert, wenn sie durch das überkritische Lösungsmittel nicht „verdünnt“ werden. Qualitativ enthielten Extrakt und Destillat ähnliche Bestandteile, wie die Identifizierung zahlreicher Verbindungen ergab. Auffälligster Unterschied war eine starke Demethoxylierung der Substanzen unter den Bedingungen der klassischen Pyrolyse, die bei der Extraktion mit überkritischem Dioxan nicht in Erscheinung trat.

Bessere Ergebnisse beim thermischen Abbau von Holz und anderen Biomassen konnten Köll et al. bei der Anwendung eines dynamischen Verfahrens erzielen, das schonender arbeitet und Sekundärreaktionen weitgehend vermeidet [48]. Ihre

Strömungsapparatur besteht hauptsächlich aus HPLC-Bauteilen und einem GC-Ofen. Zum Abbau von Holz wurden standardgemäß folgende als optimal erachtete Bedingungen vorgegeben: 3 g zerkleinertes Material wurden im Reaktor (HPLC-Säule) vorgelegt und von dem thermostatisierten Lösungsmittel bei 250–280 °C und 100 bar eine Stunde lang mit einer Fließgeschwindigkeit von 1 ml/min durchströmt. Die Zersetzungsprodukte werden im Lösungsmittel aufgenommen und nach einer kurzen, durch die eingestellte Strömung exakt definierten Zeitspanne aus der heißen Reaktionszone abtransportiert. Dies ist Grundvoraussetzung für einen kontrollierten Abbau zu möglichst einheitlichen Produkten. Zudem führt die Strömungsmethode gegenüber einem ganz oder teilweise statischen Kontakt von Holz und heißem Lösungsmittel zu einem geringeren Anteil gasförmiger und leichtflüchtiger Produkte (0–20 %), die beim Abdampfen des Lösungsmittels verloren gehen und in der Massenbilanz als Verlust anzusehen sind. Je nach Extraktionsmittel kann der Abbau rein thermisch oder thermisch-solvolytisch, d. h. unter teilweiser Reaktion mit dem Lösungsmittel ablaufen.

Die Extraktion von Birkenholz mit verschiedenen organischen Lösungsmitteln unter den angegebenen Standardbedingungen zeigte, daß Alkane und Ether fast ausschließlich Polysaccharide abbauen. Ester und Ketone führten zusätzlich zu einem mäßigen Ligninabbau, während Alkohole hohe Delignifizierungsraten bei geringerem Kohlenhydratabbau ermöglichen. Der mit den reinen organischen Lösungsmitteln bei einstündiger Versuchsdauer erzielte Holzabbau lag bei 20–40 %. Wesentlich höhere Abbauraten konnten durch Wasserzugabe zu den Alkoholen realisiert werden. Methoden zur Holzdelignifizierung mit Ethanol-Wassergemischen wurden auch von Kleinert vorgeschlagen [268].

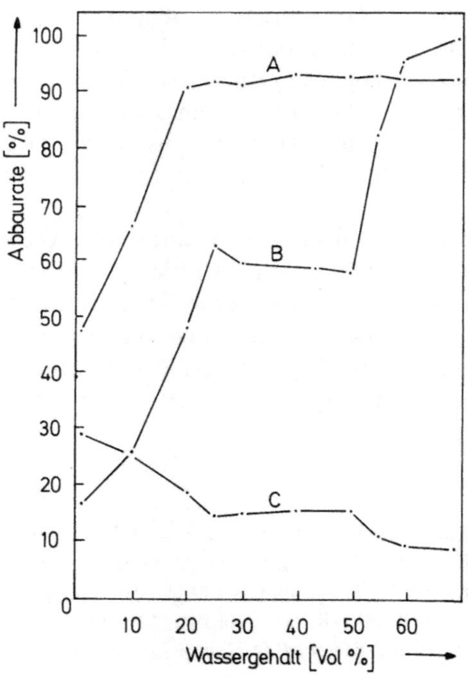

Abb. 95. Abbau von Birkenholz mit Ethanol/Wasser-Gemischen in Abhängigkeit vom Wassergehalt (V/V) [48]
Reaktionszeit: 1 h bei 100 bar und 250 °C
A Ligninabnahme, *B* Kohlenhydratabnahme, *C* Verhältnis A : B × 10

Abbildung 95 zeigt die Abbauraten von Lignin und Nichtligninsubstanzen (Hemicellulose und Cellulose) in Abhängigkeit von der Zusammensetzung eines Ethanol/Wasser-Gemisches. Bei einem Wasseranteil von 25–50 Vol.-% in Ethanol wird das Holz praktisch vollständig delignifiziert. Ebenso geht die Hemicellulose vollständig in Lösung. Zurück bleibt eine sehr helle, faserige Cellulose, die zwar den Kristallinitätsgrad von Zellstoff besitzt, jedoch einen niedrigeren mittleren Polymerisationsgrad von nur 350 Einheiten aufweist und daher für chemische Zwecke besser als für die Zellstoffverarbeitung geeignet ist.

Die Hemicelluloseabbauprodukte können von dem Lignin mit Hilfe von Wasser abgetrennt werden. Sie sind als Substrat für Mikroorganismen interessant, oder sie können als Rohstoff zur Gewinnung von Xylose und Xylit dienen. Die Hemicellulosen können auch separat von der Delignifizierung durch Extraktion mit Wasser bei 180 °C (Vorhydrolyse) abgetrennt werden. Das erhaltene Lignin schließlich besitzt eine mittlere Molmasse von nur 940 g/mol entsprechend 4–5 Phenylpropaneinheiten und kann als Phenolkomponente in Polyurethanen und Phenoplasten Verwendung finden oder weiter zu monomeren und dimeren Phenolen zersetzt werden.

Verwendet man Ethanol/Wasser-Gemische mit 70% Wasseranteil, kann das gesamte Holz in kurzer Zeit aufgelöst werden. Der Extrakt hat eine teerartige Konsistenz und besteht zu 40% aus wasserlöslichen und zu 60% aus chloroformlöslichen Bestandteilen. Der wasserlösliche Anteil enthält 70% der eingesetzten Polysaccharide als monomere Zucker, die zum Großteil vergärbar sind. Der aromatenreiche chloroformlösliche Teil kann auf der Basis petrochemischer Methoden weiterverarbeitet werden.

Ebenso konnten reine mikrokristalline Cellulose und das analog aufgebaute Chitin, das in den Schalen der Crustaceen, in der Gerüstsubstanz von Insekten und in der Pilzcellulose enthalten ist, mit überkritischem Aceton als Lösungsmittel bei 250 bar im Temperaturbereich von 250–340 °C fast vollständig abgebaut werden (Abb. 96) [46]. Bei Chitin konnte erstmals das Primärprodukt des thermischen Abbaus, die 2-Acetamido-1,6-anhydro-2-desoxy-β-D-glucopyranose, ein für die Synthese physiologisch wirksamer Oligosaccharide bedeutsamer Aminozucker erhalten werden. Das Hauptprodukt des Celluloseabbaus mit Ausbeuten bis zu 40% war Lävoglucosan, das ebenfalls als Ausgangsprodukt für chemische Synthesen von Interesse ist.

Eine weitere vielversprechende Anwendungsmöglichkeit zum extraktiven Abbau von Biopolymeren mit überkritischen Lösungsmitteln ist Torf. Bei Weißtorf konnten bei 150 bar und 265–275 °C mit einer Ethanol/Wasser-Mischung von 3/7 (V/V) Abbauraten von 80–90% erhalten werden, wobei lediglich 4% leichtflüchtiger Verbindungen gebildet wurden [269]. Die Extrakte waren fest und zu 55% in Wasser löslich. Daneben enthielten sie eine kleine chloroformlösliche Fraktion und einen 20–30%igen Pro-

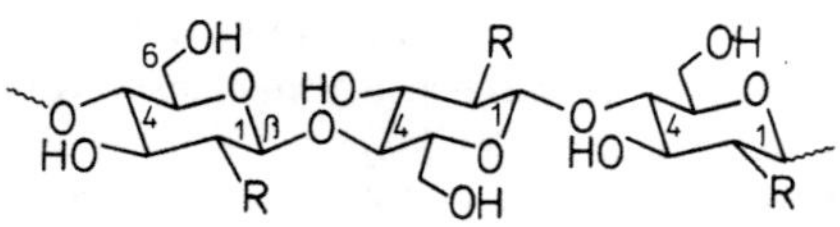

(1)

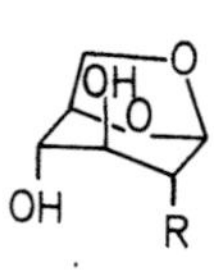

(2)

Abb. 96. Biopolymere (*1*): R = OH: Cellulose, R = NH(Ac): Chitin und Abbauprodukte (*2*): R = OH: 1,6-Anhydro-β-D-glucopyranose (Lävoglucosan), R = NH(Ac): 2-Acetamido-1,6-anhydro-2-desoxy-β-D-glucopyranose

igen Produktanteil, der nur in verdünnten Laugen gelöst werden konnte. Schwarztorf wurde unter gleichen Bedingungen nur zu 30% zersetzt. Ein bis zu 60%iger Abbau war möglich, wenn bei höheren Temperaturen (295 °C) und mit einem höheren Alkoholanteil im Lösungsmittel (40 Vol.-%) gearbeitet wurde. Allerdings wurden bei der Zersetzung von Schwarztorf erheblich höhere Mengen leichtflüchtiger Bestandteile gebildet, so daß der Extraktanteil bestenfalls bei 40% lag.

Neben dem Abbau von Biomassen konnten in der Strömungsapparatur auch ungesättigte Kohlenhydrate durch thermische *cis*-Eliminierung (Esterpyrolyse) von vollständig acetylierten Aldo- und Ketopyranosen hergestellt werden [270]. Schließlich war es auch möglich, bei hohem Druck und hoher Temperatur intermolekulare thermisch-pericyclische En-Reaktionen durchzuführen, die unter Normalbedingungen nicht ablaufen [271].

Einen Übergang von der Holz- zur Kohleextraktion bilden Untersuchungen zur Verflüssigung von Lignit, einer weichen, verhältnismäßig jungen Braunkohle mit noch sichtbarer Holzstruktur. Zur überkritischen Extraktion wurden preisgünstige Lösungsmittel, wie Methanol oder Wasser vorgeschlagen und zu Vergleichszwecken auch Hexan herangezogen [272]. Bei 120–200 bar und mäßigen Temperaturen von 250–300 °C, die weit unter der normalen Pyrolysetemperatur liegen, ergab Methanol mit Ausbeuten von 5,5–9% die besten Ergebnisse. Mit zunehmender Temperatur wurde bei 120 bar ein Absinken, bei 200 bar dagegen ein Ansteigen der Ausbeute beobachtet.

In einer anderen Arbeit wurden bei der Lignitextraktion mit überkritischem Dioxan und Toluol Ölausbeuten bis zu 30% erhalten [273]. Die Ausbeute stieg mit dem Druck — oberhalb von 150 bar jedoch nur noch in geringem Umfang —, mit der Temperatur und mit der Extraktionszeit. Bei der Temperaturwahl ist zu beachten, daß hohe Werte einerseits den thermischen Abbau der Polymere und die Erhöhung der Flüchtigkeit der gebildeten Primärprodukte begünstigen, andererseits jedoch vermehrt zu Zersetzungen und Repolymerisationen führen. Die optimale Temperatur, in der Regel zwischen 300 und 400 °C und ihre Abstimmung auf die Extraktionszeit sind daher von ausschlaggebender Bedeutung. Die Extraktzusammensetzung hing vom Lösungsmittel ab. Während Kohlenwasserstoffe, hauptsächlich Aromaten, im Toluolextrakt in höherer Ausbeute vorkamen, waren sauerstoffhaltige Verbindungen, hauptsächlich Phenole, im Dioxanextrakt in größerer Menge vertreten.

Bartle et al. untersuchten die Alkanzusammensetzung von Extrakten, die mit überkritischem Toluol oder Tetrahydrofuran aus verschiedenen türkischen Lignitarten gewonnen wurden [274]. Dabei konnten sie n-C_{13}- bis n-C_{33}-Kohlenwasserstoffe, acyclische Isoprenoide mit 18, 19 und 20 C-Atomen, 2 pentacyclische Triterpene (C_{31}) und ein bicyclisches C_{15}-Cycloalkan identifizieren. Da n-Alkane thermisch labiler als acyclische Isoprenoide und Cycloalkane sind, hing das n-Alkanmuster im Extrakt stärker von den Extraktionsbedingungen ab als das der übrigen Kohlenwasserstoffe. Bei 350 °C wurden vergleichsweise hohe Ausbeuten an Paraffin-Kohlenwasserstoffen erhalten, die noch keine Anzeichen einer Thermolyse aufwiesen, deren Muster daher typisch für die Lignitsorte ist und als geochemischer Marker betrachtet werden kann.

IV.9 Extraktion von Kohle

Flüssige Kohlenwasserstoffe werden als Ausgangsprodukt zur Herstellung von Kunststoffen und anderen Erzeugnissen, aber auch als Brennstoff, insbesondere als Treibstoff für Verbrennungsmotoren, in großer Menge benötigt. Die Kohleverflüssigung ist zwar zur Zeit gegenüber der Erdölproduktion noch nicht konkurrenzfähig und wirtschaftlich bedeutungsvoll, dennoch werden im Hinblick auf die Erschöpfung der Erdölvorräte sowie bedingt durch Energiekrisen und das Streben nach größerer Unabhängigkeit Verfahren zur Verflüssigung von Steinkohle intensiv erforscht. Das hierbei zu erreichende Ziel besteht darin, das geringe H/C-Verhältnis, d. h. den Wasserstoffmangel der Kohle zu beheben. Hierzu wird Energie benötigt, die von der Kohle selbst oder aus anderen Quellen geliefert werden kann. Bezüglich der technischen Durchführung gibt es zahlreiche Vorschläge, z. B. die Konvertierung in Kohlenmonoxid/Wasser-Systemen, die Umsetzung mit H-Donor-Lösungsmitteln oder direkt und indirekt arbeitende Methoden der katalytischen Hydrierung (Bergius-, Pott/Broche-, SRC-, Exxon Donor Solvent-, Conoco $ZnCl_2$-, Dow Verflüssigungs-Verfahren). Wesentliches Bewertungskriterium bei der Hydrierung ist ein wirtschaftlicher Einsatz des teuren Wasserstoffs, der dann gegeben ist, wenn primär flüssige Produkte und nur geringe Mengen Gas und leichtflüchtige Kohlenwasserstoffe gebildet werden.

Voraussetzung für die Konvertierung ist ein thermischer Abbau der in der Kohle enthaltenen hochgradig aggregierten Komponenten. Die primär gebildeten, meist radikalischen Zersetzungsprodukte können jedoch besonders bei hohen Pyrolysetemperaturen unter Gasbildung irreversibel zu nicht mehr verwertbaren Molekülaggregaten repolymerisieren. Um dies zu verhindern, wird die Pyrolyse normalerweise in Gegenwart eines hoch siedenden Lösungsmittels ausgeführt, das die Primärprodukte verdünnt und stabilisiert aber auch zum Transport der gepulverten Kohle und zur Übertragung der zugeführten Wärme dient, z. B. LSE-Prozeß (Liquid Solvent Extraction) des NCB (National Coal Board, England). Nach der Umsetzung kann das Lösungsmittel abdestilliert werden und der Kohleextrakt in einem zweiten Schritt unter besseren Voraussetzungen als bei der direkten Methode hydriert werden. Schwierigkeiten bereitet jedoch die zunächst erforderliche Abtrennung nicht gelöster Kohlepartikel und fein verteilter mineralischer Feststoffe aus dem viskosen Kohleextrakt.

Günstige Voraussetzungen zur Bewältigung der bestehenden Probleme bietet die Extraktion/Pyrolyse mit überkritischen Lösungsmitteln, da einerseits wegen der besseren Massentransporteigenschaften die Abbauprodukte schnell gelöst und aus der Kohlematrix abgetrennt werden und andererseits Feststoffpartikel aufgrund der geringen Viskosität der überkritischen Lösung leicht sedimentieren und von dem Extrakt abgetrennt werden können. Da der milde thermische Abbau der Kohle bei Temperaturen von 400–450 °C erfolgt, kommen Lösungsmittel infrage, deren kritische Temperatur unterhalb der ausgewählten Arbeitstemperatur liegt. Das Lösungsmittel soll unter den Verfahrensbedingungen stabil sein, damit es wiederholt eingesetzt werden kann. Getestet wurden mit unterschiedlichem Erfolg zahlreiche Substanzen von Wasser bis zu Alkanen. Als geeignet erwiesen sich aromatische Verbindungen, die auch als Endprodukt der Kohleverflüssigung in ausreichender Menge und zu günstigem Preis verfügbar sind. Die Verwendung oder

der Zusatz eines Lösungsmittels mit H-Donor-Eigenschaft kann zur Stabilisierung der thermolytisch gebildeten radikalischen Bruchstücke und zur Verbesserung der Ausbeute vorteilhaft sein, macht jedoch einen separaten Regenerierungsschritt des dehydrierten Lösungsmittels erforderlich. Der Extraktionsdruck liegt normalerweise im Bereich von 100–300 bar, was zur Erzeugung hoher Gasdichten, die zum Auflösen großer Moleküle erforderlich sind, aureicht, wenn die Arbeitstemperatur nur wenig oberhalb der kritischen Lösungsmitteltemperatur liegt. Die Vorteile überkritischer Lösungsmittel bei der Kohleextraktion wurden beispielsweise von Gangoli und Thodos diskutiert [275].

Die ersten Arbeiten zur überkritischen Kohleextraktion wurden von Whitehead, Williams und anderen Mitarbeitern des NCB durchgeführt [276–278]. Sie entwickelten ein SGE-Verfahren (Supercritical Gas Extraction) zur Behandlung von Kohle, auf dessen Basis in britisch-amerikanischen Studien auch eine großtechnische Anlage zur Kohleextraktion projektiert wurde [279]. Die Kohle soll hierbei im wandernden Festbett bei 100 bar und 400 °C mit überkritischem Toluol im Gegenstrom extrahiert werden. Für Steinkohle sind unter diesen Bedingungen Extraktausbeuten von maximal 30% zu erwarten. Bessere Extraktionsergebnisse erhielten Finn et al. bei der Weiterentwicklung und Erprobung des SGE-Verfahrens in einer Pilotanlage für Durchsatzmengen bis 10 kg/h [55]. Die Anlage erlaubte, im kontinuierlichen Betrieb den Einfluß der wichtigsten Verfahrensparameter auf die Extraktionsausbeute und -zusammensetzung zu untersuchen. Als Lösungsmittel wurde eine Mischung aus einer aromatischen und einer hydrierten aromatischen Verbindung eingesetzt, die als Fraktion bei der Hydrierung des Kohleextrakts anfallen könnte. Diese nur vage Beschreibung des Lösungsmittels vermindert teilweise den Wert der nachfolgend beschriebenen Ergebnisse.

Der Extraktionsdruck wurde von 50–200 bar, die Temperatur von 420–480 °C variiert. Die Temperatur hatte auf die Extraktionsausbeute nur wenig Einfluß, was die Vermutung nahe legt, daß die Ausbeute in dem genannten engen Temperaturintervall ein Maximum durchläuft. Mit steigendem Druck und mit steigender Gasdichte von 0,4 auf 0,6 g/cm^3 nahm die extrahierte Substanzmenge kontinuierlich von ca. 35% auf fast 60% zu (bezogen auf die trockene, aschefreie Kohle). Ein Massenstrom Lösungsmittel/Kohle von 3/1 war bei hoher Gasdichte zur Abtrennung aller extrahierbaren Komponenten ausreichend. Die mittlere Molmasse des Extrakts nahm mit steigendem Druck und steigender Lösungsmitteldichte von 450 auf 700 g/mol zu, mit zunehmender Temperatur jedoch ab. Die Extrakte besaßen im Vergleich zur Kohle einen geringeren Schwefel- und Sauerstoffgehalt und wiesen ein günstigeres H/C-Verhältnis auf, was für die nachfolgende Hydrierung positiv zu bewerten ist. Bei konstantem Druck und steigender Temperatur nahm der Kohlenstoffgehalt im Extrakt geringfügig zu, während umgekehrt bei konstanter Temperatur der Druck keinen Einfluß auf den Kohlenstoffgehalt hatte. Die bei der Umsetzung gebildete Gasmenge stieg mit der Temperatur von 3 auf 7% an, wobei der CO_2-Gehalt des Gases von 50 auf 30% ab-, der Kohlenwasserstoffgehalt dagegen von 30 auf 50% zunahm.

Fong et al. untersuchten den Einfluß von Druck, Temperatur und Lösungsmittel auf die Extraktion von Kohle (Korngröße 0,7–1,2 mm) [280]. Mit Toluol als Lösungsmittel stieg bei 140 bar der Extraktionsgrad von 5 auf 18%, wenn die Temperatur von 275 auf 385 °C erhöht wurde. Der Anstieg verlief auch beim Überschreiten der kritischen Lösungsmitteltemperatur von 319 °C stetig und flachte oberhalb von 380 °C ab. Nicht so stark ausgeprägt war der Druckeinfluß. Eine Druckerhöhung bei 365 °C von 30 auf 140 bar (p_K = 41 bar) verbesserte den Extraktionsgrad lediglich von 14 auf 17%.

Die Untersuchung verschiedener Lösungsmittel bei 110 bar und 400 °C ergab für Alkohole, aliphatische und aromatische Kohlenwasserstoffe Ausbeuten zwischen 17 und 25%, während Tetralin zu einer hochgradigen Zersetzung der Kohle führte. Die Untersuchungen zeigten, daß innerhalb einer homologen Reihe die größeren Lösungsmittelmoleküle prinzipiell ein besseres Lösungsvermögen aufweisen. Überschreitet die Molekülgröße jedoch einen bestimmten Wert, verschlechtert sich das Extraktionsergebnis wieder, da die Lösungsmitteldiffusion innerhalb der mikroporösen Kohlestruktur behindert ist. Wie die Bestimmung der Porengröße von Kohle ergab, werden 30% des Porenvolumens aus Hohlräumen von weniger als 12 Å Durchmesser gebildet, 53% liegen im Bereich von 12 bis 300 Å [281]. Im Vergleich hierzu beträgt beispielsweise die Ausdehnung von Naphthalin 7 Å und die Kettenlänge von 1-Octanol 11 Å. Als Schlußfolgerung hieraus wird empfohlen, die Kohle zur Verbesserung der Ausbeute mit einem binären überkritischen Lösungsmittel aus großen und kleinen Molekülen zu extrahieren.

Einen bemerkenswerten Beitrag zur Extraktion südafrikanischer Kohle mit überkritischen Lösungsmitteln liefern Kershaw und Jezko [282]. Sie benutzen hauptsächlich zwei experimentelle Methoden: Die Kohle wird in einem Rührautoklaven bei 200 bar mit konstantem Lösungsmittelstrom extrahiert und dabei linear von 150 auf 450 °C aufgeheizt (Methode A), oder die Kohle wird mit Sand vermischt, um ein Agglomerieren zu verhindern, dann in einem Reaktor mit einer Geschwindigkeit von 200 °C/min aufgeheizt und mit Toluol als Lösungsmittel extrahiert (Methode B).

Bei der Extraktion 14 verschiedener Kohlesorten zeigte sich, daß der Extraktions-

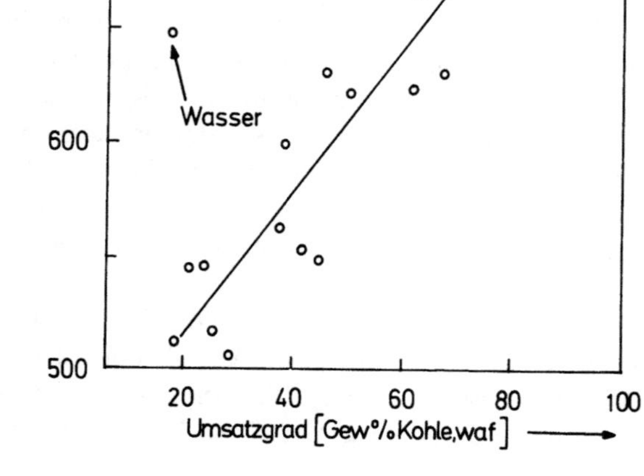

Abb. 97. Umsatzgrad von Kohle bei 450 °C und 200 bar in Abhängigkeit von der kritischen Temperatur Tc des Lösungsmittels [282]. Umsatzgrad (Gew.-%) = 0,297 T_c — 129,3; Korrelationskoeffizient r = 0,94

grad mit zunehmendem H/C-Atomverhältnis der Kohlesorte ansteigt. Die Untersuchung von 18 verschiedenen Lösungsmitteln unter überkritischen Bedingungen nach Methode A bei 200 bar und 450 °C ergab mit Ausnahme von Wasser eine bemerkenswert gute Korrelation zwischen der kritischen Temperatur des Lösungsmittels und dem Umsatzgrad der Kohle (Abb. 97), obwohl die verwendeten Lösungsmittel in der chemischen Natur beträchtliche Unterschiede aufwiesen. Lediglich Wasser zeigte, gemessen an der kritischen Temperatur, ein schlechteres Extraktionsergebnis, und Tetralin schnitt aufgrund seiner H-Donor-Fähigkeit etwas besser ab als erwartet.

Mit Toluol als Lösungsmittel und Methode B wurde der Druck- und Temperatureinfluß auf die Kohleextraktion untersucht. Bei jeder Temperatur durchlief der Extraktionsgrad der Kohle in Abhängigkeit vom Druck ein Maximum, das bei 300 bar lag. Das Maximum bei 450 °C war höher als diejenigen bei 350 °C und bei 550 °C. Pyrolysetemperaturen oberhalb von 450 °C bringen demnach im Hinblick auf die Extraktausbeute keine Vorteile mehr.

Die aus Kohle extrahierten Öle wurden getrennt und auf verschiedene Weise analysiert und charakterisiert. Aufgrund der n-Alkan-Verteilung im Extrakt wurde der Schluß gezogen, daß bis zu einer Temperatur von 350 °C praktisch kein thermischer Abbau der Kohle stattfindet und das überkritische Lösungsmittel lediglich Moleküle extrahiert, die in den Kohleporen festgehalten werden. Dies stimmt auch mit Vahrman's Molekularsieb-Theorie der Kohle überein [283]. Mit verschiedenen Analysenmethoden konnten jedoch Pyrolyseprodukte des Toluols, insbesondere 1,2-Diphenylethan, nachgewiesen werden, deren Auftreten bereits bei 350 °C zu erwarten ist [284].

Ein zweistufiges Verfahren zur überkritischen Extraktion von Steinkohle wurde von Wilhelm und Hedden ausgearbeitet [285, 286]. Aufschlüsse über die bei der Kohleextraktion beteiligten Einzelvorgänge wurden aus Versuchen abgeleitet, bei welchen die Kohle im Festbett bei konstantem Druck mit konstantem Lösungsmittelstrom extrahiert und dabei linear von 150 auf 550 °C aufgeheizt wurde. In zahlreichen Experimenten wurden Druck, Aufheizrate, Korngröße der Kohle, Lösungsmittelströmung, Lösungsmittelart und andere Parameter variiert. Als Meßgrößen wurden in kurzen Zeitabständen die aus dem Extraktor austretenden Extrakt- und Gasmengen bestimmt. Dabei wurden Extraktionsdiagramme mit einer Kurvenform erhalten, wie sie schematisch in Abb. 98 gezeigt ist.

Die Extraktbildung beginnt bei 200 °C noch im flüssigen Zustandsbereich des Lösungsmittels und erreicht bei 300 °C ein Plateau, das von der Art des Lösungsmittels weitgehend unabhängig ist. Danach steigt die Extraktbildungsrate an und erreicht im überkritischen Zustandsbereich bei 350–400 °C ein Maximum, dessen Höhe mit der Lösungsmitteldichte in der Reihe Benzol, Toluol, Xylol, Mesitylen ansteigt. Die Kurve fällt dann steil ab, und bei 550 °C ist der Extraktionsvorgang praktisch beendet. Gasförmige Produkte werden erst oberhalb von 400 °C gebildet. Von allen untersuchten Lösungsmitteln führten einkernige Aromaten zur geringsten Gasbildung (ca. 100 cm^3/g Kohle) und zur besten Extraktausbeute. Der aus dem Massenverlust der eingesetzten saarländischen Steinkohle ermittelte Umsatzgrad erreichte unter optimierten Bedingungen 30–35 Gew.-%. Höhere Werte bis zu 70% konnten bei Zugabe eines wasserstoffübertragenden Lösungsmittels, beispielsweise Tetralin, erreicht werden.

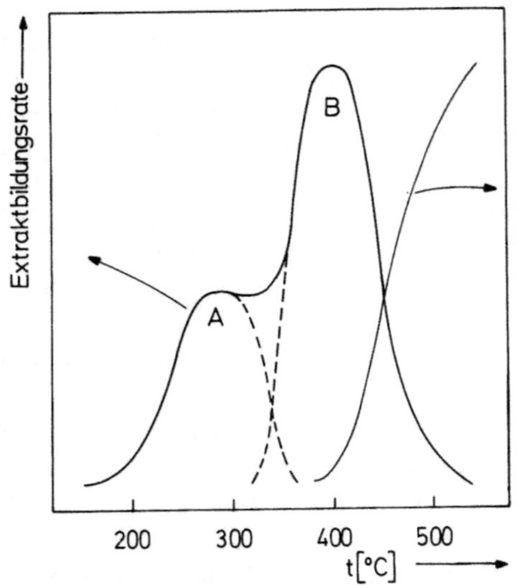

Abb. 98. Extraktbildungsrate bei ansteigender Lösungsmitteltemperatur während der Extraktion von Steinkohle [286]

Einer schlüssigen Interpretation dieser Ergebnisse liegt — wie bereits angesprochen — die Vorstellung zugrunde, daß Kohle aus einem leicht extrahierbaren Anteil monomerer Substanzen, einem Anteil polymerisierter Verbindungen und einem Anteil nicht extrahierbarer Komponenten besteht, die sich allenfalls zu Gas und Koks zersetzen lassen. Die nicht polymerisierten Substanzen werden leicht solvatisiert und vollständig abtransportiert (Kurve A in Abb. 98). Der polymere Anteil erfährt bei höherer Temperatur zunächst eine thermische Spaltung, die zur Plastifizierung der Kohle führt. Je nach Bedingungen wird ein mehr oder minder großer Anteil der plastischen Masse solvatisiert und extrahiert (Kurve B), der Rest zersetzt sich in Sekundärreaktionen zu leichtflüchtigen Verbindungen und Koks. Korngrößen der Kohle unter 1 mm ermöglichen einen schnelleren Stofftransport und tragen zu höheren Extraktausbeuten bei. Der Zusatz eines H-Donors (Tetralin) erhöht die Plastizität der Kohle erheblich und verhindert die zur Repolymerisation führenden Sekundärreaktionen durch Hydrierung der bei der thermischen Spaltung gebildeten radikalischen Bruchstellen.

Aus diesem Verständnis des Extraktionsablaufs wurde ein Verfahrensvorschlag für die überkritische Kohleextraktion abgeleitet und als DSSE-Prozeß (Donor-Solvent-Supercritical-Extraction-Process) bezeichnet. Gepulverte Kohle (0,2–0,5 mm Korngröße) wird in Tetralin als H-Donor-Lösungsmittel suspendiert und in einem ersten Schritt bei 100 bar/400 °C in einem Strömungsrohr depolymerisiert. Dabei entsteht eine homogene viskose Masse, die im zweiten Schritt mit überkritischem Toluol als Lösungsmittel bei 100 bar/380 °C extrahiert wird. Die Extraktion der viskosen Masse erfolgt am effektivsten und bei gleichzeitiger Vermeidung einer Repolymerisation im turbulenten Scherfeld einer Strahldüse. Beide Schritte erfordern keine großvolumigen Hochdruckbehälter. Aus der niedrigviskosen überkritischen Extraktphase können vorhandene Feststoffpartikel problemlos abgetrennt werden. Das Lösungsmittel und der dehydrierte H-Donor (zwei- und dreikernige Aromaten) werden durch Destillation aus dem Extrakt abgetrennt. Die H-Donor-Komponente wird wieder katalytisch aufhydriert und in den Prozeß zurückgeführt. Auf diese Weise sollen bei einem Umsetzungsgrad von 70% aus Steinkohle 45% aschefreier Extrakt mit einer Erweichungstemperatur von 140 °C, 25% flüssige Kohlenwasserstoffe und 1% Gas erhalten werden. Der Kohleextrakt kann anschließend durch katalytisches Hydrocracken zu flüssigen Kohlenwasserstoffen weiterverarbeitet werden. Der hierzu benötigte Wasserstoff wird durch Vergasen eines Teils des Extraktionsrückstandes mit Sauerstoff und Wasserdampf nach bekannten Verfahren erzeugt. Ein anderer Teil des zurückbleibenden Kokses dient zur Erzeugung der innerhalb des Verfahrens benötigten Energie.

Schließlich sei noch die Extraktion von Kohle mit einer Mischung aus überkritischem Wasser und Kohlenmonoxid erwähnt, die bei Temperaturen um 400 °C und Drücken unter 100 bar durchgeführt wird. Penninger gibt als Vorteile des wäßrigen Extraktsystems die einfache Trennung von Lösungsmittel und Extrakt nach der Behandlung sowie die starke flüchtigkeitserhöhende Wirkung des überkritischen Wassers auf hochmolekulare Kohlenwasserstoffe bei der Extraktion an, die dadurch zum Ausdruck kommt, daß 50% des erhaltenen Öls einen höheren Siedepunkt als die Extraktionstemperatur aufweisen [287]. Bei der Untersuchung von Mischungen aus Wasser mit CO_2, N_2, H_2 und CO erreichte allein das System Wasser/Kohlenmonoxid einen Kohleumwandlungsgrad von 50% bei einer Extraktausbeute von 40%. Bei höherem Extraktionsdruck war die Extraktbildung im Vergleich zur Gasbildung begünstigt.

Ross und Nguyen, die sich ausführlich mit dem H_2O/CO-System zur Kohleextraktion auseinandersetzen, konnten zeigen, daß der Zusatz starker Alkalien (KOH) oder bestimmter löslicher Salze (Kaliumformat) zu dem Wasser die Effektivität der Methode stark verbessert [288]. Die Extraktionsprodukte, die im Vergleich zur eingesetzten Kohle durch einen Verlust an Sauerstoff und Gewinn an Wasserstoff gekennzeichnet sind, haben eine ähnliche Zusammensetzung wie Produkte, die bei der Kohleextraktion mit H-Donor-Lösungsmitteln (Tetralin) erhalten werden. Die Diskussion der chemischen Vorgänge zeigt, daß Hydroxidionen-katalysierte Umsetzungen eine maßgebliche Rolle spielen.

In einer Reihe weiterer Veröffentlichungen wird die chemische Zusammensetzung der Produkte untersucht, die bei der überkritischen Lösungsmittelextraktion von Kohle erhalten werden [289–292].

IV.10 Verschiedenes

IV.10.a Extraktion wäßriger Lösungen

Die Herstellung von organischen Verbindungen mit Hilfe der Biotechnologie gewinnt in der letzten Zeit zunehmend an Interesse und ist Schwerpunkt internationaler Forschungsaktivitäten. Allgemein bekannte Beispiele biotechnologischer Verfahren sind Fermentationsprozesse (Ethanol-, Essigsäureherstellung) sowie das umfangreiche Gebiet der Zellkulturen zur Produktion von bestimmten pflanzlichen

Stoffwechselprodukten beispielsweise von fetten oder ätherischen Ölen, Alkaloiden usw. Ein begrenzender Faktor biotechnologischer Verfahren ist die Tatsache, daß die erwünschten Verbindungen meist nur in geringer Konzentration in wäßriger Lösung anfallen. Die Abtrennung der organischen Verbindungen aus den verdünnten wäßrigen Lösungen durch klassische Extraktion und/oder Destillation bedingt einen hohen Energieeinsatz. Außerdem sind thermische Verfahren zur Konzentrierung labiler Naturstoffe aus Zellkulturen nur mit Einschränkungen anwendbar.

Die Extraktion mit verdichteten Gasen bietet in diesem Zusammenhang die Möglichkeit einer schonenden und energiesparenden Isolierung biotechnologisch hergestellter Produkte, insbesondere dann, wenn die Verteilungskoeffizienten der organischen Verbindungen zwischen verdichtetem Gas und Wasser ausreichend groß sind. Im präparativen Maßstab wird die verdünnte wäßrige Lösung kontinuierlich am Kopf einer Stoffaustauschkolonne zugeführt. Die flüssige Phase bewegt sich infolge ihrer höheren Dichte nach unten und wird dabei im Gegenstrom von einem verdichteten Gas extrahiert. Das Extraktionsmittel, das die organischen Verbindungen und etwas Wasser enthält, wird am Kolonnenkopf abgezogen und nach der Entmischung des Extrakts im Kreislauf zurückgeführt. Die extrahierte wäßrige Phase wird am Boden der Kolonne entnommen.

Die Abtrennung von organischen Verbindungen aus Wasser mit überkritischem Ethylen bei 15 °C ist Gegenstand einer Arbeit von Elgin und Weinstock [293]. Beispielsweise wurde das ternäre System Methylethylketon (MEK)/Wasser/Ethylen näher untersucht. Wie sich dabei zeigte, wird die teilweise Löslichkeit von MEK in Wasser durch die Zugabe von verdichtetem Ethylen drastisch erniedrigt. Snedeker, der die Trennung von Essigsäure/Wasser-Gemischen mit überkritischem Kohlendioxid untersucht, kommt zu dem Ergebnis, daß die Extraktion der Essigsäure aufgrund des ungünstigen Verteilungskoeffizienten im System Kohlendioxid-Wasser unwirtschaftlich ist [294].

Ein gut untersuchtes Anwendungsbeispiel ist die Extraktion von Ethanol mit überkritischen Gasen. Paulaitis, Gilbert und Nash beschreiben das Phasenverhalten von Ethanol-Wasser-Mischungen in Verbindung mit überkritischem Kohlendioxid und überkritischem Ethylen [59]. Sie untersuchen die Auswirkungen von Temperatur, Druck und Art des Extraktionsmittels auf die Selektivität. Die Löslichkeit von Ethanol in überkritischem Kohlendioxid steigt mit zunehmender Gasdichte an. Die Selektivität von CO_2 für Ethanol steigt bei konstantem Druck mit abnehmender Temperatur an. An Hand der gefundenen Werte vergleichen die Autoren die Leistungsfähigkeit einer Gegenstromextraktion mit der normalen Destillation. Ausgehend von einer verdünnten wäßrigen Lösung mit ca. 10 Gew.-% Alkohol wird zur Ethanol-Anreicherung auf ca. 80 Gew.-% bei der Gegenstromextraktion mit überkritischem CO_2 von 35 °C und 170 bar eine Energiemenge von etwa 3,5 MJ/kg Extrakt benötigt. Dies entspricht nur der Hälfte der Energie, die bei einer Destillation unter Normaldruck erforderlich ist. Die Extraktion mit überkritischem Ethylen ist im Vergleich zu der CO_2-Extraktion ungünstiger, da infolge einer geringeren Gasbeladung eine größere Lösungsmittelmenge erforderlich ist. Eine Anreicherung des Alkohols über das bei der Destillation erreichbare Alkohol-Wasser-Azeotrop von 95,5 Gew.-% ist bei der Extraktion mit verdichteten Gasen nicht möglich.

Die Trennung von Alkohol-Wasser-Mischungen wurde auch von Kuk und Montagna untersucht [295, 296]. Dabei wurden die Löslichkeiten von Ethanol und Isopropanol in überkritischem Kohlendioxid als Funktion der Temperatur, des Drucks und der vorgegebenen Alkohol-Konzentration bestimmt (Tabellen 40 und 41). Mit zunehmender Alkohol-Konzentration im Ausgangsgemisch stieg die Löslichkeit in überkritischem Kohlendioxid stark an, während die Selektivität von CO_2 für Ethanol abnahm. Bei Drücken unterhalb eines bestimmten Inversionspunkts, der nach Paulaitis bei ca. 170 bar liegt [59], werden bei der höheren Temperatur kleinere Löslichkeitswerte erreicht, während bei höheren Drücken ein Löslichkeitsanstieg mit zunehmender Temperatur beobachtet wird. Wie die Daten in Tabelle 40 zeigen, ist die Lösungsselektivität von CO_2 für Ethanol bei 40 °C größer als bei 60 °C. In Tabelle 41 sind die Löslichkeiten von Isopropanol und Ethanol in überkritischem Kohlendioxid gegenübergestellt. Aufgrund des günstigeren Verteilungskoeffizienten von Isopropanol wird eine höhere Gasbeladung erreicht. Bei der Extraktion mit überkritischem Kohlendioxid konnte eine Anreicherung von Isopropanol bis zu einem Gehalt von 86 Gew.-% erreicht werden, der nur geringfügig unter der Konzentration des Isopropanol-Wasser-Azeotrops liegt.

Nach Angaben von McHugh, Mallet und Kohn, die das ternäre System Ethanol-Wasser-Ethan untersuchen, ist die Löslichkeit von Ethanol in Ethan bei 40 °C und 50 bzw. 80 bar unabhängig von der Zusammensetzung des Ausgangsgemischs und beträgt 2,15 bzw. 3,1 Gew.-% [297]. Infolge der geringen Löslichkeiten von Ethanol waren große Mengen an überkritischem Ethan notwendig. Auch in diesem Fall konnte die dem Ethanol-Wasser-Azeotrop entsprechende Alkoholkonzentration nicht überschritten werden.

Tabelle 40. Löslichkeit von Ethanol in überkritischem Kohlendioxid [296]

Ethanol-Ausgangs-konzentration (Gew.-%)	Druck (bar)	Temperatur (°C)	Löslichkeit (Gew.-%)	Selektivität*
15	100	40	1,3	25
	100	60	1,0	15
	210	40	1,8	26
	210	60	2,2	20
30	100	40	2,8	18
	100	60	2,3	13
	210	40	3,6	22
	210	60	4,0	16
50	100	40	5,0	6
	100	60	3,0	2
	210	40	7,7	8
	210	60	8,6	8
70	100	40	8,7	4,0
	100	60	4,8	1,5
	210	40	12,5	4,2
	210	60	15,1	3

$$* \text{ Selektivität} = \frac{(\text{Ethanol/Wasser}) \text{ in überkrit. Gasphase}}{(\text{Ethanol/Wasser}) \text{ in flüssiger Phase}}$$

Tabelle 41. Vergleich der Löslichkeiten von Isopropanol und Ethanol in überkritischem Kohlendioxid bei 100 bar und 40 °C [296]

Alkohol-Ausgangs-konzentration (Gew.-%)	Löslichkeiten in Gew.-%	
	Isopropanol	Ethanol
30	8,5	2,8
50	15,6	5,0
70	17,4	8,7

Auch Brunner und Kreim beschäftigen sich mit der Abtrennung von Alkoholen aus wäßrigen Lösungen mit Hilfe von Kohlendioxid und Ethan [62]. Im Bereich geringer Ethanolkonzentration liegen die Trennfaktoren bei der CO_2-Extraktion deutlich höher als bei der Destillation unter Atmosphärendruck. Mit zunehmender Ethanol-Konzentration in der flüssigen Phase verringern sich diese Unterschiede. Mit Hilfe der ermittelten Daten wurde eine grobe Abschätzung der Trennkosten vorgenommen. Diese belaufen sich für die Gewinnung von 1 kg 90 proz. Ethanol auf ca. 0,1 US-$ (Stand 1984). Neben der Abtrennung von Ethanol wurden auch andere organische Verbindungen aus wäßrigen Lösungen mit überkritischem Kohlendioxid bei 150 bar und 60 °C extrahiert. Wie aus Abb. 99 zu ersehen ist, wird Ethylenglycol am langsamsten abgetrennt, dann folgen mit zunehmender Extraktionsgeschwindigkeit Essigsäure, Glycerin und Ethanol. Am schnellsten läuft die Extraktion höherer Alkohole, beispielsweise der Butanole aus wäßrigen Lösungen ab. Diese Alkohole sind bereits relativ lipophil und werden infolge ihres höheren Verteilungskoeffizienten von überkritischem CO_2 deutlich schneller extrahiert. Obwohl viele organische Verbindungen, wie z. B. Ethanol und Essigsäure, als Reinsubstanzen in verdichtetem Kohlendioxid sehr gut löslich sind, bewirkt ihre hohe Affinität zu Wasser eine Behinderung der Extraktion aus wäßrigen Lösungen. In

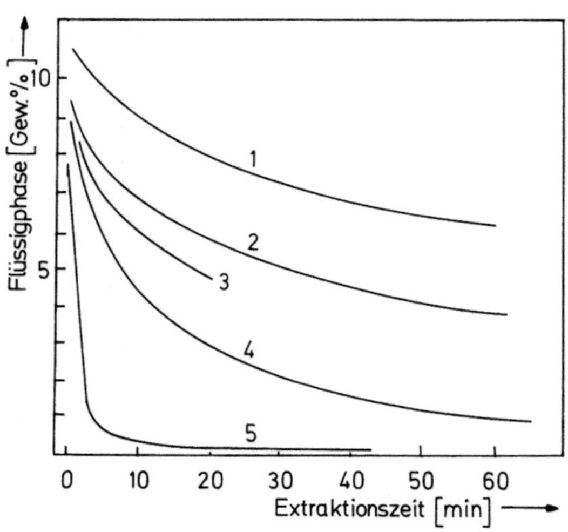

Abb. 99. Extraktion organischer Verbindungen aus wäßrigen Lösungen mit überkritischem Kohlendioxid [62].
1 Ethylenglycol/Wasser; *2* Essigsäure/Wasser; *3* Glycerin/Wasser; *4* Ethanol/Wasser; *5* n-Butanol/Wasser und iso-Butanol/Wasser
Extraktionsbedingungen: 150 bar, 60 °C, Ausnahme: Ethanol/Wasser bei 150 bar, 95 °C

Tabelle 42. Verteilungskoeffizienten verschiedener Alkohole und Ester zwischen flüssigem Kohlendioxid und Wasser bei 16 °C [1]

Verbindung	Verteilungskoeffizient
Methanol	0,4
n-Propanol	0,66
n-Butanol	1,8
n-Pentanol	4,5
n-Hexanol	15,0
n-Heptanol	31,0
i-Propanol	0,35
i-Butanol	1,7
tert.-Butanol	0,82
sec-Butanol	1,23
i-Pentanol	5,0
Ethylacetat	42
Isopropylacetat	80
Methylbutyrat	120
Butylacetat	350
Propylpropionat	370
Isoamylacetat	850

Tabelle 42 sind die Verteilungskoeffizienten verschiedener Alkohole und Ester in flüssigem Kohlendioxid von 16 °C im Verhältnis zu Wasser wiedergegeben [1]. Höhere Alkohole, Ester oder Aromastoffe besitzen größere Verteilungskoeffizienten so daß diese Verbindungen attraktivere Anwendungsbeispiele für die Extraktion von wäßrigen Lösungen mit verdichteten Gasen liefern.

IV.b Adsorbentien

Aktivkohle wird industriell in großem Maßstab genutzt, um organische Verbindungen beispielsweise aus Abwässern zu entfernen. Aus Gründen der Wirtschaftlichkeit ist es notwendig, das beladene Adsorbens zu regenerieren. Die dazu gebräuchlichsten Methoden sind die thermische Desorption mit Wasserdampf bei hohen Temperaturen bis 900 °C und die klassische Lösungsmittelextraktion. Eine alternative Möglichkeit ist die extraktive Regenerierung mit überkritischen Gasen, die insbesondere aufgrund des geringeren Energiebedarfs Vorteile bringt.

Umfangreiche Forschungs- und Entwicklungsarbeiten in den USA bestätigen, daß eine relativ schnelle und effektive Desorption organischer Verbindungen von Aktivkohle mit überkritischem Kohlendioxid möglich ist [58, 298, 299]. Das Verfahren wurde anhand verschiedener Chemikalien und Pestizide getestet. Die Konzeption einer Anlage mit entsprechenden Kostenrechnungen haben gezeigt, daß sowohl die Anlagen- als auch die Betriebskosten deutlich geringer sind als bei dem klassischen thermischen Regenerierungsprozeß.

Eine grundlegende Untersuchung zur Problematik der Adsorption/Desorption organischer Verbindungen im System Aktivkohle/Kohlendioxid wurde von Paulaitis und Kander publiziert [300]. Dabei wurden die Adsorptionsisothermen für Phenol

Tabelle 43. Adsorption von Phenol aus überkritischem Kohlendioxid an Aktivkohle [300]

36 °C/140 bar		*60 °C/175 bar*	
Phenol-Konzentration in überkrit. CO_2 (mg/g)	Aktivkohle-Beladung (mg/g)	Phenol-Konzentration in überkrit. CO_2 (mg/g)	Aktivkohle-Beladung (mg/g)
7,21	611	9,97	568
6,68	558	0,974	355
0,65	512	0,04	108
0,04	241	0,004	43
0,004	142		

an Aktivkohle aus überkritischem Kohlendioxid bei 36 °C/140 bar bzw. 60 °C/175 bar und zum Vergleich aus wäßrigen Lösungen bei 36 °C und 60 °C gemessen. In beiden Fällen steigt mit abnehmender Temperatur bei konstanter Phenolkonzentration in der überkritischen bzw. wäßrigen Phase die Aktivkohle-Beladung an, wobei für die Adsorption aus überkritischem Kohlendioxid die Zunahme der adsorbierten Phenolmenge deutlich höher ist. In Tabelle 43 ist die Adsorption von Phenol an Aktivkohle aus überkritischem CO_2 wiedergegeben.

Die Beladung der Aktivkohle steigt mit zunehmender Phenol-Konzentration in der überkritischen Gasphase stark an. Mit reinem, überkritischem Gas ist dagegen eine Desorption von beladener Aktivkohle möglich. Dabei kann eine hohe Lösungskapazität des verdichteten Gases zur Steigerung der Desorptionsgeschwindigkeit von Vorteil sein. Die Löslichkeit von Phenol in überkritischem Kohlendioxid bei 60 °C steigt beispielsweise im Druckbereich von 100 bis 300 bar um den Faktor 10 an [70].

Bei der Untersuchung von Adsorptions-/Desorptions-Zyklen von Phenol im System Aktivkohle/Kohlendioxid wurde festgestellt, daß nach der ersten Adsorption eine merkliche Reduktion der Beladungskapazität eintritt, die mit überkritischem Kohlendioxid nicht mehr regeneriert werden kann. So fällt beispielsweise die Kapazität von frischer Aktivkohle von 280 mg Phenol pro g Kohle nach dem ersten Zyklus auf 132 mg/g ab. Bei weiteren Be-/Entladungszyklen ändert sich diese Kapazität nur noch wenig. Analoge Ergebnisse wurden von de Filippi für die Adsorption/Desorption von Alachlor an Aktivkohle beschrieben [60]. Hierbei hatte das regenerierte Adsorbens nach dem ersten Zyklus nur noch eine Beladungskapazität von 60% der frischen Aktivkohle. Diese Ergebnisse zeigen, daß überkritisches Kohlendioxid zur Desorption von stark adsorbierten Verbindungen, wie z. B. Phenol, nur bedingt geeignet ist. Zur Regenerierung von Aktivkohle, die mit schwach adsorbierten Substanzen beladen ist, stellt die Hochdruckextraktion jedoch eine Alternative zu den konventionellen Verfahren dar.

Der Gebrauch von kohlenstoffhaltigen Adsorbentien ist begrenzt durch die irreversible Bindung einiger Verbindungen. Fetzer et al. untersuchen die Verwendung von überkritischem Pentan zur Extraktion fest gebundener polychlorierter organischer Verbindungen [301]. Dabei konnte festgestellt werden, daß Pentan im überkritischen Zustand nicht nur diese Substanzen extrahiert, sondern auch zu einem extraktiven

Abbau des Adsorbens führt. So wurden beispielsweise aus Aktivkohle auch Alkane, Diene und in geringer Menge Alkyl-substituierte Benzole extrahiert.

In diesem Zusammenhang sei auch darauf hingewiesen, daß die Adsorption an Aktivkohle umgangen werden kann, wenn die mit organischen Stoffen verunreinigten Abwässer direkt mit verdichtetem Kohlendioxid extrahiert werden.

IV.10.c Dekontaminierung von Drogen

Die Anwendung von Pflanzenschutzmitteln (Insektizide, Herbizide, Fungizide) ist in der Landwirtschaft zur Sicherung einer guten Ertragssituation allgemein üblich. Durch fehlerhafte Anwendung kommt es jedoch immer wieder zu unzulässig hohen Rückständen dieser Substanzen und ihrer Metaboliten in Drogen. Nach der Höchstmengen-Verordnung für pflanzliche Lebensmittel (HMVO) sind derartig kontaminierte Produkte nicht verkehrsfähig und somit nicht mehr verwendbar. Sie werden entweder vernichtet, mit wenig belasteten Chargen verschnitten, oder es muß eine Dekontamination erfolgen.

Eine Dekontamination belasteter Drogen ist mit klassischen Lösungsmitteln kaum durchführbar, da sie eine zu geringe Selektivität besitzen und bedenkliche Rückstände in dem Pflanzenmaterial unvermeidlich sind. Je nach Verwendung muß auch eine eventuelle morphologische Veränderung des Pflanzenmaterials bei der Lösungsmittelextraktion berücksichtigt werden.

In einigen Fällen kann jedoch die Verwendung von verdichteten Gasen erfolgreich zur Dekontaminierung von Drogen eingesetzt werden. Wie Stahl und Rau zeigen konnten, sind lipophile Pestizide, insbesondere die schwer abbaubaren Organochlorverbindungen Hexachlorcyclohexan (γ-HCH), Hexachlorbenzol (HCB), Aldrin, DDT, Heptachlor oder Endosulfan, die in der Bundesrepublik Deutschland teilweise verboten sind, jedoch in anderen Ländern noch angewendet werden, mit überkritischem Kohlendioxid bei 40 °C und Drücken oberhalb von 80–100 bar gut extrahierbar [61]. Als Anwendungsbeispiel ist die Extraktion kontaminierter Sennesblätter beschrieben, deren Wirkstoffe, die polaren Sennoside, in CO_2 unlöslich sind. Die erhaltenen Ergebnisse sind in Tabelle 44 zusammengefaßt. Durch Hochdruckextraktion konnte die Kontamination der Sennesblätter mit lipophilen Pestiziden zwischen 88 und 99% reduziert werden. Bei mehreren Wirkstoffen lag die Konzentration der Rückstände sogar unterhalb der Nachweisgrenze (GC mit ECD). Da die wertbestimmenden Anthraglykoside aufgrund ihrer Polarität im überkritischen Kohlendioxid unlöslich sind, blieb ihr Gehalt in den extrahierten Drogen unverändert. Die aufgrund der hohen Kontamination nicht mehr verwendbaren Drogen waren nach einer Hochdruckextraktion wieder voll verkehrsfähig im Sinne der Höchstmengen-Verordnung. Da bei der Extraktion auch lipophile Cuticularwachse mit entfernt wurden, war als erwünschter Nebeneffekt in dem Aufguß der als Teedroge verwendeten Sennesblätter eine verstärkte Freisetzung hydrophiler Pflanzeninhaltsstoffe zu beobachten.

In einem weiteren Beispiel konnte gezeigt werden, daß auch semipolare Harnstoffherbizide, wie z. B. Isoproturon, aus Stechapfelkraut durch Hochdruckextraktion weitgehend entfernt werden kann, ohne daß sich der Gehalt an den wirksamen Tropa-Alkaloiden mindert [302].

Eine Einschränkung dieses Verfahrens ist insofern gegeben, als vorwiegend Pflanzen mit hydrophilen wertbestimmenden Inhaltsstoffen behandelt werden können,

Tabelle 44. Pestizidgehalt von Sennesblättern vor und nach der HD-Extraktion mit CO_2 [61]

Material/ Methode	Pestizid	Pestizid-gehalt vor Extraktion (ppb)	Pestizidgehalt nach Extraktion (ppb)	Maximal zulässiger Gehalt nach HMVO (ppb)
Herkunft A	HCH-Isomere	245	8	200
380 bar, 60 °C	γ-HCH	105	4	500
11 Stunden	Aldrin	3	Spur	100
49 g CO_2/g Droge	DDT (ges.)	80	5	1000
Herkunft B	HCB	765	u. d. Nachweisgrenze	100
350 bar, 60 °C	γ-HCH	10	u. d. Nachweisgrenze	500
160 min	d-Endosulfan	1860	110	30000
175 g CO_2/g Droge	PCB	280	u. d. Nachweisgrenze	10
	DDT (ges.)	111	13	1000
Herkunft B	HCB	765	u. d. Nachweisgrenze	100
113–215 bar, 60 °C	γ-HCH	10	u. d. Nachweisgrenze	500
2 1/2 h	d-Endosulfan	1860	42	30000
106 g CO_2/g Droge	PCB	280	u. d. Nachweisgrenze	10
	DDT (ges.)	111	4	1000

da lipophile Inhaltsstoffe wie ätherische oder fette Öle mitextrahiert werden, es sei denn, diese Inhaltsstoffe liegen in einem intakten Samen vor, von dessen Oberfläche die Kontaminanten abgetrennt werden können. Eine weitere Einschränkung ist die Tatsache, daß gute Ergebnisse nur bei lipophilen Pestiziden erhalten werden. Semipolare Substanzen erfordern wegen ihrer geringen Löslichkeit hohe Durchsatzmengen an Kohlendioxid.

Eine genau entgegengesetzte Betrachtungsweise der Pestizidproblematik liegt dann vor, wenn nicht das Pflanzenmaterial, sondern ein Extrakt von bestimmten Inhaltsstoffen das zur Weiterverwendung gewünschte Produkt darstellt. Vor dem Hintergrund der Hopfenextraktion untersucht Bett die Löslichkeit der beim Hopfenanbau verwendeten Pflanzenschutzmittel Endosulfan, Mephosfolan, Dicofol, Dinocap und Triadimefon in flüssigem Kohlendioxid und im Vergleich hierzu in den üblichen Lösungsmitteln Hexan und Dichlormethan [193]. Dabei zeigten alle Pestizide bis auf Triadimefon in flüssigem CO_2 bei 10 °C eine zum Teil deutlich geringere Löslichkeit. Dies ist jedoch in der Praxis nicht von Bedeutung, da zur erschöpfenden Extraktion des Hopfens mit flüssigem CO_2 große Lösungsmittelmengen (mindestens 20 kg CO_2/kg Hopfen) aufgewendet werden, die zum vollständigen Auflösen der Pestizide allemal ausreichend sind. Um folglich eine Anreicherung der Pestizide in den Hopfenextrakten zu vermeiden, bleibt nach wie vor nur eine sachgemäße und kontrollierte Anwendung der Pflanzenschutzmittel beim Anbau des Hopfens. Polarere Pestizide wie Dithiocarbamate (DTC's) und ihre Metaboliten sind jedoch nach Vollbrecht in CO_2-Extrakten aus Hopfen nur in

Spuren enthalten, selbst wenn der Rohstoff eine ungewöhnlich hohe Belastung aufweist [199].

Gjavotchanoff untersuchte bereits 1973 die Abtrennung von Insektizid-Spuren aus wäßrigen Drogenextrakten mit Hilfe von Kohlendioxid und Pentan durch Flüssig-Flüssig-Verteilung unter Druck [303].

Am Rande sei noch eine spezielle Anwendung, die Abtrennung unerwünschter polychlorierter Biphenyle (PCB's) aus Transformatorenöl erwähnt [60]. PCB's wurden bis vor einigen Jahren als Dielektrika zur Kühlung von Transformatoren verwendet. Nachdem man ihre Gefährlichkeit erkannt hatte, wurden sie durch Silikonöle, Mineralöle, Phthalester u. a. ersetzt. Diese Öle enthalten jedoch durch Vermischung mit den verbliebenen Rückständen zum Teil immer noch unerwünscht hohe PCB-Gehalte. Kohlendioxid erwies sich beispielsweise bei 100 °C und Drücken um 200 bar als ausreichend selektives Lösungsmittel zur Abtrennung der PCB's aus den jeweiligen Ölen. Bei der Extraktion von Silikonöl und Phthalaten wurden die PCB's im Extrakt, bei der Extraktion von Mineralöl im Rückstand angereichert.

Literatur

1. Schultz, W. G., Randall, J. M.: Food Technol. *24*, 1282 (1970)
2. Stahl, E., Schilz, W.: Chem. Ing. Tech. *48*, 773 (1976)
3. Glatz, A.: Dissertation, Saarbrücken, 1985
4. Stahl, E., Glatz, A.: Fette, Seifen, Anstrichm. *86*, 346 (1984)
5. Stahl, E., Willing, E.: Pharm. Ind. *42*, 1136 (1980)
6. Stahl, E., Willing, E.: Mikrochim. Acta *1980/II*, 465
7. Brunner, G., Peter, S.: Chem. Ing. Tech. *53*, 529 (1981)
8. Irani, C. A., Funk, E. W.: Recent Developments in Separation Science, Vol. III, part A, p. 171, CRC Press, Palm Beach, Florida (1977)
9. Tsekhanskaya, Y. V., Iomtev, M. B., Mushkina, E. V.: Zh. Fiz. Khim. *38*, 2166 (1964)
10. Zhuse, T. P., Jushkevic, G. N., Gekker, J. E.: Maslob.-Zhir. Prom. *24*, 34 (1958)
11. Vitzthum, O., Hubert, P.: Deutsche Offenlegungsschrift 21 27 596 (HAG AG), Anmeldung 1971
12. Zosel, K.: Deutsche Offenlegungsschrift 23 32 038 (Studiengesellschaft Kohle mbH), Anmeldung 1973
13. Zosel, K.: Deutsche Patentschrift 24 41 152 (Studiengesellschaft Kohle mbH), Anmeldung 1974
14. Peter, S., Brunner, G., Riha, R.: Fette, Seifen, Anstrichm. *78*, 45 (1976)
15. Zosel, K.: Angew. Chem. *90*, 748 (1978)
16. Panzner, F., Ellis, S. R. M., Bott, T. R.: Inst. Chem. Eng. Symp. Ser. *54*, 165 (1978), siehe auch Chem. Ind. *1980*, 228
17. Stahl, E., Schütz, E., Mangold, H. K.: J. Agric. Food Chem. *28*, 1153 (1980)
18. Stahl, E., Quirin, K.-W.: Deutsche Offenlegungsschrift 32 07 914 (SKW Trostberg AG), Anmeldung 1982
19. Quirin, K.-W.: Fette, Seifen, Anstrichm. *84*, 460 (1982)
20. Kaufmann, W., Biernoth, G., Frede, E., Merk, W., Precht, D. und Timmen, H.: Milchwissenschaft *37*, 92 (1982)
21. List, G. R., Friedrich, J. P., Pominski, J.: JAOCS *61*, 1847 (1984)
22. Braun, G., Schmidt, H.: Ber. Bunsenges. Phys. Chem. *88*, 891 (1984)
23. Stahl, E., Quirin, K.-W.: Fette, Seifen, Anstrichm. *87*, 219 (1985)

24. Pekhov, A. V., Ponomarenko, I. Ya.: Maslozhir. Prom. *34*, 25 (1968)
25. Vitzthum, O., Hubert, P., Sirtl, W.: Deutsche Patentschrift 21 27 618 (HAG AG), Anmeldung 1971
26. Vitzthum, O., Hubert, P.: Deutsche Patentschrift 21 27 611 (Studiengesellschaft Kohle mbH), Anmeldung 1971
27. Prokopcuk, A. F.: Izv. Piscev. Technol. *3*, 7 (1974)
28. Stahl, E., Schütz, E.: Arch. Pharm. *311*, 992 (1978)
29. Stahl, E., Schütz, E.: Planta med. *40*, 12 (1980)
30. Schütz, E. et al.: Deutsche Offenlegungsschrift 31 19 454 (SKW Trostberg AG), Anmeldung 1981
31. Calame, J. P., Steiner, R.: Chem. Ind. *1982*, 399
32. Stahl, E., Gerard, D.: Z. Lebensm. Unters. Forsch. *176*, 1 (1983)
33. Moyler, D. A.: Perf. Flavor. *9*, 109 (1984)
34. Gerard, D.: Chem. Ing. Tech. *56*, 794 (1984)
35. Stahl, E., Gerard, D.: Perf. Flavor. *10(2)*, 29 (1985)
36. Best, W. et al.: Deutsche Offenlegungsschrift 29 43 267 (BASF AG), Anmeldung 1979
37. Gerard, D.: Diplomarbeit, Saarbrücken, 1980
38. Fremont, H. A.: US-Patentschrift 4 308 200 (Champion International Corp.), Anmeldung 1980
39. Coenen, H., Hagen, R.: Gordian *83*, 164 (1983)
40. Roselius, W., Vitzthum, O., Hubert, P.: Deutsche Patentschrift 20 43 537 (Studienges. Kohle mbH), Anmeldung 1970
41. Zosel, K.: Deutsche Patentschrift 20 05 293 (Studiengesellschaft Kohle mbH), Anmeldung 1970
42. British Patent Specification 1 333 362 (HAG AG), Anmeldung 1972
43. Schröder, E., Arndt, K.-F.: Z. Polym. Forsch. *27*, 135 und 141 (1976)
44. King, J. W.: Polym. Mat. Sci. Eng. *51*, 707 (1984)
45. Braun, G.: Chem. Ing. Tech. *56*, 856 (1984)
46. Köll, P., Metzger, J.: Angew. Chem. *90*, 802 (1978)
47. Calimli, A., Olcay, A.: Holzforschung *32*, 7 (1978)
48. Köll, P., Brönstrup, B., Metzger, J.: Holzforschung *33*, 112 (1979)
49. McDonald, E. C., Howard, J., Bennett, B.: Fluid Phase Equil. *10*, 337 (1983)
50. Bartle, K. D., Martin, T. G., Williams, D. F.: Fuel *54*, 226 (1975)
51. Bott, T. R.: Chem. Ind. *1980*, 228
52. Eisenbach, W., Niemann, K.: Erdöl u. Kohle *34*, 296 (1981)
53. Coenen, H., Rinza, P.: Chem. Ing. Tech. *54*, 386 (1982)
54. Stützer, D., Brunner, G., Peter, S.: Fluid Phase Equil. *10*, 345 (1983)
55. Finn, M. J., Bower, C. J., Hughes, R. D.: Fluid Phase Equil. *10*, 327 (1983)
56. Cottle, J. E.: US Patent 3 119 771 (Phillips Petroleum Comp.), Anmeldung 1960
57. Arnaud, M., Wuhrmann, J. J.: Brit. Patentschrift 1 446 140 (Nestle S.A.), Anmeldung 1973
58. Modell, M.: US Patent 4 124 528 (Arthur D. Little Inc.), Anmeldung 1974
59. Paulaitis, M. E., Gilbert, M. C., Nash, C. A.: Paper presented at the 2nd World Congr. of Chem. Engng., Montreal 1981
60. De Filippi, R. P.: Chem. Ind. *1982*, 390
61. Stahl, E., Rau, G.: Planta med. *1984*, 171
62. Brunner, G., Kreim, K.: Chem. Ing. Tech. *57*, 550 (1985)
63. Stahl, E., Quirin, K.-W., Gerard, D.: Fette, Seifen, Anstrichm. *85*, 458 (1983)
64. Kurnik, R. T., Reid, R. C.: Fluid Phase Equil. *8*, 93 (1982)
65. van Gunst, C. A.: Dissertation, Delft, 1950
66. Anon: Europa Chemie *32*, 562 (1981)

67. Pardun, H.: Analyse der Nahrungsfette, Verlag Paul Parey, Berlin, 1976
68. Schwab, A.: Jojoba — Ein hochwertiges Pflanzenöl aus der Wüste, Ledermann-Verlag, Bad Wörishofen, 1981
69. Brogle, H.: Chem. Ind. *1982*, 385
70. Van Leer, R. A., Paulaitis, M. E.: J. Chem. Eng. Data *25*, 257 (1980)
71. Eggers, R., Sievers, U., Stein, W.: JAOCS *62*, 1222 (1985)
72. Hederer, H.: Dissertation, Erlangen—Nürnberg 1981
73. Brunner, G., Peter, S.: Sep. Sci. Technol. *17*, 199 (1982)
74. Prausnitz, J. M.: Molecular Thermodynamics of Fluid-Phase Equilibria, Prentice Hall, 1969
75. Perry, C. E. S., Weber, W. H., Daubert, B. F.: JAOCS *71*, 3720 (1949)
76. Peter, S., Brunner, G.: Angew. Chem. *90*, 794 (1978)
77. Peter, S., Brunner, G., Riha, R.: Ger. Chem. Eng. *1*, 26 (1978)
78. Ebeling, H., Franck, E. U.: Ber. Bunsenges. Phys. Chem. *88*, 862 (1984)
79. Snyder, J. M., Friedrich, J. P., Christianson, D. D.: JAOCS *61*, 1851 (1984)
80. Brannolte, H. D., Mangold, H. K., Stahl, E.: Chem. Phys. Lipids *33*, 297 (1983)
81. Leiner, S.: Dissertation, Saarbrücken 1986
82. Magne, F. C., Skau, E. L.: JAOCS *30*, 288 (1953)
83. Rao, R. K., Arnold, L. K.: JAOCS *33*, 82 und 389 (1956)
84. Aquilera, J. M.: Alcohol-Based Process for Oilseed Extraction, Paper presented at 42nd Annual Meeting of IFT, Las Vegas, NV, June 1982
85. Friedrich, J. P.: US-Patent Appl. No. 364 290 (US Secretary of Agriculture), Anmeldung 1982
86. Brunner, G.: Habilitationsschrift, Erlangen—Nürnberg 1978
87. King, M. B., Alderson, D. A., Fallah, F. H., Kassim, D. M., Kassim, K. M., Sheldon, J. R., Mahmud, R. S.: S. 31 in Chemical Engineering at Supercritical Conditions, eds. Paulaitis, M. E., Penninger, J. M. L., Gray, R. D., Davidson, P., Ann Arbor Science, 1983
88. Chrastil, J.: J. Phys. Chem. *86*, 3016 (1982)
89. Czubryt, J. J., Myers, M. N., Giddings, J. C.: J. Phys. Chem. *74*, 4260 (1970)
90. Dickinson, J. T.: US-Patent 2 660 590 (1947)
91. Palmer, G. H., Fanwood, N. J.: US-Patent 2 658 907 (1950)
92. Groll, H. P. A.: Deutsche Auslegeschrift 10 79 636 (1953)
93. Zosel, K.: Deutsche Auslegeschrift 14 93 190 (Studienges. Kohle mbH), 1964
94. Friedrich, J. P., List, G. R., Heakin, A. J.: JAOCS *59*, 288 (1982)
95. U.S. Department of Agriculture, Economic Research Service, Fats and Oils outlook and situation. FOS 310, February 1983
96. Christianson, D. D., Friedrich, J. P., List, G. R., Warner, K., Bagley, E. B., Stringfellow, A. C., Inglett, G. E.: J. Food Sci. *49*, 229 (1984)
97. Quirin, K.-W.: Dissertation, Saarbrücken 1984
98. List, G. R., Friedrich, J. P. und Christianson, D. D.: JAOCS *61*, 1849 (1984)
99. Anon.: JAOCS *62*, 1166 (1985)
100. God, F. E., El-Zalaki, E. M.: Fette, Seifen, Anstrichm. *82*, 450 (1980) und JAOCS *59*, 488 (1982)
101. List, G. R., Friedrich, J. P., Pominski, J.: JAOCS *61*, 1847 (1984)
102. Fleetwood, J. G., Hudson, B. J. F.: J. Food. Technol. *17*, 11 (1982)
103. Stahl, E., Quirin, K.-W., Mangold, H. K.: Fette, Seifen, Anstrichm. *83*, 472 (1981)
104. Hatzold, T., Groß, R., Elmadfa, I.: Fette, Seifen, Anstrichm. *84*, 59 (1982)
105. Blaicher, F. M., Nolte, R., Mukherjee, K. D.: JAOCS *58*, 761 (1981)
106. Edwards, D. E., Clarke, F. H., Douglas, B.: Can. J. Chem. *32*, 235 (1954)
107. Kolthoff, J. M., Bosch, W.: Rec. Trav. Chim. *47*, (1928)
108. Gross, R., van Baer, E.: Z. Ernährungsw. *14*, 224 (1975)

109. Bunzenberger, G., Lack, E., Marr, R.: Chem. Ing. Tech. *55*, 320 (1983)
110. Eggers, R., Stein, W.: Fette, Seifen, Anstrichm. *86*, 10 (1984)
111. Kramer, J. K. G., Sauer, F. D., Pigden, W. J.: High and Low Erucic Acid Rapeseed Oils, Academic Press, Toronto, 1983
112. Bulley, N. R., Fattori, M., Meisen, A., Moyls, L.: JAOCS *61*, 1362 (1984)
113. Stahl, E., Quirin, K.-W., Mangold, H. K.: Chem. Phys. Lipids *31*, 319 (1982)
114. Anon.: Food Develop. Aug. 1981 p. 34 und Food Eng. Intl., Oct. 1981 p. 45
115. Schneider, F. und Sirtl, W.: U.S. Patent 4 280 961 (Haussener, E.), Anmeldung 1980
116. Messmore, H. E.: US-Patent 2 420 185 (Phillips Petroleum Co.), 1943
117. Zhuze, T. P., Kapelyushnikov, M. A.: Russ. Patent 113 325 (1955)
118. Zhuze, T. P., Safranova, T. P., Jushkevic, G. I.: Izvest. Akad. Nauk SSSR *11*, 123 (1958)
119. Panzner, F., Ellis, S. R. M., Bott, T. R.: Proc. Int. Solvent Extraction Conf., vol. 2685, Toronto, 1977; siehe auch: Chem. Ind. *1980*, 228
120. Valteris, R. L.: Birmingham University Chem. Eng. *17*, 38 (1966)
121. Metzner, J., Bekemeier, H., Paintz, M., Schneidewind, E.: Pharmazie *34*, 97 (1979)
122. Pepeljnjak, S., Jalsenjak, I., Maysinger, D.: Pharmazie *37*, 864 (1982)
123. Quirin, K.-W., Gerard, D.: Privatmitteilung der FLAVEX Naturextrakte GmbH
124. Verbiscar, A. J., Banigan, T. F., Weber, C. W., Reid, B. L., Swingle, R. S., Trei, J. E., Nelson, E. A.: J. Agric. Food Chem. *29*, 296 (1981)
125. Quirin, K.-W., Gerard, D.: Privatmitteilung der FLAVEX Naturextrakte GmbH
126. Stahl, E., Quirin, K.-W., Blagrove, R. J.: J. Agric. Food Chem. *32*, 938 (1984)
127. Weder, J. K. P.: Z. Lebensm. Unters. Forsch. *171*, 95 (1980)
128. Weder, J. K. P.: Food Chem. *15*, 175 (1984)
129. Friedrich, J. P.: US-Patent Appl. No. 534 015 (US Secretary of Agriculture), Anmeldung 1983
130. Coenen, H., Kriegel, E.: Deutsche Offenlegungsschrift 28 43 920 (Fried. Krupp GmbH) Anmeldung 1978
131. Coenen, H., Kriegel, E.: Chem. Ing. Tech. *55*, 890 (1983)
132. Eisenbach, W.: Ber. Bunsenges. Phys. Chem. *88*, 882 (1984)
133. Heigel, W., Hüschens, R.: Deutsche Offenlegungsschrift 30 11 185 (Kali-Chemie Pharma GmbH) Anmeldung 1980
134. Coenen, H., Hagen, R.: Deutsche Offenlegungsschrift 32 29 041 (Fried. Krupp GmbH) Anmeldung 1982
135. Stahl, E., Quirin, K.-W., Hübgen, A.: Deutsche Offenlegungsschrift 33 29 249 (SKW Trostberg AG) Anmeldung 1983
136. Peter, S., Schneider, M., Weidner, E., Ziegelitz, R.: Chem. Ing. Tech. *58*, 148 (1986)
137. Weidner, E.: Dissertation, Erlangen 1985
138. Treibs, W.: in Gildemeister, E., Hoffmann, F.: Die ätherischen Öle, Akademie-Verlag, Berlin 1956
139. Weast, R. C.: Handbook of Chemistry and Physics, 55th Ed., CRS Press, Inc., Cleveland USA 1974/75
140. Poynting, J. H.: Philos. Mag. (4) *12*, 32 (1882)
141. Brand, K., Preuss, R. E. G.: Pharmaz. Zentralhalle Deutschland *80*, 441 (1939)
142. Francis, A. W.: J. Phys. Chem. *58*, 1099 (1954)
143. Schultz, W. G.: Liquid CO_2 for selective aroma extraction, Paper presented at the 26th Annual Meeting of the Institute of Food Technologists, Portland Oregon, May 1966
144. Maier, M., Stephan, K.: Chem. Ing. Tech. *56*, 222 (1984)
145. Stahl, E., Quirin, K.-W.: Fluid Phase Equil. *10*, 269 (1983)
146. Wiebe, R., Gaddy, V. L.: Chem. Rev. *29*, 475 (1941)
147. Won, K. W.: Fluid Phase Equil. *10*, 191 (1983)

148. Brunner, G.: Fluid Phase Equil. *10*, 289 (1983)
149. Behr, N., v. Ettingshausen, O., van der Mei, H., Wüst, R.: Europäische Patentanmeldung 0 058 365 (Henkel KGaA) Anmeldung 1982
150. Sims, M.: Europäische Patentanmeldung 0 026 559, Anmeldung 1980
151. Gesetz über den Verkehr mit Absinth v. 27. 04. 1923 (RGBI I S. 257) i. d. l. F. vom 02. 03. 1974 (BGBL I S. 449, 550)
152. Stahl, E.: Naturwissenschaften *39*, 571 (1952)
153. Stahl, E., Gerard, D.: Parfuem. Kosmet. *64*, 237 (1983)
154. Stahl, E., Keller, K.: Planta med. *47*, 75 (1983)
155. Stahl, E., Gerard, D.: Parfuem. Kosmet. *63*, 117 (1982)
156. Gerard, D., Quirin, K.-W.: Privatmitteilung der FLAVEX Naturextrakte GmbH
157. Behr, N., van der Mei, H., Sirtl, W., Schnegelberger, H., v. Ettingshausen, O.: Europäische Patentschrift 0 023 680 (Henkel KGaA), Anmeldung 1980
158. Bestmann, H. J., Erler, J., Vostrowsky, O.: Z. Lebensm. Unters. Forsch. *180*, 491 (1985)
159. Katyuzhanskaya, A. N.: Tr. Krasnodar. Nauch.-Issled. Inst. Pishch. Prom. *4*, 177 (1967)
160. Hubert, P., Vitzthum, O. G.: Angew. Chem. *90*, 756 (1978)
161. Weber, H., Gährs, H. J.: Fleischwirtsch. *63*, 1747 (1983)
162. Vollbrecht, R., Schütz, E., Sandner, K.: Deutsche Offenlegungsschrift 31 18 160 (SKW Trostberg AG), Anmeldung 1981
163. Quirin, K.-W., Gerard, D., Kraus, J.: Gordian *86*, 156 (1986)
164. Meerov, Y. S., Bykova, S. F.: Maslo-Zhir. Prom. *37*, 22 (1971)
165. Bykova, S. F., Propova, S. A., Pekhov, A. V.: Maslo-Zhir. Prom. *37*, 33 (1971)
166. Bykova, S. F., Aleksandrov, L. G., Meerov, Y. S., Anoshin, I. M.: Ser. Tekh. Nauk *2*, 18 (1974)
167. Meerov, Y. S., Popova, S. A., Ponomarenko, I. Y.: Tr. Krasnodar Nauch.-Issled Inst. Pishch. Prom. *5*, 203 (1969)
168. Bykova, S. F., Popova, S. A., Pekhov, A. V.: Maslo-Zhir. Prom. *37*, 25 (1971)
169. Coenen, H., Hagen, R., Knuth, M.: Deutsche Patentschrift 31 14 593 (Fried. Krupp GmbH) Anmeldung 1981
170. Schütz, E., Vollbrecht, R., Sandner, K., Sand, T., Mühlnickel, P.: Deutsche Offenlegungsschrift 31 37 230 (SKW Trostberg AG, Haarmann & Reimer GmbH), Anmeldung 1981
171. Gerard, D.: Chem. Ing. Tech. MS 1280/84 (1984)
172. Roslyakova, T. K. et al.: Tekh. Nauki *1983*, 84
173. Gerard, D.: Dissertation, Saarbrücken 1985
174. Gerard, D., Quirin, K.-W.: Privatmitteilung der FLAVEX Naturextrakte GmbH
175. Setijadi, T.: Privatmitteilung
176. Muravlev, I. A., Smetanin, Y. I.: Aktualnye voprosy farmacii *2*, 244 (1974)
177. Smetanin, Y. I.: Aktualnye voprosy farmacii *2*, 247 (1974)
178. Stahl, E., Schütz, E.: Planta med. *40*, 262 (1980)
179. Quirin, K.-W., Gerard, D.: Privatmitteilung der FLAVEX Naturextrakte GmbH
180. Russ. Patentschrift 167 798
181. British Patent Specification 1 388 581 (HAG AG), Anmeldung 1972
182. Canadian Patent 98 72 50 (Studienges. Kohle mbH), Anmeldung 1972
183. US-Patent 4 104 409 (Studienges. Kohle mbH), Anmeldung 1976
184. Kurzhals, H.-A., Hubert, P.: Deutsche Patentanmeldung 28 44 781 (HAG AG), Anmeldung 1978
185. Müller, A.: Deutsche Patentanmeldung 28 27 002, Anmeldung 1980
186. Japanische Patentanmeldung 44 864
187. Europäische Patentanmeldung 0 020 086, Anmeldung 1980
188. Britisch Patent Specification 1 576 729 (Brewing Patents Ltd)

189. Laws, D. R. J.: Deutsche Offenlegungsschrift 28 01 843
190. Müller, A.: Deutsche Patentanmeldung 29 20 765
191. Laws, D. R. J., Bath, N. A., Pickett, J. A.: J. Am. Soc. Brewing Chemists *35*, 187 (1977)
192. Sharpe, F. R., Grimmett, C., Laws, D. R. J., Bett, G.: J. Inst. Brewing *86*, 234 (1980)
193. Mc Rae, J. B., Wheldon, A. G., Bett, G.: J. Inst. Brewing *86*, 296 (1980)
194. Laws, D. R. J.: J. Inst. Brewing *87*, 24 (1981)
195. Gardner, D. S.: Chem. Ind. *1982*, 402
196. Wilson, R. J. H.: S. 275 in High Pressure Chemical Engineering, GVC-VDI, Düsseldorf, 1984
197. Krüger, E.: Mschr. Brauerei *33*, 104 (1980)
198. Krüger, E.: Lebensmittel-Wissenschaft und Technologie LWT-Ed. *1983*, 7 (Prog. Food Eng.), 217
199. Vollbrecht, R.: Chem. Ind. *1982*, 397
200. Gehrig, M.: S. 281 in High Pressure Chemical Engineering, GVC-VDI, Düsseldorf, 1984
201. Stahl, E., Quirin, K.-W., Glatz, A., Gerard, D., Rau, G.: Ber. Bunsenges. Phys. Chem. *88*, 900 (1984)
202. Hohnbom, B.: JAOCS *55*, 876 (1978)
203. Azarnoff, D. L., Tucker, D. R.: Biochim. Biophys. Acta *70*, 586 (1963)
204. Gerard, D.: Diplom-Arbeit, Saarbrücken 1980
205. Stahl, E., Schilz, W., Schütz, E., Willing, E.: Angew. Chem. *90*, 778 (1978)
206. Willing, E.: Dissertation, Saarbrücken 1981
207. Zosel, K.: Deutsche Patentanmeldung 22 21 560 (Studienges. Kohle mbH), Anmeldung 1972
208. Roselius, W., Vitzthum, O., Hubert, P.: Deutsche Patentschrift 21 19 678 (Studienges. Kohle mbH), Anmeldung 1971
209. Roselius, W., Vitzthum, O., Hubert, P.: Deutsche Patentschrift 21 06 133, (Studienges. Kohle mbH), Anmeldung 1971
210. US-Patent 4 260 639 (Studienges. Kohle mbH)
211. US-Patent 3 843 824 (1974)
212. British Patent 2 014 425 (1973)
213. British Patent 1 336 276 (1973)
214. British Patent 1 346 134 (1974)
215. Zosel, K.: Deutsche Patentschrift 27 32 103 (Studienges. Kohle mbH), Anmeldung 1977
216. US-Patent 4 247 570 (Studienges. Kohle mbH)
217. van der Stegen, G. H.: Deutsche Offenlegungsschrift 26 38 383 (DEJ International Research Co, NL), Anmeldung 1976
218. Zosel, K.: US-Patent 4 348 422 (Studienges. Kohle mbH), Anmeldung 1978
219. Brunner, G., Peter, S.: Deutsche Patentanmeldung 27 37 793 (1979)
220. Prasad, R. et al.: US-Patent 4 246 291 (General Foods Corporation), Anmeldung 1981
221. US-Patent 4 251 559 (Societé d'Assistance Technique pour Produits Nestlé S.A.) Anmeldung 1981
222. Katz, S. N., Monsey, N. Y., Gottesman, M.: US-Patent 4 276 315 (General Foods Corporation), Anmeldung 1981
223. Roselius, W., Kurzhals, H.-A., Hubert, P.: US-Patent 4 255 458 (HAG AG) Anmeldung 1981
224. Jasovsky, G. A., Gottesman, M.: US-Patent 4 255 461 (General Foods Corporation), Anmeldung 1981
225. Sirtl, W.: US-Patent 4 344 974 (1982)

226. Prasad, R., Scarella, R. A.: US-Patent 4 341 804 (General Foods Corporation) 1982
227. De Witt, H. G., van der Stegen, G. H.: US-Patent 4 364 965 (1982)
228. Stahl, E., Schilz, W.: Talanta *26*, 675 (1979)
229. Gährs, H. J., Marnette, E.: Verfahrenstechnik *17*, 554 (1983)
230. Brunner, G.: Ber. Bunsenges. Phys. Chem. *88*, 887 (1984)
231. Bichsel, B.: Dissertation, Bern 1972
232. Paulaitis, M. E., Krukonis, V. J., Kurnik, R. T., Reid, R. C.: Rev. Chem. Eng. *1*, 179 (1983)
233. Vitzthum, O., Werkhoff, P.: J. Food Sci. *39*, 1210 (1974)
234. Vitzthum, O., Werkhoff, P.: Z. Lebensm. Unters. Forsch. *156*, 300 (1974)
235. Roselius, W., Vitzthum, O., Hubert, P.: Deutsche Patentschrift 21 42 205 (Studienges. Kohle mbH), Anmeldung 1971
236. Roselius, W., Vitzthum, O., Hubert, P.: British Patent 1 357 645 (Studienges. Kohle mbH), 1974
237. Hunter, E., Richards, R. B.: US-Patent 2 457 238 (1948)
238. Young, J. T., Doty, P.: J. Am. Chem. Soc. *79*, 761 (1957)
239. Ehrlich, P., Graham, E.: J. Polymer. Sci. *45*, 246 (1960)
240. Koningsveld, R., Diepen, G. A. M., Chermin, H. A. G.: Rec. Trav. Chim. *85*, 504 (1966)
241. Patel, D. J.: Macromolecules *3*, 448 (1970)
242. Bonner, D. C., Maloney, D. P., Prausnitz, J. M.: Ind. Engng. Chem. *13*, 91 (1974)
243. Fujishige, S.: J. Polymer. Sci. *10*, 256 (1972)
244. Schröder, E., Schimmel, K.-H., Arndt, K.-F., Pätz, R.: Plaste und Kautschuk *22*, 310 (1975)
245. Albihn, P., Hedman, K., Kubat, J.: J. Appl. Polym. Sci. *23*, 2829 (1979)
246. Copelin, H. B.: US-Patent 4 306 053 (1981)
247. Pilat, S., Godlewicz, M.: US-Patent 2 188 012 und 2 188 013 (Shell), 1936
248. Zhuze, T. P.: Petroleum *23*, 298 (1960)
249. Zosel, K.: DDR-Patent 41 362 (Studienges., Kohle mbH)
250. Gearhard, J. A., Garwin, L.: Hyd. Proc. *1976*, 125
251. Adams, R. M., Knebel, A. H., Rhodes, D. E.: Chem. Engng. Prog. *75* (6), 44 (1979)
252. Henry, D. J.: S. 207 in High Pressure Chemical Engineering, GVC-VDI, Düsseldorf, 1984
253. Anderson, H. R.: Proc. 16th Intersoc. Energy Conv. Eng. Conf., p. 1202, Am. Soc. Mech. Eng., New York, 1981
254. Hoffmann, R., Künstle, K., Brunner, G.: S. 155 in High Pressure Chemical Engineering, GVC-VDI, Düsseldorf, 1984
255. Martin, T. G., Williams, D. F.: UK-Patent 1 495 722 (1977)
256. Eisenbach, W. O., Göttsch, P. J., Sonnentag, R. J.: Chem. Ing. Tech. *55*, 655 (1983)
257. Monge, A., Prausnitz, J. M.: p. 159 in Chemical Engineering at Supercritical Conditions, eds. Paulaitis, M. E., Penninger, J. M. L., Gray, R. D., Davidson, P., Ann Arbor Science, 1983
258. Simon, R.: p. 173 ebenda
259. Kuss, E.: S. 193 in High Pressure Chemical Engineering, GVC-VDI, Düsseldorf, 1984
260. Kuss, E.: High Temperatures-High Pressures *15*, 93 (1983)
261. Killesreiter, H.: Ber. Bunsenges. Phys. Chem. *88*, 838 (1984)
262. Holm, L. W.: JPT Jan., 76 (1976)
263. Matheny Jr., S. J.: Oil Gas J. March, 79 (1980)
264. Simlote, V. N., Withjack, E. M.: J. Pet. Tech. *1981*, 808
265. Doscher, T. M., El-Arabi, M.: Oil Gas J. Apr., 144 (1982)

266. Fremont, H. A.: US-Patent 4 308 200 (Champion International Corporation), 1981
267. Calimli, A., Olcay, A.: Sep. Sci. Technol. *17*, 183 (1982)
268. Kleinert, T. N.: Papier (Darmstadt) *30*, 18 (1976)
269. Köll, P., Metzger, J., Brönstrup, B.: in Recent Technologies in the Use of Peat, ed. Lüttig, G. W., E. Schweizerbart'sche Verlagsbuchhandlung, Stuttgart 1983
270. Köll, P., Steinweg, E., Meyer, B., Metzger, J.: Liebigs Ann. Chem. *1982*, 1039 und 1052
271. Metzger, J., Köll, P.: Angew. Chem. 91, 74 und 75 (1979)
272. Scarrah, W. P.: p. 395 in Chemical Engineering at Supercritical Conditions, eds. Paulaitis, M. E., Penninger, J. M. L., Gray, R. D., Davidson, P., Ann Arbor Science, 1983
273. Olcay, A., Tugrul, T., Calimli, A., p. 409 ebenda
274. Bartle, K. D., Jones, D. W., Pakdel, H.: Sep. Sci. Technol. *17*, 167 (1982)
275. Gangoli, N., Thodos, G.: Ind. Eng. Chem. Prod. Res. Dev. *16*, 208 (1977)
276. Whitehead, J. C., Williams, D. F.: J. Inst. Fuel *48*, 182 und 397 (1975)
277. Whitehead, J. C., Williams, D. F.: US-Patent 3 970 541 (1976)
278. Whitehead, J. C.: Tech. Energ. *43*, 61 (1980)
279. Maddocks, R. R., Gibson, J., Williams, D. F.: Chem. Eng. Prog. *75* (6), 49 (1979)
280. Fong, W. S., Chan, P. C. F., Pichaichanarong, P, Cororan, W. H., Lawson, D. D.: p. 377 in Chemical Engineering at Supercritical Conditions, Eds. Paulaitis, M. E., Penninger, J. M. L., Gray, R. D., Davidson, P., Ann Arbor Science 1983
281. Gan, H., Nandi, S. P., Walker, P. L.: Fuel *51*, 272 (1972)
282. Kershaw, J. R., Jezko, J.: Sep. Sci. Technol. *17*, 151 (1982)
283. Vahrmann, M.: Fuel *49*, 5 (1970)
284. Kershaw, J. R.: S. Afr. J. Chem. *31*, 15 (1978)
285. Wilhelm, A., Hedden, K.: Erdöl und Kohle *36*, 269 (1983)
286. Wilhelm, A., Hedden, K.: p. 357 in Supercritical Fluid Technology, eds. Penninger, J. M. L., Radosz, M., McHugh, M. A., Krukonis, V. J., Elsevier, Amsterdam 1985
287. Penninger, J. M. L.: S. 323 in High Pressure Chemical Engineering, GVC-VDI, Düsseldorf, 1984
288. Ross, D., Nguyen, G.: Fluid Phase Equil. *10*, 319 (1983)
289. Bartle, K. D., Ladner, W. R., Martin, T. G., Snape, C. E., Williams, D. F.: Fuel *58*, 413 (1979)
290. Bartle, K. D., Calimli, A., Jones, D. W., Matthews, R. S., Olcay, A., Pakdel, H., Tugrul, T.: Fuel *58*, 423 (1979)
291. Kershaw, J. R., Barrass, G., Gray, D., Jezko, J.: Fuel *59*, 413 (1980)
292. Martin, T. G., Williams, D. F.: Phil. Trans. Roy. Soc. (London) *A 300*, 183 (1981)
293. Elgin, J. C., Weinstock, J. J.: J. Chem. Eng. Data *4*, 3 (1959)
294. Snedeker, R. A.: Ph. D. Dissertation, Princeton University 1955
295. Kuk, M. S., Montagna, J. C.: Paper presented at the Annual Meeting AIChE, New Orleans, November 1981
296. Kuk, M. S., Montagna, J. C.: p. 101 in Chemical Engineering at Supercritical Conditions, eds. Paulaitis, M. E., Penninger, J. M. L., Gray, R. D., Davidson, P., Ann Arbor Science 1983
297. McHugh, M. A., Mallet, M. W., Kohn, J. P.: p. 113 ebenda
298. Modell, M., de Filippi, R. P., Krukonis, V.: Div. Env. Chem., Am. Chem. Soc., Miami, September 1978
299. de Filippi, R. P., Krukonis, V., Modell, M.: Environmental Protection Agency Report, EPA — 600/2-80-054, März 1980

300. Kander, R. G., Paulaitis, M. E.: p. 461 in Chemical Engineering at Supercritical Conditions, eds. Paulaitis, M. E., Penninger, J. M. L. Gray, R. D., Davidson, P., Ann Arbor Science 1983
301. Fetzer, F. C., Graham, J. A., Arrendale, R. F., Klee, M. S., Rogers, L. B.: Sep. Sci. Technol. *16*, 97 (1981)
302. Rau, G.: Dissertation, Saarbrücken 1985
303. Gjavotchanoff, S.: Z. Anal. Chem. *264*, 371 (1973)
304. Vitzthum, O., Hubert, P.: Deutsche Patentschrift 21 27 642 (Studienges. Kohle mbH), Anmeldung 1971

V. Anwendungen nichtextraktiver Art

V.1 Entwesung

Die derzeit zur Entwesung verwendeten Gase, wie Phosphin, Methylbromid und Blausäure sind aufgrund ihrer Giftigkeit und der hohen Restmengen, die auf dem behandelten Gut verbleiben, in ihrer Verwendung stark eingeschränkt. Das bis vor kurzem noch in relativ großem Maßstab verwendete Ethylenoxid ist wegen der Bildung cancerogener Metaboliten, z. B. Ethylenchlorhydrin, als Schädlingsbekämpfungsmittel ebenso wie zur Entwesung verboten [1]. Eine große Anzahl pflanzlicher Produkte ist jedoch nach wie vor dem Befall durch Schädlinge ausgesetzt. Daher ist eine entsprechende, möglichst umweltfreundliche Entwesung aus hygienischen und ökonomischen Gründen dringend erforderlich.

Stahl, Rau und Adolphi [2] gingen davon aus, daß Organismen eine starke Druckeinwirkung mit anschließender schneller Entspannung (Dekompression) in den wenigsten Fällen lebend überstehen. Die Versuche wurden im Labormaßstab mit der in Abb. 100 schematisch wiedergegebenen Anlage durchgeführt.

Das Kernstück dieser Anlage ist ein 14 l-Druckbehälter B mit einer Belastbarkeit bis 80 bar. Er wird mit in Papiertüten befindlichen Drogen eng gepackt. Dann wird die Luft mittels einer Vakuumpumpe VP weitgehend entfernt. Die Kontrolle erfolgt

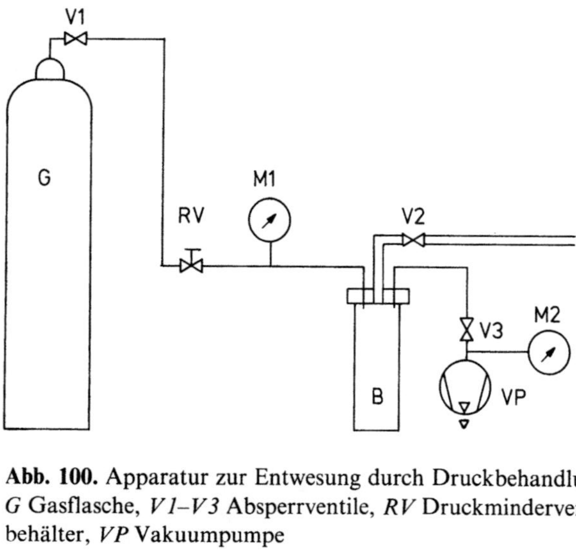

Abb. 100. Apparatur zur Entwesung durch Druckbehandlung [2].
G Gasflasche, *V1–V3* Absperrventile, *RV* Druckminderventil, *M1*, *M2* Manometer, *B* Druckbehälter, *VP* Vakuumpumpe

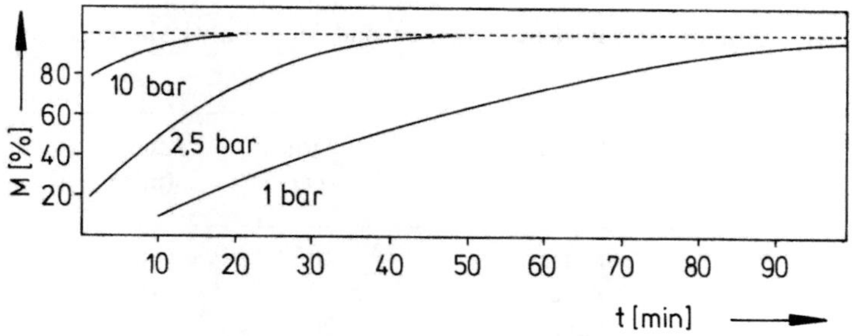

Abb. 101. Mortalitätsrate erwachsener Rotbrauner Reismehlkäfer bei verschiedenen Druckstufen in Abhängigkeit von der Einwirkungszeit von Kohlendioxid [2]

durch ein Vakuummeter M2. Nach Schließen des Ventils V3 strömt über das Ventil V1 und das Druckminderventil RV gasförmiges Kohlendioxid aus der Vorratsflasche G in den Autoklaven B, bis der gewünschte Enddruck, angezeigt durch Manometer M1, erreicht ist. Nach Ablauf der vorgesehenen Einwirkungszeit wird über das weitdimensionierte Kugelventil V2 schnell entspannt. Das ausströmende Gas wird durch einen flexiblen Abgasschlauch mit großem Querschnitt ins Freie geleitet.

Zunächst wurden zahlreiche, primär nicht toxische Gase, wie Stickstoff, Helium und Kohlendioxid auf ihre Eignung erprobt und die in Betracht kommenden Druckbereiche ermittelt. Als besonders vorteilhaft hat sich das umweltfreundliche und kostengünstige Kohlendioxid erwiesen. Möglicherweise ist der deutliche Effekt von Kohlendioxid auf seine Wirkung als Atemanaleptikum zurückzuführen. Beim Anstieg des CO_2-Partialdrucks in der Hämolymphe der Insekten könnte analog zu den Säugetieren, bei denen dieser Effekt bewiesen ist, ein vermehrtes Einatmen erzwungen werden.

Aus Abb. 101 ist die Absterberate erwachsener Reismehlkäfer zu ersehen. Es zeigte sich, daß eine Erhöhung des Drucks wesentlich effizienter ist gegenüber einer Verlängerung der Einwirkungszeit. Die ermittelten optimalen Bedingungen zur vollständigen Abtötung der verschiedenen Insekten und ihrer Entwicklungsstadien sind in der Tabelle 45 zusammengefaßt. Danach kann eine sichere Entwesung durch Kohlendioxid in einem Druckbereich von 40–50 bar und bei einer Einwirkungszeit von 10–20 Minuten durchgeführt werden. Alternativ kann die Druckbehandlung auch mehrfach bei niedrigen Drücken vorgenommen werden. Vorteilhaft wäre auch das Abpacken unter einer Kohlendioxidatmosphäre, um einer späteren Kontamination vorzubeugen. Nachteilige Auswirkungen auf das so behandelte trockene Pflanzenmaterial wurden nicht beobachtet.

V.2 Keimreduktion

Die Keimbelastung von Arznei- und Gewürzpflanzen stellt im pharmazeutischen Bereich und in der Lebensmittelverarbeitung ein besonderes Problem dar. Die mikrobielle Kontamination dieser Rohstoffe bedeutet nicht nur ein gesundheitliches Risiko, sie bringt auch wirtschaftliche Nachteile mit sich, da bei zu hoher Keimbelastung die Ware schnell verdirbt und nicht mehr verkehrsfähig ist. Die Problematik liegt darin, daß die bisher praktizierten Verfahren zur Keimreduktion nur begrenzt zugelassen sind. So ist die Begasung mit Ethylenoxid lediglich zur Kaltsterilisation

Tabelle 45. Parameter zur Abtötung verschiedener Insekten und ihrer Entwicklungsstadien mit Kohlendioxid

Insekt	Stadium	Druck (bar)	Zeit (min)
Rotbrauner Reismehlkäfer	Käfer	10	20
Kornkäfer	Käfer	20	10
Großer Reismehlkäfer	Larve	20	5
Mehlkäfer	Larve	20	10
Tabakkäfer	Larve	20	10
Tabakkäfer	Eier	40	10
Mehlmotte	Larve + Eier	40	5
Rotbrauner Reismehlkäfer	Eier	20	120
Rotbrauner Reismehlkäfer	Eier	30	60
Rotbrauner Reismehlkäfer	Eier	40	20
Rotbrauner Reismehlkäfer	Eier	50	10

von Gewürzen erlaubt [1] und die Behandlung mit ionisierenden γ-Strahlen (z. B. ^{60}Co-Strahlen) nur von einigen Ländern bzw. Organisationen bewilligt und dies auch nur für bestimmte Produkte [3]. Obwohl die Bestrahlung gute Ergebnisse bringt und nachteilige Veränderungen der so behandelten Lebensmittel mit den heutigen analytischen Methoden kaum nachweisbar sind, wird diese Art der mikrobiellen Dekontamination vom Verbraucher nur schwer akzeptiert werden, da die Bestrahlung einer Deklarationspflicht unterliegt. Weitere Verfahren zur Keimreduktion, wie die Behandlung mit heißem Wasserdampf oder heißem Alkohol [4] und die mechanische Beeinflussung durch Druckextrusion [5, 6] oder Schockwellen [7] sind zwar als alternative Möglichkeiten beschrieben, sie konnten sich jedoch in der Praxis wegen vieler Einschränkungen bisher nicht durchsetzen.

Eine Untersuchung zum Verhalten von verschiedenen Mikroorganismen in Gasen unter hohem Druck wurde von Stahl, Rau und Kaltwasser publiziert [8]. Sie ermittelten den Einfluß von verdichtetem Kohlendioxid auf die Keimzahlen von Bakterien, Pilzen und Viren in Abhängigkeit von der Höhe der Druckeinwirkung. In Abb. 102 ist zu erkennen, daß im Vergleich zu den Kontrollproben mit zunehmendem Druck eine zum Teil drastische Reduktion der Keimzahl eintritt. Bei Bakterien, wie *Escherichia coli* (A) und *Pseudomonas aeruginosa* (B) sowie bei der Hefe *Candida albicans* ist die Schädigung im Druckbereich über 500 bar besonders stark. Etwas geringer ist der Einfluß des CO_2-Drucks auf den Sporenbildner *Bacillus subtilis* (C). Während die starke Keimreduktion von über fünf Zehnerpotenzen bereits bei einem Druck von 500 bar auf die Zerstörung des vegetativen Lebens zurückzuführen ist, bewirkt auch eine weitere Druckerhöhung auf 2500 bar keine zusätzliche Verminderung, da die Sporen von Bacillus subtilis nicht beeinflußt werden. Bei dem *Coliphagen* (E) erkennt man nur einen schwachen Einfluß im Druckbereich um 2500 bar.

An *Escherichia coli* wurde auch der Einfluß von plötzlichem Entspannen nach Einwirkung hoher Drücke untersucht. Dabei hat sich gezeigt, daß eine schnelle

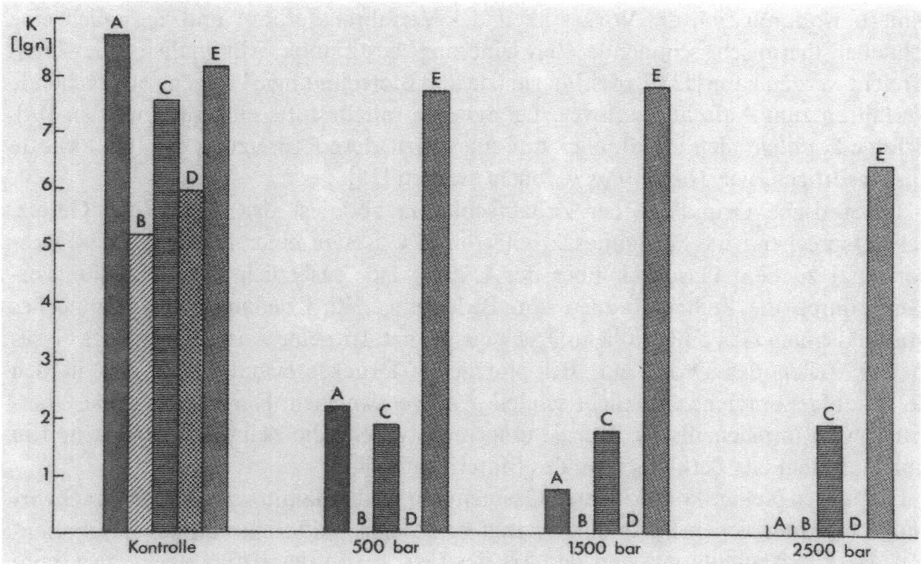

Abb. 102. Einfluß verschieden hoher Drücke von Kohlendioxid bei 20 min Einwirkungszeit auf die Keimzahl von Bakterien, Pilzen und Viren.
A Escherichia coli, *B Pseudomonas aeruginosa*, *C Bacillus subtilis*, *D Candida albicans*, *E Coliphage* (Ko Kontrollprobe, K lg Keimzahl)

Entspannung (< 1 min) im Vergleich zu der langsamen Druckabnahme (ca. 10 min) eine deutlich stärkere Inaktivierung bewirkt.

Die durch Druckbehandlung mit Kohlendioxid erzielte Keimzahlverminderung ist beachtlich und mit D-Werten von 5–8 (D = log Keimzahlreduktion) vergleichbar den zur Zeit praktizierten Verfahren. Nachteilig bei der Hochdruckbehandlung sind die hohen Investitionskosten für derartige Anlagen. Weiterhin ist bei der Anwendung dieses Verfahrens zu beachten, daß verdichtetes Kohlendioxid ein Lösungsvermögen für lipophile Inhaltsstoffe besitzt. Dies kann in einigen Fällen Probleme aufwerfen; es kann aber auch Vorteile besitzen, wenn durch eine direkte Kombination der Entkeimung mit der Extraktion gleichzeitig lipophile Verunreinigungen von dem Rohmaterial abgetrennt werden (z. B. Pestizidabtrennung aus Sennesblättern, vgl. Kap. IV.10.) oder wenn Extrakt und Trägermaterial gewünschte Produkte sind (z. B. Abtrennung des ätherischen Öles aus Wermutkraut, s. Seite 159).

V.3 Blähen, Aufschließen und Zerkleinern

Erste Verfahren und Vorrichtungen zum „Ausdehnen von organischen Substanzen" durch Druckbehandlung mit Gasen wurden 1975 in einer Patentanmeldung beschrieben [9]. Die Anwendung beschränkte sich zunächst auf Tabakrohstoffe, mit dem Bestreben, deren Füllkapazität zu erhöhen, um beispielsweise die pro Zigarette benötigte Tabakmenge zu reduzieren [10, 11]. Später wurde die Anwendung dahingehend erweitert, daß CO_2 als Druckgas bei einem pflanzlichen Zellaufschlußverfahren, dem sogenannten Cell-Cracking-Verfahren, eingesetzt wurde [12]. Der Bläheffekt durch Druckentlastung wird bei dieser Methode mit einer Prallzerkleinerung kombiniert, wodurch sich die Wirksamkeit des Verfahrens erhöht und zusätzlich eine schnelle, thermisch schonende Zerkleinerung bestimmter Materialien (Gewürze) erreicht werden kann [13]. In der Pharmazie und Biotechnologie können entsprechende Verfahren zum Aufschluß schwer zugänglicher Inhaltsstoffe eingesetzt werden [14]. Erfolge konnten auch im Hinblick auf eine effizientere Freisetzung der Inhaltsstoffe aus Teedrogen, wie *Hibisci flos* verbucht werden [15].

Theoretische Grundlage der Zellaufschlußmethode ist das Henry'sche Gesetz, dementsprechend die Sättigungsaktivität eines Gases in einer flüssigen Phase proportional zu dem Gasdruck über der Lösung ist. Zusätzlich sind Diffusionsvorgänge durch die Zellmembranen von Bedeutung. Wird demnach ein pflanzliches Material einem Gas unter hohem Druck ausgesetzt, tritt eine Anreicherung des Gases in den Zellen der Droge ein. Bei plötzlicher Druckentlastung kann das in den Zellen aufgenommene Gas nicht schnell genug entweichen. Der resultierende Überdruck wird in mechanische Energie umgesetzt, welche die Zellwand zerstört und in einigen Fällen zur Zerkleinerung des Materials führt.

Die in den Zellen komprimierte Gasmenge und die damit verbundene Crackwirkung beim plötzlichen Entspannen hängt von vielen Faktoren, von der Beschaffenheit des Pflanzenmaterials und der Art des Gases, von der Kontaktzeit sowie vom Druck und der Temperatur ab.

Die bevorzugte Verwendung von CO_2 beim Cell-Cracking ist auf zweierlei Gründe zurückzuführen. Einerseits ist CO_2 preiswert und ungefährlich zu handhaben; andererseits ist die Löslichkeit von CO_2 in lipophilen Substanzen um eine Größenordnung höher als beispielsweise diejenige von Luft oder Stickstoff. In wäßrigen Medien ergibt sich sogar ein Faktor von 100.

Zum erforderlichen Überdruck im Innern der Zelle ist zu bemerken, daß 3,5 bis 35 bar für eine Zellwandsprengung ausreichend sind, sofern das Druckmedium wie beispielsweise CO_2 kompressibel ist und beim Abbau des Überdrucks expandieren kann. Die zum Erreichen der entsprechenden Gasmenge im Zellinnern benötigte Verweilzeit des Pflanzenmaterials im Druckbehälter hängt von der Diffusionsgeschwindigkeit ab. Eine Modellrechnung für Pflanzenzellen ohne Risse und Poren hat ergeben, daß CO_2 für eine Diffusionsstrecke von 1 cm 8–9 Minuten benötigt [16]. Risse und Poren beschleunigen zwar das Eindringen des Gases, sind die Öffnungen jedoch zu groß und die Diffusionswege zu kurz, ist beim Entspannen ein problemloser Druckausgleich möglich und der kurzzeitig erforderliche Überdruck kann nicht aufgebaut werden. Um diese Situation möglichst zu vermeiden, ist ein schneller zeitlicher Druckabfall von großer Bedeutung.

Neben diesen Faktoren bestimmt auch der Feuchtigkeitsgehalt die Oberflächenstruktur des Materials und damit die Diffusionsgeschwindigkeit des Gases. Gleichzeitig beeinflußt der Feuchtigkeitsgehalt die Löslichkeit des Gases im Zellplasma sowie die Elastizität der Zellen, die nicht zu hoch sein sollte. Löslichkeit und Diffusionsgeschwindigkeit des Gases sowie die Elastizität der Zellmembranen werden andererseits auch von der Temperatur beeinflußt. Sind alle diese Parameter, die in komplexer Weise das Verfahren beeinflussen, optimal aufeinander abgestimmt, kann eine Druckbehandlung zum Blähen, Aufschließen oder Zerkleinern von Pflanzenmaterial erfolgreich durchgeführt werden.

Abb. 103 zeigt, stellvertretend für wasserlösliche Wirkstoffe, die zeitliche Freisetzung der organischen Säuren in einem Teeaufguß von unbehandelten und durch

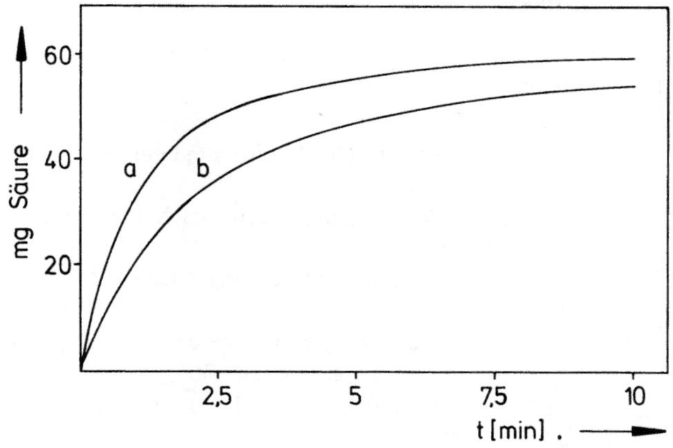

Abb. 103. Freisetzungsrate der Gesamtsäuren aus Hibiscustee als Funktion der Aufgußzeit mit (*a*) und ohne (*b*) Druckbehandlung [15]

Druckeinwirkung aufgeschlossenen Hibiscusblüten. Als Gas wurde CO_2 verwendet, der Druck war 60 bar und die Einwirkungszeit 20 Minuten. Die Entspannung auf Atmosphärendruck erfolgte in 15 Sekunden, wobei eine deutliche Abkühlung des Drogenmaterials eintritt. Die Säurebestimmung wurde potentiometrisch mit 2 g Droge pro 100 ml Wasser durchgeführt. Die erhaltenen Werte sind als mg Gesamtsäure, berechnet als Citronensäure, in Abb. 103 eingetragen. Dabei zeigt sich besonders bei kurzen Aufgußzeiten eine wesentlich schnellere Freisetzung der Inhaltsstoffe aus dem aufgeschlossenen Drogenmaterial. Bei längerem Ziehen des Infuses werden die Unterschiede zwar geringer, insgesamt bleibt jedoch die bessere Ausnutzung der druckbehandelten Droge erhalten.

Als zweites Beispiel ist die Verbesserung der Quellzahl von Leinsamen durch Druckbehandlung angeführt. Leinsamen wird pharmazeutisch wegen seines guten Quellvermögens zur Therapie bei Obstipation eingesetzt. Da der für die Quellung verantwortliche Schleim in der Samenschale lokalisiert ist, bewirkt ein Aufbrechen oder Schroten infolge der besseren Zugänglichkeit des Wassers eine stärkere Quellung. Die Haltbarkeit von derart behandeltem Leinsamen ist jedoch begrenzt, da die in großer Menge (42%) in den Samen vorliegenden mehrfach ungesättigten Fette relativ schnell durch Lufteinwirkung ranzig werden.

Eine zum derzeit gebräuchlichen Schroten alternative Möglichkeit zur Erhöhung der Quellzahl ist das Aufbrechen von Leinsamen durch Druckeinwirkung von Kohlendioxid mit anschließendem schnellen Entspannen, wobei bereits ein Druck von 50 bis 60 bar gute Ergebnisse liefert [15]. Zu beachten ist allerdings, daß bei der Zerstörung der Zellmembranen fettspaltende Enzyme freigesetzt werden können, wodurch die Säurezahl des fetten Öles bei der Lagerung der behandelten Leinsamen stark ansteigt. Zur Minimierung dieser Auswirkungen ist es vorteilhaft, das Aufbrechen bei einer Temperatur von z. B. 80 °C durchzuführen, wobei die Enzyme inaktiviert werden. Da das fette Öl einen hohen Energieinhalt besitzt, ist ein teilweise oder voll entfetteter Leinsamen auch ein diätetisch interessantes Produkt. Aus diesem Grund bietet es sich an, im Anschluß an das Aufbrechen des Leinsamens das fette Öl mit verdichtetem Kohlendioxid zu extrahieren. Wegen der besseren Benetzbarkeit besitzt dieser so behandelte Leinsamen eine hohe Quellzahl und weist günstige Eigenschaften bezüglich der Haltbarkeit auf.

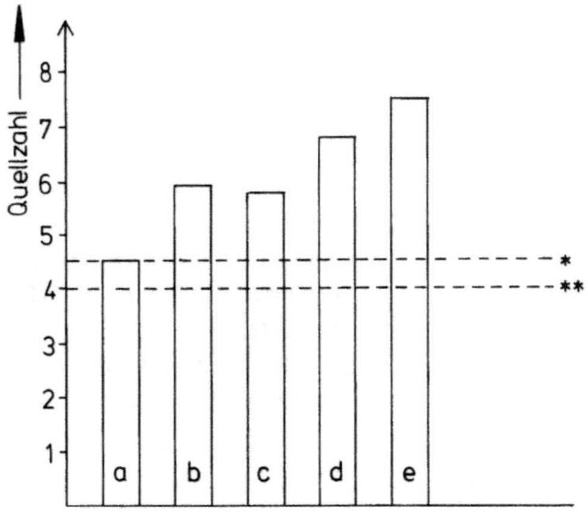

Abb. 104. Quellzahlen von Leinsamen (Handelsware)
* Mindestanforderung nach DAB 8 (zerkleinert)
** Mindestanforderung nach DAB 8 (ganz)
a ganz, 42% Fett; *b* geschrotet, 42% Fett; *c* CO_2-aufgebrochen, 36% Fett; *d* CO_2-aufgebrochen, 20% Fett; *e* geschrotet, 3% Fett

In Abb. 104 sind die Quellzahlen verschieden behandelter Leinsamen gegenübergestellt. Die Quellzahlen von CO_2-aufgebrochenem Samen (c) sind durchaus mit den von geschroteten (b) vergleichbar. Durch teilweise (d) bzw. vollständige Extraktion (e) des fetten Öles wird die Quellzahl gegenüber dem fetthaltigen Produkt nochmals deutlich gesteigert.

V.4 Hochdruck-Mikronisierung

Zahlreiche kristalline lipophile Wirksubstanzen müssen im Hinblick auf eine schnelle und gleichmäßige Freisetzung oder Auflösung in feinverteilter Form vorliegen. Beispielsweise sind für die arzneimitteltechnologische Verarbeitung mikronisierte Substanzen, insbesondere der in Wasser schwerlöslichen Verbindungen, von großem Interesse. Konventionell erfolgt die Mikronisierung kristalliner Verbindungen durch Zerkleinerung in Mahlanlagen (Luftstrahl-, Scheibenmühlen) oder durch Ausfällung aus klassischen Lösungsmitteln. Viele natürliche und synthetische Substanzen sind jedoch empfindlich gegenüber einer Temperaturbelastung, wie sie beim Vermahlen auftreten kann. Ein Nachteil der Ausfällung ist die Tatsache, daß es zum Einschluß von unerwünschten Lösungsmittelrückständen kommen kann.

Alternativ hierzu ist durch das Verfahren der Hochdruck-Mikronisierung eine Feinstverteilung lipophiler Substanzen ohne Temperaturbelastung oder Lösungsmittelverunreinigung zu erreichen. Diese Methode macht sich das Phänomen zunutze, daß die in einem verdichteten Gas gelösten Feststoffe beim plötzlichen Verlust der Lösungskapazität durch Entspannung in extrem feiner Korngröße anfallen. Ein weiterer Vorteil der Hochdruck-Mikronisierung ist das sehr einheitliche Korngrößenspektrum des erhaltenen Pulvers, wodurch die bei den Mahlverfahren notwendige Sichtung entfallen kann. Die einzige Forderung, die an die zu bearbeitenden Substanzen gestellt wird, ist eine ausreichend hohe Löslichkeit in dem verdichteten Gas. Potentielle Anwendungsmöglichkeiten für die Hochdruck-Mikronisierung sind vor allem hochwertige oder wärmelabile Naturstoffe, Feinchemikalien, Farb- und Arzneistoffe, die zu ihrer Verwendung als möglichst feine Teilchen in möglichst einheitlicher Korngröße bereitgestellt werden müssen.

Carotinoide, wie β-Carotin, Zeaxanthin, Citranaxanthin, Cryptoxanthin, Canthaxanthin und einige Carotinale haben eine beachtliche Bedeutung als Farbstoffe oder farbgebende Mittel in Lebensmitteln, pharmazeutischen und kosmetischen Präparaten sowie als Zusätze für Tierfuttermittel. Nachteilig für ihre Verarbeitung ist die Unlöslichkeit in Wasser und die geringe Löslichkeit in vielen üblichen Lösungsmitteln. Best et al. beschreiben ein Verfahren zur Herstellung von feinstverteilten Carotinoiden mit überkritischen Gasen [17]. Als Extraktionsgase wurden dabei vorzugsweise Kohlendioxid, Ethan und Ethen verwendet, wobei zur Erhöhung der Gasbeladung organische Lösungsmittel, wie z. B. Ethanol oder Aceton, als Schleppmittel zugesetzt wurden. Bei diesem Verfahren werden handelsübliche, kristalline Carotinoide in der Mischung aus überkritischem Gas und Schleppmittel gelöst. Die erhaltene Lösung wird in einer wäßrig kolloidalen Matrix (z. B. Gelatine-Zucker-Mischung) dispergiert, die Dispersion anschließend entspannt und in bekannter Weise, beispielsweise durch Sprühtrocknung, in eine wasserdispergierbare Pulvermischung überführt. Die angewandten Drücke liegen bei den beschriebenen Beispielen zwischen 80 und 400 bar und die Temperaturen im Bereich von 25 bis 50 °C. Die Kristallgröße in den erhaltenen Dispersionen wurde mit kleiner als 1 µm angegeben.

Ein Beispiel aus dem Bereich der Feinchemikalien ist von Worthy publiziert [18]. Ferrocen, eine metallorganische Verbindung (Dicyclopentadienyl-Eisen) wurde bei 276 bar und 55 °C in überkritischem Kohlendioxid gelöst und die erhaltene überkritische Lösung anschließend auf Atmosphärendruck entspannt. Das aus der verdichteten Gasphase ausgefällte Produkt wies beim mikroskopischen Vergleich mit dem Einsatzmaterial, das eine mittlere Korngröße von ca. 100 µm besaß, eine enorme Korngrößenverkleinerung auf.

Im pharmazeutischen Bereich ist man bemüht, zur Erhöhung der Auflösungsgeschwindigkeit und damit der Resorptionsquote schwerlöslicher Arzneistoffe diese in möglichst feinverteilter Form einzusetzen. Die nächsten Beispiele zeigen, daß hochdruck-mikronisierte Arzneistoffe diesbezüglich sehr gute Eigenschaften besitzen und den klassisch mikronisierten Substanzen überlegen sind.

Kristallines Phenacetin (4-Ethoxyacetanilid) wurde in überkritischem Kohlendioxid sowie in überkritischem Trifluormethan bei Drücken bis 600 bar und Temperaturen zwischen 40 und 80 °C gelöst und durch Entspannung der Lösung auf 60 bar mikronisiert. Das auf diese Weise erhaltene Phenacetinpulver wurde unter pharmazeutisch-technologischen Gesichtspunkten mit einem durch Bearbeitung in einer Strahlmühle hergestellten Produkt verglichen [19]. Die Pulverproben zeigten identische Schmelzpunkte und Dichten sowie ein gleiches differential-calorimetrisches Verhalten, so daß das Vorliegen von polymorphen Modifikationen ausgeschlossen werden konnte. Deutliche Unterschiede wurden jedoch in den Teilchengrößen und -formen sowie bei den spezifischen Oberflächen festgestellt. Die mit Hilfe einer Permeabilitäts-Messung bestimmte spezifische Oberfläche des hochdruck-mikronisierten Phenacetins war mit 23800 cm^{-1}, bei der aus CO_2 gefällten Probe, und 34100 cm^{-1}, bei der aus CHF_3 gefällten Probe, deutlich größer als die des gemahlenen Produkts mit 14500 cm^{-1}. Diese großen Differenzen resultieren aus den unterschiedlichen Teilchenformen. Wie in Abb. 105 zu sehen ist, stellen die hochdruck-mikronisierten Teilchen Skelettkristalle mit einer mikroporösen, dreidimensionalen Netzstruktur dar. Die Bildung dieser Skelettkristalle resultiert aus der er-

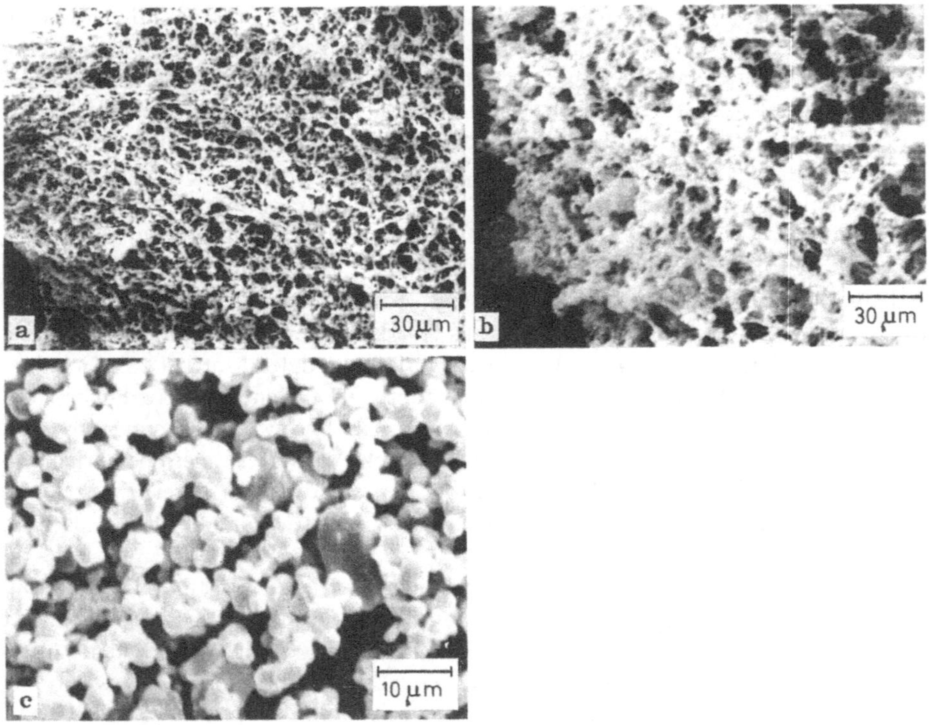

Abb. 105a–c. REM (Raster-Elektronen-Mikroskop)-Aufnahmen von hochdruck-mikronisiertem (**a** mit CO_2, **b** mit CHF_3) und luftstrahlgemahlenem (**c**) Phenacetin

zwungenen hohen Kristallisationsgeschwindigkeit während der plötzlichen Entspannung. Die mit Hilfe einer Strahlmühle hergestellten Phenacetin-Kristalle hingegen sind kompakt und nahezu kugelförmig.

Trotz der beachtlichen Unterschiede in der spezifischen Oberfläche liegen die Auflösungskoeffizienten der drei mikronisierten Phenacetin-Proben, die ein Maß für die Freisetzungsgeschwindigkeit darstellen, in der gleichen Größenordnung (s. Tabelle 46). Diese Tatsache ist dadurch zu erklären, daß Phenacetin zur Bildung von Agglomeraten neigt und nur schlecht benetzt wird. Eine Zugabe von hydrophilen Lösungsvermittlern vermindert die Agglomeration des Arzneistoffs und begünstigt seine Benetzbarkeit. So führt bereits die Zugabe von 1 % Aerosil R 972 zu einer deutlichen Erhöhung der Auflösungskoeffizienten. In dieser Mischung zeigen die hochdruckmikronisierten Phenacetin-Proben erheblich bessere Auflösungseigenschaften als die mit dem gemahlenen Produkt hergestellte Zubereitung. Das durch Entspannung von überkritischem Trifluormethan erhaltene Mikronisat löst sich am schnellsten, wie auch aufgrund der größten spezifischen Oberfläche zu erwarten war.

Ein weiteres Beispiel aus dem pharmazeutischen Bereich ist die Mikronisierung von Nifedipin, einem herzwirksamen Arzneistoff [20]. Die Hochdruck-Mikronisierung erfolgte analog zu den Versuchen an Phenacetin mit überkritischem Kohlendioxid bei 600 bar und 70 °C. Das nach der Entspannung der überkritischen Lösung er-

Tabelle 46. Auflösungskoeffizienten von mikronisierten Phenacetin-Zubereitungen

Phenacetin-Zubereitung	Auflösungskoeffizient $k_W = \frac{1}{t'}$ (min^{-1}) von Phenacetin, mikronisiert		
	mit einer Strahlmühle	durch Entspannung von überkritischem	
		CO_2	CHF_3
rein	0,089	0,080	0,091
gemischt mit:			
Aerosil R 972 (99 + 1)	0,27	0,31	0,45
Mannitol (1 + 1)	2,2	2,1	2,8

t' = Zeit in min, in der 63,2% der Arzneistoffmenge gelöst wurden

haltene Pulver hatte eine sehr homogene Korngröße im Bereich von 1 bis 3 µm. Zum Vergleich wurde ein handelsübliches, konventionell durch Naßvermahlung mit Scheibenmühlen mikronisiertes Nifedipin-Pulver mituntersucht. Die Teilchengröße dieses Pulvers war weit gestreut und lag zwischen 1 und 20 µm, wobei ca. 2% der Teilchen größer als 20 µm waren.

Die feinere und einheitliche Korngrößenverteilung des hochdruck-mikronisierten Nifedipins bedingt eine höhere Freisetzungsrate gegenüber dem handelsüblichen Produkt (Abb. 106). Die Bestimmung der Auflösungskinetik erfolgte an Nifedipin-Tabletten mit Hilfe der Freisetzungsapparatur nach dem amerikanischen Arzneibuch USP XXI. Auch in diesem Fall schwächen die schlechte Benetzbarkeit des Nifedipins

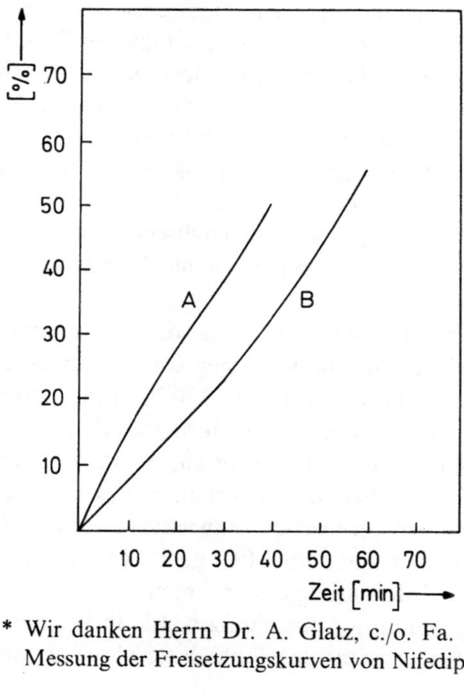

Abb. 106. Freisetzungskurven von Nifedipin-Tabletten in pepsinfreiem künstlichem Magensaft.*
A hochdruck-mikronisiert, *B* konventionell mikronisiert
Nifedipin-Gehalt der Tabletten = 20%, Tablettengrundlage: schnellzerfallender (<5 sec) inerter Träger

* Wir danken Herrn Dr. A. Glatz, c./o. Fa. Heumann Pharma GmbH, Nürnberg, für die Messung der Freisetzungskurven von Nifedipin-Tabletten.

und die Bildung von Agglomeraten den Effekt ab, der aufgrund der feineren Struktur des hochdruck-mikronisierten Arzneistoffs zu erwarten wäre. Durch Zugabe eines geeigneten Lösungsvermittlers sollten die Unterschiede zwischen der klassisch und der hochdruck-mikronisierten Probe noch stärker in Erscheinung treten.

Auch bei den Untersuchungen zum Extraktionsverhalten von Steroiden in überkritischen Gasen (s. Kap. IV.4.) fiel auf, daß sich diese nach dem Entspannen in verschiedener Weise abscheiden: Verbindungen, wie z. B. Testosteron, Androsteron, Sitosterol, Lanosterol u. a. scheiden sich stets in pulverigen Massen ab. Im mikroskopischen Bild machen diese Partikel den Eindruck von porösen Schwämmen ohne regelmäßige Struktur. Schon bei der Ausübung geringer Scherkräfte zerfallen sie in sehr feine, praktisch amorphe Teilchen, deren Größe unter 1 μm liegt. Eine Rekristallisation liegt jedoch im Bereich der Möglichkeiten, so daß eine Einbettung in eine filmbildende Kolloidlösung evtl. angezeigt ist.

Im Gegensatz dazu fällt eine andere Reihe von Steroiden, wie z. B. Ethinylöstradiol, Östradiol, Östron, Östriol, Cortison und Tetrahydrocortison stets in mikrokristalliner Form aus. Die Kristallformen sind verschieden, die Größen liegen jedoch im Bereich zwischen 1 und 5 μm eng beieinander. Am Rande sei noch erwähnt, daß bei den Steroiden das Auftreten von polymorphen Modifikationen nachgewiesen werden konnte [21]. Zur Mikronisierung der Steroide wurde überkritisches Ethan bei 400 bar und einer Temperatur von 80 °C bevorzugt.

V.5 Fluidchromatographie

Die gleichen Vorteile, die man bei den beschriebenen präparativen Extraktionsverfahren mit verdichteten Gasen ausnutzt, sind auch bei der Chromatographie mit überkritischer mobiler Phase gegeben, einer Analysenmethode, die entsprechend dem chromatographischen Trennprinzip hocheffektive Trennungen ermöglicht. Ein in beiden Fällen wichtiger Faktor ist die Tatsache, daß überkritische Gase bei flüssigkeitsähnlicher Dichte flüssigkeitsähnliche Lösungskapazitäten, jedoch geringere Viskositäten und bessere Diffusionseigenschaften aufweisen. Als mobile Phasen in der Chromatographie sollen verdichtete Gase demnach nicht nur zum Transport von Substanzen wie die Trägergase in der GC sondern gleichzeitig auch zu ihrer Solvatation wie die Lösungsmittel in der LC dienen. In der Literatur ist für diese Variante die Bezeichnung Fluidchromatographie, im englischen Sprachgebrauch Supercritical Fluid Chromatography (SFC) und zunehmend auch Dense Gas Chromatography (DGC), gebräuchlich.

Als Entdecker der Methode gelten Klesper, Corwin und Turner, die 1962 erstmals die Trennung thermolabiler Porphyrinderivate mit überkritischen Chlorfluormethanen bei Drücken bis 140 bar und Temperaturen von 150–170 °C beschrieben [22]. Eine Weiterentwicklung sowohl in theoretischer als auch in experimenteller Hinsicht erfuhr die Methode durch die Ende der 60-er Jahre vor allem von Giddings et al. [23–25] und von Sie et al. [26, 27] publizierten Arbeiten, wenngleich der Aufschwung nicht mit der parallel betriebenen stürmischen Entwicklung der HPLC vergleichbar ist. Erst in den letzten Jahren hat die SFC auch als Routinemethode zur Ergänzung von GC und HPLC Bedeutung erlangt, wie die große Zahl entsprechender Publikationen belegt. Der Stand der Forschung wurde in bestimmten Zeitabständen durch Übersichtsartikel zusammengefaßt, beispielsweise von

Vigdergauz und Semkin [28], Gouw und Jentoft [29–31], Klesper [32], Snyder und Saunders [33], van Wasen, Swaid und Schneider [34], Randall [35] und Peaden und Lee [36].

Die SFC ist als Analysenmethode in den Bereich zwischen GC und HPLC einzuordnen. Der Vorteil gegenüber der GC besteht darin, daß auch hochmolekulare, schwerflüchtige Stoffgemische und thermolabile Substanzen getrennt werden können. Der Vorteil gegenüber der HPLC liegt in kürzeren Trennzeiten, die durch höhere lineare Strömungsgeschwindigkeiten der mobilen Phase bei gleichzeitig geringerem Druckverlust in der Trennsäule möglich sind. Zudem kann, wie die neueste Entwicklung zeigt, die Trennleistung der SFC in Analogie zur GC durch den Einsatz von open-tubular Säulen gesteigert werden [37—39], eine Möglichkeit, die in der HPLC dadurch beschränkt ist, daß wegen der geringeren Diffusion der gelösten Stoffe extrem dünne Kapillaren von beispielsweise 10 µm Innendurchmesser erforderlich wären, die aufgrund der hohen Viskosität der mobilen Phase nicht mehr in ausreichender Länge nutzbar sind und zudem wegen der geringen Substanzmenge Detektionsprobleme aufwerfen [40].

Bei der SFC läßt sich der für das chromatographische Verhalten einer Substanz verantwortliche Verteilungskoeffizient K und damit das Kapazitätsverhältnis k und die Retentionszeit t_R nicht nur wie bei der GC durch die Temperatur sondern auch wie bei der HPLC durch die Art des Lösungsmittels und den Zusatz eines spezifisch wirkenden Moderators (Schleppmittels) [41, 42] verändern. Darüberhinaus kann die Trennung sehr empfindlich durch den Druck bzw. die Dichte der mobilen Phase beeinflußt werden. Zum Erreichen besonderer Trennergebnisse und zur Analyse heterogener Proben läßt sich demnach bei der SFC ein Temperaturgradient, ein Moderatorgradient und ein Druckgradient allein oder in Kombination ausnutzen. Abbildung 107 zeigt die Trennung von Triton X-100 (Rohm und Haas), einer Alkylphenylpolyethylenglycol-Fraktion, a) auf einer Kapillarsäule mit CO_2 als mobiler Phase bei 110 °C und einem Druckgradient von 185 bis 340 bar, b) auf einer HPLC-Säule mit CO_2/Methanol als mobiler Phase bei 60 °C, 307 bar und einem Moderatorgradient von 1–5 % Methanol. Bei a) wurde ein UV-Detektor, bei b) ein Flammenionisationsdetektor (FID) benutzt. Dieses Beispiel verdeutlicht die zahlreichen Möglichkeiten, die bei der SFC zum Erreichen einer bestimmten Trennung offen stehen.

Der apparative Aufwand der SFC ist vergleichbar mit demjenigen der HPLC. Kommerzielle HPLC-Geräte lassen sich mit nur geringem Aufwand für die SFC umrüsten. Seit 1983/84 ist auch ein SFC-Gerät der Firma Hewlett Packard marktgängig. Als Trennsäulen sind die üblichen HPLC-Säulen mit 4–5 mm Innendurchmesser und 10–20 cm Länge gebräuchlich. Als stationäre Phase kommen feinkörnige (10–30 µm) Adsorptionsmittel, Molekularsiebe oder gebundene Phasen in Frage. Je nach Phase kann also zwischen einer fluid-fest- und fluid-flüssig-Chromatographie unterschieden werden. Inzwischen sind auch Kapillarsäulen für die SFC mit 0.05 und 0.1 mm Innendurchmesser und 10 oder 20 m Länge mit gebundener stationärer Phase unterschiedlicher Filmdicke (0.05–0.4 µm) im Handel erhältlich. Als mobile Phasen kommen üblicherweise, besonders bei thermolabilen Substanzen, CO_2 und N_2O evtl. mit einem Moderator in Frage, die sich durch günstige kritische Daten und weitere bereits diskutierte Vorteile auszeichnen. Zur Trennung sehr hochmolekularer Substanzen (über 2000 g/mol) können auch stabile, unter Nor-

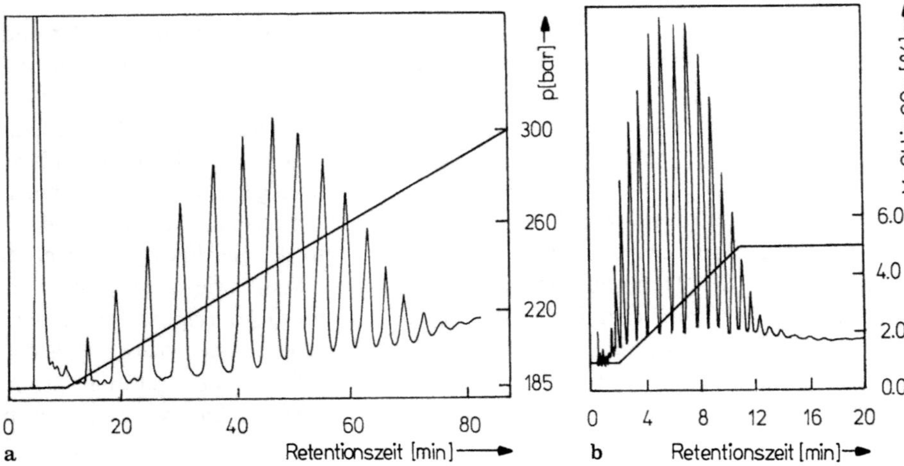

Abb. 107. SFC-Trennung von Triton X-100 (Rohm und Haas).
a Säule: DB-5 (J + W Scientific), Filmdicke: 0,25 µm, 100 µm × 10 m
mobile Phase: CO_2, 110 °C, 185 bar (10 min), 1,5 bar/min Programm
Detektor: FID (Beispiel aus einer Druckschrift der ict-Handelsgesellschaft m.b.H.)
b Säule: 10 µm PRP-1, 15 cm × 4,1 mm
mobile Phase: CO_2 mit 1–5% MeOH, 60 °C, 307 bar
Detektor: 225 nm (Beispiel aus einer Druckschrift der Firma Hewlett Packard)

malbedingungen flüssige organische Lösungsmittel bei entsprechend hoher Temperatur eingesetzt werden. Bei der Auswahl der mobilen Phase und der Trennbedingungen können die bei der Extraktion mit verdichteten Gasen gesammelten Erfahrungen und Löslichkeitsdaten wertvolle Hinweise geben. Zum Nachweis kommen bei der SFC UV- [43, 44] und Flammenionisationsdetektoren [45, 46] sowie Differentialrefraktometer [47] in Frage. Es sind aber auch Scintillations- [43] und Wärmeleitfähigkeitsdetektoren [48] sowie in jüngster Zeit die Kopplung des SFC mit Massenspektrometern [39, 49, 50] beschrieben, die eine empfindliche und selektive Detektion ermöglichen.

Die SFC hat mittlerweile in der Routineanalytik einen Platz zur Lösung der unterschiedlichsten Trennprobleme gefunden [51]. Die in der Literatur beschriebenen Trennungen belegen die Vielseitigkeit der Methode; beispielsweise konnten Alkane [45, 46] Polyaromaten [30, 45, 52, 53], Siloxane [41] usw., aber auch Weichmacher [54] oder Automobilabgase [43] erfolgreich analysiert werden. Ein weiteres Einsatzgebiet sind Erdölprodukte [31, 33, 55, 56], insbesondere hochsiedende Fraktionen und Destillationsrückstände. Außerdem wurde die Leistungsfähigkeit der SFC bei der Trennung von Polymeren und Oligomeren insbesondere bei Polystyrol [32, 42, 57] und bei biochemisch interessanten Substanzen [25] gezeigt. Die SFC ist jedoch nicht nur für analytische Zwecke interessant, sondern auch zur Ermittlung physikalisch-chemischer und thermodynamischer Größen, wie beispielsweise von Virialkoeffizienten [26, 28, 58, 59] und Verteilungsquotienten, von partiellen Molvolumina [60], Aktivitätskoeffizienten und Exzeßgrößen, von Adsorptionskonstanten und Diffusionskoeffizienten [44, 61–64] geeignet, die wieder in Zusammenhang mit der Entwicklung, Berechnung und Optimierung von Extraktionsverfahren mit verdichteten Gasen wertvolle Hinweise geben. Diese Grundlagenforschungen befinden sich jedoch im Anfangsstadium und erfordern noch umfangreiche systematische Untersuchungen.

Literatur

1. Gerhard, U., Ladd Effio, J. C.: Fleischwirtsch. *62*, 1 (1982)
2. Stahl, E., Rau, G., Adolphi, H.: Pharm. Ind. *47*, 528 (1985)
3. Zehnder, H. J.: Alimenta *22*, 65 (1983)
4. Neumayr, L.: Dissertation, Kulmbach (1983)
5. Gremli, H., Mor, J. R.: Europäische Patentanmeldung 0 012 813 (L. Givaudan & Cie Soc. An.) Anmeldung 1979
6. Baynsik, M. J., Chen, P. H.: US Patent 4 210 678 (The R. T. French Co); 1980
7. Druckschrift der Firma Extraktor AG, Bad Homburg
8. Stahl, E., Rau, G., Kaltwasser, H.: Naturwissenschaften *72*, 144 (1985)
9. Deutsche Offenlegungsschrift 25 03 636 (Aicro. Inc. Montvale, N. J., USA) Anmeldung 1975
10. Auslegeschrift 21 43 388 (Philip Morris Inc., New York, USA), Anmeldung 1971
11. Offenlegungsschrift 27 09 651 (R. J. Reynolds Tobacco Co., Winston-Salem, N. C. USA), Anmeldung 1977
12. Fiedler, J., Hack, K.: Verfahren zur Zerkleinerung pflanzlicher Rohstoffe, Forschungsbericht 03 VM 197, Bundesministerium für Forschung und Technologie, 1981
13. Soma-Gewürze GmbH, Köln: Neue Fleischer Zeitung *31*, 19 (1985)
14. Loewus, M. W., Loewus, F.: Cell Disruption Bombs, Druckschrift der Parr Instrument Company, Moline, Ill., USA
15. Stahl, E., Rau, G., Carius, W.: Z. Lebens. Unters. Forsch. *182*, 33 (1986)
16. Kohlensäurewerk Deutschland GmbH, Bad Hönningen, CO_2-Technische Tabellen (1981)
17. Best, W., Müller, F. J., Schmieder, K., Frank, R., Paust, J.: Deutsche Patentanmeldung 29 43 267 (BASF AG); Anmeldung 1979
18. Worthy, W.: Chem. Eng. News *59* (31), 16 (1981)
19. Loth, H., Hemgesberg, E.: Int. J. Pharmaceutics *32*, 265 (1986)
20. Gerard, D., Quirin, K.-W.: Privatmitteilung der FLAVEX Naturextrakte GmbH
21. Glatz, A.: Dissertation, Saarbrücken 1985
22. Klesper, E., Corwin, A. H., Turner, D. A.: J. Org. Chem. *27*, 700 (1962)
23. Myers, M. N., Giddings, J. C.: Sep. Sci. *1*, 761 (1966)
24. McLaren, L., Myers, M. N., Giddings, J. C.: Science *159*, 197 (1968)
25. Giddings, J. C., Myers, M. N., King, J. W.: J. Chromatogr. Sci. *7*, 276 (1969)
26. Sie, S. T., van Beersum, W., Rijnders, G. W. A.: Sep. Sci. *1*, 459 (1966)
27. Sie, S. T., Rijnders, G. W. A.: Sep. Sci. *2*, 699 und 729 und 755 (1967)
28. Vigdergauz, M. S., Semkin, V. I.: Russ. Chem. Rev. *40*, 533 (1971)
29. Gouw, T. H., Jentoft, R. E.: J. Chromatogr. *68*, 303 (1972)
30. Gouw, T. H., Jentoft, R. E.: Adv. Chromatogr. *13*, 1 (1975)
31. Gouw, T. H., Jentoft, R. E.: Chromatogr. Sci. *11*, 313 (1979)
32. Klesper, E.: Angew. Chem. *90*, 785 (1978)
33. Snyder, R. L., Saunders, D. L.: Chromatogr. Sci. *11*, 215 (1979)
34. van Wasen, U., Swaid, I., Schneider, G. M.: Angew. Chem. *92*, 585 (1980)
35. Randall, L. G.: Sep. Sci. Technol. *17*, 1 (1982)
36. Peaden, P., Lee, M.: J. Liq. Chromatogr. *5*, 179 (1982)

37. Novotny, M., Springston, S. R., Peaden, P. A., Fjeldsted, J. C., Lee, M. L.: Anal. Chem. *53*, 407 A (1981)
38. Peaden, P. A. et al.: Anal. Chem. *54*, 1090 (1982)
39. Fjeldsted, J. C., Kong, R. C., Lee, M. L.: J. Chromatogr. *279*, 339 (1983)
40. Knox, J. H., Gilbert, M. T.: J. Chromatogr. *186*, 405 (1979)
41. Niemann, J. A., Rogers, L. B.: Sep. Sci. *10*, 517 (1975)
42. Klesper, E., Hartmann, W.: J. Polym. Sci. Polym. Lett. Ed. *15*, 707 (1977)
43. Jentoft, R. E., Gouw, T. H.: Anal. Chem. *48*, 2195 (1976)
44. Swaid, I., Schneider, G. M.: Ber. Bunsenges. Phys. Chem. *83*, 969 (1979)
45. Bartmann, D.: Ber. Bunsenges. Phys. Chem. *76*, 336 (1972)
46. Ecknig, W., Polster, H. J.: Chem. Tech. (Leipzig) *31*, 89 (1979)
47. Asche, W.: Chromatographia *11*, 411 (1978)
48. Bartmann, D.: Dissertation, Bochum 1972
49. Randall, L. G. und Wahrhaftig, A. L.: Anal. Chem. *50*, 1703 (1978)
50. Smith, R. D., Felix, W. D., Fjeldsted, J. C., Lee, M. L.: Anal. Chem. *54*, 1883 (1982)
51. Rawdon, M. G., Norris, T. A.: Int. Lab. *1984* (6), 12
52. Simonian, B. P., Rogers, L. B.: J. Chromatogr. Sci. *16*, 49 (1978)
53. Schmitz, F. P., Leyendecker, D., Klesper, E.: Ber. Bunsenges. Phys. Chem. *88*, 912 (1984)
54. Sie, S. T., Rijnders, G. W. A.: Anal. Chim. Acta *38*, 31 (1967)
55. Altgelt, K. H.: Chromatogr. Sci. *11*, 287 (1979)
56. Amos, R.: Chromatogr. Sci. *11*, 329 (1979)
57. Klesper, E., Hartmann, W.: Eur. Polym. J. *14*, 77 (1978)
58. Spertell, R. B., Chang, G. T.: J. Chromatogr. Sci. *10*, 60 (1972)
59. Ecknig, W., Polster, H. J.: Chem. Tech. (Leipzig) *31*, 245 (1979)
60. van Wasen, U., Schneider, G. M.: J. Phys. Chem. *84*, 229 (1980)
61. Balenovic, Z., Myers, M. N., Giddings, J. C.: J. Chem. Phys. *52*, 915 (1970)
62. van Wasen, U., Swaid, I., Schneider, G. M.: Ber. Bunsenges. Phys. Chem. *83*, 1130 (1979)
63. Feist, R., Schneider, G. M.: Sep. Sci. Technol. *17*, 261 (1982)
64. Wilsch, A., Feist, R., Schneider, G. M.: Fluid Phase Equil. *10*, 299 (1983)

Sachverzeichnis

GPSR Compliance

The European Union's (EU) General Product Safety Regulation (GPSR) is a set of rules that requires consumer products to be safe and our obligations to ensure this.

If you have any concerns about our products, you can contact us on ProductSafety@springernature.com

In case Publisher is established outside the EU, the EU authorized representative is:

Springer Nature Customer Service Center GmbH
Europaplatz 3
69115 Heidelberg, Germany

Batch number: 10683525

Printed by Printforce, the Netherlands